表面活性剂的合成及应用

陈 红 朱宝伟 主 编

北京理工大学出版社
BEIJING INSTITUTE OF TECHNOLOGY PRESS

内 容 简 介

表面活性剂是一类重要的精细化学品，广泛应用于日用化学工业、纺织、石油、涂料、农业和医药等领域，有"工业味精"之称，在许多行业中，表面活性剂起着画龙点睛的作用。

表面活性剂的应用范围和使用量愈来愈多。只有充分了解和掌握表面活性剂分子的结构特点、生产方法和应用原理，才能将表面活性剂产品发挥出更大的作用，也才能更好的设计和开发新的产品满足工农业生产的需要。

为了满足应用型人才的培养需要，本书力图全面介绍与表面活性剂相关的概念、性质、应用及主要表面活性剂的生产工艺及合成方法。本书可作为普通高等院校本科化学、化工、材料类专业学生的教材，同时可作为化学、化工、材料及相关学科人员的参考书。

版权专有　侵权必究

图书在版编目(CIP)数据

表面活性剂的合成及应用 / 陈红，朱宝伟主编. --北京：北京理工大学出版社，2024.4
ISBN 978-7-5763-3790-7

Ⅰ. ①表… Ⅱ. ①陈… ②朱… Ⅲ. ①表面活性剂-研究 Ⅳ. ①TQ423

中国国家版本馆 CIP 数据核字(2024)第 073459 号

责任编辑：王玲玲	文案编辑：王玲玲
责任校对：刘亚男	责任印制：李志强

出版发行 / 北京理工大学出版社有限责任公司
社　　址 / 北京市丰台区四合庄路 6 号
邮　　编 / 100070
电　　话 /（010）68914026（教材售后服务热线）
　　　　　（010）63726648（课件资源服务热线）
网　　址 / http://www.bitpress.com.cn
版 印 次 / 2024 年 4 月第 1 版第 1 次印刷
印　　刷 / 涿州市新华印刷有限公司
开　　本 / 787 mm×1092 mm　1/16
印　　张 / 19
字　　数 / 446 千字
定　　价 / 82.00 元

图书出现印装质量问题，请拨打售后服务热线，负责调换

前言

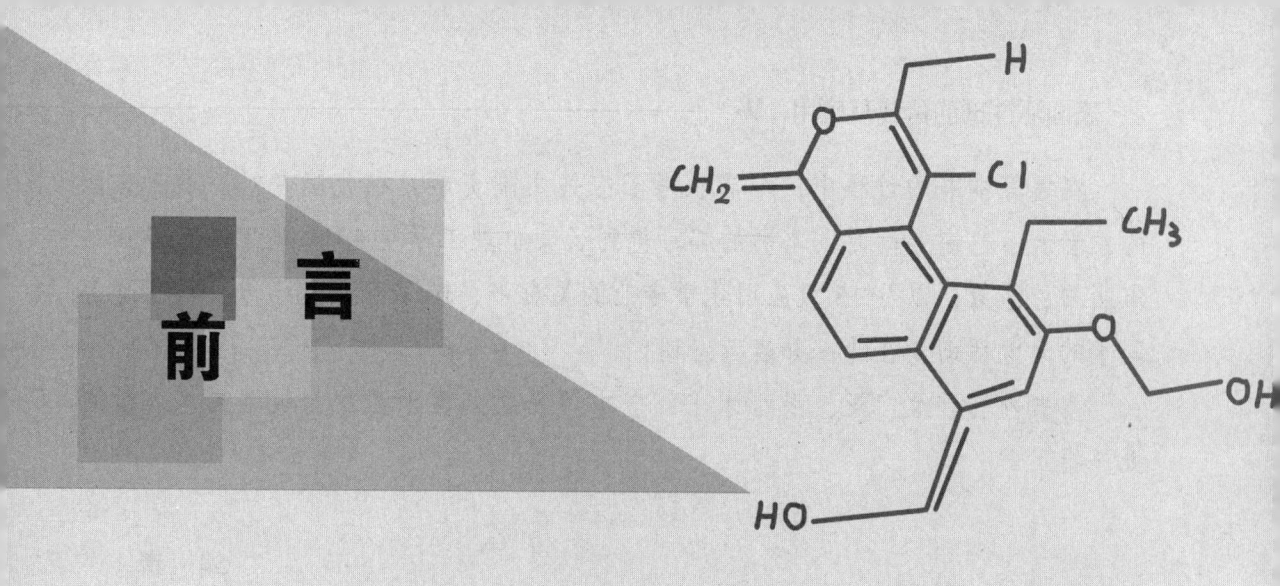

表面活性剂是一类重要的精细化学品，广泛应用于日用化学工业、纺织、石油、涂料、农业和医药等领域，有"工业味精"之称。表面活性剂在许多行业中起着画龙点睛的作用。

新兴市场液态洗涤剂的生产量和消费量不断增加，以及个人护理产品和公共设施清洁行业的快速发展，都加速了表面活性剂的用量。其中，洗浴产品和化妆品市场对表面活性剂的需求量还将进一步增加。除了与洗涤剂相关的产品外，其他一些商品也开始引起表面活性剂生产商的注意，如食品、农用产品、乳液聚合物和工业润滑油等。

党的二十报告提到"坚持把发展经济的着力点放在实体经济上，推进新型工业化"。只有充分了解和掌握表面活性剂分子的结构特点、生产方法和应用原理，才能将表面活性剂产品发挥出更大的作用，也才能更好地设计和开发新的产品，以满足工农业生产的需要。目前，关于表面活性剂的专著和研究论文很多，从不同角度和侧面阐述了表面活性剂的作用原理、特性、新品种的开发及应用。为了满足应用型人才的培养及应用化学专业学生的需要，本书力图全面介绍与表面活性剂相关的概念、性质、应用及主要表面活性剂的合成技术。本书同时也可供化学、化工、材料及相关学科的研发、应用和生产技术人员使用。

全书共分10章。本书编写人员主要有营口理工学院陈红（第1、4章及第5章的部分内容）、朱宝伟（第6、7章）、左修源（第2、9章及附录）、李闯（第3章及第5章的部分内容）、高爽（第8章）、张静玉（第10章），书中的图由张静玉校核。同时，在编写本书的过程中，得到了辽宁银珠化纺集团有限公司杨贺及中国水产科学研究院营口增殖实验站李忠红的大力支持，其提供了相关的实训项目。

在编写本书的过程中，编者参考了有关文献资料，在此编者对所参考文献的作者表示感谢。同时，本书的编写得到了营口理工学院14级化工工艺专业的宋明阳、徐策，以及15级应用化学专业的吴金平、16级应用化学专业的于迪等同学的大力协助，在此一并表示感谢！

本书内容涉及广泛，限于水平，书中不妥之处在所难免，敬请专家、读者批评指正。

编　者

目录

第1章　绪论 ·· 001

第2章　胶体、界面和表面 ·· 004

2.1　胶体与界面 ··· 004
　　2.1.1　气-液界面现象 ·· 004
　　2.1.2　分散系统 ·· 004
　　2.1.3　胶体 ··· 005
2.2　胶体溶液 ··· 007
　　2.2.1　胶体溶液的性质 ··· 007
　　2.2.2　胶体溶液的稳定性 ··· 014
　　2.2.3　胶体溶液的流变性 ··· 019
2.3　物质的相与界面 ·· 024
　　2.3.1　物质的相与界面的含义、类型和特点 ·· 024
　　2.3.2　相内与界面上的分子或物质的物理性质 ·· 024
课后练习题 ·· 026

第3章　表面活性剂 ··· 027

3.1　表面张力 ··· 027
　　3.1.1　表面张力的概念 ··· 027
　　3.1.2　表面张力的影响因素 ··· 028
　　3.1.3　测定液体表面张力的方法 ·· 028
3.2　表面活性剂溶液 ·· 031
　　3.2.1　表面活性剂含义及结构特征 ·· 031
　　3.2.2　表面活性剂的分类 ··· 032
3.3　表面活性剂的性能 ·· 042
　　3.3.1　胶束的形成及临界胶束浓度 ·· 043
　　3.3.2　表面活性剂的HLB值 ·· 046
课后练习题 ·· 051

第4章　阴离子表面活性剂的合成及工艺 ·· 052

4.1　分类及概述 ··· 052

		4.1.1 阴离子表面活性剂的分类	052
		4.1.2 阴离子表面活性剂一般特性	053
4.2	磺酸型阴离子表面活性剂		053
	4.2.1	磺酸基的引入方法	053
	4.2.2	烷基苯磺酸盐	054
	4.2.3	烷基苯磺酸的后处理	062
	4.2.4	烷基苯磺酸盐的应用	064
4.3	α-烯烃磺酸盐		064
	4.3.1	α-烯烃磺酸盐的性质和特点	065
	4.3.2	α-烯烃的磺化历程	067
	4.3.3	α-烯烃磺酸盐的生产条件	069
4.4	烷基磺酸盐		072
	4.4.1	烷基磺酸盐的性质和特点	072
	4.4.2	氧磺化法生产烷基磺酸盐	073
	4.4.3	氯磺化法制备烷基磺酸盐	076
4.5	琥珀酸酯磺酸盐		080
	4.5.1	琥珀酸双酯磺酸盐结构与性能的关系	080
	4.5.2	Aerosol OT 的合成与性能	081
	4.5.3	脂肪醇聚氧乙烯醚琥珀酸单酯磺酸钠	082
	4.5.4	磺基琥珀酸 N-酰基聚氧乙烯醚单酯钠盐	083
4.6	高级脂肪酰胺磺酸盐		083
	4.6.1	高级脂肪酰胺磺酸盐的一般制法	083
	4.6.2	净洗剂 209 的性能与合成	084
	4.6.3	净洗剂 LS	086
4.7	其他类型阴离子表面活性剂		087
	4.7.1	硫酸酯盐型阴离子表面活性剂	087
	4.7.2	磷酸酯盐型阴离子表面活性剂	088
	4.7.3	羧酸盐型阴离子表面活性剂	089
课后练习题			091

第 5 章 阳离子表面活性剂 ... 093

5.1	阳离子表面活性剂概述		093
	5.1.1	阳离子表面活性剂的分类	094
	5.1.2	阳离子表面活性剂的性质	097
5.2	阳离子表面活性剂的合成		099
	5.2.1	烷基季铵盐	099
	5.2.2	含杂原子的季铵盐	102
	5.2.3	含有苯环的季铵盐	104
	5.2.4	含杂环的季铵盐	107
	5.2.5	胺盐型	113

  5.2.6 咪唑啉盐 … 116
  5.2.7 鎓盐型阳离子表面活性剂 … 117
 5.3 阳离子表面活性剂的应用 … 117
  5.3.1 消毒杀菌剂 … 117
  5.3.2 腈纶匀染剂 … 118
  5.3.3 抗静电剂 … 118
  5.3.4 矿物浮选剂 … 118
  5.3.5 相转移催化剂 … 119
  5.3.6 织物柔软剂 … 119
 课后练习题 … 120

第6章 两性表面活性剂的合成及工艺 … 121

 6.1 两性表面活性剂概述 … 121
  6.1.1 两性表面活性剂的特性 … 123
  6.1.2 两性表面活性剂的分类 … 123
 6.2 两性表面活性剂的性质 … 125
  6.2.1 两性表面活性剂的等电点 … 125
  6.2.2 临界胶束浓度与 pH 的关系 … 126
  6.2.3 pH 对两性表面活性剂溶解度和起泡性的影响 … 127
  6.2.4 在基质上的吸附量及杀菌性与 pH 的关系 … 127
  6.2.5 甜菜碱型两性表面活性剂的临界胶束浓度与碳链长度的关系 … 127
  6.2.6 两性表面活性剂的溶解度和 Krafft 点 … 128
  6.2.7 表面活性剂结构对钙皂分散力的影响 … 129
  6.2.8 去污力 … 129
 6.3 两性表面活性剂的合成 … 130
  6.3.1 羧酸甜菜碱型两性表面活性剂的合成 … 130
  6.3.2 磺酸甜菜碱的合成 … 135
  6.3.3 硫酸酯甜菜碱的合成 … 136
  6.3.4 含磷甜菜碱的合成 … 138
  6.3.5 咪唑啉型两性表面活性剂的合成 … 138
  6.3.6 氨基酸型表面活性剂的合成 … 140
  6.3.7 氧化胺型 … 141
  6.3.8 卵磷脂 … 142
 6.4 两性表面活性剂的应用 … 143
  6.4.1 洗涤剂及香波组分 … 143
  6.4.2 杀菌剂 … 143
  6.4.3 纤维柔软剂 … 143
  6.4.4 缩绒剂 … 144
  6.4.5 抗静电剂 … 144
  6.4.6 金属防锈剂 … 144

  6.4.7 电镀助剂 ··· 144
 课后练习题 ··· 145

第7章 非离子表面活性剂的合成及工艺 ··· 146

 7.1 概述 ··· 146
  7.1.1 非离子表面活性剂的发展状况 ··· 146
  7.1.2 非离子表面活性剂的定义 ··· 147
  7.1.3 非离子表面活性剂的分类 ··· 148
 7.2 非离子表面活性剂的性质 ·· 149
  7.2.1 HLB 值 ··· 149
  7.2.2 浊点及亲水性 ··· 150
  7.2.3 临界胶束浓度 ··· 152
  7.2.4 表面张力 ·· 152
  7.2.5 润湿性 ··· 153
  7.2.6 起泡性和洗涤性 ··· 153
  7.2.7 生物降解性和毒性 ·· 154
 7.3 合成聚氧乙烯表面活性剂的基本反应——氧乙基化反应 ··············· 154
  7.3.1 反应机理 ·· 155
  7.3.2 影响氧乙基化反应的主要因素 ·· 157
 7.4 非离子表面活性剂的制备 ·· 159
  7.4.1 脂肪醇聚氧乙烯醚（AEO）产品 ····································· 160
  7.4.2 高碳醇的制备方法 ·· 161
  7.4.3 环氧乙烷的制备方法 ··· 163
  7.4.4 脂肪醇聚氧乙烯醚的应用 ··· 165
 7.5 非离子表面活性剂的生产方法 ··· 165
  7.5.1 传统釜式搅拌工艺 ·· 165
  7.5.2 Press 生产工艺 ·· 166
  7.5.3 Buss 回路氧乙基化工艺 ··· 167
 7.6 烷基酚聚氧乙烯醚 ··· 168
  7.6.1 烷基酚的制备 ··· 168
  7.6.2 烷基酚聚氧乙烯醚的合成 ··· 169
  7.6.3 性质与用途 ··· 170
 7.7 聚乙二醇脂肪酸酯 ··· 170
  7.7.1 脂肪酸与环氧乙烷（EO）反应 ······································· 170
  7.7.2 脂肪酸与聚乙二醇反应 ·· 171
  7.7.3 产品的性质和应用 ·· 171
 7.8 脂肪酰醇胺（聚氧乙烯酰胺） ··· 172
 7.9 聚氧乙烯烷基胺 ·· 173
 7.10 聚醚 ·· 174
  7.10.1 Pluronic 类聚醚型非离子表面活性剂 ································ 174

  7.10.2 Tetronic 类聚醚型非离子表面活性剂 ································ 176
 7.11 多元醇型非离子表面活性剂 ·· 176
  7.11.1 失水山梨醇脂肪酸酯及其聚氧乙烯化合物 ································ 177
  7.11.2 脂肪酸甘油酯和季戊四醇酯 ·· 178
  7.11.3 蔗糖的脂肪酸酯 ··· 179
  7.11.4 烷基糖苷 ·· 179
 课后练习题 ·· 181

第 8 章 特种表面活性剂和功能性表面活性剂 ·· 182

 8.1 含氟表面活性剂 ·· 182
  8.1.1 含氟表面活性剂的特性 ·· 182
  8.1.2 含氟表面活性剂的合成 ·· 183
  8.1.3 含氟表面活性剂的应用 ·· 184
 8.2 有机硅表面活性剂 ··· 185
  8.2.1 有机硅表面活性剂的特性 ·· 185
  8.2.2 有机硅表面活性剂的合成 ·· 185
  8.2.3 有机硅表面活性剂的应用 ·· 186
 8.3 含硼表面活性剂 ·· 187
 8.4 双子表面活性剂 ·· 188
  8.4.1 双子表面活性剂的合成 ·· 188
  8.4.2 双子表面活性剂的特性 ·· 190
  8.4.3 双子表面活性剂的应用 ·· 190
 8.5 Bola 型表面活性剂 ·· 191
 8.6 生物表面活性剂 ·· 192
 8.7 高分子表面活性剂 ·· 193
  8.7.1 天然高分子表面活性剂 ·· 193
  8.7.2 聚乙烯醇类高分子表面活性剂 ·· 193
 8.8 冠醚型表面活性剂 ·· 194
 8.9 螯合型表面活性剂 ·· 195
 8.10 反应型表面活性剂 ·· 197
 8.11 可分解型表面活性剂 ·· 198
 8.12 开关型表面活性剂 ·· 199
 8.13 手性表面活性剂 ·· 200
 8.14 环糊精及其衍生物 ·· 200
 8.15 壳聚糖类表面活性剂 ·· 201
 课后练习题 ·· 203

第 9 章 表面活性剂的作用 ·· 204

 9.1 增溶作用 ·· 204
  9.1.1 增溶作用的原理和特点 ·· 204
  9.1.2 增溶作用的方式 ·· 205

9.1.3 增溶作用的主要影响因素 …… 206
9.1.4 增溶作用的应用 …… 209
9.2 乳化与破乳作用 …… 209
9.2.1 乳状液的定义 …… 209
9.2.2 乳状液的类型及其鉴别 …… 209
9.2.3 乳化剂 …… 210
9.2.4 乳状液的稳定性 …… 212
9.2.5 乳状液的破坏 …… 215
9.2.6 乳状液的应用 …… 219
9.3 润湿功能 …… 223
9.3.1 接触角与杨氏方程 …… 223
9.3.2 润湿类型 …… 224
9.3.3 表面活性剂的润湿作用 …… 225
9.3.4 润湿剂 …… 226
9.3.5 润湿的应用 …… 226
9.4 起泡和消泡作用 …… 228
9.4.1 泡沫的形成及其稳定性 …… 228
9.4.2 表面活性剂的起泡性和稳泡性 …… 230
9.4.3 表面活性剂的消泡作用 …… 232
9.4.4 起泡与消泡的应用 …… 233
9.5 洗涤和去污作用 …… 234
9.5.1 液体油污的去除 …… 234
9.5.2 固体污垢的去除 …… 236
9.5.3 洗涤的应用 …… 239
9.6 分散与絮凝作用 …… 241
9.6.1 表面活性剂对固体微粒的分散作用 …… 241
9.6.2 表面活性剂的絮凝作用 …… 243
9.7 表面活性剂的其他功能 …… 243
课后练习题 …… 247

第10章 表面活性剂的应用 …… 248

10.1 表面活性剂在洗涤剂中的应用 …… 248
10.1.1 表面活性剂在家用洗涤剂中的应用 …… 248
10.1.2 表面活性剂在工业及公共设施清洗剂中的应用 …… 252
10.2 表面活性剂在化妆品中的应用 …… 254
10.2.1 化妆品中常用的表面活性剂 …… 254
10.2.2 表面活性剂在化妆品中的应用 …… 255
10.2.3 化妆品用表面活性剂的发展趋势 …… 257
10.3 表面活性剂在食品工业中的应用 …… 258
10.3.1 表面活性剂在食品工业中的作用 …… 259
10.3.2 表面活性剂在食品和食品工业中的应用 …… 261

10.4 表面活性剂在医药和农药领域的应用 ………………………………………… 262
 10.4.1 表面活性剂在医药中的应用 ………………………………………… 262
 10.4.2 表面活性剂在农药中的应用 ………………………………………… 266
10.5 表面活性剂在化学反应及材料制备中的应用 ………………………………… 270
 10.5.1 表面活性剂在化学反应中的应用 …………………………………… 270
 10.5.2 表面活性剂在材料制备中的应用 …………………………………… 272
10.6 表面活性剂在石油工业中的应用 ……………………………………………… 274
 10.6.1 表面活性剂在钻井液中的应用 ……………………………………… 274
 10.6.2 表面活性剂在采油中的应用 ………………………………………… 276
 10.6.3 表面活性剂在油气集输中的应用 …………………………………… 277
10.7 表面活性剂在环境保护领域的应用 …………………………………………… 278
 10.7.1 在水处理工程中的应用 ……………………………………………… 278
 10.7.2 在湿法脱硫除尘中的应用 …………………………………………… 280
 10.7.3 在污染土壤修复技术中的应用 ……………………………………… 280
课后练习题 ……………………………………………………………………………… 281

参考文献 …………………………………………………………………………… 282

表面活性剂制备实训一 …………………………………………………………… 286

表面活性剂制备实训二 …………………………………………………………… 287

表面活性剂制备实训三 …………………………………………………………… 288

附录 ………………………………………………………………………………… 289

第1章 绪　　论

表面活性剂素有"工业味精"之称，是富集于相与相交界之间的区域，并对界面性质及相关工艺生产产生影响的一类物质。

表面活性剂是一类具有两亲结构的分子，在浓度很低时即可明显降低溶液的表（界）面张力。因其特殊的结构和作用，表面活性剂在现代社会的日常生活和工业生产领域中扮演着不可或缺的角色。目前，发达国家在表面活性剂领域的研究已具备了完整的体系，能够实现产品研究开发多样化、系列化，开发力度非常大，并且开发理念已突破传统意义上的表面活性剂。

从消费端看，全球表面活性剂主要用于家居护理、工业和个人护理三大领域。其中，家居护理表面活性剂所占市场份额最大，约为45%；其次为工业用表面活性剂用途，约为40%；个人护理用品约为6%。另外，表面活性剂在纺织、涂料和建筑等领域也有应用。

我国已成为全球表面活性剂生产和消费大国，消费市场集中在家居清洁、个人护理、工业清洗及纺织印染、涂料农药等工业助剂领域，洗涤用品工业占比为51%，化妆品占比为11%，工业清洗占比为11%，纺织印染占比为10%，食品加工占比为7%，其他领域合计占比为10%左右。

表面活性剂同时具有亲水基和疏水基（亲油基），在水中及有机溶剂中均有一定的溶解度。在表（界）面上，表面活性剂分子发生吸附，形成定向的、具有一定强度的吸附层，明显降低了表（界）面张力，吸附作用是表面活性剂的最基本性质。表面活性剂溶解在水中时，疏水基有逃离水的趋势，亲水基朝向水、疏水基朝内形成有序组合结构体，如胶束和囊泡等，达到能量最低的稳定状态。类似地，在非极性有机溶剂中，表面活性剂会形成疏水基朝外、亲水基朝内的组合体，如反胶束。这些结构的特殊性为表面活性剂的应用奠定了基础。基于表面活性剂在界面和体相中的行为特点，表面活性剂表现出增溶、乳化、润湿和泡沫等多种作用，在洗涤剂、食品、化妆品、材料行业、石油工业、农业、新能源及高效节能技术、医药及环境保护等诸多领域中发挥着重要的作用。由于表面活性剂分子在溶液表（界）面可以形成表（界）面吸附，还可以在溶液内部自聚，形成多种形式的分子有序组合

体，如胶束、反胶束、微乳、液晶和囊泡等。这些分子有序组合体的质点大小或微集分子厚度已接近纳米数量级，可以在化学反应中作为微反应器为反应提供特殊的微环境。另外，这些分子聚集体还可提供形成有"量子尺寸效应"超细微粒的适合场所与条件，而且其本身也可能有类似"量子尺寸效应"，因此，可在材料制备中扮演模板剂的角色，在纳米材料、电子陶瓷等的合成中发挥突出作用。

在化学反应中，表面活性剂的催化作用已经成为表面活性剂物理化学研究的重要课题，其催化机理主要为胶束催化和相转移催化。在表面活性剂溶液中，当表面活性剂浓度足够大时，表面活性剂分子的疏水部分便相互吸引，缔合在一起形成胶束，其中，亲水性基团向外与水分子接触，而非极性基团则被包在胶束内部，几乎不与水分子接触。在溶液中出现胶束后，介质的微观物理化学性质发生了改变，从而可加速化学反应速度。又如，在乳液聚合中，乳液聚合体系主要由单体、水、乳化剂及溶于水的引发剂4种基本组分构成，其中，表面活性剂作为乳化剂是乳液聚合的重要组分之一，在乳液聚合过程中发挥着重要作用，不仅体现在降低表（界）面张力、增溶作用等方面，更重要的是发挥乳化作用，使单体按照胶束机理形成乳胶粒。纳米材料由于具有较大的表面能而较难稳定存在，且易发生自发的团聚现象而失去其独特的性能。表面活性剂具有独特的双亲结构和良好的吸附性，易形成胶束，在纳米材料的制备中能起到降低纳米粒子自发团聚现象和增加纳米粒子稳定性的作用，因而被广泛应用。

在食品工业中，表面活性剂主要作为食品添加剂或加工助剂，用于提高食品质量、开发食品新品种、延长食品贮藏保鲜期、改进生产工艺、提高生产效率等。表面活性剂作为食品添加剂，主要用作乳化剂、增稠剂、润湿剂、稳定剂、消泡剂、起泡剂、分散剂等；作为加工助剂，主要是为了改进生产工艺，减少加工过程中的不良影响，常用作消泡剂、糖助剂、杀菌剂、润滑抗黏剂、脱模剂、清洗剂、保鲜剂等。

表面活性剂作为油田化学品，广泛应用于石油工业的各个环节中。在钻井液中，表面活性剂不仅可以提高钻井液的润滑性、润湿性、乳化稳定性、分散性和渗透性，还可以提高钻井液的抗温和抗污染能力，缓解水锁效应，降低高温高压滤失量等；在采油过程中，表面活性剂可以用作驱油剂、堵水剂等，如磺酸盐、羧酸盐、双子表面活性剂和生物表面活性剂等常用作三次采油的驱油剂，黏弹性表面活性剂体系可以用来作为堵水剂；采油结束后的油气运输过程中，需要将油井生产的原油和伴生气收集起来，经过初步处理后输送出去，这个过程中表面活性剂主要作为原油破乳剂和降凝降黏剂使用。

化妆品由基质和辅料组成，基质是指具有主要功能的物质，如油脂、蜡、粉类、胶质类、溶剂类（水、醇、酯等）；而辅料则为赋予化妆品成型、稳定或色香等的物质。表面活性剂是辅料中最重要的物质，在化妆品中扮演不可替代的角色。由于化妆品直接与人体接触，对化妆品用表面活性剂的要求高于洗涤用品等领域，如较高的安全性、低刺激性、具有一定的功能、满足特定的卫生指标等。

在农药中，国外通过表面活性剂对除草剂活性作用的研究表明，表面活性剂并非只单纯地降低药液的表面张力，以提高药量而达到增效的目的，若针对各种药剂特性，采用适当种类和浓度的表面活性剂还可以促进药剂对植物的渗透作用，且对药剂具有增溶作用，可见有选择性地开发和应用表面活性剂，可望达到对药剂增效、节约用药、减少对环境污染和降低防治成本的目的。

表面活性剂在医药中也有广泛的用途，它对药物的吸收有明显的影响。研究发现，表面活性剂的存在可能增加药物的吸收，也可能降低药物的吸收，还应考虑到表面活性剂与蛋白质的相互作用、毒性、刺激性等。

环境污染是时下一个非常严峻的问题，表面活性剂因为具备特殊的界面性质，在环境污染治理中也有所应用。在污水处理过程中，表面活性剂可以作为絮凝剂和阻垢分散剂；利用表面活性剂的胶束强化超滤，可以除去污水中大部分金属离子和有机污染物；在湿法烟气脱硫剂中添加表面活性剂，可以降低溶液的表面张力、改善润湿性，大幅度地提高脱硫效率；表面活性剂还可以通过增溶作用修复被有机物污染的土壤。

表面活性剂在浮选中也有广泛的应用。浮选法最早应用于选矿行业，是利用矿物表面疏水性的差异，通过添加浮选试剂来调整矿浆特性，使疏水性颗粒依附于气泡而上升到空气和液体的交界面，从而实现矿物分离的方法。随着浮选技术的不断成熟，其已经从最初的矿业生产扩展到精煤的获取、粉煤灰脱碳及环境污染治理，为了改变颗粒的界面性质，提高浮选分离的有效性，在浮选过程中，通常需添加表面活性剂。表面活性剂由亲水部分和疏水部分两性分子结构构成，这种双重结构使得表面活性剂能吸附在界面上并减少颗粒界面能，能够改善浮选效果。

对于表面活性剂，国外主要研究方向为安全、温和和易生物降解的产品。如糖苷类表面活性剂，由于原料来自天然、性能优良、低毒低刺激、易生物降解而得到迅速发展。

表面活性剂已经深入到生命起源以及膜材料、纳米材料、对映体选择性的反应等各个领域。虽然表面活性剂现在是一个比较成熟的学科，但设计新的有特殊用途和应用价值的表面活性分子仍不断受到人们的关注。新的功能型表面活性剂与附加的官能基团的性质和位置有密切关系，对传统的表面活性剂分子结构的修饰会导致其结构形态有很大的变化。表面活性剂在工业领域的应用主要有两个发展方向：一是开发新型或改性的表面活性剂产品，使其性能更优，同时满足安全、温和、易降解等要求，从而在实际应用过程中表现出更优异的效能；二是继续拓宽表面活性剂的应用领域，凡是涉及界面现象和界面问题的工序，均可尝试利用表面活性剂来简化工序过程、提高产品质量等。

近年来，以互联网、物联网、云计算、大数据等为代表的新一代科技革命正在逐渐改变传统制造业的生产方式，全球制造业已展现出智能化的发展趋势。运用信息技术手段推动原材料、生产制造过程、物流仓储产业链一体化将成为化工企业需要面对的一个新课题。

总之，表面活性剂在诸多领域内广泛应用，充分体现出了"工业味精"角色的重要性。但是，广大的科技工作者还应该从表面活性剂的绿色合成、产品的质量及应用工序等环节入手，坚持不懈地致力于表面活性剂在生活生产各领域的研发，以更好地服务人类。

第 2 章　胶体、界面和表面

2.1　胶体与界面

2.1.1　气-液界面现象

当物质以不同的相态共存时，任意两相之间的分隔面称作相的界面，简称界面。常见的界面有气-液、气-固、液-液、液-固和固-固 5 种界面。其中，气-液、气-固两种界面也称作表面。发生在界面处的现象称为界面现象。界面并不是几何面，而是指处于两相之间，约为几个分子厚度的一层物质，故又称作界面层或界面相。界面两侧的相称作体相。界面层与体相在组成、结构、分子所处的能量状态和受力状况等方面都有明显的差别。对于体相内的分子受到周围分子的作用力，统计地看是对称的，可相互抵消；界面层处于两体相之间，受到两相分子不同的作用，分子受力是不对称的，故界面层的分子有离开界面层进入体相的趋势，其宏观表现是界面将收缩至具有最小面积。在相界面上的物质因为具有与体相不同的结构和性质，从而产生的物理现象和化学现象称为界面现象。气-液和气-固两种界面上发生的界面现象也称为表面现象。例如，毛细现象、润湿、吸附、多相催化等。

2.1.2　分散系统

一种物质或者几种物质高度分散到另一种物质（称为分散介质）中所形成的体系叫作分散体系。被分散的物质叫作分散相，而连续的介质为分散介质。按照分散相和分散介质的存在状态不同，分散程度的大小是表征分散体系特性的重要依据，所以，通常按分散程度的不同把分散体系分成三类：粗分散体系、胶体分散体系和分子分散体系。粗分散体系：颗粒

大小>$1×10^{-7}$m，特性：粒子不能通过滤纸，不扩散，不渗析，在显微镜下可以看见；胶体分散体系（溶液）：颗粒大小为 10^{-9}~10^{-7}m，特性：粒子能通过滤纸，扩散极慢，在普通显微镜下看不见，在超显微镜下可以看见；分子分散体系（溶液）：颗粒大小<$1×10^{-9}$m，特性：粒子能通过滤纸，扩散很快，能渗透，在超显微镜下也看不见。

这种分类法在讨论粒子大小时颇为方便，但是对实际体系的状态的描述却比较含糊。同时，将真溶液作为分子分散体系来对待也是不合理的，因为它不存在界面，与胶体分散体系有本质的差别。

分散体系也可以按分散相和分散介质的聚集状态的不同来分类，见表2-1。

表 2-1 分散体系的类型

气	液	泡沫
液	液	酒、醋、煤油在水中形成的乳浊液
固	液	糖水、黏土在水中形成的悬浊液
气	固	木炭、砖块
液	固	湿砖块、珍珠
固	固	合金、有色玻璃
气	气	空气、爆鸣气
液	气	云、雾
固	气	烟、尘

如果分散介质是液态的，叫液态分散体系，在化学反应中此类分散体系最为常见和重要，水溶液、悬浊液和乳浊液都属液态分散体系。水溶液、悬浊液和乳浊液中分散相粒子的线性大小（近似其直径大小）没有绝对的界限。一般来说，分散相的粒子的线性大小小于 10^{-9} m 时是溶液，溶液里的粒子实际上处于分子、离子或水合分子、水合离子的状态。分散相的粒子的线性大小在 10^{-9}~10^{-7} m 之间的是胶体（一些有机物的水溶液，如淀粉溶液，实际上是胶体）。分散相的粒子的线性大小在 10^{-7}~10^{-3} m 之间的是悬浊液或乳浊液。

在分散体系中，分散相的颗粒大小有所不同，分散体系的性质也随之改变，溶液、胶体和浊液各具有不同的特性。

溶液和液态胶体都是澄清透明的，区分这两者用到丁达尔现象。丁达尔现象是指：用一束光照射胶体，会在胶体中观察到一条明亮的光路，而溶液中没有此现象。

胶体中的胶粒是带电的。这一点用电泳可以证实。用两极板接上电源，插入胶体中（如果胶体有颜色，现象会比较明显），一段时间后，颜色会变得不均匀。某一极附近颜色会加深，另一极附近颜色变浅。通过此现象可以判断胶粒带电情况，即胶粒带什么电性。

2.1.3 胶体

目前，涉及胶体的一些重要产品和工艺过程是非常多的。例如，涉及胶体终端产品的形成和稳定的应用有制药、化妆品、墨水、涂料、润滑剂、食品加工、染料、泡沫、农业化学品等；对不利胶体现象的防止的应用有水纯化、污水处理、气溶胶的散布、污染控制、葡萄

酒和啤酒的澄清、放射性废物处理、破乳和泡沫等。

想要精确地定义"胶体"这个名词并不容易，主要因为它会更多地限制此系统的范围，特别是按照胶体行为规则运行的一些体系可能被一些相当武断的因素（如尺寸）排除在外。众所周知，自然界中没有绝对纯的物质，所谓纯，都是相对的，从实际体系出发，整个自然界都是由各种分散体系组成的。所谓分散体系，是指一种或几种物质以一定分散度分散在另一种物质中形成的体系。以颗粒分散状态存在的不连续相称为分散相，而连续相则称为分散介质。例如，将一把泥土放入水中，大粒的泥沙很快下沉，混浊的细小土粒因受重力影响最后也沉降于容器的底部，而土中的盐类则溶解成真溶液。但是，混杂在真溶液中还有一些极为微小的土壤粒子，它们既不下沉，也不溶解。人们把这些即使在显微镜下也观察不到的微小颗粒称为胶体颗粒，含有胶体颗粒的体系称为胶体体系。通常规定胶体颗粒的大小为 $1\sim1\,000\,nm$ （$10^{-9}\sim10^{-6}m$），即 $10\,Å\sim1\,\mu m$，相当于每个分子或粒子中有 $10^3\sim10^9$ 个原子。小于 1 nm 的为分子或离子分散体系，形成真溶液，大于 1 000 nm 的为粗分散体系。这种分类是由国际纯粹化学和应用化学联合会（IUPAC）规定的，在实际应用体系中并不一定按照上述规定。换个角度看，在均相溶液中，存在着性质各异物质的混合，它们以单分子互相混合或者分散（两个物质在尺寸上相当），但是在纯的本体物质和分子分散溶液之间还存在大量重要的体系。在这些体系中，一个相作为第二组分分散其中，其尺寸比分子的单元大很多（如典型的溶胶）；或者，其中分散物质的尺寸比溶剂或连续相的分子大很多（例如大分子或高分子溶液）。这样的体系通常被定义为胶体。因此，一般胶体可以定义为：胶体是由一种物质（分散相：固体、液体或气体）精细分割贯穿在第二种物质（分散介质：固体、液体或气体）中均匀分布（相对地讲）的分散体系。

通过上述描述可以看出，胶体体系的重要特征之一是以分散相粒子的大小为依据的，显然，不同聚集状态的分散相，只要其颗粒大小在 $1\sim1\,000\,nm$（$10^{-9}\sim10^{-6}m$）之间，则在不同状态的分散介质中均可形成胶体体系。例如，除了分散相与分散介质都是气体而不能形成胶体体系外，其余的 8 种分散体系均可形成胶体体系，见表 2-2。

表 2-2 按聚集状态分类的胶体体系

分散介质	气态	液态	固态
气态	—	液体气溶胶，如云雾、喷剂	固体气溶胶，如青烟、高空灰尘
液态	泡沫、气乳液，如灭火泡沫、泡沫橡胶、生奶油	乳状液、微乳液、乳膏，如牛奶、乳化原油	溶胶、悬浮液、凝胶，如墨汁、牙膏、石灰泥浆
固态	固体泡沫、气凝胶，如泡沫塑料、沸石、冰淇淋、海泡石	凝胶、固体乳状液	固体药物制备、增强材料、磁带、红宝石、合金、有色玻璃

由此可见，胶体体系是多种多样的胶体，是物质存在的一种特殊状态，而不是一种特殊的物质，不是物质的本性。任何一种物质，在一定条件下可以晶体的形态存在，而在另一种

条件下却可以胶体的形态存在。例如，氯化钠是典型的晶体，它在水中溶解成真溶液，若用适当方法使其分散于苯或醚中，则形成胶体溶液。同样，硫黄分散在乙醇中为真溶液，若分散在水中则为硫黄水溶胶。

由于胶体体系首先是以分散相颗粒有一定的大小为特征的，故胶体颗粒本身与分散介质之间必有一明显的物理分界面。这意味着胶体体系必然是两相或多相的不均匀分散体系。

通过对胶体稳定性和胶体粒子结构的研究，发现胶体体系包括了性质颇不相同的三大类。

(1) 分子胶体

分子胶体是指高聚物的溶液，也叫亲液胶体，它们是真正意义上的溶液，只是溶质分子比溶剂分子大得多。聚合物在溶液中呈分子无规线团状态存在。这些线团的尺寸绝大部分符合上述胶体颗粒的尺寸。但是它们同溶剂之间没有清晰的界面，在溶解分散过程中，由于熵增加而使体系总自由能降低，因此，整个体系是热力学的稳定体系。

(2) 粗分散体系和溶胶

粗分散体系和溶胶是指分散相和分散介质有明显界面的体系，也叫憎液胶体。因为在形成这种胶体体系时，界面能大量增加，从而使体系总能量增加，极易被破坏而聚沉，聚沉之后往往不能恢复原态，因而它是热力学的不稳定、不可逆的体系。

(3) 缔合胶体

由许多分子（有时几百个或几千个）聚集或联合组成，在动力学和热力学的驱动力下缔合，产生的体系可能同时是分子溶液和真正的胶体体系。这种体系叫缔合胶体。形成包含特定物质的缔合胶体，通常取决于许多因素，如浓度、温度、溶剂组成和特殊的化学结构。最常见的是表面活性剂在溶液中的浓度高于某一数值后，多个表面活性剂分子形成胶束，在胶束中还可以溶进一些特定性质的物质形成所谓的微乳液或液晶，这种体系属于缔合胶体。缔合胶体在形成过程中由于使整个体系界面能降低而成为热力学稳定体系，这种体系目前具有重要的实用意义。

除了以上三类胶体类型外，还有一种称作网状胶体。通常是指由两种互相贯穿的网状物质组成的一种分散体系，很难准确说明哪一个是分散相，哪一个是连续相。例如，由空气-玻璃组成的多孔玻璃、固-固分散组成的乳色玻璃和许多冻胶均属于网状胶体。

对于只含有某类特定的分散相和连续相的胶体，可以将其统称为简单胶体。实际上，许多胶体体系是非常复杂的，它们含有多类胶体，如溶胶、乳液（或多重乳液）、缔合胶体、大分子物质和连续相，这样的胶体常被看成复杂的或复合的胶体。即使是最简单的胶体，在它们的特性方面也是非常复杂的。本书只讨论简单胶体体系的相关内容。

2.2 胶体溶液

2.2.1 胶体溶液的性质

2.2.1.1 胶体溶液的运动性质

胶体中的粒子和溶液中的溶质分子一样，总是处在不停、无秩序的运动之中。从分子运

动的角度看，胶体的运动和分子运动并无区别，它们都符合分子运动理论，不同的胶粒比一般分子大得多，故运动强度小。主要表现在胶粒的布朗运动（Brownian Motion）、扩散（Diffusion）和沉降（Sedimentation）等方面，这些性质统属于胶体的运动性质（Kinetic Properties）。胶体作为分散体系，它稳定存在的时间的长短取决于分散相颗粒的沉降和扩散性质。了解胶粒的运动性质不仅对于制备或者破坏胶体体系有重要作用，而且可以依据体系沉降和扩散性质来测定体系中分散粒子的大小和分布。

1. 扩散

和真溶液中的小分子一样，胶体溶液中的质点也具有从高浓度区向低浓度区扩散的趋势，最后使浓度达到"均匀"。当然，扩散过程也是自发过程。Fick 第一定律和 Fick 第二定律均对平动扩散做了描述。

（1）Fick 第一定律

如图 2-1 所示，若胶粒大小相同，则在 dt 时间内，沿 x 方向通过截面积为 A 而扩散的物质的量 dm 与 A 处的浓度梯度（胶粒浓度随距离的变化率）dc/dx 的关系为：

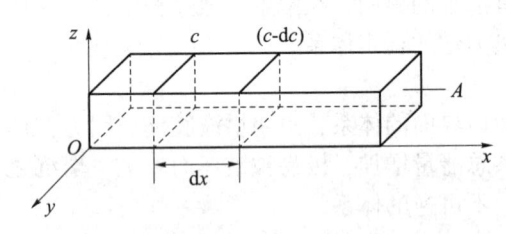

图 2-1 胶粒的扩散与浓度梯度的关系

$$dm = -DA \frac{dc}{dx} dt \text{ 或 } \frac{dm}{dt} = -DA \frac{dc}{dx} \quad (2-1)$$

式中，$\frac{dm}{dt}$ 表示单位时间通过截面 A 扩散的物质数量（扩散速度）。因为在扩散的方向上，浓度梯度为负值，故上式右端加一负号，使扩散速度或扩散量为正值。比例常数 D 为扩散系数（Diffusion Coefficient），表征物质的扩散能力，D 越大，质点的扩散能力越大。常用于测定扩散系数的方法有孔片法、自由交界法和光子相关谱法。一些单质及简单二元体系中的扩散系数可以从化学工程手册中查到。

就体系而言，浓度梯度越大，质点扩散越快；就质点而言，半径越小，扩散能力越强，扩散速度越快。

（2）Fick 第二定律

在扩散方向上，某一位置的浓度随时间的变化率存在以下的微分关系：

$$\frac{\partial c}{\partial t} = D \frac{\partial^2 c}{\partial x^2} \quad (2-2)$$

扩散作用是普遍存在的现象，在物理、化学、工程、生物等科学技术领域中具有重要的作用。胶体质点之所以能自发地由高浓度区域向低浓度区域扩散，其根本原因在于存在化学位。胶粒扩散的方式与下面要讨论的布朗运动有关。

2. 布朗运动

用超级显微镜可以观察到溶胶分散相不断地做不规则的"之"字形连续运动（图 2-2）。布朗运动是不断热运动的液体分子对分散相冲击的结果。对于很小但又远远大于液体介质分子的分散相来说，由于不断受到不同方向、不同速度的液体分子的冲击，受到的力很不平衡（图 2-3），所以时刻以不同的方向、不同的速度做不规则的运动。尽管布朗运动看起来复杂而无规则，但在一定条件下，在一定时间内分散相所移动的平均位移却是一定的数值。Einstein 利用分子运动论的一些基本概念和公式得到布朗运动的公式（称为 Einstein 布朗运动公式）为：

$$\overline{X} = \sqrt{\frac{RT}{N_A} \cdot \frac{t}{3\pi\eta r}} \tag{2-3}$$

上式表明，当其他条件不变时，微粒的平均位移的平方 $\overline{X}^2$ 与时间 t 及温度 T 成正比，与 η 及 r 成反比。由于式中诸变量均可由实验确定，故利用此式可以求出微粒半径 r，当然，也可以求得 Avogadro（阿伏伽德罗）常数 N_A。

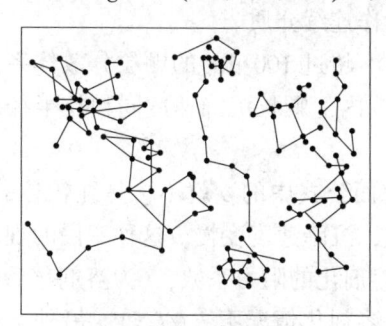

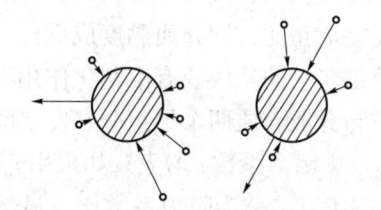

图 2-2　布朗运动　　　　图 2-3　液体分子对胶体粒子的冲击

3. 沉降

分散于气体或液体介质中的微粒，都受到两种方向相反的作用力，即重力（微粒的相对密度较介质的大，微粒就会因重力而下沉，这种现象称为沉降）和扩散力（由布朗运动引起）。与沉降作用相反，扩散力能促进体系中粒子浓度趋于均匀。当这两种力相等时，就达到平衡状态，谓之"沉降平衡"。平衡时，各水平面内粒子浓度保持不变，但从容器底部向上会形成浓度梯度，这种情况正如地面上大气分布的情况一样，离地面越远，大气压越低。在不同外力作用下的沉降情况有所不同。

(1) 在重力作用下的沉降

一个体积为 V，密度为 ρ 的颗粒，浸在密度为 ρ_0 的介质中，在重力场中，颗粒所受的力 F 应为重力 F_g 与浮力 F_b 之差：

$$F = F_g - F_b = V(\rho - \rho_0)g \tag{2-4}$$

式中，g 为重力加速度。当 $\rho > \rho_0$ 时，$F_g > F_b$，则颗粒下沉；反之，则上浮。相对运动发生后，颗粒即产生一个加速度，同时，由于摩擦而产生一个运动阻力 F_v，它与运动速度成正比：

$$F_v = fv \tag{2-5}$$

式中，f 为阻力系数。当 F_v 增大到等于 F 时，颗粒呈匀速运动。这时由式（2-4）和式（2-5）得到：

$$V(\rho - \rho_0)g = F_v \text{ 或 } m\left(1 - \frac{\rho_0}{\rho}\right)g = fv \tag{2-6}$$

式中，m 为粒子的质量。式（2-6）与粒子形状有关。如果粒子是球形的，Stokes 导出 $f = 6\pi\eta r$，r 为粒子的半径，η 为介质的黏度。将球体积 $V = 4\pi r^3/3$ 代入上式，即可得到下面的基本公式，这些公式是非常有用的。

$$v = \frac{2}{9}\frac{r^2(\rho - \rho_0)g}{\eta} \tag{2-7}$$

$$r = \sqrt{\frac{9\eta v}{2(\rho - \rho_0)g}} \tag{2-8}$$

$$m = \frac{4}{3}\pi\rho \left[\frac{9\eta v}{2(\rho-\rho_0)g}\right]^{3/2} \tag{2-9}$$

$$f = 6\pi\phi\eta \sqrt{\frac{9\eta v}{2(\rho-\rho_0)g}} \tag{2-10}$$

这些公式的使用条件是：粒子运动速度很慢，保持层流状态；粒子之间无相互作用；粒子是刚性球，没有溶剂化作用；与粒子相比，液体看作连续介质。

由于这些假设的限制，式 (2-7) 一般只适用于不超过 100 μm 的颗粒分散体系。接近 0.1 μm 的小颗粒还必须考虑扩散的影响。在适用范围内，颗粒沉降速度同颗粒半径的平方和介质的密度差成正比，同介质黏度成反比。

如果颗粒是多孔的絮块或有溶剂化作用存在，前面公式中的 ρ 就不再是纯颗粒的密度，而应介于颗粒与分散介质两个纯组分密度之间，因此，沉降速度变慢。这种变慢的现象可归因于式 (2-6) 中阻力系数 f 增大。如果用 f_0 表示未溶剂化的阻力系数，f 为溶剂化后的阻力系数，它们的比值 f/f_0 称为阻力系数比。显然，在有溶剂化情况下，$f/f_0>1$。另外，在实际体系中，完全的球形质点是不多的，Stokes 定律的应用受到了限制。实际上，可以把溶剂化和不规则颗粒的效应都归于使 f 增大。把按 Stokes 定律算出的颗粒半径 $\bar{r}$ 称为等效球半径，从而有：

$$f = 6\pi\eta\bar{r} \tag{2-11}$$

因此，用任何形状的溶剂化颗粒，采用未溶剂化时的密度数值，用沉降与扩散实验进行粒度分析，可得到等效球体的平均半径 $\bar{r}$。

(2) 在超离心力场中的沉降

胶体颗粒在重力场中的沉降是很缓慢的，能测定的颗粒半径最小极限值约为 85 nm。粒径小于 0.1 μm 的胶粒，因受扩散、对流等的干扰，在重力场中基本不能沉降，只能借助超离心力场来加速沉降。

图 2-4 是空气驱动的超离心机的示意。目前，超离心机的转速高达 10 万~16 万转/分钟，其离心力约为重力的 100 万倍。在如此强的离心力场中，蛋白质分子也能分离，用沉降平衡法可测出蔗糖的相对分子质量 ($M=341$)，目前已用来确定某些生物基元物质如蛋白质、核酸和病毒等的特性。

在离心力场中，沉降公式仍可使用，只是用离心加速度 $\omega^2 x$ 代替重力加速度 g，ω 为角速度，x 为离开旋转轴的距离。

如果胶体颗粒是均匀分散体系，在超离心力场作用下形成明确的沉降界面，由界面移动速度可算出颗粒大小，该法称为沉降速度法。

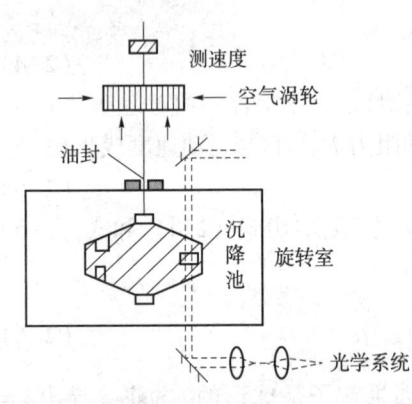

图 2-4 空气驱动的超离心机示意

对于处在离心力场中质量为 m 的粒子，体积为 V，离开旋转轴的距离为 x。粒子同时受三种力的作用：①离心力 $F_c = m\omega^2 x$；②浮力 $F_b = m_0\omega^2 x$，m_0 为粒子置换介质的质量；③粒子移动时所受摩擦力 $F_v = -fv$，v 为粒子运动速度，f 为摩擦阻力系数。对于做匀速运动的球形粒子，有：

$$r = \sqrt{\frac{9\eta \ln(x_2/x_1)}{2(\rho-\rho_0)\omega^2(t_2-t_1)}} \qquad (2-12)$$

式中，r 为介质黏度；ρ 为粒子密度；ρ_0 为介质密度；x_1、x_2 分别为离心时间 t_1、t_2 时界面与旋转轴之间的距离。

对于任意形状的粒子，在离心力场中的速度公式为：

$$\frac{\mathrm{d}x}{\mathrm{d}t} = \frac{D}{RT}M(1-\bar{V}\rho_0)\omega^2 x \qquad (2-13)$$

用沉降速度法还可测出粒子的摩尔质量：

$$M = \frac{RT\ln(x_2/x_1)}{D(1-\bar{V}\rho_0)(t_2-t_1)\omega^2} \qquad (2-14)$$

式中，M 为粒子摩尔质量；$\bar{V}$ 为粒子的偏微比容；D 为扩散系数。

当胶体粒径太小时，因扩散作用在超离心力场中可形成沉降平衡，根据颗粒分布可求出颗粒大小，该法称为沉降平衡法。

在离心加速度较小（如约为重力加速度的 $10^4 \sim 10^5$ 倍）时，粒子向池底方向移动，形成浓度梯度后有扩散发生，扩散与沉降方向相反，两者达到平衡时，沉降池中各处的浓度不再随时间而变化，称为沉降平衡。

沉降平衡时，粒子的分布可表示为：

$$\ln\frac{c_2}{c_1} = \frac{M(1-\bar{V}\rho_0)\omega^2}{2RT}(x_2^2-x_1^2) \qquad (2-15)$$

则

$$M = \frac{2RT\ln(c_2/c_1)}{(1-\bar{V}\rho_0)\omega^2(x_2^2-x_1^2)} \qquad (2-16)$$

式中，c_1、c_2 分别为离开旋转轴 x_1、x_2 处粒子的摩尔浓度。

2.2.1.2 胶体的光学性质

胶体的光学性质（Optical Properties）是其高度分散性和不均匀性的反映。通过光学性质的研究，不仅可以帮助我们理解胶体的一些光学现象，而且还能使我们观察到胶粒的运动，对确定胶体的大小和形状具有重要意义。

当光线射入分散体系时，只有一部分光线能自由通过，另一部分被吸收、散射或反射。对光的吸收主要取决于体系的化学组成，而散射和反射的强弱则与质点的大小有关。低分子真溶液的散射极弱；当质点大小在胶体范围内时，则发生明显的散射现象（即通常所说的光散射，Light Scattering）；当质点直径远大于入射光波长时（例如，悬浮液中的粒子），则主要发生反射，体系呈混浊状态。

1. 丁达尔效应（Tyndall Effect）

许多胶体外观常是有色透明的。以一束强烈透明的光线射入胶体后，在入射光的垂直方向可以看到一道明亮的光带，这个现象首先被丁达尔（Tyndall）发现，故称为丁达尔效应（丁达尔现象），它是胶粒对光的散射的结果。所谓散射，就是在光的前进方向之外也能观

察到光的现象。光本质上是电磁波,当光波作用到介质中小于光波波长的粒子上时,粒子中的电子被迫振动(其振动频率与入射光波的相同),成为二次波源,向各个方向发射电磁波,这就是散射光波,也就是我们所观察到的散射光(亦称乳光)。在正对着入射光的方向上看不到散射光,这是因为背景太亮,就像白天看不到星光一样,因此,丁达尔效应可以认为是胶粒对光散射作用的宏观表现。

小分子真溶液或纯溶剂因粒子太小,光散射非常微弱,用肉眼分辨不出来,所以丁达尔效应是胶体的一个重要特征,是区分溶胶和小分子真溶液的一个最简便方法。

2. 瑞利散射定律

瑞利曾详细研究过丁达尔效应,他的基本出发点是讨论单个粒子的散射。他假设:①散射粒子比光的波长小得多(粒子大小$<\lambda/20$),可看作点散射源;②溶胶浓度很稀,即粒子间距离较大,无相互作用,单位体积的散射光强度是各粒子的简单加和;③粒子为各向同性、非导体、不吸收光。由此导出单位散射体积在距离 r(观察者到样品的距离)处产生的散射光强度 I_θ 与入射光强度 I_0 之间的关系(即瑞利散射定律)为:

$$I_\theta = \frac{9\pi^2}{2\lambda^4 r^2} \left(\frac{n_2^2 - n_1^2}{n_2^2 + 2n_1^2} \right)^2 N_0 V^2 I_0 (1 + \cos^2\theta) \qquad (2-17)$$

式中,N_0 为单位体积中散射粒子数;V 为每个粒子的体积;λ 为入射光波长;n_1、n_2 分别为分散介质和分散相的折射率;θ 为观察者与入射光方向的夹角,即散射角。

$R_\theta = \dfrac{I_\theta r^2}{I_0 (1+\cos^2\theta)}$ 称为瑞利比值,单位是 m^{-1}。所以瑞利散射定律也可表示为:

$$R_\theta = \frac{9\pi^2}{2\lambda^4} \left(\frac{n_2^2 - n_1^2}{n_2^2 + 2n_1^2} \right)^2 N_0 V^2 \qquad (2-18)$$

由瑞利散射定律可以知道如下结果:

散射光强度与入射光波长的 4 次方成反比,即波长越短的光越易被散射(散射的越多)。因此,当用白光照射溶胶时,由于蓝光($\lambda = 450$ nm)波长较短,较易被散射,故在侧面观察时,溶胶呈浅蓝色。波长较长的红光($\lambda = 650$ nm)被散射的较少,从溶胶中透过的较多,故透过光呈浅红色。这可解释天空是蓝色,旭日和夕阳呈红色的原因。

散射光强度与单位体积中的质点数 N_0 成正比,通常所用的"浊度计"就是根据这个原理设计而成的。

设分散相的质量浓度为 C、粒子密度为 ρ,则 $N_0 V = C/\rho$,式(2-18)可改写成:

$$R_\theta = \frac{9\pi^2}{2\lambda^4} \left(\frac{n_2^2 - n_1^2}{n_2^2 + 2n_1^2} \right)^2 \frac{C}{\rho} V \qquad (2-19)$$

利用此式可测定胶体的浓度,同时,已知浓度则可测出粒子的体积,从而得知粒子大小。当测定两个分散度相同而浓度不同的溶胶的散射光强度时,若知一种溶胶的浓度,便可计算出另一种溶胶的浓度。

粒子的折射率与周围介质的折射率相差越大,粒子的散射光越强。若 $n_1 = n_2$,则应无散射现象,但实验证明,即使是纯液体或纯气体,也有极微弱的散射。Einstein 等认为,这是由分子热运动所引起的密度涨落造成的。局部区域的密度涨落,也会引起折射率发生变化,从而造成体系的光学不均匀性。因此,光散射是一种普遍现象,只是胶体体系

的光散射特别强烈而已。

散射光强度与散射角有关。根据式（2-17）或式（2-18）可以画出不同角度（也即不同方向）的散射光强度（图 2-5）。图 2-5 中向量的长度表示散射光强度的相对大小，由图 2-5 可见，散射光强度在与入射方向 MN 垂直的方向上（$\theta=90°$）最小，随着与 MN 线相接近而逐渐增加，且这种增加是完全对称的，亦即在 θ 或（$180°-\theta$）的方向上散射光强度相同。显然，在 $\theta=0°$ 或 $180°$ 时散射光强度最大。若质点较大，例如，线性大小>$\lambda/10$，超过瑞利定律的限制，则散射光强度的角分布将发生改变，其对称性受到破坏，在这种情况下，在与入射光射出的方向呈锐角时，散射光强度最大（图 2-6）。根据这个现象可以估计溶胶的分散度和粒子的形状。

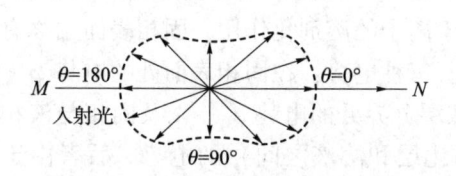

图 2-5　小粒子体系散射光的角分布 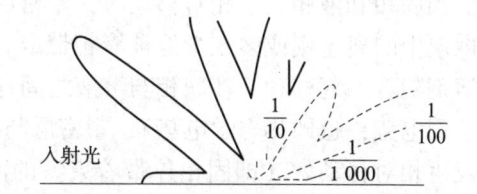　　图 2-6　球形大粒子体系光散射角分布示意

2.2.1.3　胶体的电学性质

1. 电动现象（Electrokinetic Phenomena）

早在 1803 年，俄国科学家 Реисс 发现水介质中的黏土颗粒在外电场作用下会向正极移动。1861 年，Quincke 发现，若用压力将液体挤过毛细管或粉末压成的多孔塞，则在毛细管或多孔塞的两端产生电势差。这种在外电场作用下使固-液两相发生相对运动以及外力使固-液两相发生相对运动时而产生电场的现象统称为电动现象。电动现象包括以下四种：

（1）电泳（Electrophoresis）

在外电场作用下，胶体粒子相对于静止介质做定向移动的电动现象（带负电的胶粒向正极移动，带正电的胶粒向负极移动）称为电泳。胶体的电泳证明了胶体颗粒是带电的。胶粒表面电荷的来源主要有胶粒在介质中电离、胶体颗粒对介质中阴（阳）离子的不等量吸附、胶粒（由离子晶体物质形成）中阴（阳）离子在介质中发生不等量溶解以及晶格取代。

（2）电渗（Electroosmosis）

在外电场作用下，分散介质相对于静止的带电固体表面做定向移动的电动现象称电渗。固体可以是多孔膜或毛细管。例如，Реисс 实验中，水在外加电场的作用下，通过黏土粒子间的毛细管通道向负极移动的现象。

（3）流动电势（Streaming Potential）

在外力作用下，液体流过毛细管或多孔塞时两端产生的电势差称为流动电势。例如，使用压缩空气将液体挤过毛细管或将粉末压成多孔塞，则在毛细管或多孔塞的两端也会产生电位差，显然，此现象是电渗的逆过程。

（4）沉降电势（Sesimentation Potential）

在外力作用下，带电胶粒做相对于液体的运动，两端产生的电势差称为沉降电势。例如，在无外加电场作用的情况下，若使 Реисс 实验中的黏土粒子在分散介质（如水）中迅速

沉降，则在沉降管的两端会产生电位差，这种现象是电泳的逆过程。面粉厂、煤矿等的粉尘爆炸可能与沉降电势有关，当然，还有其他一些因素。

2. 双电层理论

胶粒表面带电时，在液相中必有与其表面电荷数量相等而符号相反的离子（称为反离子）存在，以使整个体系是电中性的。反离子在胶粒表面区域的液相的分布情况是：越靠近界面，浓度越高，越远离界面，浓度越低，到某一距离时，反离子与同号离子浓度相等。胶粒表面的电荷与周围介质中反离子电荷就构成双电层（图2-7）。反离子只有一部分紧密地排列在胶粒表面上（距离约为一个离子的厚度），另一部分与胶粒表面的距离可以从超过一个离子的厚度处一直分散到本体溶液中。因此，双电层实际上包括了紧密层和扩散层两个部分。当固相和液相发生相对移动时，紧密层中的离子与固相不可分割地相互联系在一起，而扩散层中的离子则或多或少地被液相带走。由于离子的溶剂化作用，固相表面始终有一薄层的溶剂随着一起移动。在固相与液相之间存在着三种电势：在固相表面处的电势 φ（整个双电层的电势，也即热力学电势）、紧密层与扩散层分界处的电势 φ_d，以及固相与液相之间可以发生相对移动处（即固相连带着束缚的溶剂化层和溶液之间）的电势。后者由于和电动现象密切相关，故称为电动电势或 ζ（Zeta）电势。从图2-7可以看出，ζ 电势不包括紧密层中的电位降，只是扩散层电位降 φ_d 中的一部分。利用电泳、电渗和流动电势法可以测定 ζ 电势。

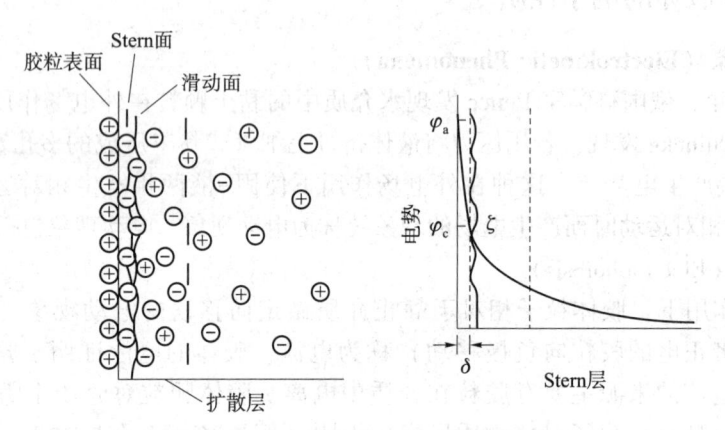

图 2-7　双电层的结构和相应的电势

2.2.2　胶体溶液的稳定性

基本热力学理论显示，任何体系，若任其自行发展，都将自发地趋向于改变自己的状况（化学的或物理的），努力达到极小的总自由能的状态。一个体系最低能量的位置将是在各相之间接触界面面积最小的状态。

胶体体系是多相分散体系，有巨大的界面能，故在热力学上是不稳定的，有自动聚结的趋势（也就是说，只有处在聚结的状态才是稳定的），人们常称这种性质为"聚结不稳定性"。因此，在制备胶体时必须有稳定剂存在。同时，胶体体系是高度分散的体系，分散相颗粒极小，有强烈的布朗运动，故又能阻止其由于重力作用而引起的下沉，因此，在动力学上胶体体系是稳定的，胶体的这种性质称为动力学稳定性。稳定的胶体必须同时具有聚结稳

定性和动力学稳定性。其中，以聚结稳定性更为重要。一旦失去聚结稳定性，粒子相互聚结变大，最终将导致失去动力学稳定性。无机电解质和高分子都能对胶体的稳定性产生重大影响，但其机理不同。通常把无机电解质使胶体沉淀的作用称为聚沉作用；把高分子使胶体沉淀的作用称为絮凝作用；两者可统称为聚集作用。

胶体本质上是热力学不稳定体系，但又具有动力学稳定性，在一定条件下它们可以共存，在另一条件下它们又可以转化。扩散双电层观点说明胶体的稳定性，其基本观点是胶粒带电（有一定的 ζ 电位），使粒子间产生静电斥力。同时，胶粒表面水化，具有弹性水膜，它们也起斥力作用，从而阻止粒子间的聚结。DLVO 理论认为，溶胶在一定条件下是稳定存在还是聚沉，取决于粒子间的相互吸引力和静电斥力。若斥力大于吸引力，则溶胶稳定；反之，则不稳定。

1. 胶粒间的相互吸引

胶粒间的相互吸引本质上是范德瓦尔斯引力。但胶粒是许多分子的聚集体，因此，胶粒间的引力是胶粒中所有分子引力的总和。一般分子间的引力与分子间距离的 6 次方成反比，而胶粒间的吸引力与胶粒间的距离的 3 次方成反比。这说明胶粒间有"远距离"的范德瓦尔斯引力，即在比较远的距离时，胶粒间仍有一定的吸引力。

2. 胶粒间的相互排斥

根据扩散双电层模型，胶粒是带电的，其四周为离子氛所包围（图 2-8）。图 2-8 中胶粒带正电，虚线表示正电荷的作用范围。由于离子氛中的反离子的屏蔽效应，胶粒所带电荷的作用不可能超出扩散层离子氛的范围，即图中虚线以外的地方不受胶粒电荷的影响。因此，当两个胶粒趋近而离子氛尚未接触时，胶粒间并无排斥作用。当胶粒相互接近到离子氛发生重叠时，处于重叠区中的离子浓度显然较大，破坏了原来电荷分布的对称性，引起了离子氛中电荷重新分布，即离子从浓度较大的重叠区间向未重叠区扩散，使带正电的胶粒受到斥力而相互远离。计算表明，这种斥力是胶粒间距离的指数函数。当两胶粒距离较远时，离子氛尚未重叠，粒子间"远距离"的吸引力在起作用，即引力占优势，随着胶粒间距离变近，离子氛重叠，斥力开始起作用，总位能逐渐上升，到一定距离处，总位能最大，出现一个能峰（图 2-9）。位能上升意味着两胶粒不能再进一步靠近，或者说它们碰撞后又会分开。如果超过能峰，位能即迅速下降，说明当胶粒间距离很近时，吸引能随胶粒间距离的变小而激增，使引力占优势，总位能下降，这意味着胶粒发生聚结。由此得出结论：如果使胶粒聚结在一起，必须通过位能峰，这就是胶体体系在一定时间内具有"稳定性"的原因。这种稳定性即是习惯上所说的"聚结稳定性"。外界因素对范德瓦尔斯引力影响很小，但外界因素能强烈地影响胶粒之间的排斥位能。例如，若降低胶粒的 ζ 电位，减少粒子的电性，则其排斥位能减小，聚结稳定性降低。

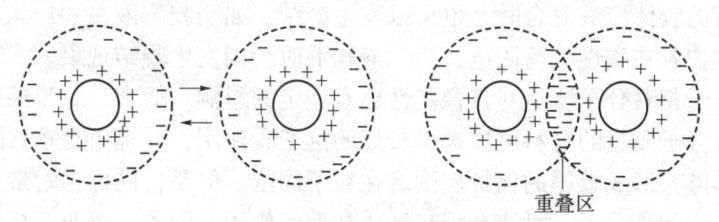

图 2-8 离子氛和离子氛重叠示意

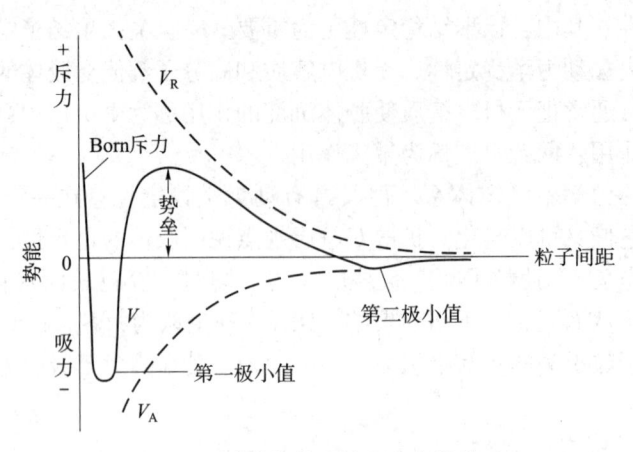

图 2-9　胶粒间作用能和距离的关系

研究胶体稳定性问题的另一个要考虑的因素是溶剂化层的影响。众所周知，胶粒表面因吸附某种离子而带电，并且此种离子及其反离子都是溶剂化的，这样，在胶粒周围就好像形成了一个溶剂化膜（水化膜）。许多实验表明，水化膜中的水分子是趋向于呈定向排列的，当胶粒彼此接近时，水化膜就被挤压变形，而引起定向排列的引力力图恢复水化膜中分子原来的定向排列，这样就使水化膜表现出弹性，成为胶粒彼此接近时的机械阻力。另外，水化膜中的水较之体系中的"自由水"还有较高的黏度，这也成为胶粒相互接近时的机械障碍。总之，胶粒外的这部分水膜客观上起了排斥作用，所以也常称为"水化膜斥力"。胶粒外水化膜的厚度应该和扩散双电层的厚度相当，水化膜的厚度受体系中电解质浓度的影响，当电解质浓度增大时，扩散双电层的厚度减小，故水化膜变薄。

2.2.2.1　亲水胶体溶液的稳定性

亲水胶体的稳定性主要由于其水化作用形成水化层以及亲水胶粒荷电，其中以水化层更为重要，因此，当溶液中添加少量电解质时，不至于由于相反电荷的离子作用而引起凝结。但是如把水化层除去而形成疏水胶粒，此时加入少量的电解质则易发生凝结而析出沉淀。此外，用电解质中和胶粒的电荷，继而脱去其水化层时，也会引起凝结与沉淀。在亲水胶体中，加入大量电解质也可发生凝结与沉淀，这种现象通称为盐析。盐析作用主要是电解质离子本身具有强烈的水化性质，脱掉了胶粒的水化层所造成。电解质离子的价数对凝结作用有显著影响。阳离子的价数对胶体引起沉淀的速度比约为：三价离子：二价离子：一价离子＝5 000：90：1。阴离子对胶体的凝结作用按下列次序依次下降：枸橼酸→酒石酸→硫酸→乙酸→氯化物→硝酸→溴化物→碘化物。

带不同电荷的胶体溶液混合时，也可以发生凝结。如明胶溶液在 pH＝4.7（等电点）以下荷阳电，阿拉伯胶在酸性时荷阴电，当二液相混时，则发生凝结现象。

另外，高分子相对分子质量对其稳定性也有一定的影响。通常，对于保护性亲液胶体来说，较高的相对分子质量的材料可望提供较好的抗絮凝作用，其理由是较长的链意味着较长的环形链和尾形链，形成较厚的保护层围绕在粒子周围。但是，同样会附带某些限制，对于相对分子质量过大的高分子，可能会引起敏化和架桥作用。假若一个非常高相对分子质量的高聚物对粒子表面的附着超过一个潜在点，加入胶体分散体中后，就存在一种可能性，即多种可能的附着点将与两个不同的粒子而不是相同的粒子附着，特别是相对于高分子的浓度来

说，存在胶体粒子大量过剩的情况。同一个高分子链附着在两个粒子上，将它们实质性地连接在一起并靠紧，效果上就会使粒子对絮凝敏感。

2.2.2.2　疏水胶体溶液的稳定性

扩散层模型和 DLVO 理论从不同角度都说明胶体的"稳定"是有条件的，一旦稳定条件被破坏，胶体中的粒子就合并（聚结）、长大，最后从介质中沉出，发生聚沉作用。其中，无机电解质是影响溶胶稳定性的一个主要因素，使其产生聚沉作用。

在溶胶中加入电解质时，电解质中与扩散层反离子电荷符号相同的那些离子将把反离子压入（排斥）吸附层，从而减少了胶粒的带电量，使 ζ 电位降低，使总位能峰降低，故溶胶易于聚沉。当电解质浓度达到某一定数值时，扩散层中的反离子被全部压入吸附层内，胶粒处于等电状态，ζ 电位为零，胶体的稳定性最低。如加入的电解质过量，特别是一些高价离子，则不仅扩散层反离子全部进入吸附层，而且一部分电解质离子也因被胶粒强烈地吸引而进入吸附层，这时胶粒又带上与原来相反的电性，这种现象称为"再带电"。再带电的结果使 ζ 电位反号。

电解质对溶胶稳定性的影响取决于其浓度和离子价。通常用"聚沉值"来表示电解质的聚沉能力。所谓聚沉值，是指在规定条件下使溶胶发生聚沉所需电解质的最低浓度，常以 mmol/L 为单位。聚沉值与测定条件有关，只能对相同条件的结果进行对比。曾有人推导出电解质的聚沉值与反离子价数之间的关系，但因为制备条件的不同，所得溶胶的浓度及胶粒上的电荷多少也随之变化，因此，试图将这种关系定量化并不能获得精确的结果，实际上只是一种相对的变化趋势。下面是聚沉作用的一些实验规律。

1. Schulze-Hardy 规则

Schulze-Hardy 规则可归纳为：起聚沉作用的主要是反离子，反离子的价数越高，聚沉效率也越高。对于给定的溶胶来说，反离子为 1、2、3 价的电解质，其聚沉值分别为 25~150 mmol/L、0.5~2 mmol/L 和 0.01~0.1 mmol/L，即聚沉值间的比例大约为 $1/1^6:1/2^6:1/3^6$ 或 1:0.016:0.0013，聚沉值与反离子价数的六次方成反比。

相同价数离子的聚沉能力不同。例如，具有相同阴离子的各种阳离子，其对负电性溶胶的聚沉作用为：

$$Li^+>Na^+>K^+>NH_4^+>Rb^+>Cs^+>H^+$$

$$Mg^{2+}>Ca^{2+}>Sr^{2+}>Ba^{2+}$$

具有相同阳离子的各种阴离子，其对正电性溶胶的聚沉能力为：

$$SCN^->I^->NO_3^->Br^->Cl^->F^->Ac^-$$

这种顺序称为感胶离子序或 Hofmeister 序。

Schulze-Hardy 规则只适用于惰性电解质，即不与溶胶发生任何特殊反应的电解质。

2. 同号离子的影响

一些同号离子，特别是高价离子或有机离子，在胶粒表面特性吸附后，可降低反离子的聚沉作用，即对溶胶有稳定作用。例如，对 As_2S_3 负溶胶，KCl 的聚沉值是 49.5 mmol/L，KNO_3 的是 50 mmol/L，甲酸钾的是 85 mmol/L，乙酸钾的是 110 mmol/L，而 1/3 柠檬酸钾的是 240 mmol/L。

3. 不规则聚沉

有时，少量的电解质使溶胶聚沉，电解质浓度高时，沉淀又重新分散成溶胶，浓度再高时，

又使溶胶聚沉。这种现象称为不规则聚沉，多发生在高价反离子或有机反离子为聚沉剂的情况。

不规则聚沉可通过反离子对胶粒 ζ 电势的影响来解释。当 ζ 电势绝对值低于临界值（一般在 30 mV 左右）时，溶胶就聚沉；当高于此值时，体系稳定。

4. 溶胶的相互聚沉

当两种电性相反的溶胶混合时，可发生相互聚沉作用。聚沉的程度与两胶体的比例有关，在等电点附近沉淀最完全，比例相差很大时，聚沉不完全或不发生聚沉。相互聚沉的原因可能有两种：一是两种胶体的电荷相互中和；二是两种胶体的稳定剂相互作用形成沉淀，从而破坏胶体的稳定性，这可使两个同电性的溶胶发生相互聚沉。

5. Burton-Bishop 规则

溶胶的浓度也影响电解质的聚沉值。通常对一价反离子来说，溶胶稀释时聚沉值增加；对二价反离子来说，不变；对三价反离子来说，降低。这个规则称为 Burton-Bishop 规则。

6. 高分子化合物的影响

（1）稳定作用

高分子化合物对溶胶的稳定性也是有一定影响的。很早以前人们就发现许多高分子物质如明胶、阿拉伯树胶、蛋白质、糊精等加入溶胶中能显著提高溶胶对电解质的稳定性，这种现象称为保护作用。能起保护作用的高分子物质称为保护剂。高分子的保护作用总的来说，是高分子在胶粒表面上的吸附造成的，主要有以下几个原因：

若高分子中含有可电离的基团，即带电高分子，则吸附后可使粒子间的双电层斥力增强；保护剂的吸附层能显著减弱粒子间的范德瓦尔斯引力势能。

当吸附着大分子的粒子相互接近到一定距离后，由于高分子链的空间障碍，比如阻碍粒子间进一步靠近，或者说，随着这些高分子链之间的相互作用，混乱度降低，熵减少，但在此过程中 ΔH 焓变几乎无变化。根据热力学公式 $\Delta G = \Delta H - T\Delta S$ 可知，在这种情况下，粒子间相互作用的自由焓变为正值，亦即粒子间存在斥力，此斥力的范围由被吸附分子的链长来决定。由于这种斥力的存在，使粒子合并而聚沉是不可能的，所以这种稳定性称为空间稳定性或熵稳定性。影响空间稳定作用的因素有：

① 高分子的结构。能有效稳定胶体的高分子结构中有两种基团：一种基团能牢固地吸附在胶粒表面上；另一种基团（与溶剂有良好的亲和力）能充分伸展形成厚的吸附层，产生较高的斥力势能。

② 高分子的相对分子质量和浓度。一般来说，高分子的相对分子质量越大，形成的吸附层越厚，稳定效果越好。许多高分子有一个临界相对分子质量，低于此相对分子质量时无稳定作用。高分子浓度的影响比较复杂。一般浓度较高时，在胶粒表面形成吸附层，就起稳定作用；浓度再大，过多的高分子也不能进一步增加稳定性。但浓度太小时，不能形成吸附层，反而会降低胶体的稳定性。

③ 溶剂。在良好的溶剂中，高分子伸展，吸附层厚，其稳定作用强。而在不良溶剂中，高分子的稳定作用变差，容易聚沉。温度可以改变高分子与溶剂的亲和性，故而对高分子稳定的体系而言，其稳定性常随温度而变。

（2）絮凝作用

在溶胶中加入极少量的可溶性高分子化合物时，在胶粒表面不能形成吸附层，反而会降低胶体的稳定性，可导致溶胶迅速沉淀，沉淀呈疏松的棉絮状，这类沉淀称为絮凝物，这种

现象称为絮凝作用，产生絮凝作用的高分子称为絮凝剂。

高分子絮凝的机理如下：

絮凝作用与聚沉作用机理不同。电解质的聚沉作用是压缩双电层，降低胶粒间静电斥力而致。对高分子絮凝的机理，比较一致的看法是"桥联作用"，即高分子同时吸附在多个颗粒表面上，形成桥联结构，把多个粒子拉在一起导致絮凝。"桥联"的必要条件是粒子存在空白表面。如果溶液中的高分子浓度很大，粒子表面已完全被吸附的高分子所覆盖，则粒子不会再通过桥联而絮凝，此时高分子起的是保护作用。

影响絮凝作用的主要因素如下：

① 絮凝剂的分子结构。絮凝效果好的高分子一般具有链状结构，具有交联或支链结构的絮凝效果就差一些。另外，分子中应有水化基团和能在胶粒表面吸附的基团，以便有良好的溶解性和架桥能力。常见的基团有—COONa、—CONH$_2$、—OH 和—SO$_3$Na 等。

② 絮凝剂的相对分子质量。一般相对分子质量越大，桥联越有利，絮凝效果越高。但相对分子质量也不能太大，否则溶解困难，且吸附的胶粒间距离太远，不易聚集，絮凝效果将变差。具有絮凝能力的高分子相对分子质量一般至少在 10^6 左右。絮凝剂的浓度存在最佳浓度，此时絮凝效果最好，越过此量效果反而变差。pH 和盐类对絮凝效果影响很大，往往是絮凝效率高低的关键。

高分子絮凝剂的优点如下：高分子絮凝剂近年来发展很快，广泛用于选矿、污水处理、土壤改良以及造纸、钻井等工艺中。

与无机絮凝剂相比，它有以下优点：

① 效率高。用量一般仅为无机凝聚剂的 1/200~1/30。
② 絮块大、沉降快。由于粒子靠高分子拉在一起，故絮块强度大，易于分离。
③ 在合适的条件下可进行选择性絮凝，这在矿泥回收中特别有用。

表 2-3 列出了一些常用的高分子絮凝剂。

表 2-3　常用的高分子絮凝剂

非离子型	阴离子型	阳离子型	两性
聚丙烯酰胺	聚丙烯酸钠	聚氨烷基丙烯酸甲酯	动物胶
聚氧乙烯	部分水解聚丙烯酰胺	聚胺甲基丙烯酰胺	蛋白
脲醛树脂	碳甲基聚丙烯酰胺	聚乙烯烷基吡啶盐	—
刺槐豆粉	—	聚乙烯胺	—
淀粉	—	聚乙烯吡咯	—
糊精	—	—	—

2.2.3　胶体溶液的流变性

所谓流变性，是指物质在外力作用下的变形和流动性质。胶体的流变性质非常重要，许多重要的生产问题如油漆、钻井液、陶土的成型等都与之有关。例如，油漆，既要求其有良好的流平性，以自动消除刷子留下的痕迹；但又不希望其流动性大到油漆未干时就从墙上流淌下来。这就需要研究油漆的流变性。

最常用的流变性是黏度。所谓黏度，定性地说，就是物质黏稠的程度，它表示物质在流动时内摩擦的大小。对于流速不太快的流体，可以把其看成许多相互平行移动的液层，各层的速度不同，形成了速度梯度，这是流动的基本特征。由于速度梯度的存在，流动慢的液层阻滞着较快液层的流动，因此产生流动阻力。为了使液层保持一定的速度梯度，必须对它施加一个与阻力相等的反向力，在单位面积的液层上所施加的这种力称为切应力，用 τ 表示，单位为 N/m^2，速度梯度也叫切变速率，习惯上用 D 表示，单位为 s^{-1}。切应力和切变速率是表征体系流变性质的两个基本参数。对于纯液体和大多数小分子液体，在层流条件下，二者的关系为 $\tau = \eta \cdot D$。这就是著名的牛顿公式，式中的 η 为比例常数，称为黏度，单位是 $Pa \cdot s$。黏度的标准定义为：将两块面积为 $1\ m^2$ 的板浸在液体中，两板距离为 $1\ m$，若加 $1\ N$ 的切应力，能使两板的相对速度为 $1\ m/s$，则此液体的黏度为 $1\ Pa \cdot s$。流体流动时，为克服摩擦阻力而消耗一定能量（转变为热），所以，从能量角度看，黏度也可定义为单位剪切速率下，单位体积和单位时间内所消耗的能量。

符合牛顿公式的流体叫作牛顿流体，其特点是黏度只与温度有关，与切变速率无关。不符合牛顿公式的流体称非牛顿流体，τ 与 D 无正比关系，比值 τ/D 不是常数，而是 D 的函数，用 η_a 表示，此时的 τ/D 称为表观黏度。非牛顿流体分成胀性、结构黏性、触变性和震凝性流体。流体的典型流变曲线如图 2-10 所示。

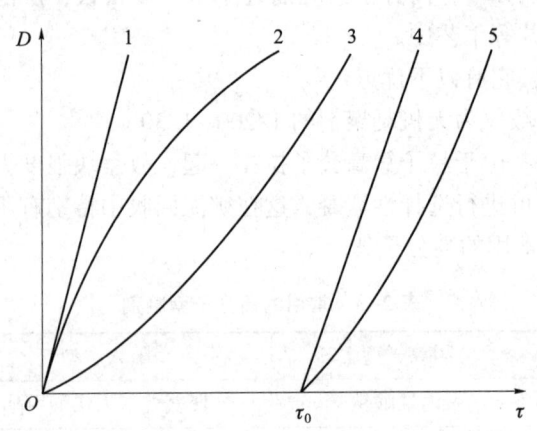

1—牛顿型；2—胀性（剪切稠化）；3—假塑性（剪切稀化或结构黏性）；4—理想塑性；
5—非理想塑性；τ_0=初始屈服应力。

图 2-10　流体的典型流变曲线

2.2.3.1　稀胶体溶液的黏度

前已叙述，流体流动时，为克服内摩擦阻力，必须消耗一定的能量，黏度即是这种能量消失速率的量度。倘若液体中存在粒子，液体层流的流线经过粒子时受到干扰，要消耗额外的能量，这就是胶体溶液黏度比纯溶剂大的原因。通常将溶胶黏度 η 与溶剂黏度 η_0 之比称为相对黏度 η_r，η_r 的大小与质点的大小、形状、浓度、质点与介质的相互作用以及它在流场中的定向程度等因素有关。

1. 分散相浓度的影响——Einstein 黏度定律

对于稀的溶胶或悬浮液，Einstein 推导出如下关系式：

$$\eta = \mu_0(1+2.5\varphi) \tag{2-20}$$

式中，φ 为体系中分散相的体积分数。此式的推导曾假设：①粒子是远大于溶剂分子的圆球；②粒子是刚性的，完全为介质润湿，且与介质无相互作用；③分散体很稀，液体经过质点时，各层流所受到的干扰不相互影响；④无湍流。许多实验证明，对于浓度不大于3%（体积分数）的球形质点，η 与 φ 间确有线性关系，但常数值往往大于2.5。这可能是质点溶剂化，从而使实际的体积分数变大的缘故。

倘若浓度较大，由于质点间的相互干扰，体系的黏度将急剧增加，Einstein 黏度定律不再适用。

2. 温度的影响

温度升高，液体分子间的相互作用减弱，因此液体的黏度随温度升高而降低。因此，测量液体的黏度必须十分注意控制温度。

溶胶的黏度随温度的升高而降低，由于溶剂的黏度也相应降低，故 η_r 随温度的变化往往不大。但对于较浓的胶体体系，由于在低温时质点间常形成结构，甚至胶凝，而在高温时结构又常被破坏，故黏度随温度变化的幅度要大得多。

3. 质点形状的影响

分散体系流动时，固体粒子既有平移运动，也有旋转运动。当粒子形状不同时，对运动所产生的阻力有很大的差异。在体积分数相同的情况下，非球形粒子具有更大的"有效水力体积"（图 2-11），因而阻力更大，分散体系的黏度更大。对于粒子为任意形状的稀悬浮体，黏度方程可写为：

$$\eta_r = 1 + K\varphi \tag{2-21}$$

式中，K 为形状系数，粒子越不对称，K 值越大。

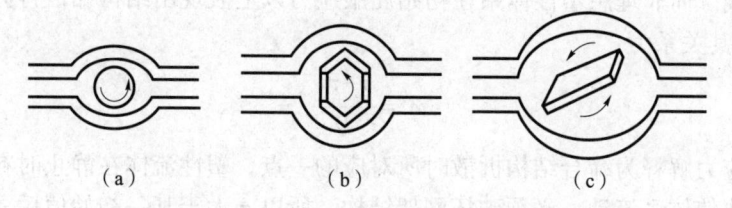

图 2-11 粒子形状对有效水力体积的影响
(a) 球粒；(b) 薄片状粒子；(c) 棒片状粒子

4. 粒子大小与黏度的关系

体积分数相同时，粒子越小，黏度越大，偏离 Einstein 黏度方程越远。这是因为：①粒子越小，粒子数越多，粒子间距离就越近，相互干扰的机遇越大；②粒子越小，溶剂化后有效体积越大；③粒子越小，溶剂化所需溶剂量越多，自由溶剂量越少，粒子移动阻力越大，因而黏度越高。

5. 粒子溶剂化对黏度的影响

在 Einstein 黏度方程中，分散相的体积分数是指分散相在分散介质中的真实体积分数。若粒子不发生溶剂化，φ 就是粒子本身的体积分数，用 $\varphi_{干}$ 表示。若粒子发生溶剂化，则 φ 应是干体积分数与因溶剂化而增加的体积分数之和，称为"湿体积分数"，用 $\varphi_{湿}$ 表示。对于球形粒子，假设溶剂化只发生在粒子表面，则：

$$\varphi_{湿} = \left(1 + \frac{3\Delta R}{R}\right)\varphi_{干} \tag{2-22}$$

式中，R 为粒子半径；ΔR 为溶剂化层厚度。Einstein 黏度方程可写为：

$$\eta_r = 1 + 2.5\left(1 + \frac{3\Delta R}{R}\right)\varphi_{干} \tag{2-23}$$

可见粒子的溶剂化作用使分散体系的黏度增加。

6. 粒子电荷对黏度的影响

胶体粒子带电荷时，分散体系的黏度增高，这种现象称为电黏滞效应。对刚性粒子而言，粒子带电（即双电层的存在）使其有效体积变大，因而黏度变大。对于高分子电解质，带电荷时可使分子舒展扩张，有效水力学体积增大，因而黏度较大。当加入无机电解质时，双电层被压缩，高分子呈卷曲状，有效水力学体积减小，因而黏度降低。这可解释两性高分子，当 pH 在等电点时黏度最低的实验结果。

2.2.3.2 浓胶体溶液的黏度

以上讨论的是稀胶体溶液，属于牛顿型流体，τ 与 D 成正比，其黏度与切应力无关，因而仅用黏度就可以表征其流变性。而实际使用的大多是浓分散体系，多属于非牛顿体，其 τ 与 D 不成简单的正比关系，τ/D 值也随 τ 而变化。前面已介绍了非牛顿流体的类型，下面分别介绍其流变特性。

1. 塑性流体

塑性体有一个初始屈服应力，只有超过该值，塑性体才开始流动。理想塑性流体，也称为宾汉塑性流体，在超过这个阈值后，其流动表现得像牛顿流体，其流动曲线基本是一条不通过原点的直线。而非理想塑性体系在初始屈服应力以上表现出结构黏性行为。对于塑性流体（黏度 η），其关系为：

$$\eta' = \frac{\tau - \tau_0}{D} \tag{2-24}$$

初始屈服应力解释为缔合结构拆散时所对应的一点。塑性流体在静止时粒子间能形成空间网状结构，要使体系流动，必须破坏网架结构，所以 τ 大于某一初始值后才能流动。流动过程中，结构的破坏和重新形成同时进行。开始随着 τ 的增加，结构的破坏占优势；当 τ 增加到一定值后，结构的拆散和重新形成达到平衡，因而具有一个相对恒定的塑性黏度 η，影响塑性流体流动的根本原因是网架结构的形成。粒子浓度增大、不对称性增加及粒子间引力增大，均有利于网架结构的形成。

油墨、油漆、牙膏、钻井泥浆、沥青等均属于塑性流体。

2. 假塑性流体

没有初始屈服应力的结构黏性流体叫作假塑性流体。其流变曲线通过原点，表观黏度随切应力增加而减小，即搅得越快，显得越稀，其流变曲线为一凹向切应力轴的曲线（图 2-10 中曲线 3）。假塑性流体也是一种常见的非牛顿流体。大多数高分子溶液和乳状液都属于此类。对于这种流体，其 D-τ 关系可用指数定律表示：

$$\tau = KD^n \quad (0 < n < 1) \tag{2-25}$$

式中，K 和 n 为与液体性质有关的经验常数。K 为液体稠度的量度，K 值越大，液体越黏稠；n 值小于 1，为非牛顿性的量度，n 与 1 相差越多，则非牛顿性越显著。

假塑性流体形成的原因是：高分子多是不对称粒子，静止时介质中有各种取向。当 D 增加时，其长轴将转向流动方向，D 越大，这种定向效应也增加，因而流动阻力将降低，使 τ/D 下降。另外，粒子的溶剂化层在切应力作用下也可变形，也使流动阻力减小，τ/D 降低。总之，这种剪切稀化现象是流体中的粒子发生定向、伸展、变形或分散等使流动阻力减小而造成的（图2-12）。

3. 胀性流体

胀性流体的流变曲线也是通过原点的，但与假塑性流体相反，其流变曲线为一条凸向切应力的曲线，其 τ/D 随 D 增加而增大，也就是说，这类流体搅得越快，显得越稠，这种现象称为剪切稠化作用。其 $D-\tau$ 关系与假塑性流体的相同，只是 $n>1$。

对胀性流体的解释是：静止时，粒子全是散开的；搅动时，粒子发生重排，形成了混乱的空间结构，这种结构不坚牢，但大大增加了流动阻力，使 τ/D 值上升（图2-13）。当搅动停止时，粒子又呈分散状态，因而黏度又降低。胀性流体通常需要满足两个条件：①分散相浓度需相当大，且应在一狭小的范围内。浓度低时是牛顿流体，浓度高时是塑性流体。出现胀性流体所需的最低浓度称为临界浓度。例如，淀粉在40%~50%的浓度范围内表现为明显的胀性流体。②粒子必须是分散的，不能聚结。所以，要形成胀性流体，往往要加入分散剂、润湿剂等。属于胀性流体的有高浓度色浆、氧化铝、石英砂等的水悬浮体。

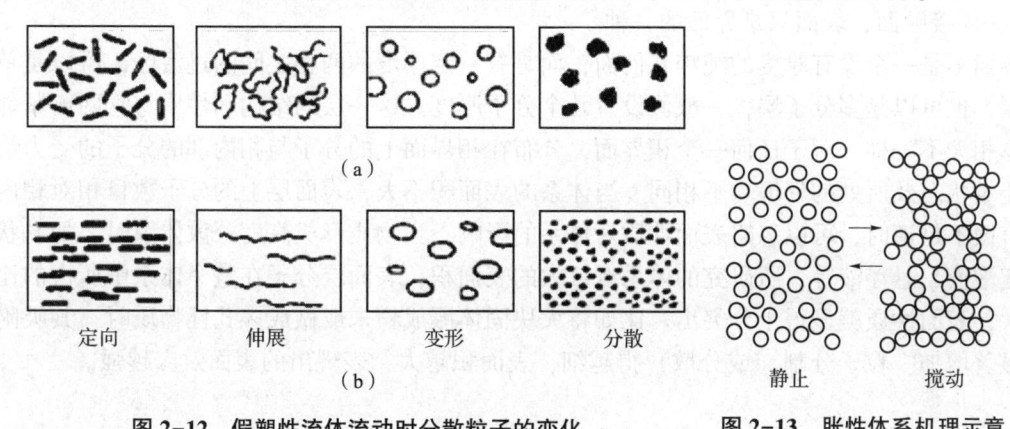

图 2-12 假塑性流体流动时分散粒子的变化
（a）静止时；（b）流动时

图 2-13 胀性体系机理示意

4. 触变性流体

当改变切应力时，牛顿型、结构黏性、胀性和塑性流体几乎全部同时采取相应的速度梯度。但是，对于一些流体来说，需要明显的松弛时间。如果切变速率恒定或切应力恒定，表观黏度随时间的增加而减小，那么这个流体为触变性的；如果表观黏度增大，那么就称其为震凝性的。

关于触变性产生的原因，解释有多种。比较流行的看法是：粒子靠一定方式形成网架结构，流动时结构被拆散，并在切应力作用下粒子定向，当切变速率减小到0时，被拆散的粒子必须靠布朗运动移动到一定的几何位置，才能重新形成结构，这个过程需要时间，从而呈现出时间依赖性。泥浆、油漆等都有触变性。图2-14表示一个典型的结构黏性触变性流体的流变曲线。

图 2-14 一个典型的结构黏性触变性流体的流变曲线

上行线 ABC 和下行线 CA 组成月牙形的 ABCA 环形曲线，称为"滞后圈"。滞后圈的面积可表示触变性的大小，面积越大，触变性越强。滞后圈的大小与人为因素及仪器结构等外界因素有关，只有在各种条件都固定的情况下，滞后圈才能真正度量体系的触变性。

震凝性和触变性相反，也就是说，在恒定切变速率下黏度增加，震凝性体系不常见。偶尔在非常浓的乳状液中能观察到，例如，浓度比最密球堆积还要高的 W/O 型乳状液。

2.3 物质的相与界面

2.3.1 物质的相与界面的含义、类型和特点

物质的聚集状态称为相，密切接触的两相之间的过渡区称为界面。常见的物质聚集状态有气相、液相和固相；常见的相界面有气-液界面、气-固界面、液-液界面、液-固界面和固-固界面五种类型。通常将其中一个接触相为气相时产生的界面称为表面，如气-液接触面、气-固接触面，表面只是界面的一种。

界面不是一个没有厚度的纯粹几何面，而是有一定厚度的两相之间的过渡区，可以是单分子层，也可以是多分子层，一般假设有几个分子厚度。这一层的结构和性质与它两侧紧邻的本体相大不一样。对于任何一个相界面，分布在相界面上的分子与相内部的分子的受力情况、能量状态及所处的环境均不相同。当体系的表面积不大，表面层上的分子数目相对相内部而言微不足道时，可以忽略表面性质对体系的影响；当物质形成高度分散体系时，如乳状液、起泡液、悬浮液等，所研究的体系有巨大的表面积，表面层分子在整个体系中所占的比例较大，表面性质就显得十分突出。比如将大块固体碾成粉末或做成多孔性物质时，其吸附量便显著增加。粒子分割（或分散）得越细，表面积越大，表现出的表面效应越强。

2.3.2 相内与界面上的分子或物质的物理性质

物质表面层的分子与内部分子周围的环境不同，任何一个相，其表面分子与内部分子的受力情况不同，液体内部任何一个分子受四周邻近相同分子的作用力是对称的，各个方向的力彼此抵消，合力为零，分子在液体内部移动不需要做功。但液体表面层的分子，它的下方受到邻近液体分子的引力，上方受到气体分子的引力。由于气体分子间的力小于液体分子间的力，所以表面分子所受的作用力是不对称的，合力指向液体内部。在气-液界面上的分子受到指向液体内部的拉力，液体表面都有自动缩成最小的趋势。

物质由分子或原子组成，物质界面上的分子与内部分子的热力学状态不一样，表面层上的分子受到剩余力场的作用，若将一个分子从相的内部迁移到界面，就必须克服体系内部分子间的引力而对体系做功。处在体系界面或表面层上的分子，其能量应比相内分子的能量高。所有一切界面现象，如吸附、润湿、分散、乳化、洗涤等，都是由于界面分子与体系内部分子的能量不同而引起的。当增加体系的界面或表面积时，相当于把更多的分子从内部迁移到表面层，体系的能量同时增加，外界因此而消耗了功。在温度、压力和组成恒定时，可

逆地增加单位表面积时，环境对体系所做的功，叫作表面功，该表面功变成了单位表面层分子的吉布斯自由能。

界面或表面上总是存在着一种力图使界面或表面收缩的力，称为表面张力。只要有表面存在，上面就有表面张力。表面张力垂直于边界线指向表面的中心，并与表面相切；如果表面是弯曲的，例如，水珠的表面，则表面张力的方向与液面的切线相垂直。

表面张力是普遍存在的，不仅在液体表面有，在固体表面也有，而且在液-固界面、液-液界面以及固-固界面处也存在相应的界面张力。表面张力是表面化学中最重要的物理量，是产生一切表面现象的根源。

表面张力是温度、压力和组成的函数。对于组成不变的体系，例如，纯水、指定溶液等，其表面张力取决于温度和压力的大小。

从分子间的相互作用来看，表面张力是由于表面分子所处的不对称力场造成的。表面上的分子所受的力主要是指向液体内部分子的吸引力，当增加液体表面积（即将分子由液体内部移至表面上）时所做的表面功，就是为了克服这种吸引力而做的功。由此看来，表面张力也是分子间吸引力的一种量度。分子运动论说明，温度升高，分子的动能增加，一部分分子间的吸引力就会被克服。其结果是气相中的分子密度增加或液相中分子间距增大，最终使表面分子所受力的不对称性减弱，因而使表面张力下降。这就是表面张力随着温度升高而降低的原因。压力对表面张力的影响很小，一般情况下可以忽略不计。

根据能量最低的原则，在一定的条件下，体系总是自发地使表面能达到最低。纯液体自发地使表面积降到最小，于是液滴总是保持球形。纯液体中只有一种分子，在一定温度和压力下，其表面张力γ是一定的。对于溶液，在一定的温度和压力下，其表面张力γ随着溶质类型和溶质浓度的不同而改变。无机盐类的水溶液，其表面张力γ随着溶质浓度的增大而升高；大部分极性有机物的水溶液，其表面张力γ随着溶质浓度的增大而降低，通常开始降低得快一些，后来降低得慢一些；含碳原子8个以上的有机酸盐、有机胺盐、磺酸盐、苯磺酸盐等的水溶液，其表面张力γ随着溶质浓度的增大而急剧下降，但到一定浓度后，却几乎不再变化，这类能够显著降低水的表面张力的物质叫作表面活性剂，表面活性剂在复配技术中有广泛的应用。

设有一杯质量摩尔浓度为C_B的溶液，上方是空气或它的蒸气，该溶液的气-液界面即表面（厚度一般不超过10个分子直径）就具有特殊的性质，它既不同于上方的气相，也不同于下方的溶液本体相，把表面层作为一个特殊的相来处理，称为表面相，用符号σ表示。表面相中的每一个分子都处于不均匀力场中，结果都受到一个指向溶液本体（也称为体相）的合力的作用。如果表面相中的溶质分子受到的不平衡力比溶剂分子小一些，那么表面相中溶质分子所占的比例大于溶剂分子所占的比例，就会使表面能和表面张力减小。为此，有更多的溶质分子倾向于由溶液本体转移到表面上，以降低表面能，结果使得表面相的浓度高于本体浓度，即$C_\sigma > C_B$。这就像溶液表面有一种特殊的吸引作用将溶质分子从内部吸引到表面上。将这种表面浓度与本体浓度不同的现象叫作表面吸附。如果表面相中的溶质分子受到的不平衡力比溶剂分子的大，则溶质分子倾向于进入溶液，使表面相浓度减小。把吸附结果使表面相浓度增大的吸附称为正吸附，吸附结果使表面相浓度减小的吸附称为负吸附。表面吸附是溶液体系为了降低表面张力从而降低表面能而发生的一种表面现象，在一定温度和压力下，对于一个指定的溶液，其浓度差$C_\sigma - C_B$是一定值。表面吸附的性质和程度用表面吸附量

Γ（也常叫作表面超量或表面浓度）表示，Γ 值大于零，发生正吸附；Γ 值小于零，发生负吸附；Γ 值离零越远，表明吸附程度越大。

固体表面与液体表面一样，具有不均匀力场。由于固体表面的不均匀程度远远大于液体表面，一般具有更高的表面能。因此，当固体特别是高能表面固体与周围的介质接触时，将自发地降低其表面自由能，并伴随着界面现象发生。当液体与固体接触时，随着液体和固体表面性质及液-固界面性质的不同，液体对固体的润湿情况不同。任何润湿过程都是固体与液体相互接触的过程，即原来的固体表面和液体表面消失，取而代之的是固-液界面，结果使体系的吉布斯自由能降低。表面吉布斯自由能降低得越多，则润湿程度越大。能被液体所润湿的固体，称为亲液性的固体；不能被液体所润湿的固体，则称为憎液性的固体。固体表面的润湿性能与其结构有关。常见的液体是水，所以极性固体皆为亲水性，而非极性固体大多为憎水性。常见的亲水性固体有石英、硫酸盐等；憎水性固体有石蜡、某些植物的叶等。

固体表面和液体表面有一个重要的共同点，即表面上的力场是不饱和的，表面分子都处于非均匀力场之中，有表面张力存在。固体的表面现象与液体的不同，液体能够自动地缩小表面积，以降低表面吉布斯自由能。同时，溶液表面还能对溶液中的溶质产生表面吸附，以进一步降低表面吉布斯自由能。固体表面上的分子几乎是不能移动的，固体表面上原子和分子的位置就是在表面形成时，它们所处的位置。无论经过多么精心磨光的固体表面，实际上都是凹凸不平的。正是由于固体表面的不均匀性，表面上可能没有两个原子或分子所处的情况是完全一样的。尽管固体表面和液体表面不同，但它们产生吸附作用的实质都是趋向于使表面吉布斯自由能降到最低。为了降低表面张力，固体表面虽然不能像溶液表面那样从体相内部吸附溶质，却能够从表面外部空间中吸附气体分子。当无规则热运动的气体分子碰撞到固体表面时，就有可能被吸附到固体表面上。固体表面吸附气体分子以后，表面上的不均匀力场就会减弱，从而使表面张力降低。当气体在固体表面上被吸附时，固体叫吸附剂，被吸附的气体叫吸附质。按吸附质（吸附分子）与吸附剂（固体表面）的作用力的性质不同，可把吸附分为物理吸附和化学吸附。物理吸附过程中没有电子转移、化学键的改变或原子的重排等，产生吸附的力是范德瓦尔斯引力，这类吸附与气体在表面上的凝聚很相似，越是易于液化的气体越易被吸附；化学吸附过程一般需要一定的活化能，其吸附力是化学键力。由吸附等温线的类型可以了解有关吸附剂的表面性质、孔的分布性质、吸附质与吸附剂相互作用等有关信息。

课后练习题

1. 什么是胶体？
2. 浓胶体和稀胶体如何区分？
3. 表面和界面的含义分别是什么？
4. 液体表面和固体表面有何不同？

第 3 章　表面活性剂

表面活性剂是当今最重要的工业助剂之一，其应用已渗透到大多数工业领域。在许多行业中，表面活性剂起到画龙点睛的作用，作为最重要的助剂，常能极大地改进生产工艺和产品性能。

英国著名界面化学家 Ckint 说：冰淇淋是我们最喜爱的食物；有了洗涤剂，我们的生活才能如此美好。若没有表面活性剂，这两样东西都不会有，这真是太可悲了。但是，如果真的没有了表面活性剂，也不会有人为没有冰淇淋和洗涤剂而哭泣。因为没有表面活性剂，人也没有了。

表面活性剂的功能主要是能改变表（界）面的物理化学性质，从而产生一系列的应用性能，具有广泛的用途。

3.1　表面张力

3.1.1　表面张力的概念

处于表面层的分子与相内部分子相比所处的环境不同。如气-液界面上，内部分子受力均匀，在内部的移动是自由的，不需要外界对其做功。而处于界面层的分子受到一种向着液体内部的拉力。要把分子从内部移动至界面上，必须克服拉力做功。换而言之，表面层的分子比内部分子具有更高的能量。

液体表面张力是指作用于液体表面，使液体表面积缩小的力。表面张力与比表面自由能在数值上完全相等。表面张力的力学定义是作用于液体表面上任何部分单位长度直线上的收缩力，力的方向与该直线垂直并与液面相切，单位为 mN/m。它产生的原因是液体跟气体接触的表面存在一个薄层，叫作表面层，表面层里的分子比液体内部的稀疏，分子间的距离比液体内部的大，分子间的相互作用表现为引力。就像拉开的弹簧，弹簧有收缩的趋势。正是因为张力的存在，有些小昆虫才能在水面上行走自如。表面张力是强度性质，其数值与物质的种类、共存的另一相的性质、温度、压力等因素有关。

3.1.2 表面张力的影响因素

影响液体表面张力的因素主要有：

(1) 物质的本性

液体的表面张力（或表面自由能）是表示将液体分子从体相拉到表面上所做功的大小，与液体分子间相互作用力的性质及大小有关。相互作用强烈，不易脱离体相，表面张力就大。①无机液体的表面张力比有机液体的表面张力大（20 ℃水的表面张力为 72.8 mN/m，有机液体的表面张力都小于水）；②含氮、氧等元素的有机液体的表面张力较大，含 F、Si 的液体表面张力最小；③相对分子质量大，则表面张力大；④水溶液中，如果含有无机盐，则表面张力比水大；含有有机物，则表面张力比水小。

(2) 温度的影响

温度升高，分子键引力减弱，表面张力随温度升高而减小。同时，温度升高，液体的饱和蒸气压增大，气相中分子密度增加，气相分子对液体表面分子的引力增大，导致液体表面张力减小。当温度达到临界温度 T_c 时，液相与气相界线消失，表面张力降为零。

(3) 压力的影响

随着压力增加，表面张力减小。低压下影响不明显，高压下引起比较明显的变化。

3.1.3 测定液体表面张力的方法

表面张力是液体重要的物理性质参数，是影响各种化学反应和生物反应的关键因素之一，也是化学工程计算中必不可少的基础物性参数。表面张力无法直接通过热力学微分关系式从状态方程中导出，精确可靠的表面张力实验数据只能通过精密测量得到。表面张力的测定方法分为静态法和动态法。静态法主要有毛细管上升法、最大气泡压力法、DuNouy 吊环法、Wilhelmy 吊片法、滴重法和滴体积法等；动态法主要有振荡射流法、旋滴法和悬滴法等。

1. 静态法测定表面张力

(1) 毛细管上升法

一般认为，表面张力的测定以毛细管上升法最准确。这是由于它不仅有比较完整的理论，而且实验条件可以严密地控制。当液体完全湿润管壁时，液-气界面与固体表面的夹角（接触角）为零，则接触处的液体表面与管壁平行而且相切，整个液面呈凹态形状。如果毛细管的横截面为圆形，则半径越小，弯月面越近似于半球形。若液体完全不湿润毛细管，此时的液体呈凸液面而发生毛细下降，通常情况下，液体与圆柱形毛细管间的接触角为 0°～180°，即液体对毛细管的湿润程度处于完全湿润与完全不湿润之间。

$$\gamma = \frac{1}{2}(\rho_l - \rho_g)ghr\cos\theta \tag{3-1}$$

式中，γ 为表面张力；ρ 为密度；g 为重力加速度；h 为液面上升高度；r 为毛细管半径；θ 为固-液接触角。只要测得液柱上升（或下降）高度和固-液接触角，就可以确定液体的表面张力。应用此法测定液体表面张力，要求固-液面接触角 θ 最好为零。当精确测量时，需要对毛细管内液面上升高度 h 进行校正。当液面位置很难测准时，可通过测量两根毛细管的高度差计算表面张力，其计算公式为：

$$\gamma = \frac{1}{2}\rho ghr \tag{3-2}$$

（2）最大气泡压力法

这也是测定液体表面张力的一种常用方法。测定时，将一根毛细管插入待测液体内部，从管中缓慢地通入惰性气体对其内的液体施以压力，使它能在管端形成气泡逸出。当所用的毛细管管径较小时，可以假定所产生的气泡都是球面的一部分，但是气泡在生成及发展过程中，气泡的曲率半径将随惰性气体的压力变化而改变，当气泡的形状恰为半球形时，气泡的曲率半径为最小，正好等于毛细管半径。如果此时继续通入惰性气体，气泡便会猛然胀大，并且迅速地脱离管端逸出或突然破裂。如果在毛细管上连一个 U 形压力计，U 形压力计所用的液体密度为 ρ，此时

$$p_m = \rho gh + \frac{2\gamma}{r}$$

即

$$\gamma = \frac{1}{2}r(p_m - \rho gh) \tag{3-3}$$

（3）DuNouy 吊环法和 Wilhelmy 吊片法

DuNouy 吊环法的基本原理是，将浸在液面上的金属环（铂丝制成）脱离液面，其所需的最大拉力，等于吊环自身重力加上表面张力与被脱离液面周长的乘积。Timberg 和 Sondhauss 首先使用此法，但 DuNouy 第一次应用扭力天平来测定此最大拉力。Harkins 和 Jordan 引进了校正因子，可以用来测定纯液体表面张力，测定时必须注意其表面张力有时间效应。此外，将吊环拉离液面时要特别小心，以免液面发生扰动。

Wilhelmy 吊片法是 Wilhelmy 于 1863 年首先提出的。后来，Dognon 和 Abribat 将其改进，测定当打毛的铂片、玻璃片或滤纸片的底边平行界面并刚好接触（未脱离）界面时的拉力。要满足吊片恰好与液面接触，既可采用脱离法测定吊板脱离液面所需与表面张力相抗衡的最大拉力，也可将液面缓慢地上升至刚好与天平悬挂已知重量的吊板接触，然后测定其增量，再求得表面张力的值。

从测定原理看，DuNouy 吊环法和 Wilhelmy 吊片法都是通过测量力来测量表面张力的，对润湿性要求较高。吊片法操作简单，不需要校正，精度高。缺点是样品用量大，升温速度慢，不能用于多种气氛的表面张力测定以及高压表面张力的测定。对于非离子型及阴离子表面活性剂，可以采取吊环法和吊片法；对于阳离子表面活性剂水溶液，由于容易吸附于固体表面，使表面变得疏水而不易被水溶液润湿，实验误差较大，可以采用与接触角无关的测定方法，如滴体积法。

（4）滴重法和滴体积法

滴重法是一种具有统计平均性质且较准确的方法，最早由 Tate 于 1864 年提出。基本原

理是将待测液体在恒温条件下通过管尖缓慢地形成液滴落入容器内，待收集至足够数量的液体时，根据总滴数算出每滴液滴的平均重力（mg），就可按泰特（Tate）定律求出表面张力 γ：

$$\gamma = (V\rho g/R) \times [1/(2\pi f)] \tag{3-4}$$

公式说明表面张力所能拉住液体的最大重力等于管尖周长和液体表面张力的乘积。式中，R 是液滴顶部半径，如果待测的液体不能润湿管尖材料，则只取内径 r；反之，取外径。

事实上，液滴落下前所形成的细长液柱在力学上是不稳定的，即液滴上半部分半径缩小，下半部分半径扩大，最后形成液滴落下时，只有下半部分的液体真正落入容器内，而上半部分的液滴仍与管尖相连，并成为下一个液滴的一部分。这是表面张力作用下的近管口液体受到其液滴重力作用，过早地拉伸而断裂所致。因此，所得液滴的实际重力要比计算值小得多。哈金斯和布朗对上述偏差做了修正。

滴体积法是在滴重法的基础上发展起来的。滴重法虽然比较精确，但操作很不方便。为此，Gaddum 改用微型注射器直接测量液滴体积。滴重法和滴体积法的测量设备简单，准确度较高，测量手段直接，样品用量少，易于恒温，能够用于一般液体或溶液的表面张力的测定，即使液体对滴头不能完全润湿，有一定的接触角（不大于 90°）时，也能适用。

2. 动态法测定表面张力

（1）振荡射流法

毛细管上升法、最大气泡压力法、DuNouy 吊环法、Wilhelmy 吊片法、滴重法和滴体积法等是测定平衡时的表面张力，即静态张力。但是，对于时间极短的溶液表面张力的变化，则需用动态法测量。一般地，测定液体表面张力的方法稍加改动可用于测量动态表面张力；但对于时间很短的动态表面张力，可以采用振荡射流法，该法测定的时间范围可低达 1 ms 左右。

液流在椭圆形管喷出时，射流可做周期性振动，形成一连串的波形。波形的产生是由于液体表面张力有使液流由椭圆形变为圆形的倾向和射流惯性力的相互作用。通过射流动态表面张力公式，自射流波长和射流速度可测得表面张力与表面老化时间的对应关系。

（2）旋滴法

旋滴法主要用于测定超低表面张力。一般将表面张力值在 $10^{-3} \sim 10^{-1}$ mN/m 的称为低称表面张力，在 10^{-3} mN/m 以下的称为超低表面张力。

测定原理：在样品管中装入高密度的液体，再加入少量低密度液体，密闭后，将其置于旋滴仪中使其以角速度旋转。在离心力、重力及表面张力作用下，低密度液体在高密度液体中形成圆柱形液滴。设圆柱形长为 Z，半径为 r_0，两液体的密度差为 $\Delta\rho$。当圆柱形长度与直径的比率大于 4 时，表面张力 γ 可由 Vonnegut 方程求出：

$$\gamma = \frac{\Delta\rho\omega^2 r_0^3}{4} \tag{3-5}$$

（3）悬滴法

悬滴法实质上是滴外形法的一种。滴外形法是根据液滴的外形来测定表面张力和接触角的方法，既有悬滴法，又有躺滴法，其原理是根据拉普拉斯关于毛细现象的方程计算：

$$\gamma\left(\frac{1}{R_1} + \frac{1}{R_2}\right) = p_0 + (\rho_1 - \rho_g)gz \tag{3-6}$$

式中，γ 为表面张力；R_1 和 R_2 为曲面半径；ρ_1 和 ρ_g 分别为待测液体及液滴外介质的密度；g 为重力加速度。

在实际测量表面张力时，可以根据要求的实验精度、温度压力和设备的实现难易程度来选择。

当要求精度比较高时，可以采用毛细管上升法、最大气泡压力法、DuNouy 吊片法，否则，可以选择 Wilhelmy 吊环法、悬滴法或旋滴法。当温度和压力比较高的时候，可以采用毛细管上升法、滴体积法、旋滴法、悬滴法、最大气泡压力法和振荡射流法进行测定。

当同时考察温度、压力和气氛对表面张力的影响时，悬滴法是最有效的方法之一。

随着 CCD 摄像技术和计算机图像采集处理技术的发展，促进了滴外形法的发展，该技术不但可以研究悬滴和躺滴，而且可以测定振荡泡压；既可以遥控测定在模拟空间站的微重力环境下的绝对张力和膨胀黏度，又可以模拟地下温度、压力，测定油-水界面张力，可实现全自动测量，测量速度极快，排除人为因素的影响，数据客观可靠。因此，应用轴称滴形分析技术的悬滴法必将在表面及界面科学研究中发挥巨大的作用。

3.2 表面活性剂溶液

3.2.1 表面活性剂含义及结构特征

3.2.1.1 表面活性剂的定义

在恒温恒压条件下，纯液体因只有一种分子，其表面张力是一定值。而对于溶液就不同了，在溶液中至少存在两种或两种以上的分子，其溶液的表面张力会随溶质的浓度变化而改变，这种变化可分为三种类型，如图 3-1 所示。

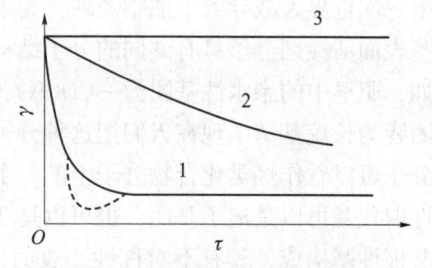

图 3-1 水溶液的表面张力与溶质浓度的三种典型关系

第一类是表面张力随溶质浓度的增加而略有上升，且往往接近于直线（曲线 3），这类的溶质有 NaCl、Na_2SO_4、KNO_3 等无机盐和蔗糖、甘露醇等多羟基有机物。

第二类是表面张力随溶质浓度增加而逐渐下降，在浓度很稀时下降较快，随浓度增加下降变慢（曲线 2）。属于此类的溶质有低相对分子质量的醇类、酸类、醛类等大部分极性有机物。

第三类是在溶液浓度较稀时，表面张力急剧下降，当溶液的浓度达到一定值后，溶液的表面张力就不再下降了（曲线 1）。属于这类的溶质有八个碳以上的有机羧酸盐、磺酸盐、苯磺酸盐等。

如果一种物质（甲）能降低另一种物质（乙）的表面张力，就说甲物质（溶质）对乙物质（溶剂）有表面活性；若甲物质不能使乙物质的表面张力降低，那么甲物质对乙物质则无表面活性。由于水是常用的溶剂，因此，表面活性剂往往是对水而言的。图 3-1 中曲线 3 溶液的溶质无表面活性，称为非表面活性物质；曲线 2 溶液中的溶质有表面活性，称为表面活性物质；曲线1溶液中的物质以很低的浓度就能显著降低溶剂的表面张力，叫作表面活性剂。表面活性剂是一大类有机化合物，它们的性质极具特色，应用极为灵活、广泛，有很大的实用价值和理论意义。表面活性剂一词来自英文 surfactant。其实际是短语 surface active agent 的缩合词。在欧洲工业界，技术人员常用 tenside 来称呼此类物质。因此，从词义来看，表面活性剂具有两种特性：活跃于表（界）面；改变表（界）面张力。表面活性剂是这样一种物质，加入很少量时即能大大降低溶剂（一般为水）的表面张力（气-液）或界面张力（液-液），改变界面状态，使界面呈活化状态，从而产生润湿、乳化、增溶、起泡、净洗等一系列作用。

实际应用的表面活性剂品种很多，但若将其化学结构的特点加以归纳，会发现表面活性剂有一个共同的基本结构，即分子中有一个是对溶剂（主要是水）吸引力弱的基团，如碳氢化合物，称为疏液基团（或称憎液基团），在水溶液中通常称为疏水基团，也称为亲油基团（Lipophile）；另一个是对溶剂（或水）吸引力强的基团，称为亲液基团或亲水基团（Hydrophile）。此亲水基团可以是离子，也可以是不电离的基团。因此，表面活性剂分子中既存在亲水基团（一个或一个以上），又存在亲油基团，是一种两亲分子，这样的分子结构使之一部分溶于水，而另一部分易自水逃离而具有双重性质。尽管表面活性剂有各种各样的性能和用途，但就它们的分子结构而言，都是由亲水基和疏水基两部分组成。

3.2.1.2　表面活性剂的结构特征

表面活性剂的历史：早期人们将动植物油脂和草木灰水溶液混合加热制取肥皂，随着化学工业的进步，有了 NaOH，人们通过用碱皂化油脂制取肥皂。到了20世纪20—30年代，由于第一次世界大战导致了油脂短缺，为了开发肥皂的代用品，在德国诞生了合成表面活性剂，这些表面活性剂分子具有共同的分子结构特征，即分子中同时包含亲水性基团和亲油性基团，例如，肥皂中的亲水性基团为—COONa，烷基苯磺酸钠中的亲水性基团为—SO$_3$Na，而亲油性基团皆为长烷基链。现在人们把这种分子称为两亲分子。其中，亲水基为离子的两亲表面活性剂分子可以看作烃类化合物分子上的一个或多个氢原子被极性基团取代而构成的物质，其中，极性取代基可以是离子基团，也可以是非离子基团。所以，表面活性剂分子结构一般由极性基和非极性基构成，具有不对称性。表面活性剂的极性基易溶于水，具有亲水性质，因此叫亲水基；而长链烃基是非极性基，不溶于水，易溶于"油"，具有亲油性质，因此叫亲油基，也叫疏水基。表面活性剂分子具有"两亲"结构，我们把它称为"两亲"分子，如图3-2所示。

表面活性剂　　　　　　　亲油基　　　　　亲水基

图 3-2　表面活性剂分子的"两亲"结构

一般用作亲油基的是长碳链的烃基，而能作为亲水基的有磺酸基、硫酸酯基、羟基、醚基、伯胺基、仲胺基、叔胺基、季铵基、羧基等。

3.2.2　表面活性剂的分类

由于亲水基和疏水基种类很多，以至于由它们组合的表面活性剂数量也多。为了解它们

的性质、结构、用途和合成，必须进行分类。现在普遍采用的是 ISO（International Standard Organization）分类法，即 ISO 2131—1972（E）简单分类法，以及在此基础上进一步完善的 ISO/TR 896—1977（E）科学分类法。根据绝大部分表面活性剂是水溶性的，使用这种分类法可以较好地将结构、物化性质及应用反映出来，易于掌握。

油溶性表面活性剂如含氟型、有机金属型、高分子型、有机硅型及双分子表面活性剂不包含在其中。

1. 按离子类型分类

表面活性剂溶于水时，凡能电离生成离子的叫离子表面活性剂；凡不能电离的叫非离子表面活性剂。阴离子表面活性剂是溶于水后极性基带负电，主要有羧酸盐、磺酸盐、硫酸酯盐及磷酸盐等；阳离子表面活性剂是溶于水后极性基带正电，主要有季铵盐、胺盐等；两性表面活性剂分子溶于水后，极性基团既有带正电的，也有带负电的，主要有甜菜碱型、氨基酸型等。这种分类方法有许多优点，因为每种离子的表面活性剂各有其特性，所以，只要弄清楚表面活性剂的离子类型，就可以决定其应用范围。

1) 阴离子型

（1）羧酸盐

羧酸盐型阴离子表面活性剂的亲水基为羧基（—COO⁻），是典型的阴离子表面活性剂。根据亲油基与亲水基连接方式的不同，可分为两种类型：一类是高级脂肪酸的盐类——皂类；另一类是亲油基通过中间键，如酰胺键、酯键、醚键等与亲水基连接，可认为是改良型的皂类表面活性剂。

皂类表面活性剂中典型的是肥皂，肥皂是以天然动物油脂、植物油脂与碱的水溶液加热起皂化反应制得的，其化学反应式为：

$$\begin{array}{c} R-COOCH_2 \\ | \\ R'-COOCH \\ | \\ R''-COOCH_2 \end{array} + 3NaOH \longrightarrow \begin{array}{c} R\ COONa \\ R'\ COONa \\ R''COONa \end{array} + \begin{array}{c} CH_2-OH \\ | \\ CH-OH \\ | \\ CH_2-OH \end{array}$$

（2）磺酸盐

凡分子中具有 R-SO₃M 基团的阴离子表面活性剂，通称为磺酸盐型表面活性剂。磺酸盐型阴离子表面活性剂是产量最大、应用最广的一类阴离子表面活性剂，主要品种有烷基苯磺酸盐、烷基萘磺酸盐、烷磺酸盐、石油磺酸盐、木质素磺酸盐等。

① 烷基苯磺酸盐。

现在大多数洗涤剂中的表面活性剂主要成分是烷基苯磺酸盐（钠），基本碳原子数为 12 左右。烷基苯磺酸盐在一定程度上克服了肥皂的缺点，在硬水中一般不会生成皂垢，能耐酸、碱。

制造烷基苯磺酸盐的原料来源主要是石油，烷基中支链多者极不易生物降解，应用时造成环境污染。过去大量使用的是以四聚丙烯为原料合成的十二烷基苯磺酸钠；现在多用直链烷基苯为原料生产苯磺酸钠，以减轻应用中的环境污染。

如果苯基上的烷基碳原子数很少甚至为零（或仅有两个甲基），如苯磺酸钠、甲苯磺酸钠、二甲苯磺酸钠和异丙苯磺酸钠，能增大烷基苯磺酸钠及其他组分在水溶液配方中的溶解度，常用作表面活性剂的（水）助溶剂。

② 烷基萘磺酸盐。

烷基萘磺酸盐主要是二丁基萘磺酸盐和二异丙基萘磺酸盐，常用于纺织、印染、农药等工业中作为润湿剂。"拉开粉"即为其俗名。萘和丁醇在浓硫酸作用下即可制得二丁基萘磺酸，以碱中和即得萘磺酸盐。

萘磺酸盐-甲醛缩合物常用作粉末分散剂，在水泥材料工业（作为减水剂）及胶片工业中皆有应用。

③ 烷磺酸盐。

正构直链烷烃磺酸盐，工业上以"磺氯化"或"磺氧化"生产路线得到的烷磺酸盐是几种碳链位置异构体的混合物或主要是仲链烷磺酸盐。"磺氯化"反应中，RSO_2Cl 再经过水解，中和后得到 RSO_3Na，副产物比较复杂。"磺氧化"反应可以说是现在工业生产上唯一采用的较好方法。产品作为洗涤剂用的阴离子表面活性剂是合乎要求的。烷磺酸盐很容易生物降解；仲链烷（或其他碳位链烷）磺酸盐的水溶性也较好。

α-烯烃同强磺化剂（如 SO_3）直接反应可得 α-烯烃磺酸盐（AOS）。产品是烯基烷磺酸盐和羟基烷磺酸盐的混合物。其中含有少量的二磺酸盐。AOS 的性质与烷基苯磺酸盐的相似，但较易生物降解，而且毒性小，对皮肤的刺激性较小。

琥珀酸酯磺酸钠的合成路线较为简单，属于一类有优良表面活性的化合物，烷基为 C_4~C_8，R 为 C_8（正辛基及 2-乙基己基）的化合物是有名的商品"Aerosol OTN"及"Aerosol OT"，简称 A-OTN 及 A-OT。A-OT 可溶于水及有机溶剂（包括烃类），故可用于干洗溶剂中。此类表面活性剂的水溶液表面张力较低，故为优良的润湿剂。琥珀酸单酯磺酸钠只有一个 R 基，而有两个离子基团，故亲水性强，但若 R 基碳链较长，则可得到表面活性较好的表面活性剂。此种烷磺酸钠的刺激性较上述双酯磺酸钠的低。

α-磺基脂肪酸酯盐（$RCH(COOR')SO_3Na$）也是一种烷磺酸盐，其结构与琥珀酸酯磺酸盐颇为相似，只是 R′基碳原子数很少，其合成方法也较为简单。R′基通常是甲基。其常作为钙皂分散剂，本身也有良好的洗涤性能。

④ 石油磺酸盐。

石油磺酸按处理石油所得不同颜色的产物分为"绿酸"和"赤褐酸"（皂）。前者所得磺酸钠易溶于水而不易溶于油；后者易溶于油。"绿酸"不易提纯，加工麻烦，工业用途有限，"赤褐酸"（皂）则在油系统中显示出优良的表面活性而受到重视，也很难找到同等性能价格的代用品。故一般石油磺酸盐即指后者。

石油磺酸盐的主要成分是复杂的有稠环（芳环与烷环）的烷基苯（萘）磺酸盐，其余的部分则为脂肪烃及环烷烃的磺化物和氧化物，实际应用的石油磺酸盐大部分是油溶性的，其平均相对分子质量为 400~580。

石油磺酸盐的主要用作润滑油、燃料油中的防锈剂、分散剂；在金属加工的切削油中以及农药生产（可溶油）中作为乳化剂；在矿物浮选中作为成泡、促集剂；近年来，大量的石油磺酸盐应用于石油采收率的提高（三次采油）；在纺织工业、防腐蚀以及其他有关乳化、润滑方面，也有广泛应用。

⑤ 木质素磺酸盐。

这是造纸工业的副产品，主要是钠盐、钙盐，有时也用钾盐。木质素磺酸盐一般是愈疮木醇基的聚合物，大约每两个愈疮木醇单元含有一个磺基；相对分子质量分布相当广，曾分

离出相对分子质量为 1 000~20 000 的组分。最普通的木质素磺酸盐，相对分子质量约为 4 000。一般而论，低相对分子质量的木质素磺酸盐多为直链，高相对分子质量的多为支链，在水中显示出聚合电解质的性质。

木质素磺酸盐与萘磺酸-甲醛缩合物相似，是固体很好的分散剂，但一般颜色较深和起泡性较强，应用于石油钻井泥浆配方，控制泥浆的流动性；用于动物饲料粒化；作为矿物浮选剂和矿分流体化（以利于管道输送）助剂；广泛用作染料、农药、黏土、水泥等粉剂的分散剂。

（3）烷基硫酸盐（硫酸酯盐）

烷基硫酸盐类表面活性剂是润湿、乳化、分散及去污作用最好的表面活性剂之一。十二烷基硫酸钠即为典型代表。

烷基硫酸盐由于其高表面活性和优良性能而得到广泛应用，但有两方面的缺点：一是在酸性条件下容易水解，还原为醇；二是当碳原子数大于 14 时，在室温下溶解度很小。前一缺点在一般酸性不大、放置时间不长的情况下尚无大碍，甚至由于有少量水解出来的醇存在，反而提高了表面活性，性能更佳；后一缺点可以通过烷基硫酸盐的"聚氧乙烯化"而得到克服，而且新产品有更优良的性能。聚氧乙烯化的烷基硫酸盐即烷基醚硫酸盐（AES）。

AES 是用非离子表面活性剂 $R(OC_2H_4)_nOH$ 硫酸化而得到的，此类表面活性剂在水中有很好的溶解度，表面活性比同碳原子数的烷基硫酸钠高，有较好的钙皂分散能力和起泡能力，而且有较好的抗盐能力。

脂肪醇和环氧丙烷作用（烷氧基化）后生成仲醇醚，再硫酸化亦得氧丙基化的烷基醚硫酸盐 $ROCH_2CH(CH_3)OSO_3Na$，其溶解度及表面活性比相应的氧乙基化的烷基醚硫酸盐还好。

最早合成的可用于硬水的表面活性剂——土耳其红油，是蓖麻油硫酸化后的产品，硫酸与油中的羟基作用生成硫酸酯，但也与 C=C 作用，并且有甘油酯的水解等，故产品为复杂的混合物。不饱和酸酯如油酸丁酯、蓖麻油酸丁酯，皆可硫酸化制成硫酸酯盐，是低泡性的表面活性剂。

除用高级醇及天然不饱和油脂为原料外，还可用烯烃硫酸化来制备硫酸酯盐。烯烃来自烷烃（如石蜡）裂解。选择 C_8~C_{18} 的不饱和烯烃，硫酸化后可得性能良好的硫酸酯型表面活性剂。这种表面活性剂有较好的溶解度和起泡性。在硫酸化过程中，实际上除形成硫酸单酯外，还有硫酸二烷基酯、磺酸、砜以及聚合物等，所以产品也是复杂的混合物，此类表面活性剂在欧洲生产较多。

（4）磷酸酯盐（烷基磷酸盐）

有单酯盐和双酯盐（单烷基和双烷基磷酸盐），它们可通过 P_2O_5（或 $POCl_3$）与烷基醇反应而制得；也有用铵盐或不必中和而直接用酸的。

此类表面活性剂的自由酸在水中及有机溶剂中皆可溶解，且因酸性不强而可应用。盐在酸性条件下亦可应用而不会失去表面活性（不像肥皂）。磷酸酯盐是低泡表面活性剂，在热碱液中不致水解，亦不变色。聚氧乙烯化的磷酸酯盐能抗硬水和高浓度的电解质，但润湿和洗涤能力稍差，价格高于磺酸盐。钠盐不溶于烃类溶剂。

磷酸酯盐常用于农药乳状液作为乳化剂；用作"干洗"洗涤剂；用于金属清洗和加工；

有防腐蚀作用（可用于发动机冷却液）；在防治工业中可用作抗静电剂。短烷基链产品可作为助溶剂（增加表面活性剂在水中的溶解度）。

2）阳（正）离子表面活性剂

阳离子表面活性剂中，大部分是含氮的有机化合物，即有机胺的衍生物。简单的胺的盐酸（或者它的无机酸）盐及乙酸盐等（$C_8 \sim C_{18}$），可在酸性水溶液中用作乳化剂、分散剂、润湿剂，也常用作矿物浮选剂，还可用作颜料粉末表面的疏水剂。当溶液pH大于7时，自由胺很容易自水溶液中析出，从而失去表面活性。

常用的阳离子表面活性剂多为季铵盐，即铵的四个氢原子皆被有机基团所取代，成为$R^1R^2N^+R^3R^4 \cdot X^-$。四个R基中，有一个（有时两个）为长碳氢链，其余R基大多是CH_3。以吡啶为基础的烷基吡啶盐也是一类重要的季铵盐。

季铵盐这类阳离子表面活性剂容易吸附于固体表面（因在水介质中固体表面常带负电荷），使表面变得疏水，于是阳离子表面活性剂具有某些特殊用途。如常用作矿物浮选剂、沥青乳状液（铺路用）乳化剂、纺织纤维柔软剂及抗静电剂，以及颜料分散剂等。也正由于易于吸附，洗涤能力差，不能用洗涤剂的主要成分，价格也较高。

阳离子表面活性剂中，还有一些不含氮的，主要是含磷、硫的阳离子表面活性剂。

含磷的阳离子表面活性剂是鏻盐类。通常合成鏻盐的方法与合成季铵盐相似。鏻盐可应用为杀菌剂、抗静电剂、防蚀剂、相迁移催化剂，以及浮选剂等，与季铵盐的应用类似。

含硫的阳离子表面活性剂有锍化合物，硫醚与卤代烷反应可得典型的锍化合物。这种产品可作为杀虫药乳化剂。对锍盐进行氧化（用过氧化氢）即直接得到氧化锍盐。含乙氧基的氧化锍盐也可用此法合成。此外，氧化锍也可用亚砜烷基化的办法合成。烷基化剂也可用硫酸二甲酯。

锍盐和氧化锍的实际应用比鏻盐还少，更少于季铵盐，仅在某些特殊场合适当应用。

3）非离子表面活性剂

非离子表面活性剂在水中不电离，其亲水基主要是由一定数量的含氧基团（一般为醚基和羟基）构成。正是这一特点决定了非离子表面活性剂在某些方面比离子表面活性剂优越：由于在溶液中不呈离子状态，故稳定性高；不易受强电解质无机盐存在的影响，也不易受酸、碱的影响；与其他类型表面活性剂相容性好，可以复配使用；在水及有机溶剂中皆有较好的溶解性能；由于在溶液中不电离，故在一般固体表面不易发生强烈吸附。

大部分非离子表面活性剂产品呈液态或浆状，随温度升高，很多非离子表面活性剂在水中变得不溶。这些都是非离子表面活性剂与离子表面活性剂不同之处。

聚氧乙烯为亲水基的表面活性剂，其合成步骤较为简单，一般即具有亲油基及活性氢（如—OH、—NH_2及—COOH中的H）的化合物在催化剂参与下与一定量环氧乙烷作用而制成。

非离子表面活性剂的一些品种可归纳如下：

(1) 脂肪醇聚氧乙烯醚 [$RO(C_2H_4O)_nH$]

脂肪醇聚氧乙烯醚是脂肪醇与环氧乙烷的加成物，不饱和醇（如油醇）衍生物的流动性较饱和醇衍生物好，但饱和醇衍生物的润滑性能较好；一些天然油脂结构中有羟基，经适当的聚氧乙烯化后即可制成有良好性能的表面活性剂，如聚氧乙烯化的蓖麻油。

这类表面活性剂的稳定性较高；与烷基苯酚聚氧乙烯醚相比，较易生物降解；也比脂肪

酸聚氧乙烯酯的水溶性好，并且具有较好的润湿性能。

(2) 脂肪酸聚氧乙烯酯 [RCOO(C$_2$H$_4$O)$_n$H]

这是脂肪酸与环氧乙烷的加成物，也可以与聚乙二醇酯化而得。用不同相对分子质量的聚乙二醇，即可得到不同氧乙基数的酯。酸与醇的摩尔比应控制在1∶1。高的摩尔比则易生成更多的双酸酯。在环氧乙烷加成反应中，通过酯交换反应也有双酯生成。两种合成方法所得产品并不完全相同，因而性质亦有所不同。

脂肪酸聚氧乙烯酯分子中有酯基，在酸、碱性热溶液中皆易水解，不如亲油基与亲水基以醚键结合的表面活性剂稳定，脂肪酸聚氧乙烯酯的起泡性较差，但具有较好的乳化性能。

(3) 烷基苯酚聚氧乙烯醚 [R—Ar—O(C$_2$H$_4$O)$_n$H]

烷基苯酚聚氧乙烯醚基本结构与醇醚的相似，但R的碳原子数要少些，一般是辛基或壬基，很少有12个碳原子以上的。苯酚也可用其他酚（如甲苯酚、萘酚）代替，但较少用。烷基苯酚聚氧乙烯醚的化学性质很稳定，不怕酸、碱，即使在高温时亦不易破坏；不易生物降解，且毒性较醇醚的大，故常用于工业。

在此类表面活性剂中，由于加入环氧乙烷量不同，可以制成油溶性、弱亲水性及强亲水性（浊点大于100 ℃）的加成物，润湿性、去污能力、乳化性能等均有改变。n在15以上的应用较少，仅用作某些特殊应用方面的乳化剂、分散剂。

(4) 聚氧乙烯烷基胺

此类表面活性剂具有胺结构，水溶性差者（n值较小时）可溶于低pH的酸性水溶液中，同时具有非离子性和阳离子性表面活性剂的一些特性，如耐酸不耐碱，有一定的杀菌性等。当n值较大时，非离子性增加，在碱性溶液中不再析出，表面活性不受破坏；由于非离子性增加，阳离子减少，故与阴离子表面活性剂的不相容性减弱，二者可以混合使用。聚氧乙烯烷基胺常用于人造丝生产中，可以使再生纤维素丝的强度得到改进，并保持喷丝孔的清洁，不使污垢沉积。

(5) 聚氧乙烯烷基酰醇胺

这类化合物具有较强的起泡和稳泡作用，常用作促泡剂及稳泡剂。当烷基的碳原子数较大时，此种化合物变得不易溶于水；只有增大环氧乙烷加入量，才有较好的水溶性。

较早出现的商品椰子油酰醇胺，是EO数为1的简单化合物的典型，由月桂酸与二乙醇胺在氮气气流下加热、脱水缩合而成。此反应中，有1 mol 二乙醇胺并未成酰胺，而是与已形成的酰胺相结合，生成可溶于水的复合物（反应产物中含60%~70%酰胺、25%~30%醇胺、3%~5%脂肪酸醇胺皂），如无二乙醇胺，则本身并不易溶于水。此复合物的优点是有优良的水溶性与洗涤性，易产生稳定的泡沫；水溶液黏度较大，可用作增黏剂。可加少量于洗涤剂配方中，作为稳泡剂，也可用作乳化剂、防锈剂，以及干洗皂等。

此类表面活性剂比脂肪酸聚氧乙烯酯耐水解（特别是在碱性溶液中），稳定性较好。

(6) 多元醇表面活性剂

多元醇表面活性剂主要是脂肪酸与多羟基物作用而生成的酯，一般常见有甘油酯、聚甘油酯、糖酯及失水山梨醇酯（Span）及Tween产品。失水山梨醇脂肪酸酯是油溶性的，不溶于水，加环氧乙烷与未酯化的羧基缩合，则得水溶性的产品（Tween）。

多元醇表面活性剂除具有一般非离子表面活性剂的良好表面活性外，还有无毒性的特点，故常应用于食品工业和医药工业中。

脂肪醇甘油酯的合成，一般将等物质的量的脂肪酸与甘油混合物加热即得。工业上常用油脂与甘油进行酯交换的方法。不论用何种方法，产品都是混合物（其中有双酯和三酯产品）。

失水山梨醇单脂肪酸酯 $C_{11}H_{23}COOC_6H_8(OH)_3$ 的合成是采用酸与醇的酯化反应而得，反应的特点是山梨醇脱水成失水山梨醇的反应同时进行。

以上两种表面活性剂，如未经聚氧乙烯化，则不溶于水而是油溶性的。如用蔗糖制成的脂肪酸酯，则因蔗糖分子的极性基团（—OH）较多而易溶于水。蔗糖酯是用脂肪酸甲酯与蔗糖在二甲基甲酰胺介质中进行酯交换反应而制得的。蔗糖单脂肪酸酯无毒、无臭、无味，可作为乳化剂及低泡洗涤剂使用。

（7）聚氧烯烃共聚表面活性剂（聚醚表面活性剂）

此类表面活性剂可分为：

① 全整体共聚型。

② 全杂乱聚合型。

③ 整体聚合-杂乱聚合型及杂乱聚合-整体聚合型（简称整聚-杂聚及杂聚-整聚型）。

根据聚合方式不同，可分为以上三类。其中，以全整体共聚型应用最广。用单官能团引发剂聚合的产物如 $RO(C_3H_6O)_m(C_2H_4O)_nH$，调节 m、n 值可得具有各种性质的表面活性剂，如果维持 m、n 不变，而仅改变聚合次序，则得 $RO(C_2H_4O)_m(C_3H_6O)_nH$，则性质和前者有很大差别，浊点大为降低，起泡性能也大大减弱。

自双官能团引发剂制备出的全整聚表面活性剂中，以丙二醇为引发剂者得到广泛应用。其结构式为 $HO(C_2H_4O)_a(C_3H_6O)_b(C_2H_4O)_cH$，$b \geq 15$，$(C_2H_4O)_{a+c}$ 的量占 20%~90%。调节聚氧丙烯的相对分子质量和聚氧乙烯的质量分数，可得一系列具有不同性质的聚醚。其中，相对分子质量小者润湿性能较好，起泡作用差，洗涤作用不佳；随相对分子质量增加，则洗涤性能变好，起泡作用渐增；相对分子质量很大时，润湿性能不好，洗涤性能有所下降，但分散性能增加。这类表面活性剂不但可溶于水，也可溶于芳香烃、卤化烃及极性有机溶剂。

此类聚醚表面活性剂中有很多品种在低浓度时即有降低界面张力的能力，是许多水包油及油包水体系的有效乳化剂。聚醚有良好的钙皂分散作用，浓度很稀时即可防止硬水中钙皂沉淀。聚醚有较好的加溶作用，无毒、无臭、无味、无刺激性；有些品种可用于人造血中作为乳化、分散剂。聚醚表面活性剂中有不少是低泡表面活性剂，在许多工业过程中甚至用作消泡剂或抑泡剂。

全整聚型表面活性剂中，除上述自双官能团引发剂得出者外，还有自多官能团引发剂制出的。如用甘油、乙烯二胺、多元醇以及多乙烯多胺等作引发剂，顺次加入环氧丙烷、环氧乙烷，即得到多官能团引发的各种全整聚型的聚醚非离子表面活性剂。此类表面活性剂常应用于原油破乳中，特别是以多乙烯多胺为引发剂，多段整聚而得的很高相对分子质量的聚醚。

对于全杂聚型及整聚-杂聚型（或杂聚-整聚型）非离子表面活性剂，特别是多官能团引发的表面活性剂，现在应用及研究工作较少。

（8）N-烷基吡咯烷酮

这是一种小极性头，在水中的溶解度很低，故室温时水溶液中尚无胶团形成，但它的表面活性很高，最低表面张力约为 26 mN/m（溶液浓度约 0.002%）。N-烷基吡咯烷酮是优良的低泡润湿剂，但与烷基醇-阴离子混合物体系一样，烷基吡咯烷酮与阴离子表面活性剂

(如烷基苯磺酸钠)有相互增效作用,起泡及润湿性能皆有所提高。

(9) 其他

① 胺氧化物。

胺氧化物即叔胺氧化物,以双氧水氧化一定碳链长度的叔胺,即得叔胺氧化物,如RNR′R″O。这类表面活性剂可与各种类型的表面活性剂复配,在浓电解质溶液中也显示出优良的润湿性能;与一般洗涤剂复配可得到多泡且稳定的配方,为一种很好的增泡剂,其增泡效率比一般常用的月桂酰二乙醇胺还高,用量仅为椰子油酰二乙醇胺的1/3。

叔胺氧化物实际上可说是一种两性表面活性剂。在低pH时,分子加入一个质子而带正电荷,成为阳离子表面活性剂;当pH>7时,则为非离子表面活性剂(也是一种小极性头的)。常用于阴离子表面活性剂的洗涤剂配方中以及餐具洗涤剂和香波配方中,作为稳泡剂和增稠剂。

② 烷基聚葡萄糖苷。

一般商品烷基链较短,平均为10~12.5个碳原子;实验室常用的是烷基葡萄糖苷,因极性部分较小,故烷基链亦可短(如碳8),但表面活性仍较好。辛基葡萄糖苷的CMC为0.025 mol/L,γ_{CMC}约为30 mN/m,比辛基钠低得多。

烷基聚葡萄糖苷有润湿、起泡及洗涤作用;生物降解性与烷基醇聚氧乙烯醚相似,但在水中的溶解度更大(在电解质溶液中亦如此),也不在温度升高时出现浊点;在水及NaOH水溶液中的稳定性也好;对皮肤的刺激性很低。

③ 乙炔叔二胺。

结构式为[R′R″C(OH)C≡CC(OH)R′R″]。

这是一种特殊的非离子表面活性剂;与一般非离子表面活性剂不同,是非蜡状的固体。可用水蒸气蒸馏,故在使用后可自体系中分离出来;在低浓度时是一种优良的低泡润湿剂。但此物在水中的溶解度很小,在酸介质中易分解,价格相当高昂。对其羟基聚氧乙烯化(每个羟基加4~9个氧乙烯基)后,可增加在水中的溶解度而表面性质无大改变。聚氧乙烯化的产品为液体,并且挥发性很低,不再能用水蒸气蒸馏。

乙炔叔二胺有优越的润湿性能,而且与阴离子表面活性剂及非离子表面活性剂混合有增效作用,可增加润湿作用,降低起泡作用,而且使体系黏度降低。因此,其是优良的固体粉末的润湿剂(如染料粉末、可湿性粉剂),也常用作乳液涂料的润湿剂和餐具清洗剂助剂。

4) 两性表面活性剂

两性表面活性剂的分子由非极性部分和带正电荷与带负电荷在一起的极性部分组成。其中,构成非极性部分的主要是$C_{12}H_{25}$—,极性部分是季铵正离子和羧酸根负离子等。

因为两性表面活性剂具有钙皂分散能力,杀菌能力,对皮肤、眼睛、黏膜的刺激性很小,低毒以及多种实用功能,其应用发展很快,它的主要用途是与其他类型表面活性剂复配。两性表面活性剂的存在极大地改善了其他表面活性剂的不良性质(如对人体的毒性、刺激皮肤、对硬水的敏感等)。

一些常用的两性表面活性剂种类分别叙述如下。

(1) 咪唑啉衍生物类

由取代基A的乙二胺衍生物与长链脂肪酸作用、成环的咪唑啉衍生物。A可以是—C_2H_4OH、—$C_2H_4NH_2$或其他相对分子质量不大的有机基团,再用氯乙酸与所得的咪唑啉衍生物反应，使环上的一个氮原子季铵化的同时带上羧基，成为两性化合物。其中的烷基常为 7~17 个碳原子的烷基，这是一类典型的、广泛应用的两性表面活性剂。此类表面活性剂在水溶液中会水解、开环化为直链化合物。咪唑啉型两性表面活性剂的负电性基团也可以是磺酸基，制备的化学反应与羧酸盐的类似。

（2）甜菜碱衍生物

甜菜碱衍生物结构式为 $R_3N^+CH_2COO^-$，这是另一类具有商业价值的两性表面活性剂。它可以通过叔胺与氯乙酸钠反应得到。三个 R 基可以不同，作为表面活性剂，其中必有一个 R 基为 7 个碳原子以上的脂肪烃基，此类化合物在很大 pH 范围内水溶性都很好，具有很好的硬水耐受能力。

甜菜碱衍生物的长碳链也可以不在氮原子上而在羧基的 α-碳原子上。这类化合物的性质与 R 基（长链）在 N 上的有所不同。

（3）氨基丙酸衍生物

氨基丙酸衍生物结构式为 $RNHCH_2CH_2COOH$。可通过脂肪胺和丙烯酸酯的加成反应得到。氨基丙酸衍生物的水溶性很好，常应用于香波配方中。

（4）牛磺酸衍生物

用高级脂肪胺与卤代乙磺酸作用可得牛磺酸衍生物表面活性剂，为使氨基季铵化，加溴代烷与之反应。这种表面活性剂在水中的溶解度不如甜菜碱，但在任何条件中皆以两性（正、负）离子形式存在，如 $RN^+(CH_3)_2(CH_2)_2SO_3^-$ 等。

2. 按相对分子质量分类

① 低分子表面活性剂：相对分子质量约为 200~1 000，大部分表面活性剂都是低分子表面活性剂。

② 中分子表面活性剂：相对分子质量约为 1 000~10 000，例如，聚氧丙烯、聚氧乙烯醚。

③ 高分子表面活性剂：相对分子质量约在 10 000 以上，例如，聚合脂肪酸类、天然糖类等。

3. 按工业用途分类

从工业实用出发，表面活性剂可分为精炼剂、渗透剂、润湿剂、乳化剂、起泡剂、消泡剂、净洗剂、防锈剂、杀菌剂、匀染剂、固色剂、平滑剂、抗静电剂等。

4. 来源分类法

按照表面活性剂的来源，人们将表面活性剂区分为天然表面活性剂和合成表面活性剂。天然表面活性剂是指由自然界动物、植物和微生物产生的表面活性剂，如存在于哺乳动物肺部、在呼吸过程中发挥重要功能的肺表面活性剂等；合成表面活性剂是指人类利用石油化工和天然油脂原料通过化学反应合成的表面活性剂。当前，化学合成是人们获得表面活性剂的主要手段，如洗衣粉中的主要活性成分烷基苯磺酸钠就是用石化产品烷基苯经磺化、中和等步骤制得的。

5. 特殊类型表面活性剂

一般来说，常规表面活性剂的亲油基都是由碳氢元素构成的，当亲油基中的碳或氢元素部分（或全部）地被其他元素取代时，所形成的表面活性剂称为特殊表面活性剂。常见的有氟表面活性剂、硅表面活性剂和开关型表面活性剂等。

（1）氟表面活性剂

氟表面活性剂主要是指表面活性剂的碳氢链中的氢原子全部被氟原子取代的全氟化合

物，也包括疏水基部分含有碳氟链的表面活性剂。这是氟有机化学发展进程中出现的产物。氟表面活性剂的碳氟链与一般表面活性剂的碳氢链不同。一是其疏水作用比碳氢链强，表现在氟表面活性剂的表面活性比同碳原子数的一般表面活性剂高得多。二是碳氟链不但疏水，而且疏油。全氟表面活性剂在固体表面上的单分子层不能被烷烃液体所润湿，以及全氟表面活性剂不但能大大降低表面张力，也能降低碳氢化合物液体（或有机溶剂）的表面张力，都是其疏油性质的表现。全氟表面活性剂有很高的表面活性，水溶液的表面张力可低到 20 mN/m 以下（有的甚至达到 12 mN/m），这是其他类型表面活性剂远所不及的。氟表面活性剂耐高温，有高的化学稳定性（特别是磺酸盐），不怕强酸、强碱，甚至强氧化剂也不能使其破坏。氟表面活性剂的碳原子数一般不超过 10，否则，在水中的溶解度太小，不利于应用。氟表面活性剂由于其高度稳定性和高表面活性，常用于镀铬电解槽中，防止铬酸雾逸出，以保障工人健康；用于"轻水"配方中，作为油类及汽油火灾的高效灭火剂；也常用作碳氟高分子单体乳胶的乳化剂。氟表面活性剂具有既疏水又防油的碳氟链，故常用于形成既疏水又疏油的表面，制成既防水又防油的纺织品、纸张和皮革。氟表面活性剂还可用于抑制有机溶剂的蒸发。

（2）硅表面活性剂

聚硅氧烷化合物（硅油、硅树脂）的疏水性很突出，故具备作为表面活性剂疏水基的可能性，事实上，正是由于其疏水性较强，不长的硅烷烃链即可使化合物具有可观的表面活性。在聚硅氧烷链的基础上，可得到与环氧乙烷共聚而成的高分子表面活性剂。硅表面活性剂也可以有阳离子性的，以及两性的（即含有—COOH 基团的）。表面张力最低可达到 20 mN/m。

（3）高分子表面活性剂

天然高分子物质，如水溶性蛋白质、树脂，以及许多合成的高分子物质，如聚乙烯醇、部分水解的聚丙烯酰胺以及聚丙烯酸盐等，一般作为乳化剂和分散剂。可以说，凡是相对分子质量很高的水溶性物质，皆有保护胶体性质。

木质素磺酸盐是一种高分子电解质，是造纸的副产品，其相对分子质量一般为 1 000～25 000，有复杂的化学结构，有酚基、醇基和羧基，磺酸基则在与酚基连接的 C_3 烷基的 α- 及 β-位置上，一般是钠盐和钙盐，间或是铵盐，它们常用作固体的分散剂及水包油乳状液的稳定剂，由于价格低廉，使用时不易起泡，适于大量生产，但色泽暗黑，不易溶于有机溶剂（包括与水混溶的醇类），降低水的表面张力不多，是其缺点。

将聚 4-（或 2-）乙烯吡啶用 $C_{12}H_{25}Br$ 季铵化，可得到阳离子高分子表面活性剂，季铵化后的产物比原来高分子物有更高的表面活性，在水溶液（甚至极稀的水溶液）中显示出对有机物（如苯及十二烷）的良好加溶作用。

用 $C_{12}H_{25}Br$ 与聚乙烯亚胺的部分亚胺基作用后，再与氯乙酸反应，即得具有高表面活性的两性高分子表面活性剂。

前面叙述的整体共聚非离子表面活性剂种类和大多数硅表面活性剂品种，都是高分子表面活性剂。用作原油破乳剂的所谓超高相对分子质量破乳剂，则是相对分子质量达数十万，甚至数百万的环氧丙烷-环氧乙烷聚合的聚醚，更是典型的非离子高分子表面活性剂。

（4）冠醚类大环化合物表面活性剂

冠醚类大环化合物表面活性剂具有与金属离子络合、形成可溶于有机溶剂的络合物的特性，因而广泛用作相迁移催化剂。

烷基取代的环糊精和芳烃大环化合物，最低表面张力可达 30 mN/m，除了有较好的表面活性外，它们易与其他化合物或离子形成包合物（主-客体系），近年来，作为新功能材料受到重视。

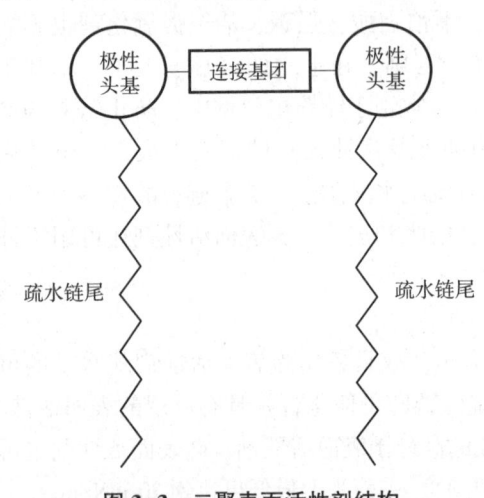

（5）二聚表面活性剂

二聚表面活性剂是由一间隔基团连接两亲性部分而形成的表面活性剂。间隔基团处于两亲部分的亲水基之间或接近亲水基的疏水部分之间。二聚表面活性剂与一般表面活性剂相似，可以是阳离子性、阴离子性或非离子性的，结构如图 3-3 所示。

在二聚表面活性剂中，也有两性离子头的表面活性剂，二聚表面活性剂也常称为"双分子表面活性剂"及"连体"表面活性剂。二聚表面活性剂的性能比一般表面活性剂（单体）优越：其 CMC 远低于单体，有较高的表面活性；它们具有较好的加溶、润湿、起泡和钙皂分散作用；有亲水性间隔基团的二聚表面活性剂一般具有很低的 Krafft 点，因而使得这种表面活性剂有一个较大的应用温度范围；此外，有些二聚表面活性剂在相当低的浓度时就显示出某些突出的流变性质（黏弹性、胶凝作用等），这是一般有相同烷基链的表面活性剂所不具备的。

图 3-3 二聚表面活性剂结构

间隔基团在二聚表面活性剂结构中处于极性头基这一点很重要，当一疏水性间隔基团在远离头基的烷基链部分连接时，这种二聚表面活性剂实际上就是具有直链的双分子表面活性剂，这种表面活性剂与上述一般二聚表面活性剂不同，其 CMC 较高，性能较差。

（6）开关型表面活性剂

在一些应用领域，例如，新材料制备等，希望从最终产品中除去表面活性剂，但这往往不是一件容易的事。为此，人们提出了开关型表面活性剂，即给表面活性剂分子安上一个开关，打开时，分子具有表面活性，成为表面活性剂；关闭时，分子没有表面活性，易于从体系中分离，还能重复使用。例如，N′-长链烷基-N,N-二甲基乙基脒就是一种 CO_2/空气开关型表面活性剂，当向其水溶液中通入 CO_2 时，得到 N′-长链烷基-N,N-二甲基乙基脒碳酸氢盐，是表面活性物质；而如果通入空气或氮气，则又返回到 N′-长链烷基-N,N-二甲基乙基脒，不具有表面活性。用其作为胶束模板制备纳米颗粒，在完成纳米颗粒制备后，只要向体系中通入空气，即可使其失活分离，而通入 CO_2 后即可重复使用。可用的开关还包括电化学开关、温度开关、酸碱开关、光开关、离子开关等。

3.3 表面活性剂的性能

表面活性剂品种繁多，结构复杂多样，虽然不同结构的表面活性剂有其特有的性能，但也有共同的性能特征。

3.3.1 胶束的形成及临界胶束浓度

3.3.1.1 临界胶束浓度

表面活性剂分子是由难溶于水的疏水基和易溶于水的亲水基所组成。当它溶于水中，即使浓度很低，也能在界面（表面）发生吸附，从而明显地降低界面张力或表面张力，并使界面（表面）呈现活化状态。如图3-4所示，油酸钠（肥皂）的水溶液的表面张力随浓度而变化，在溶液的浓度很低（0.1%，约为0.0033 mol/L）时，即可将水的表面张力从72 mN/m降低到25 mN/m左右。其他表面活性剂如十二烷基磺酸钠只需0.01 mol/L的浓度即可将水的表面张力降至32 mN/m左右，同样有类似图3-4所示曲线关系，也就是表面活性剂在水

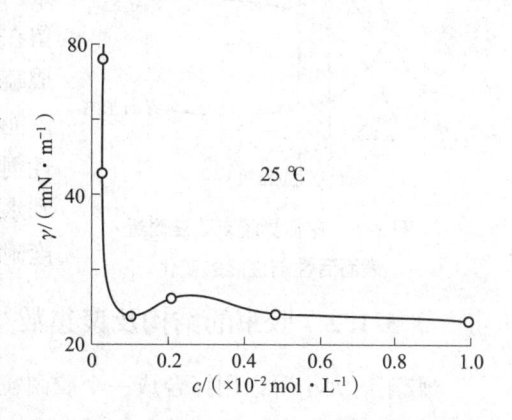

图 3-4 油酸钠在水溶液中的表面张力（25 ℃）

中的浓度增长，溶液的表面张力开始急剧下降，然后又保持基本恒定不变。图3-5所示为表面活性剂随其水溶液的浓度变化在溶液中生成胶团的过程。当溶液中表面活性剂浓度极低时，如图3-5（a）所示，空气和水几乎是直接接触着，水的表面张力降低的不多，空气和水的表面上还没有聚集很多的表面活性剂，接近纯水的状态。图3-5（b）比图3-5（a）的浓度稍有上升，相当于图3-4中表面张力急剧下降部分。同时，水中的表面活性剂也三三两两地聚集在一起，互相把憎水基靠在一起，开始形成小胶团，即"胶束"。图3-5（c）表示表面活性剂的浓度逐渐升高，水溶液表面聚集了足够量的表面活性剂，并毫无间隙地密布于液面上形成单分子膜。此时空气与水处于完全隔绝状态，相当于图3-4中表面张力曲线停止下降部分。如果再提高浓度，则水溶液中的表面活性剂分子就各自以几十、几百地聚集在一起，因此形成胶束。此时表面活性剂分子在表面浓集已经达到饱和，表面张力降低到最低值。图3-5（d）表示浓度已经大于临界胶束浓度时的表面活性剂分子状态。若再继续增加，浓度溶液的表面张力几乎不再下降，只是溶液中的胶团数目和聚集数增加。

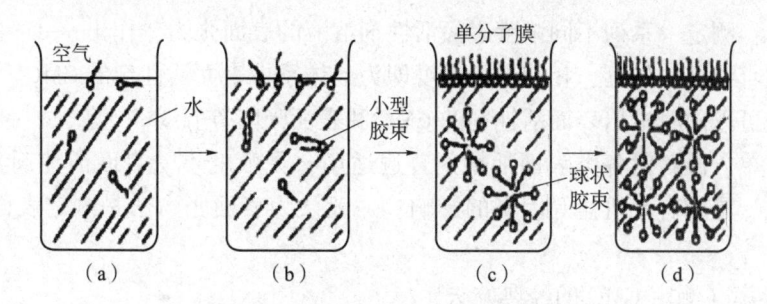

图 3-5 表面活性剂生成胶团的过程

为了了解胶束的形成，可观察表面活性剂在水中溶解时的现象。水分子通过氢键形成一定的结构，名为水结构。表面活性剂分子之所以能溶于水，是因为亲水基与水的亲和力大于

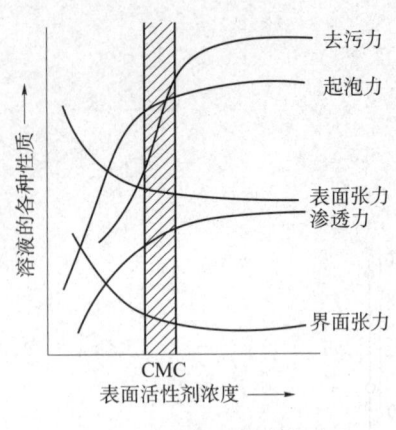

图 3-6 在临界胶束浓度附近表面活性剂性能的变化

疏水基对水的斥力。当表面活性剂以单分子状态溶于水后，水中的一些氢键结构将重新排列，水分子与表面活性剂分子或离子形成一种有序的新结构。表面活性剂在水中为了使疏水基不被排斥，它的分子不停地转动。通过两种途径来寻求成为稳定分子：一种途径是把亲水基留在水中，疏水基伸向空气，即为表面吸附，其分子形成疏水基向上、亲水基向下的定向吸附层，这样表面自由能显著降低，表面张力降低；另一种途径是让表面活性剂分子的疏水基互相靠在一起，尽可能地减少疏水基和水的接触，形成了胶束。图 3-6 所示为在临界胶束浓度附近表面活性剂性能的变化。

3.3.1.2 胶束的结构及聚集数

胶束的大小可以用缔合成一个胶团粒子的表面活性剂分子或离子的平均数目，即聚集数 n 来衡量。聚集数 n 可以从几十到几千甚至上万。胶束主要有球形、棒状及层状结构。临界胶束浓度的测定方法有表面张力法、电导法、染料法等。其影响因素主要有表面活性剂的碳氢链长、碳氢链分支及极性基位置、碳氢链中其他取代基、亲水基团、温度等。

表面活性剂的各种性能均与胶束有关，由于表面活性剂胶束的形成，使溶液的微环境发生了很大的变化，如降低表面张力和电离势、增溶、聚集、改变解离常数、分散产物或电荷、乳化等，因此表面活性剂才能在复配型精细化工产品中得到广泛的应用。

3.3.1.3 临界胶束浓度测定及其影响因素

1. 临界胶束浓度的测定

（1）表面张力法

用表面张力与浓度的对数作图，在表面吸附达到饱和时，曲线出现转折点，该点的浓度即为临界胶束浓度。表面活性剂水溶液的表面张力开始时随溶液浓度增加而急剧下降，达到一定浓度（即 CMC）后，则变化缓慢或不再变化。因此，常用表面张力-浓度对数图确定 CMC。

具体做法：测定一系列不同浓度表面活性剂溶液的表面张力，作出 γ-$\lg c$ 曲线，将曲线转折点两侧的直线部分外延，相交点的浓度即为此体系中表面活性剂的 CMC。

这种方法可以同时求出表面活性剂的 CMC 和表面吸附等温线。

优点：简单方便；对各类表面活性剂普遍适用；灵敏度不受表面活性剂类型、活性高低、浓度高低、是否有无机盐等因素的影响，一般认为表面张力法是测定表面活性剂 CMC 的标准方法。

（2）电导率（测定 CMC 的经典方法）

用电导率与浓度的对数作图，在表面吸附达到饱和时，曲线出现转折点，该点的浓度即为临界胶束浓度。

优点：简便。

局限性：只限于测定离子表面活性剂。

确定 CMC 时，可用电导率对浓度或摩尔电导率对浓度的平方根作图，转折点的浓度即为 CMC。

（3）染料法

某些染料在水中和胶团中的颜色有明显差别，以此测定表面活性剂的 CMC。具体方法：先在较高浓度（>CMC）的表面活性剂溶液中加入少量染料，此染料加溶于胶团中，呈现某种颜色。再用滴定的方法，用水将此溶液稀释，直至颜色发生显著变化，此时溶液的浓度即为 CMC。

优点：只要找到合适的染料，此法非常简便。但有时颜色变化不够明显，使 CMC 不易准确测定，此时可以采用光谱仪代替目测，以提高准确性。

（4）浊度法

非极性有机物如烃类在表面活性剂稀溶液中一般不溶解，体系为混浊状，当表面活性剂浓度超过临界胶束后，浓度剧增，体系变清。这是胶团形成后对烃起到了加溶作用的结果。

观测加入适量烃的表面活性剂溶液的浊度随表面活性剂浓度变化情况，浊度突变点的浓度即为表面活性剂的临界胶束浓度（CMC）。

2. CMC 的影响因素

CMC 值低标志着达到表面饱和吸附所需要表面活性剂的浓度低，从而在较低的浓度下即能起到润湿、乳化、增溶、起泡作用，即表面活性强。影响 CMC 或表面活性的因素既包括外来因素，如有机、无机添加剂以及温度等，也包括内部因素，即表面活性剂本身的结构。

（1）表面活性剂的憎水基长度的影响

通常，表面活性剂的憎水部分碳氢链越长，CMC 越低，表面活性越强。对于碳原子数在 8~16 的碳氢链的离子表面活性剂，憎水基每增加一个碳原子，CMC 降低约一半，对非离子型表面活性剂，降低约 1/10。碳原子数 m 与 CMC 有如下经验公式：

$$\lg CMC = A - Bm \tag{3-7}$$

式中，A、B 为经验常数。对于 1-1 价型离子表面活性剂，B 值在 0.3 附近，非离子表面活性剂的 B 值在 0.5 附近。

（2）碳氢支链和极性基位置的影响

与相同碳原子数的直链化合物相比，支链化合物的 CMC 要大得多。一般来说，极性基越靠近碳氢链中间，则 CMC 越大。其实，极性基由端部移向中部相当于直链变支链，使链长变短。

（3）亲水基团的影响

亲水基团的变化，无论是对离子型还是非离子表面活性剂的 CMC 的影响均不大。但应当指出，含有聚氧乙烯基的非离子表面活性剂的表面活性要比离子型表面活性剂的表面活性强得多。因为离子表面活性剂分子带电极性头相互排斥而不易形成胶团，故 CMC 较非离子表面活性剂大，或活性差。

（4）无机添加剂的影响

无机电解质的加入会使离子表面活性剂的 CMC 降低。这是因为离子表面活性剂在溶液中因电离而带电，带相同电荷的表面活性剂的离子因彼此相斥而不易形成胶团。当加入电解

质后，电解质中的异电离子会压缩表面活性剂极性头部的双电层，减小双电层厚度，降低其排斥作用，从而有利于胶团的形成。

电解质的加入也会使非离子表面活性剂的 CMC 略有降低，但其机理不同于离子表面活性剂。对于前者，电解质的加入会增大溶液的离子强度，从而减小表面活性剂在溶液中的活度系数，降低表面活性剂的活度，从而使 CMC 降低。

（5）有机添加剂的影响

长链有机醇、酸和含极性基的有机添加剂会使 CMC 降低，而且随着添加剂链长的增加，对 CMC 影响变大，对同一添加剂，表面活性剂的链越长，影响也越大。因为这种有机添加剂也会在表面定向吸附，从而占据表面位置，使表面活性剂在较低的浓度下（即较低 CMC 时）就可达到表面吸附的饱和。

（6）温度的影响

温度对临界胶束浓度的影响较为复杂。

3.3.2 表面活性剂的 HLB 值

每一种表面活性剂的结构都是不同的，它的亲水基、亲油基在亲水和亲油的能力上是有差异的，反映表面活性剂亲水、亲油性好坏的指标是亲水亲油平衡（HLB）值。HLB 值越大，表示该表面活性剂的亲水性越强；HLB 值越小，表示该表面活性剂的亲油性越强。根据表面活性剂的 HLB 值的大小就可以知道它的作用，如图 3-7 所示。表面活性剂在水中的溶解性见表 3-1。

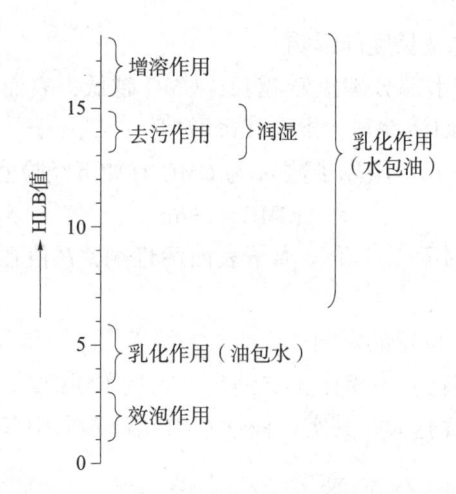

图 3-7 表面活性剂的 HLB 值的大小与作用关系

表 3-1 表面活性剂在水中的溶解性

HLB 值范围	加入水后溶解情况	HLB 值范围	加入水后溶解情况
1~3	不分解	8~10	稳定乳状分散体
3~6	分散得不好	10~13	半透明至透明分散体
6~8	剧烈振荡后成乳状分散体	大于 13	透明溶液

其中，W/O 型表示一种水分散在油中的乳状液，在这种乳状液中，水以液滴的形式分散在连成一片的油中；O/W 型表示另外一种乳状液，油以液滴的形式分散在连成一片的水中。

表面活性剂要吸附于界面而呈现特有的界面活性，必须使疏水基团和亲水基团之间有一定的平衡，这种反映平衡的程度，由美国 Atlas 研究机构的 Griffin 于 1949 年首创，称为亲疏平衡值，即 HLB 值（Hydrophile-Lipophile Balance），用于表示表面活性剂的亲水性。HLB 值是指表面活性剂分子中亲油和亲水这两个相反的基团的大小和力量的平衡。HLB 值是表面活性剂的一种实用性量度，而又与分子结构有关。HLB 值可以通过计算的方法得到或由实验所得。

亲水基和疏水基两者应根据用途不同而有一定的平衡要求。若亲水性太强，在水中溶解度太大，不利于界面吸附，但疏水性太强，则亲水性太弱，就不能溶于水。例如，在庚烷-水体系中，若所用表面活性剂为己酸钠 $C_5H_{11}COONa$，它虽然不易溶于庚烷，但容易溶于水，故不易吸附于界面而使界面张力降低甚多。因此，在庚烷-水体系中，由于己酸钠亲水性太强，而疏水性不够，故不能有效地降低这一体系的界面张力。表 3-2 列出了一些商品表面活性剂的 HLB 值。

表 3-2　一些商品表面活性剂的 HLB 值

名称	离子类型	HLB 值
油酸	阴	1
Span-85 失水山梨醇油酸酯	非	1.8
Span-65 失水山梨醇油酸酯	非	2.1
Span-80 失水山梨醇单油酸酯	非	4.3
Span-60 失水山梨醇单硬脂酸酯	非	4.7
Span-40 失水山梨醇单月桂酸酯	非	6.7
Span-20 失水山梨醇单棕榈酸酯	非	8.6
Tween-61 聚氧乙烯失水山梨醇单硬脂酸酯	非	9.6
Tween-81 聚氧乙烯失水山梨醇单油酸酯	非	10.0
Tween-65 聚氧乙烯失水山梨醇三硬脂酸酯	非	10.5
Tween-85 聚氧乙烯失水山梨醇三油酸酯	非	11
聚氧乙烯烷基酚 Igelol CA-630	非	12.8
聚氧乙烯月桂醚（PEG400）	非	13.1
乳化剂 EL 聚氧乙烯蓖麻油	非	13.3

续表

名称	离子类型	HLB 值
Tween-21 聚氧乙烯失水山梨醇单月桂酸酯	非	13.3
Tween-80 聚氧乙烯失水山梨醇单油酸酯	非	15
Tween-60 聚氧乙烯失水山梨醇单硬脂酸酯	非	14.9
Tween-40 聚氧乙烯失水山梨醇单棕榈酸酯	非	15.6
Tween-20 聚氧乙烯失水山梨醇单月桂酸酯	非	16.7
油酸钠	阴	18
油酸钾	阴	20
N-十六-N-乙基吗啉基乙基硫酸盐	阳	25~30
十二烷基硫酸钠	阴	约 40

HLB 值的计算分为：

① 非离子表面活性剂 HLB 值的计算——Griffin 法。

② 聚乙二醇类和多元醇类非离子表面活性剂的 HLB 值计算：

$$\text{HLB} = \frac{\text{亲水基相对分子质量}}{\text{表面活性剂相对分子质量}} \times \frac{100}{5} \tag{3-8}$$

③ 多元醇型脂肪酸酯非离子表面活性剂的 HLB 值计算：

$$\text{HLB} = 20\left(1 - \frac{S}{A}\right) \tag{3-9}$$

式中，S 为多元醇酯的皂化值（Soap Value）；A 为原料脂肪酸的酸值（Acidity Value）。

④ 对于含环氧丙烷、氮、硫、磷等非离子表面活性剂，以上公式均不适用，需通过实验测定。

⑤ 其他类型表面活性剂的 HLB 值的计算。

对于阴离子和阳离子表面活性剂，不能用式（3-8）和式（3-9）计算 HLB 值，因为阴离子表面活性剂和阳离子表面活性剂的亲水基的单位质量比非离子表面活性剂的亲水基大得多，而且由于亲水基的种类不同，单位质量的亲水性的大小也各不相同。因此，阴离子表面活性剂和阳离子表面活性剂的 HLB 值可以通过基值法和基团数法计算。

• 基值法

日本小田良平利用有机化合物的疏水性基（有机性基）和亲水性基（无机性基）数值比来计算 HLB 值。

$$\text{HLB} = 10 \times \frac{\sum \text{无机性基值}}{\sum \text{有机性基值}} \tag{3-10}$$

有机化合物的有机性基值和无机性基值可以通过表 3-3 查得。

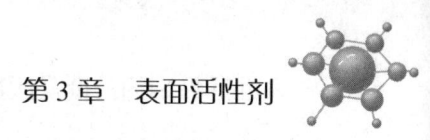

表 3-3　有机化合物的有机性基值和无机性基值

无机性基	数值	有机性基	数值
轻金属盐	>500	—NH$_2$、—NHR、—NR$_2$	70
重金属盐、胺、胺盐	>400	$\diagdown$C=O	65
—ASO$_3$H、—ASO$_2$H	300	—COOR	60
—SO$_3$NHCO—	260	$\diagdown$C=C=NH	50
—N=N—NH—	260	—O—O—	40
—SO$_3$H、—NH—SO—NH—	250	—N=N—	30
—SO$_2$HN—、—CO—NH—CO—NH—	240	$\diagdown$O	20
—CONHCO—	230	苯	15
—NOH	220	非芳香环	10
=N—NH—	210	三键	3
—CONH—	200	二键	2
—CSSH	180	—CO—O—CO—	110
—CSOH、—COSH	160	—OH	100
蒽、菲	155	萘	85
—COOH	150	—NH—NH—	80
内酯环	120	—O—CO—O—	80
有机兼无机性基		有机性基	无机性基
—SO$_2$		40	110
—SCN		70	80
—NCS		70	75
—NO$_2$		70	70
—CN		40	70
—NO		50	50
—ONO$_2$		64	40
—NC		40	40
—N=C=O		30	30
—I		60	20
—O—NO—、—SH、—S—		40	20
—Cl、—Br		20	20
—F		5	5
=S		50	10

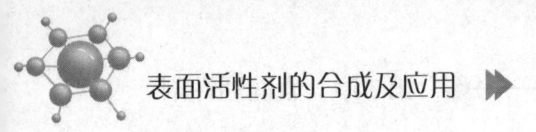

• 基团数法

Davies 于 1963 年将 HLB 值作为结构因子的总和来处理。由已知的实验数据可得出各种基团的 HLB 值，称为 HLB 基团数。一些 HLB 基团数列于表 3-4 中。计算方法见式（3-11）。

$$\text{HLB} = 7 + \sum (\text{亲水的基团数}) - \sum (\text{亲油的基团数}) \tag{3-11}$$

表 3-4 一些 HLB 基团数

亲水的基团	数值	亲油的基团	数值
—COOK	21.1	=CH—	0.475
—COONa	19.1	—CH$_2$—	0.475
—SO$_3$Na	11	—CH$_3$	0.475
—N（叔胺）	9.4	—CF$_2$—	0.87
酯（失水山梨醇环）	6.8	—CF$_3$	0.87
酯（游离）	2.4		
—COOH	2.1		
—OH（游离）	1.9		
—O—	1.3		
—OH（失水山梨醇环）	0.5		
—(CH$_2$CH$_2$O)—	0.33		

⑥ 混合表面活性剂的 HLB 值。

一般认为 HLB 值具有加和性，因而可以预测一种混合表面活性剂的 HLB 值，虽然并不很严密，但大多数表面活性剂的 HLB 值数据表明偏差较小，因此加和性仍可应用。混合表面活性剂的 HLB 值的计算见式（3-12）：

$$\text{HLB} = \frac{W_A \text{HLB}_A + W_B \text{HLB}_B}{W_A + W_B} \tag{3-12}$$

式中，W_A 和 W_B 为混合表面活性剂中 A 和 B 的质量分数；HLB_A 和 HLB_B 为 A 和 B 表面活性剂单独使用时的 HLB 值。

在复配型产品的配方中，当配制各种剂型和产品时，因产品的性质不同、目的要求及用途不同，对表面活性剂的 HLB 值的需要和运用情况也就各异。总的来说，为保证配成剂型的稳定和性能优良，表面活性剂的 HLB 值必须符合一定要求。例如，制备各种乳剂时，必须了解各成分所需的 HLB 值，从中选择最适当 HLB 值的表面活性剂作为乳化剂。比如，液体石蜡要配成 O/W 型乳剂，乳化时所需乳化剂的 HLB 值为 10~12；棉籽油 W/O 型乳剂所需乳化剂的 HLB 值为 7.5；蜂蜡制成 W/O 型乳剂所需乳化剂的 HLB 值为 5，而制成 O/W 型所需乳化剂的 HLB 值为 10~16。

课后练习题

1. 临界胶束浓度 CMC 与 HLB、浊点、Krafft 点之间有何关联？
2. 已知表面活性剂的 CMC 如下，其中，（　　）的 HLB 值最大，（　　）的 HLB 值最小。

    A．CMC：0.16 mol/L　　　　B．CMC：0.000 94 mol/L

    C．CMC：0.074 mol/L　　　D．CMC：0.000 080 mol/L

3. 胶束是如何形成的？
4. 影响临界胶束浓度的因素有哪些？
5. 什么是表面张力？什么是表面活性剂？表面活性剂与表面活性物质有何区别和联系？
6. 表面活性剂如何进行分类？
7. HLB 值的含义是什么？不同类型的表面活性剂如何计算？
8. 表面张力的测定方法有哪些？
9. HLB 值有何指导意义？
10. 混合表面活性剂的 HLB 值如何计算？

第 4 章 阴离子表面活性剂的合成及工艺

4.1 分类及概述

阴离子表面活性剂溶于水时，能解离出发挥表面活性部分的带负电基团（阴离子或称负离子）。阴离子表面活性剂按亲水基团，分为脂肪羧酸酯类 R—COONa、脂肪醇硫酸酯类 R—OSO$_3$Na、磺酸盐类 R—SO$_3$Na、磷酸酯类 R—OPO$_3$Na。

阴离子表面活性剂亲水基团的种类有限，而疏水基团可由多种基团构成，故种类很多。阴离子表面活性剂一般具有良好的渗透、润湿、乳化、分散、增溶、起泡、抗静电和润滑等性能，用作洗涤剂有良好的去污能力。

4.1.1 阴离子表面活性剂的分类

阴离子表面活性剂按其亲水基，通常可分为羧酸盐型、磺酸盐型、硫酸（酯）盐型和磷酸酯盐型等，其中产量最大、用量最广的阴离子表面活性剂是磺酸盐型，其次是硫酸（酯）盐型。

① 羧酸盐型（—COOM）。这类表面活性剂以羧酸盐为主，在水中能够电离出羧酸盐负离子，代表品种如硬脂酸钠、N-甲基酰胺羧酸盐等。

② 磺酸盐型（—SO$_3$M）。磺酸盐型阴离子表面活性剂是该类表面活性剂中最重要的品种，主要包括烷基苯磺酸盐、烷基磺酸盐、α-烯基磺酸盐、N-甲基油酰胺牛磺酸盐和琥珀酸酯磺酸盐

③ 硫酸（酯）盐型（—OSO$_3$M）。脂肪醇硫酸酯钠盐和脂肪醇聚氧乙烯醚硫酸酯钠盐是常用的两类硫酸酯盐型阴离子表面活性剂。

④ 磷酸酯盐型（—OPO$_3$M）。磷酸酯盐型阴离子表面活性剂有单酯和双酯两种类型。

4.1.2 阴离子表面活性剂一般特性

① Krafft 点。

离子型表面活性溶解度随温度的变化存在明显的转折点，即在较低的一段温度范围内随温度上升非常缓慢，当温度上升到某一定值时，其溶解度随温度上升而迅速增大，这个温度叫作表面活性剂的克拉夫特点（Krafft point）。一般离子型活性剂都有 Krafft 点。图 4-1 所示为十二烷基硫酸钠在水中的溶解度与温度的关系。

对于离子表面活性剂，Krafft 点是离子表面活性剂的特征值，Krafft 点也是表面活性剂应用温度的下限，或者说，只有当温度高于 Krafft 点时，表面活性剂才能更好地发挥作用。如十二烷基硫酸钠的 Krafft 点为 8 ℃，而十二烷基磺酸钠的 Krafft 点为 70 ℃，在室温条件下使用时，前者作增溶剂为好，后者的 Krafft 点高则不够理想。

② 一般情况下，阴离子表面活性剂与阳离子表面活性剂配伍性差，容易生成沉淀或变为混浊，但在一些特定条件下与阳离子表面活性剂复配，则可极大地提高表面活性。

③ 一般来说，阴离子表面活性剂的抗硬水性能较差，对硬水的敏感性比较为羧酸盐>磷酸盐>硫酸盐>磺酸盐。

图 4-1 十二烷基硫酸钠在水中的溶解度与温度的关系

④ 在疏水链和阴离子头基之间引入短的聚氧乙烯链，可极大地改善其耐盐性能。

⑤ 在疏水链和阴离子头基之间引入短的聚氧丙烯链，可改善其在有机溶剂中的溶解性（但同时也降低了其生物降解性能）。

⑥ 羧酸盐在酸中易析出游离羧酸，硫酸盐在酸中可发生自催化作用而迅速分解。其他类型阴离子表面活性剂在一般条件下是稳定的。

⑦ 阴离子表面活性剂是家用洗涤剂、工业清洗剂、润湿剂等的重要组分。

4.2 磺酸型阴离子表面活性剂

4.2.1 磺酸基的引入方法

凡分子中具有—CH$_2$—SO$_3$M 基团的阴离子表面活性剂，统称为磺酸盐型表面活性剂。磺酸盐型阴离子表面活性剂是产量最大、应用最广的一类阴离子表面活性剂。主要品种有烷基苯磺酸盐、烷基磺酸盐、烯基磺酸盐、高级脂肪酸酯 α-磺酸盐、琥珀酸酯磺酸盐、脂肪酰胺烷基磺酸盐、脂肪酰氧乙基磺酸盐、烷基萘磺酸盐、石油磺酸盐、木质素磺酸盐等。

在合成磺酸盐型阴离子表面活性剂的过程中，磺酸基的引入方法可以分为直接引入法和间接引入法。

1. 直接引入法

直接引入法是指通过磺化反应直接引入磺酸基的方法。如烷基苯磺酸盐类磺酸基的引入，即由烷基苯直接进行磺化反应而引入磺酸基的。

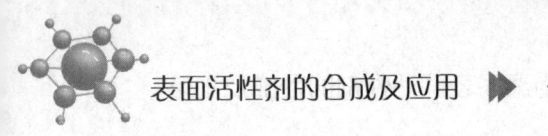

$$R-\!\!\bigcirc\!\!-H + H_2SO_4 \longrightarrow R-\!\!\bigcirc\!\!-SO_3H$$

烷烃磺化工艺有氧磺化法、氯磺化法、置换磺化法和加成磺化法等。

芳烃的磺化工艺有过量硫酸磺化法、共沸去水磺化法、三氧化硫磺化法、氯磺酸磺化法、芳伯胺的烘焙磺化法等。

2. 间接引入法

磺酸基的间接引入法是由使用带有磺酸基的原料，通过磺化反应以外的其他反应引入磺酸基的方法，如 N-甲基油酰胺牛磺酸盐的磺酸基是通过油酰氯和 N-甲基牛磺酸缩合而引入的。

$$\underset{\underset{CH_3}{|}}{C_{17}H_{33}COCl} + \underset{\underset{CH_3}{|}}{HNCH_2CH_2SO_3Na} \longrightarrow \underset{\underset{CH_3}{|}}{C_{17}H_{33}CONCH_2CH_2SO_3Na}$$

4.2.2 烷基苯磺酸盐

烷基苯磺酸盐是阴离子表面活性剂中最重要的一个品种，主要有烷基苯磺酸钠、烷基苯磺酸三乙醇胺、烷基苯磺酸钙等，其中，烷基苯磺酸钠是目前消耗量最大的表面活性剂品种，也是我国合成洗涤剂项目的主要品种。烷基苯磺酸钠中碳链的长度一般为 12~18。碳链有直链烷基苯磺酸钠（LAS）和支链烷基苯磺酸钠（ABS）两类。支链烷基苯磺酸盐表面活性剂不容易生物降解，环境污染较为严重，具有一定的公害，目前很多品种已经被禁止使用和生产。LAS 溶液的临界胶束浓度以及表面张力低，LAS 去污力强、泡沫力和泡沫稳定性好。其在酸性、碱性和某些氧化剂等溶液中稳定性好，是优良的洗涤剂和泡沫剂。原料来源充足，成本低，制造工艺成熟。LAS 作为洗涤剂的活性物易喷雾干燥成型，是洗衣粉的必要成分，可适量用于香波、泡沫浴等洗浴中，也可以作为纺织工业的清洗剂、染色助剂、金属清洗剂及造纸工业的脱墨剂等。

4.2.2.1 结构与性能的关系

1. 溶解度

对于直链烷基苯磺酸钠，烷基取代基的碳原子数越少，烷基链越短，疏水性越差，在室温下越容易溶解在水中；反之，碳原子数越多，烷基链越长，疏水性越强，越难溶解。从图 4-2 所示直链烷基苯磺酸钠的溶解度曲线可以看出，随着碳原子数的增加，表面活性剂达到相同溶解度需要的温度越高。例如，直链十八烷基苯磺酸钠在 55~60 ℃时较易溶于水，而十烷基苯磺酸钠在 40 ℃时便具有更高的溶解度。

此外，图中各条曲线的变化趋势相似，即先随着温度的升高，表面活性剂的溶解度逐渐增大，当达到某一温度时，溶解度显著增加。此时的温度相当于表面活性剂的 Krafft 点，此时的溶解度则相当于该表面活性剂的临界胶束浓度。从图 4-2 可以看到，从直链的十碳烷基升至十六碳烷基，随着烷基链的增长，表面活性剂的临界胶束浓度呈下降趋势，而 Krafft 点则逐渐升高。

2. 表面张力

这里提到的表面张力是指表面活性剂的浓度高于其临界胶束浓度的水溶液的表面张力。从图 4-3 所示直链烷基苯磺酸钠表面张力与表面活性剂和浓度的关系曲线可以看出，在相同浓度

下，十四烷基苯磺酸钠溶液的表面张力最低，其次是十二烷基苯磺酸钠。而在图4-4所示2-位带有分支链的烷基苯磺酸钠表面活性剂中，以2-丁基辛基苯磺酸钠的表面张力最低。

图4-5中的曲线代表碳原子数都为12的烷基苯磺酸钠异构体的表面张力。可以看出，在正十二烷基、2-丁基辛基、1-戊基庚基和四聚丙烯基苯磺酸钠4种表面活性剂中，正十二烷基苯磺酸钠的临界胶束浓度最低，其次是2-丁基辛基苯磺酸钠和1-戊基庚基苯磺酸钠。在临界胶束浓度下，2-丁基辛基苯磺酸钠的表面张力最低。

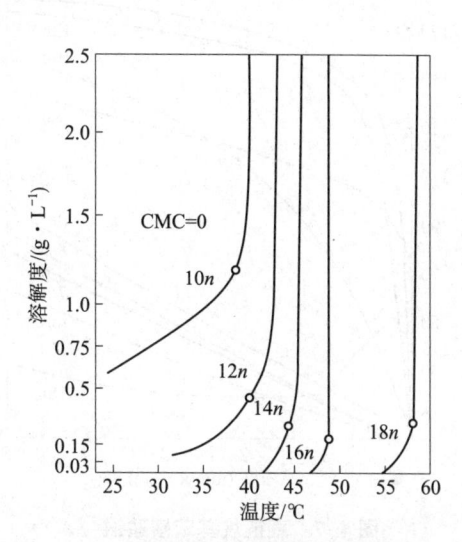

图4-2 直链烷基苯磺酸钠的溶解度

图4-3 直链烷基苯磺酸钠的表面张力

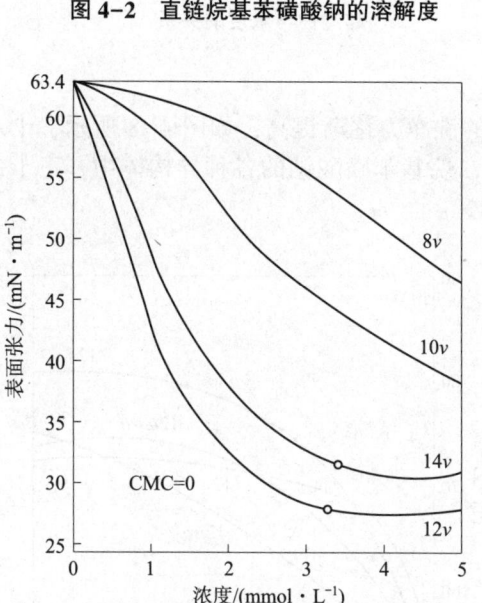

图4-4 2-位支链烷基苯磺酸钠的表面张力

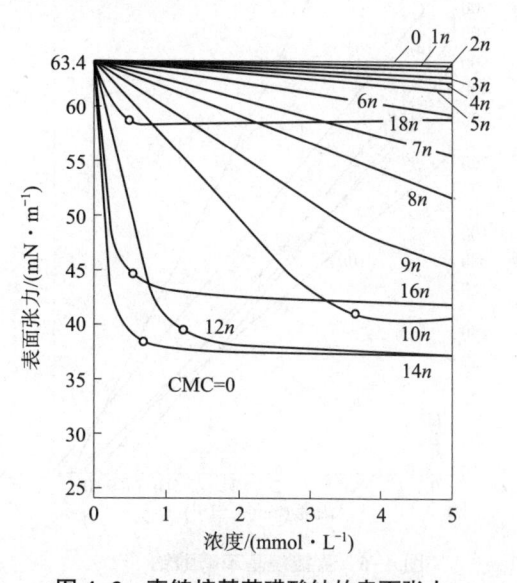

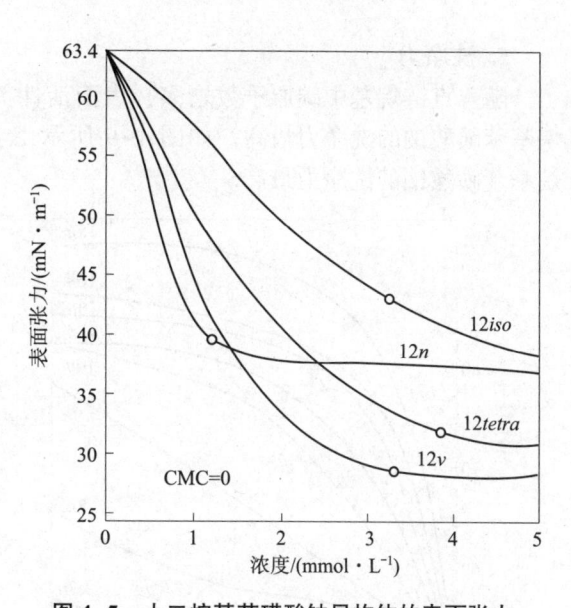

图4-5 十二烷基苯磺酸钠异构体的表面张力

3. 润湿力

直链烷基苯磺酸钠的润湿力与其溶液浓度关系的曲线如图4-6所示。从图中可以看出，以正十二烷基苯磺酸钠的润湿力为最好，所需要的润湿时间最短；十二烷基苯磺酸钠和十四烷基苯磺酸钠次之，而十六烷基苯磺酸钠和十八烷基苯磺酸钠的润湿力较差。总体上讲，随着直链烷基苯磺酸钠烷基碳原子数的增加，表面活性剂的润湿呈下降趋势。

4. 起泡性

直链烷基苯磺酸钠起泡性与浓度的关系如图 4-7 所示，从图看出，十四烷基苯磺酸钠的起泡性最好，其次是十二烷基苯磺酸钠，十八烷基苯磺酸钠因溶解度低，起泡性差。

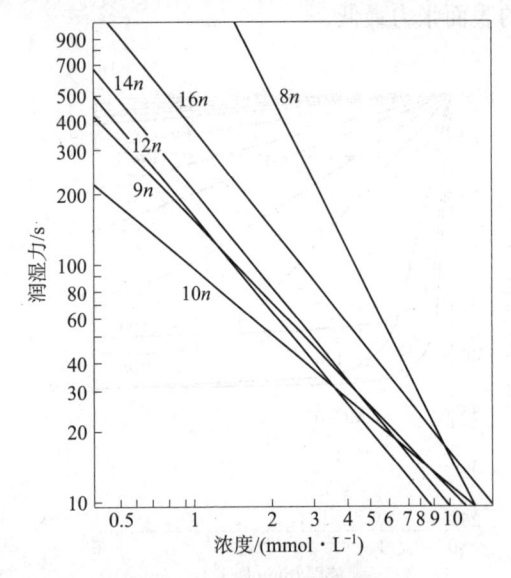

图 4-6　直链烷基苯磺酸钠润湿力与其溶液浓度的关系的曲线

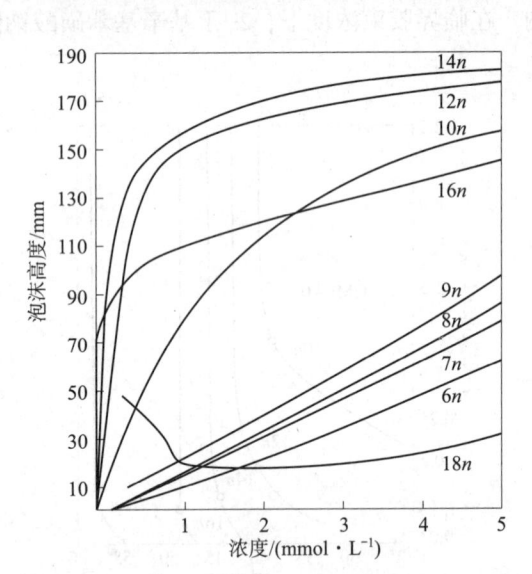

图 4-7　直链烷基苯磺酸钠起泡性与浓度的关系

5. 洗净力

随着直链烷基中碳原子数增多，表面活性剂的洗净力逐渐提高，如图 4-8 所示，十八烷基苯磺酸钠的洗净力最高。如图 4-9 所示，十二烷基苯磺酸钠的各种异构体中，正十二烷基苯磺酸钠的洗净力最高。

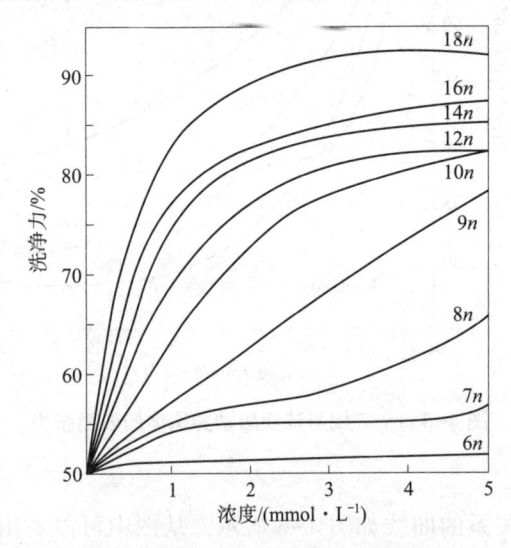

图 4-8　直链烷基苯磺酸钠的洗净力

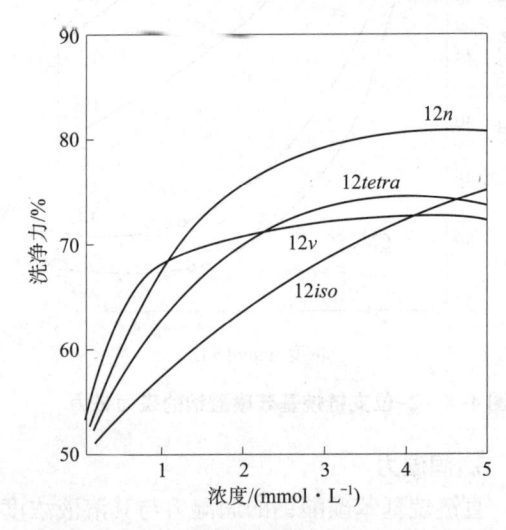

图 4-9　十二烷基苯磺酸钠异构体的洗净力

4.2.2.2 烷基苯磺酸盐的生产

磺化反应所用的烷基苯可以用精烷基苯、脱油烷基苯或粗烷基苯，烷基苯质量越好，副反应越少，收率越高。

1. 烷基苯磺化机理

烷基芳烃是表面活性剂的疏水基团，通过磺化，在芳烃上引入磺酸作为亲水基，磺化是生产表面活性剂的重要一步。

烷基苯磺酸是一种强酸，黏度大，不易挥发，不溶于一般的有机溶剂而易溶于水，有很强的吸湿性，遇少量水结成团，继续加水可溶解于水中。烷基苯磺酸本身无色，因原料烷基苯中的杂质或磺化副反应的发生而呈棕红色。因杂质含量及磺化副反应的程度不同而颜色深浅差异很大，磺化程度相同时，颜色越浅越好。

(1) 磺化试剂及其性质

工业生产上常用的磺化剂有硫酸（H_2SO_4）、发烟硫酸（$H_2SO_4 \cdot SO_3$）、三氧化硫（SO_3）和氯磺酸（$ClSO_3H$）等。此外，还有氨基磺酸（H_2NSO_3H）和亚硫酸盐等其他的磺化剂。

磺化剂发烟硫酸和100%硫酸都略能导电，这是因为它们存在下列电离平衡。

发烟硫酸：

$$SO_3 + H_2SO_4 \rightleftharpoons H_2S_2O_7$$
$$H_2S_2O_7 + H_2SO_4 \rightleftharpoons H_3SO_4^+ + HS_2O_7^-$$

100%硫酸：

$$2H_2SO_4 \rightleftharpoons SO_3 + H_3O^+ + HSO_4^-$$
$$3H_2SO_4 \rightleftharpoons H_2S_2O_7 + H_3O^+ + HSO_4^-$$
$$3H_2SO_4 \rightleftharpoons HSO_3^+ + H_3O^+ + 2HSO_4^-$$

在100%硫酸中，有0.2%~0.3%的硫酸按上述平衡反应式电离。若在其中加入少量水，则大部分转化为水合阳离子（H_3O^+）和硫酸氢根离子（HSO_4^-），即：

$$H_2O + H_2SO_4 \rightleftharpoons H_3O^+ + HSO_4^-$$

由以上平衡式可以看出，在浓硫酸和发烟硫酸中可能存在的亲电质点有 SO_3、H_2SO_4、$H_2S_2O_7$、HSO_3^+ 和 $H_3SO_4^+$ 等。除三氧化硫外，其余磺化质点都可以看作三氧化硫的溶剂化形式。例如，$H_2S_2O_7$ 可以看作三氧化硫与硫酸的溶剂化形式，HSO_3^+ 和 $H_3SO_4^+$ 则可以分别看作三氧化硫与氢质子 H^+ 和水合阳离子 H_3O^+ 的溶剂化形式。

上述磺化质点都可以进攻苯环参与磺化反应，但它们的反应活性差别较大，从而影响磺化的反应速率及产物。此外，上述各种亲电质点的含量随硫酸浓度的改变而改变。研究结果表明，在发烟硫酸中，主要磺化质点是 SO_3；在浓硫酸中，磺化质点主要是 $H_2S_2O_7$；随着磺化反应的进行和水的生成，当硫酸降低至80%~85%时，则磺化质点以 $H_3SO_4^+$ 为主。因此，对不同的被磺化物选择不同浓度的硫酸进行磺化反应时，主要的亲电质点是不同的。

(2) 芳烃的磺化反应历程和动力学

用不同的磺化试剂对芳烃进行磺化时，可得到不同的磺化动力学方程。

三氧化硫的凝固点（β体32.5℃，γ体16.8℃）较高，纯液态时容易发生自身的聚合，且大部分为三聚物。当使用四氯化碳、三氯甲烷等对质子呈惰性的无水溶剂时，三氧化硫主要以单体形式存在，此时，反应速率与被磺化物和三氧化硫的浓度成正比，即：

$$反应速率\ v=k[ArH][SO_3]$$

若以发烟硫酸为磺化剂，磺化质点主要是SO_3，其反应速率可近似用下式表示：

$$反应速率\ v=k[ArH][SO_3][H^+]$$

当使用浓硫酸或含量为85%~95%的含水硫酸作磺化剂时，磺化反应亲电质点主要是$H_2S_2O_7$。其反应速率表示如下：

$$反应速率\ v=k[ArH][H_2S_2O_7]$$

当硫酸低于85%时，磺化质点主要是$H_3SO_4^+$，其反应速率表示如下：

$$反应速率\ v=k[ArH][H_3SO_4^+]$$

由动力学方程可以看出，芳烃的磺化反应随磺化试剂及其浓度不同，反应速率不同。但无论使用何种磺化试剂，其反应历程相似，即都是经过σ-配合物的两步历程。

磺化亲电质点进攻苯环，生成σ-配合物，σ-配合物脱掉质子形成产物。长链烷基苯磺化时，生成的磺化产物几乎都是对位的。低温磺化时，受动力学控制，对位产品居多；高温磺化时，受热力学控制，间位产品较多。在磺化反应中，还存在一些副反应，如逆烷基化反应、氧化反应及脱磺酸反应等。主要的副产物有砜、磺酸酐、多磺酸等。

2. 烷基芳烃磺化的主要影响因素

（1）磺化试剂用量

以三氧化硫做磺化试剂时，反应几乎是定量进行的，反应过程中不生成水，也不产生废酸，磺化能力强，反应速度快，产品质量好。但由于放热集中，因此常将三氧化硫用空气稀释到3%~5%后使用。此外，还可以采用在有机溶剂中的三氧化硫磺化或用三氧化硫的有机配合进行磺化，对于亲电反应活性较弱的芳烃，则可以采用液态三氧化硫磺化法。

而以硫酸做磺化剂时，磺化反应可逆，且有水生成，其反应方程式为：

$$ArH+H_2SO_4 \rightleftharpoons ArSO_3H+H_2O$$

根据前面介绍的硫酸的电离平衡平衡可知，磺化反应过程中生成的水将会使电离平衡移动，即：

$$H_2SO_4+H_2O \rightleftharpoons H_3O^++HSO_4^-$$

同时，生成的水会使$H_3SO_4^+$、SO_3和$H_2S_2O_7$等磺化活性质点的浓度显著降低，磺化剂的活性明显下降。当水量逐渐增多，酸的浓度下降到一定的数值时，磺化反应便会终止。为使磺化反应向生成产物也就是磺化产物方向进行，必须使硫酸的浓度保持在此极限浓度之上，为此，在实际生产中常常使用高于理论量的磺化剂。

例如，烷基苯磺化时的理论酸烃比（磺化剂与被磺化物之比）φ^*和φ见表4-1。

表 4-1 烷基苯磺化的理论酸烃比

硫酸含量/%	理论酸烃比 φ^*	实际酸烃比 φ	
		精烷基苯	粗烷基苯
98	0.4:1	(1.5~1.6):1	(1.7~1.8):1
104.5	0.37:1	(1.1~1.2):1	(1.25~1.3):1

Π 值：硫酸参与反应时生成水，水不断稀释硫酸，当硫酸浓度降到一定值后，磺化反应达到平衡，反应不能继续进行。能使磺化反应进行的最低浓度称为磺化临界浓度，此浓度用磺化剂中三氧化硫的质量分数表示，叫作 Π 值。

实际生产时，酸烃比也并非越高越好，而是有一个最佳值。在烷基苯磺化中，实际的酸烃比 φ 和转化率 η 有一定的关系，如图 4-10 所示。从图中可以看出，当酸烃比为 1.1:1 时，烷基苯的转化率为最高。由此可见，磺化剂的用量过多或过少都是不利的。酸烃比过小会导致反应不完全，有较多的烷基苯未被磺化。但酸烃比过大会导致反应速率加快以及副反应增多，生成多磺化物以及砜类等副产物，同时还会使产品的颜色加深，影响质量。因此，磺化剂的用量必须依据磺化物的反应活性高低、所用磺化剂的种类以及对副反应的抑制程度适当地选择确定。此外，在

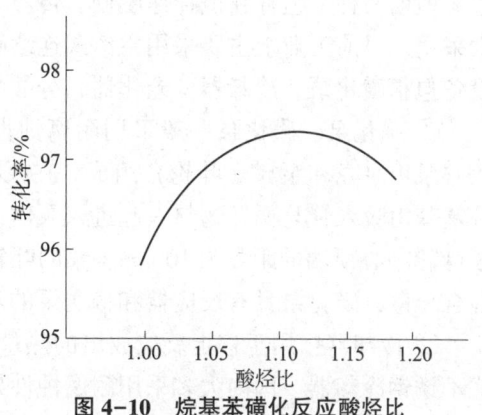

图 4-10 烷基苯磺化反应酸烃比和转化率的关系曲线

实际生产中，除了采用高浓度和用量较多的硫酸来保证磺化反应进行完全外，还可以采用共沸去水磺化的方法，随着反应的进行，不断地移除体系中生成的水，使磺化质点始终保持一定的浓度，从而减少磺化剂用量。

（2）温度的影响

磺化反应需控制适宜的温度范围，温度太低，影响磺化反应速率，太高又会引起副反应的发生，以及多磺化物、砜以及树脂物的生成。同时，也会影响磺基进入芳环的位置和异构体的生成比例，即反应的选择性。通常当苯环上有供电子取代基时，低温有利于进入邻位，高温有利于进入对位或者更稳定的间位。这是由于低温磺化反应由动力学控制，磺酸基主要进入电子云密度较高、活化能较低的位置，即邻位和对位。而高温磺化反应为热力学控制，磺酸基可以异构化转移到空间位阻较小或不易水解、热力学稳定的位置，如间位。

由于空间位阻的影响，长链烷基苯的磺化几乎只产生对位异构体。例如，十二烷基苯磺化，邻、对位产物的比例为 7:90，此时若适当提高反应温度，还可提高对位异构体的含量。温度对十二烷基苯磺化反应的另一个作用是降低磺化反应物料的黏度，有利于磺化反应热量的传递以及物料的混合，对促进反应完全和防止局部磺化反应过热是有利的。

一般情况下，用发烟硫酸磺化时，精烷基苯磺化温度控制在 35~40 ℃，粗烷基苯则为 45~50 ℃。用三氧化硫磺化时，适宜的磺化温度为 30~50 ℃。

（3）传质的影响

烷基苯磺化反应物料黏度大，而且随着反应深度的增加而急剧提高，因此，强化传质过程对反应的顺利进行是十分必要的。对于不同的工艺方法，应采用不同的强化传质的方法。

（4）老化时间

通过控制循环比来控制物料在循环系统中的停留时间。停留时间过短会使转化率过低；过长会使副反应增加，色泽变差。

4.2.2.3 发烟硫酸做磺化剂的磺化反应工艺

发烟硫酸做磺化剂，可采用釜式间歇磺化工艺、罐组式连续磺化工艺、泵式连续磺化工艺。但前两种工艺存在搅拌速度慢、传质差、传热慢、副反应多、产品质量差等缺点，已很少采用。目前工业上主要采用主浴式连续磺化工艺，习惯称为泵式磺化工艺。该工艺的主要设备包括磺化泵、冷却器、老化器、分酸泵以及分酸罐等。

① 磺化泵：磺化泵一般采用耐腐蚀性材料，如玻璃、不锈钢或铝硅铁制成的离心泵。离心泵由泵壳和泵翼（叶轮）组成。在泵的入口处装有与泵吸入管同心的发烟硫酸注入管，烷基苯由吸入管与循环物料一起进入泵体，烟酸由注入管进入泵体，注入管进口一般与离心泵叶轮中心顶端的距离为10 mm，浆的叶轮转速为1 450~2 900 r/min，物料一进入泵体即被混合分散，磺化泵具有反应器和输送泵的双层功能。

② 冷却器：用于移走反应放出的热量。反应段冷却器可采用块孔式石墨冷却器或列管式不锈钢冷却器。国内大多采用耐腐蚀性好的石墨冷却器，石墨冷却器中有互相垂直错开的管孔，冷却水走小孔，混酸走大孔，通过石墨壁进行热交换。一块石墨冷却器的冷却面积约4~6 m^2，一年产1万吨洗衣粉的工厂，其磺化工段石墨冷却器的冷却面积约为12 m^2，将2~3个石墨块堆叠即可。

③ 老化器：老化器一般采用聚氯乙烯材质，价格低，制造方便，耐腐蚀。老化器可制成蛇管式或罐式。使用蛇管式老化器时，物料返混现象少，但阻力大，容积小，适用于量小的装置。罐式老化器适用于量较大的装置。为减少物料在罐中返混，需安装折流板。

④ 分酸泵：分酸泵起物料混合和输送循环的作用，而在分酸泵的泵体中不发生化学反应，输送的介质是78%的硫酸，因而分酸泵耐腐蚀的要求更高。通常用玻璃离心泵和离心氟塑料泵。

⑤ 分酸罐：分酸罐和沉降罐以及所有的循环管路均需采用耐腐蚀的聚氯乙烯或玻璃等材料制成。

磺化时，烷基苯和发烟硫酸由各自的贮罐进入高位槽，分别经流量计按适当的比例与循环物料一起进入磺化反应泵。泵内两相充分混合并发生反应，使磺化基本完成。反应物料大部分经冷却器循环回流，另一小部分经盘管式老化器进一步完成磺化反应，产物送去分酸和中和。

用发烟硫酸磺化的生产过程工艺简图如图4-11所示。

发烟硫酸对烷基苯的泵式连续磺化工艺条件如下：

磺化温度和酸烃比：磺化温度为34~45 ℃，酸烃比为（1.1~1.2）:1。

提高烷基苯的磺化收率、改善产品质量的途径：提高反应泵转速，加大循环回流量，提高物料流速，加强物料混合等。

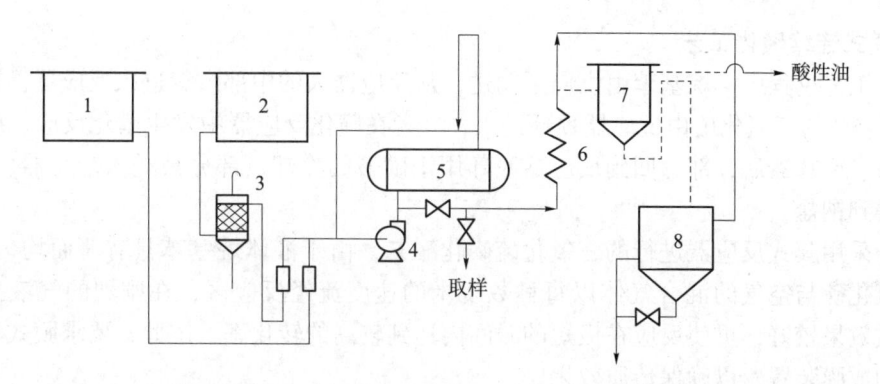

1—烷基苯高位槽；2—发烟硫酸高位槽；3—烟酸过滤器；4—磺化反应泵；
5—冷却器；6—盘管式老化器；7—分油器；8—混酸贮槽。

图 4-11　用发烟硫酸磺化的生产工艺简图

4.2.2.4　用三氧化硫磺化的生产过程

用三氧化硫作磺化剂的磺化反应速率快，放热大，磺化物料黏度高达 1.2 Pa·s，因此，强化传质更为重要。在工业生产中，用三氧化硫对烷基苯的磺化有两种生产工艺，即多釜串联连续磺化和膜式连续磺化。

1. 多釜串联连续磺化工艺

该工艺一般采用 2~5 个反应釜串联，烷基苯由第一釜加入，物料依次流至下一釜继续进行反应。三氧化硫被空气按一定比例稀释后，从各反应器底部的分布器通入，第一釜通入量最多，以便大部分反应在物料黏度较低的第一釜中完成。

对于这种工艺，反应釜必须使用高转速的涡轮搅拌器，并配有导流筒及气体分布装置来提高气-液相间的充分接触，以达到良好传质的效果。图 4-12 所示是多釜串联三氧化硫磺化工艺流程。

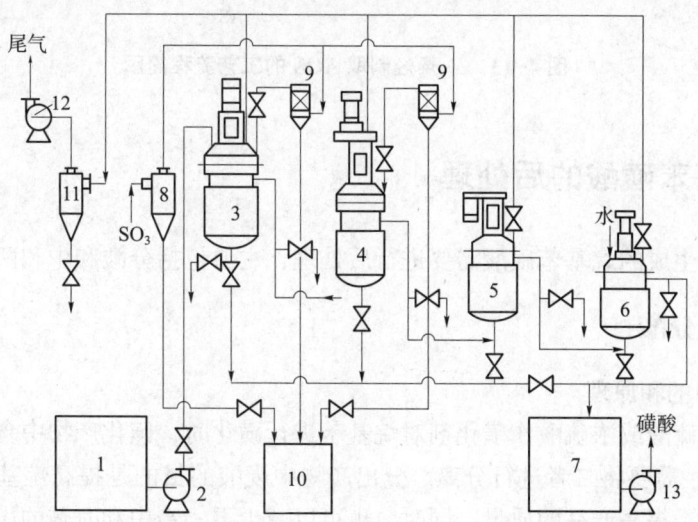

1—烷基苯贮槽；2—烷基苯输送泵；3—1 号磺化反应器；4—2 号磺化反应器；5—老化器；
6—加水罐；7—磺酸贮槽；8—三氧化硫雾滴分离器；9—三氧化硫过滤器；
10—酸滴暂存罐；11—尾气分离器；12—尾气风机；13—磺酸输送泵。

图 4-12　多釜串联三氧化硫磺化工艺流程简图

2. 膜式连续磺化工艺

在该工艺过程中，烷基苯由供应泵输送，从反应器大约中部位置进入反应器，被空气稀释至3%~5%的三氧化硫由反应器顶部进入，二者在磺化反应器中发生磺化反应。磺化产物经循环泵、冷却器后，部分回到反应器底部用于磺酸的冷却，部分被送入老化器、水化器，经中和得到钠盐。

对于采用膜式反应器进行的三氧化硫磺化工艺，由于液体烷基苯具有薄而均匀的液膜，并且三氧化硫与空气的混合气体以每秒数十米的速度流经反应区，在剧烈的气液接触条件下，传质效果较好，可使反应在极短的时间内达到较高的转化率。因此，要求膜式反应器具有良好的成膜装置，以确保传质效果。

膜式反应器除可用于生产烷基苯磺酸钠（LAS）外，还可用于生产脂肪醇硫酸酯盐（AS）、α-烯烃磺酸盐（AOS）以及脂肪醇聚氧乙烯醚硫酸酯盐（AES）等。图4-13所示为α-烯烃制取AOS的工艺流程简图。

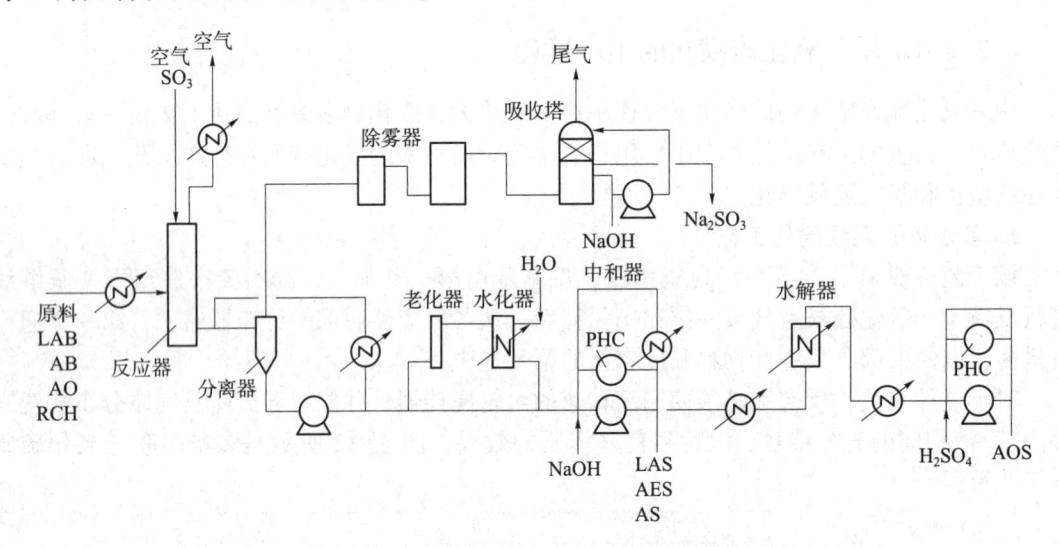

图4-13 α-烯烃制取AOS的工艺流程简图

4.2.3 烷基苯磺酸的后处理

烷基苯磺化生成的烷基苯磺酸需要进行后处理，主要包括分酸和中和两个过程。

4.2.3.1 分酸

1. 分酸的目的和原理

当采用发烟硫酸或浓硫酸作磺化剂对烷基苯进行磺化时，磺化产物中含有烷基苯磺酸及硫酸（即废酸），需要将二者进行分离。分出产物中废酸的目的是提高烷基苯磺酸的含量和产量，除去杂质，提高产品的质量。同时，也可以减少下一步中和时碱的用量。

分酸的原理是利用硫酸比烷基苯磺酸更易溶于水的性质，通过向磺化产物中加入少量水来降低硫酸和烷基苯磺酸的互溶性，并借助它们之间的密度差进行分离。

分酸效果的好坏与磺化产物中硫酸的浓度有关，实践证明，当硫酸含量为76%~78%

时，烷基苯磺酸和硫酸的互溶解度最小。

2. 温度对分酸的影响

分酸的温度对烷基苯磺酸与硫酸之间的密度差有一定的影响。温度升高时，两者的密度差增大，这一点可由表4-2中不同温度下磺化物稀释后硫酸相和磺酸相的密度差看出。

表4-2 不同温度下磺化物稀释后硫酸相和磺酸相的密度差

温度/℃	磺酸相密度/(g·cm^{-3})	磺化物稀释至75%		磺化物稀释至80%	
		硫酸相密度/(g·cm^{-3})	密度差/(g·cm^{-3})	硫酸相密度/(g·cm^{-3})	密度差/(g·cm^{-3})
20	1.270	1.670	0.400	1.727	0.457
30	1.102	1.660	0.558	1.719	0.615
40	1.081	1.650	0.569	1.707	0.626
50	1.070	1.640	0.570	1.697	0.627
60	1.055	1.631	0.576	1.687	0.632

可见，随着温度的升高，磺酸相与硫酸相的密度差逐渐增大。但温度太高时，会导致烷基苯磺酸的再磺化，并使烷基苯磺酸产品色泽加深。因此，分酸过程较为适宜的温度为40~60 ℃。此时，所分出的烷基苯磺酸的中和值为每克产品消耗氢氧化钠160~170 mg，而分出的废酸中和值为每克消耗氢氧化钠620~638 mg，硫酸的含量为76%~78%，分离效果比较理想。

4.2.3.2 中和

中和是将烷基苯磺酸转化为烷基苯磺酸钠的过程，可采用间歇法、半连续法或连续法的工艺流程。由于烷基苯磺酸的表面性质，中和过程中可能出现胶体现象。在烷基苯磺酸钠的浓度较高时，其分子间有两种不同的排列形式：一种是胶束状排列；另一种是非胶束状排列。前者为理想的排列形式，活性物含量高，流动性好；后者则呈絮状，稠厚而且流动性差。为了获得良好的中和效果和性能良好的高质量产品，在中和时，应特别注意选择适宜的工艺条件，例如，碱的浓度以及中和温度等。

中和时碱的浓度过高，会由于强电解质的凝结作用而使表面活性剂单体由隐凝结剧变为显凝结，从而形成米粒状沉淀，这种现象叫作"结瘤现象"。避免这种情况发生的最主要方法是选择适当的碱浓度。

中和温度对体系的黏度和流动性均有影响。在一定的温度范围内，溶液黏度随温度的升高而下降；超过某一温度后，黏度又随温度的升高而升高，即存在一个最佳值。实践表明，中和温度控制在40~50 ℃较好。

此外，无机盐对胶体具有凝结作用，因此，当体系中有无机盐存在时，可使中和时生成的烷基苯磺酸钠胶体的结构变得更加紧密，从而使溶液的流动性得到改善。

总之，要使中和顺利完成，应保持整个体系处于适当的碱性状态下，具有一定的水量，维持温度在40~50 ℃。此外，还应具有良好的传质条件和足够的传热面积，以保证中和反应放出的热量及时移除。

4.2.4 烷基苯磺酸盐的应用

4.2.4.1 家用洗涤剂配方

烷基苯磺酸盐几乎在所有家用清洁剂中都可以作为组分原料,其最大的应用领域是洗衣剂。十二/十三/十四烷基苯磺酸盐的混合物便是用于洗衣剂配方的阴离子表面活性剂,对这些产品的要求是能够在各种不同的洗衣机和各种类型的水中有效地发挥作用,能够将液体油污或固体污垢从具有各种特性的织物上清洗下去,同时,又要保证用户洗衣机和织物的安全。因此,家用洗涤剂配方中包含许多组分,以满足这些专门要求。

为了获得良好的洗涤效果,烷基苯磺酸盐常常与其他表面活性剂或助剂混合在一起复配使用,以使各种性质得到平衡,并有利于污垢的清除、悬浮和乳化。

轻垢型洗涤剂通常只含很少的助剂或者根本不含助剂,其承担的清洁任务的要求通常是不太高的,因为经常与手接触,所以不使用碱性配料。商品中常用的是相对分子质量相当于十一或十二烷基的直链烷基苯磺酸钠和直链脂肪醇聚氧乙烯醚硫酸酯盐的混合物,再加入烷基酰醇胺和氧化胺等泡沫促进剂。使用几种表面活性剂的混合物来配制液体洗涤剂可以得到理想的物理特性,并使清洁作用和对皮肤的温和性达到最佳。

直链烷基苯磺酸钠还可用于其他洗涤剂的配方中,如炉灶清洁剂、地毯清洁剂、漂白剂、风罩清洁剂及卫生洗涤剂等。有时该类表面活性剂也用于美容、化妆用品中,如皮肤清洁剂、护发产品和刮须膏等。

4.2.4.2 工业表面活性剂

烷基苯磺酸盐在工业上的应用范围十分广泛,变化繁多,包括石油破乳剂、油井空气钻孔用起泡剂、石墨和颜料的分散剂、防结块剂以及工业用清洁剂等,有关内容已在第3章中进行了详细介绍。

4.2.4.3 农业应用

烷基苯磺酸盐在农业中能发挥许多有益的作用,它们可用作化肥中的防结块剂。十二烷基苯碳酸钠、丁基萘磺酸钠和其他表面活性剂与聚乙酸乙烯酯混合即能抑制尿素结块现象,对某些复合化肥也有较好的防结块作用。此外,该类表面活性剂也常在农药配方中用作乳化剂和润湿剂等。

4.3 α-烯烃磺酸盐

α-烯烃磺酸盐(简称 AOS)是由 α-烯烃与强磺化剂直接反应得到的阴离子表面活性剂。早在20世纪30年代,人们就已经知道 α-烯烃可以通过直接磺化的方法转化为具有表面活性的产品。但直至20世纪60年代,石油资源的丰富使 α-烯烃作为原料的价格变得低廉。膜反应器技术的采用,有效地促进了 α-烯烃磺酸盐连续生产工艺的发展,并在1968年

实现了该产品的工业化。

α-烯烃磺酸盐具有生物降解性能好、能在硬水中去污、起泡性好以及对皮肤刺激性小等优点，其生产工艺流程短，使用的原料简单易得。这种表面活性剂产品的主要成分是链烯磺酸盐和羟基链烷磺酸盐，但实际上其组成相当复杂，存在双键和羟基在不同位置的多种异构体，以及其他产物。α-烯烃磺酸盐产品的主要成分及比例见表 4-3。

表 4-3　α-烯烃磺酸盐产品的主要成分及比例

化合物名称	结构式	比例/%
烯基磺酸盐	$RCH=CH(CH_2)_nSO_3Na$	64~72
羟基磺酸盐	$RCHOHCH_2CH_2SO_3Na$	21~26
二磺酸盐		7~11

上述各种磺酸盐的相对数量和异构物的分布随生产过程的工艺条件及投料量的不同而有所变化。同时，α-烯烃磺酸盐的表面活性和应用性能与其碳链的长度、双键的位置、各组分的比例及杂质的含量等因素有关。

4.3.1　α-烯烃磺酸盐的性质和特点

为了说明 α-烯烃磺酸盐（AOS）的性质和特点，选择了另外几类阴离子表面活性剂进行比较，它们是直链烷基苯磺酸钠（LAS）、脂肪醇硫酸酯盐（AS）、脂肪醇聚氧乙烯醚硫酸酯盐（AES）等，这些品种应用都比较广泛。

4.3.1.1　溶解性

从不同碳链长度的 α-烯烃磺酸盐的溶解度随温度的变化关系曲线（图 4-14）可以看出，疏水基碳链越长，溶解度越低。在具有实用价值的表面活性剂中，含 12 个碳原子的烯基磺酸盐溶解度最高，而含 18 个碳原子的产品溶解度最低。

4.3.1.2　表面张力

图 4-15 所示是 α-烯烃磺酸盐、直链烷基苯磺酸盐和脂肪醇硫酸酯盐三类阴离子表面活性剂溶液的表面张力与其疏水基碳链长度的关系曲线。可以看出，当 α-烯烃磺酸盐碳氢链含有 15~18 个碳原子时，其溶液的表面张力较低。从图中还可看出，脂肪醇硫酸酯盐和直链烷基苯磺酸盐在碳氢链的碳原子数为 14~15 时，其溶液的表面张力出现最低值，表面活性最高。而且，在碳氢链较短（碳原子数小于 15）的表面活性剂中，相同碳原子数的三类产品中，直链烷基苯磺酸盐的表面张力最低，其次是脂肪醇硫酸酯盐，α-烯烃磺酸盐最高。

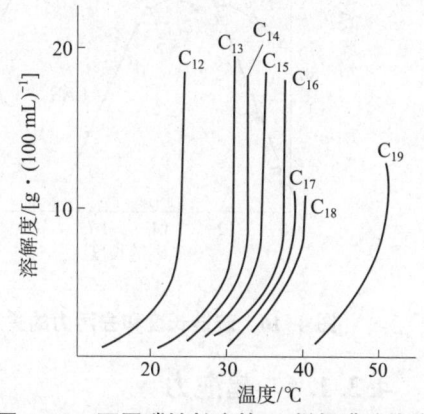

图 4-14　不同碳链长度的 α-烯烃磺酸盐的溶解度随温度的变化关系曲线

4.3.1.3 去污力

如图 4-16 所示，α-烯烃磺酸盐的去污力在碳原子大于 12 个时明显提高，在碳原子为 15~18 个时保持较高的水平，超过 18 个时又呈下降趋势。其中，以碳原子数为 16 的活性剂去污力最强。对于直链烷基苯磺酸盐，含 10~14 个碳原子的烷基苯磺酸盐的去污力相对较高，碳链继续加长，去污力降低。脂肪醇硫酸酯盐在碳氢链含 13~16 个碳原子时去污效果较好。比较三种不同类型表面活性剂的去污力，含 15~18 个碳原子的 α-烯烃磺酸盐优于含 13~16 个碳原子的脂肪醇硫酸酯盐，优于直链烷基苯磺酸盐。

表面活性剂在硬水中的去污力往往会受到水硬度的影响，图 4-17 所示的是表面活性剂的去污力随水硬度的变化规律。可以看出，α-烯烃磺酸盐的去污力随水硬度的增加而呈现降低趋势，但仍保持较好的去污效果，且仅次于脂肪醇聚氧乙烯醚硫酸酯盐，并优于脂肪醇硫酸酯盐和直链烷基苯磺酸盐。

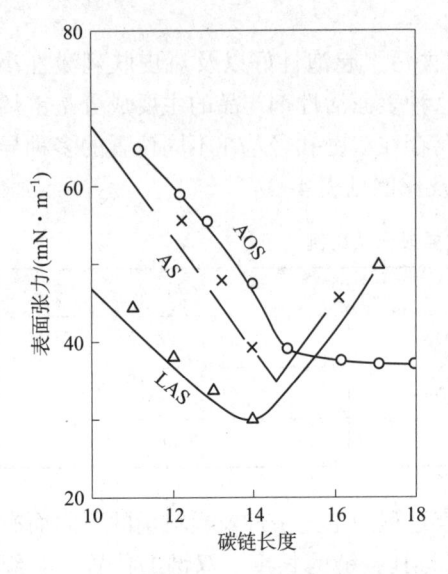

图 4-15 三类阴离子表面活性剂溶液的表面张力与其疏水基碳链长度的关系曲线

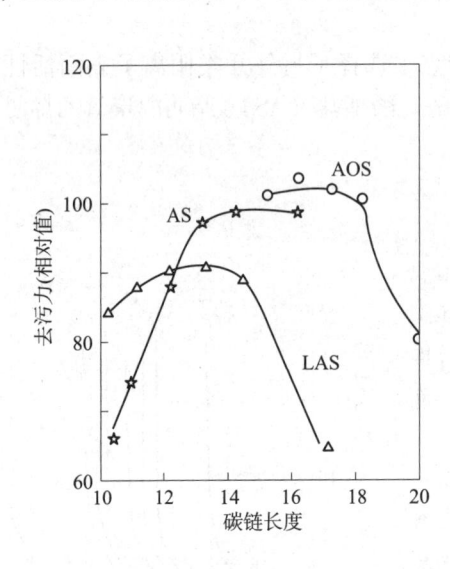

图 4-16 碳链长度和去污力的关系

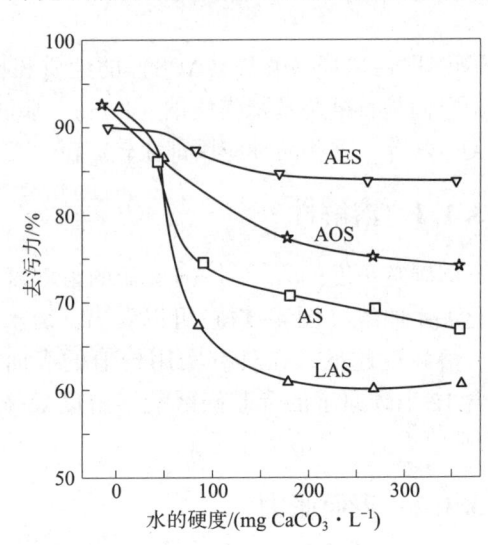

图 4-17 水的硬度对去污力的影响

4.3.1.4 起泡力

从不同表面活性剂的泡沫高度（图 4-18）可以看出，碳氢链含 14~16 个碳原子的 α-烯烃磺酸盐、含 10~13 个碳原子的直链烷基苯磺酸盐和含 14 个碳原子的醇硫酸酯盐均具有较好的起泡力。

在硬水中，各类表面活性剂的起泡力都会发生不同程度的变化（图 4-19）。商品 α-烯烃磺酸盐在硬度较广范围内（50~400 mg CaCO₃/L）的硬水中泡沫高度变化不大，起泡力保持良好。

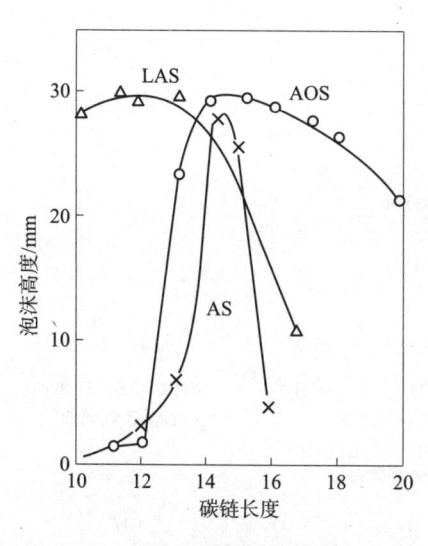

图 4-18　阴离子表面活性剂碳链长度与泡沫高度的关系

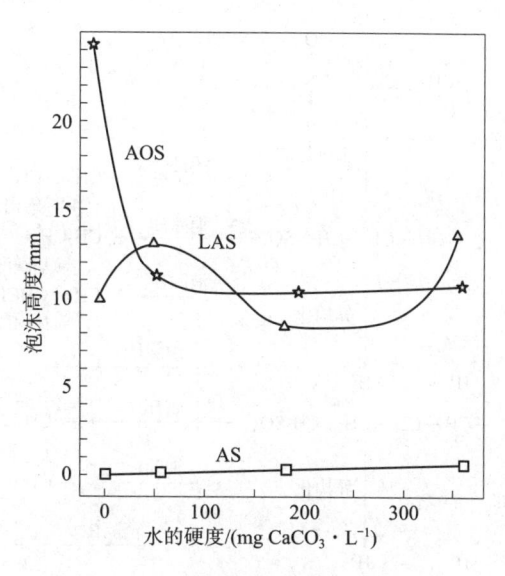

图 4-19　水的硬度对起泡力的影响

4.3.1.5　生物降解性

α-烯烃磺酸盐的生物降解性较高,其生物降解速率比直链烷基苯磺酸盐的快,而且降解更为完全,只需 5 天即可完全消失而不污染环境。在 α-烯烃磺酸盐的各种组分中,生物降解速率按烯基磺酸盐、羟基链烷磺酸盐和二磺酸盐的顺序呈下降趋势,因此,该产品中所含各组分的比例对其生物降解性有较大的影响。

4.3.1.6　毒性

α-烯烃磺酸盐的毒性比直链烷基苯磺酸盐的低,刺激性较小。

4.3.2　α-烯烃的磺化历程

α-烯烃用三氧化硫磺化可以制备烯基磺酸盐,同时有羟基烷基磺酸盐生成,该过程的反应式如下:

其反应历程可以看作烯烃的亲电加成反应,由于符合马尔科夫尼科夫规则,因此磺化主要生成末端磺化产物。其磺化反应历程如图 4-20 所示。

亲电质点三氧化硫和链烯烃发生亲电加成反应,生成中间产物 $R-\overset{+}{C}H-CH-SO_3^-$,该化合物可以从碳正离子相邻的两个碳原子上消去质子而生成烯基磺酸—CH=CH—SO_3H 或 —CH=CH—CH_2—SO_3H。此外,碳正离子还可以与磺酸基中带负电荷的氧原子一起经环化作用生成 1,2-磺内酯。1,2-磺内酯在低温、无水状态下是稳定的,但在 α-烯烃的最终磺化产物中并无此种内酯存在,这可能是由于其具有张力较大的四元环,结构不稳定,在放置和反应过程中转化为烯基磺酸等其他物质。

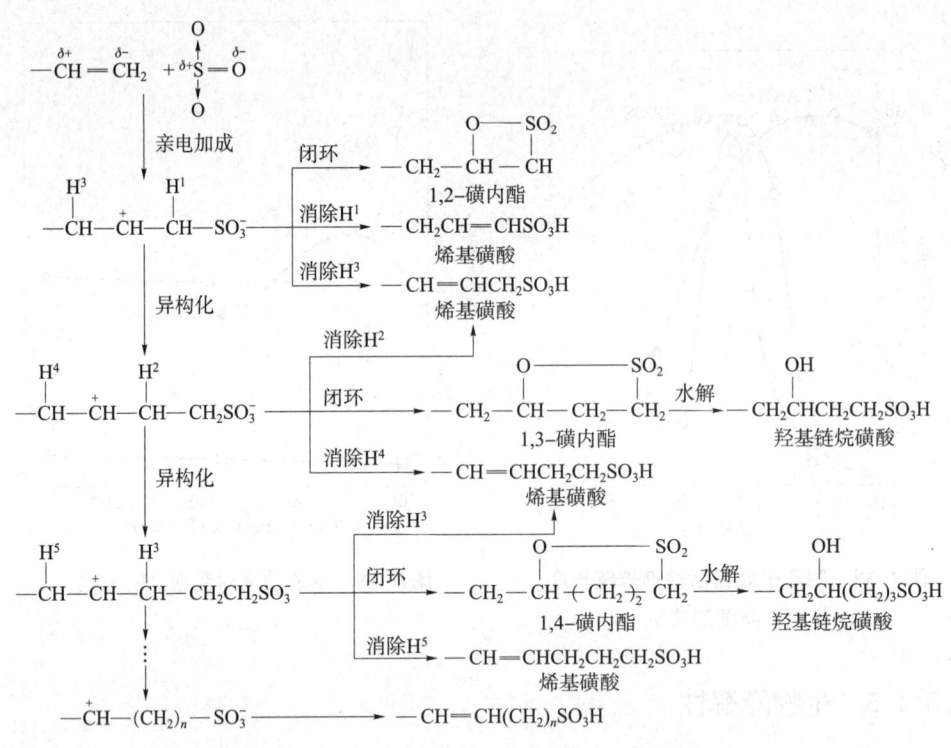

图 4-20 α-烯烃用三氧化硫磺化反应历程

由于碳正离子的异构化作用，可以得到一系列双键位置不同的链烯基磺酸，以及 1,3-磺内酯和 1,4-磺内酯。例如，1-十六烯用空气稀释的三氧化硫进行磺化时，得到的烯基磺酸的混合物中，双键在第 1~10 个碳原子上的产物都有。

尽管在 α-烯烃的最终磺化产物中只鉴定出五元环 1,3-磺内酯，但反应过程中还可能生成 1,4-磺内酯和二磺内酯。1,3-磺内酯和 1,4-磺内酯均不溶于水，在工业生产中常采用碱性水解的方法将其转化为羟基烷基磺酸。其反应历程如下：

也有人研究认为，1,3-磺内酯和 1,4-磺内酯水解时主要是 C—O 键发生断裂，即：

二磺内酯在碱性条件下水解，发生消去反应。产物以烯基磺酸盐为主；在酸性条件下水解，则会生成难溶的 2-羟基磺酸，不能作为表面活性剂使用。

此外，α-烯烃用三氧化硫磺化时，还会生成烯烃磺酸酐和二聚1,4-磺内酯。烯烃磺酸酐是在磺化剂三氧化硫过量时产生的，它在酸性条件下水解，生成难以溶解且不具有表面活性的2-羟基磺酸。将其在较高的温度（150 ℃）和强碱性条件下水解，则大部分转化为烯基磺酸，但仍有26%转化为2-羟基磺酸。

$$RCH_2-HC-CH_2 \xrightarrow{H^+} R-CH_2CHCH_2SO_3H \text{ (OH)}$$
$$\text{烯烃磺酸酐} \xrightarrow{OH^-} RCH=CH-CH_2SO_3H$$

二聚1,4-磺内酯是在烯烃过量时生成的，其产生和水解过程如下式所示。

$$H_2C=CH-R + SO_2 + CH_2=CH-R \rightarrow \text{(二聚磺内酯)} \xrightarrow{\text{水解}} R-CHCH_2CHCH_2-SO_3Na$$

二聚1,4-磺内酯在碱的作用下水解成二烷基羟基磺酸盐，此类物质的相对分子质量较大，不溶于水，也不能用作表面活性剂使用。

通过上述对烯烃磺化机理的讨论可以看出，α-烯烃的磺化反应历程比较复杂，所得到的磺化产物也是多种物质的混合物，组成复杂。因此，这类表面活性的商品也是多种组分的混合物。

4.3.3 α-烯烃磺酸盐的生产条件

α-烯烃磺酸盐的生产主要由磺化和水解两个主要反应过程构成。

第一步：α-烯烃与三氧化硫反应，经磺化生成烯烃磺酸盐、1,3-磺内酯、1,4-磺内酯及二磺内酯等的混合物，它们的含量分别为40%、40%以及20%。

第二步：磺化混合物经水解得到以烯基磺酸盐、羟基烷基磺酸盐和二磺酸盐为主的最终产品。由于磺内酯不溶于水，没有表面活性，因此，一般采用在碱性条件下使其水解为烯烃磺酸盐和羟基磺酸盐。该过程可表示如下：

$$RCH_2CH=CH_2 \xrightarrow{SO_3}$$
$$\begin{array}{ccc} \text{(环状磺酸酐)} & RCH=CH(CH_2)_nSO_3H & \text{(磺内酯)} \\ \downarrow NaOH & \downarrow NaOH & \downarrow NaOH \\ RCH=CH(CH_2)_nSO_3Na & & RCHOH(CH_2)_{2-3}SO_3Na \end{array}$$

4.3.3.1 三氧化硫与α-烯烃的物质的量比的选择

三氧化硫与α-烯烃的物质的量比 φ 对磺化反应中烯烃的转化率和产物的组成有较大的影响。

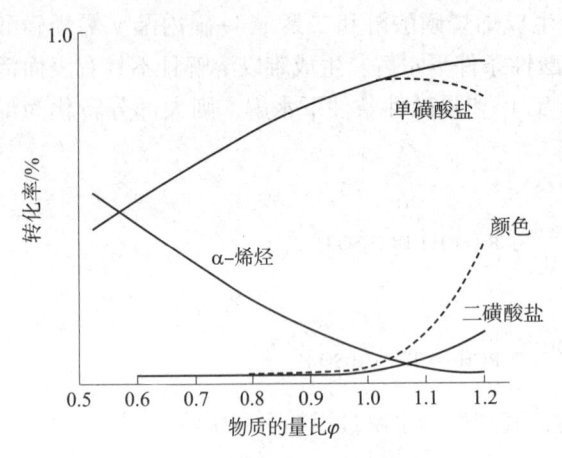

图 4-21 物质的量比对烯烃转化率、产物组成及性能的影响

由图 4-21 所示的结果可以看出：

① 当 $\varphi<1.05$ 时，随着三氧化硫用量的增加，α-烯烃的转化率和反应体系中单磺酸的含量同时增加，二磺酸含量的增加和产品颜色的加深均不十分明显，只在物质的量比超过 0.9 后才分别略有提高和变深。

② 当 $\varphi>1.05$ 时，二磺酸含量增加较快，而单磺酸含量明显下降，产品的颜色显著加深。

因此，为使反应顺利进行，同时确保产品的质量，三氧化硫不宜过量太多，其与α-烯烃适宜的物质的量比 φ 应为 1.05:1。

4.3.3.2 磺化温度和时间的选择

反应温度升高，反应速率加快，转化率升高。但α-烯烃的单磺化产物在 50 ℃ 时出现最大值，这可能是过高的温度导致α-烯烃的异构化或其他副反应的发生，主产物的收率减少。在 50 ℃ 以下时，二磺酸的含量始终保持较低的水平，而且几乎不随温度的升高而增加。因此，在磺化反应过程中，反应温度不宜高于 50 ℃。

在 50 ℃ 以下时，适当提高反应温度对反应是有利的。从表 4-4 所列的 30 ℃ 和 40 ℃ 时磺化混合物的组成可以看出，较高的反应温度有利于烯基磺酸盐的生成，同时可以减少二磺内酯和 1,2-磺内酯的含量。例如，当温度为 40 ℃ 时，二磺内酯的含量为 6%，低于 30 ℃ 时的 8%，1,2-磺内酯含量也比 30 ℃ 时减少了 12%。这可能是由于 1,2-磺内酯不稳定，高温有利于促使其开环并转化为烯基磺酸。此外，1,3-磺内酯和 1,4-磺内酯以及烯基磺酸的含量均在 40 ℃ 时有所提高，因此，反应温度控制在 40 ℃ 左右比较理想。

表 4-4 温度对磺化反应的影响

反应温度/℃	磺内酯/%		二磺内酯/%	烯基磺酸/%
	1,2-磺内酯	1,3-磺内酯和 1,4-磺内酯		
30	32	32	8	28
40	20	36	6	38

在适宜的反应温度下，适当延长反应时间，也可提高α-烯烃的转化率，同时减少 1,2-磺内酯的生成量，见表 4-5。

表 4-5 温度、时间对磺化反应的影响

反应时间/s	反应温度/℃	α-烯烃转化率/%	1,2-磺内酯生成量/%
7	30	58	74
11	30	73	72
11	45	75	40

综上所述，随着反应时间的延长和反应温度适当的升高，可提高 α-烯烃的转化率，降低 1,2-磺内酯的含量。因此，适当范围内延长反应时间和提高反应温度对反应是有利的。

4.3.3.3 反应设备的选择

α-烯烃与三氧化硫的磺化反应速率较快，放热量较大（$-\Delta H = 209.2$ kJ/mol）。特别是在反应初始阶段，反应十分剧烈，在膜式反应器中，膜的温度可高达 120 ℃ 的最高值。这将导致二磺酸产物含量较高，产品颜色加深，反应不易控制。为此，在工业生产中从两个方面采取措施来保证反应安全、顺利地进行。

第一，将三氧化硫用惰性气体稀释至 3%~5%（体积比）的较低含量，以减缓反应速率。

第二，在膜式反应器中引入二次保护风（图 4-22），对三氧化硫与 α-烯烃液膜进行隔离，降低液膜内三氧化硫的浓度。这种措施对减缓磺化初期反应的激烈程度十分有效。

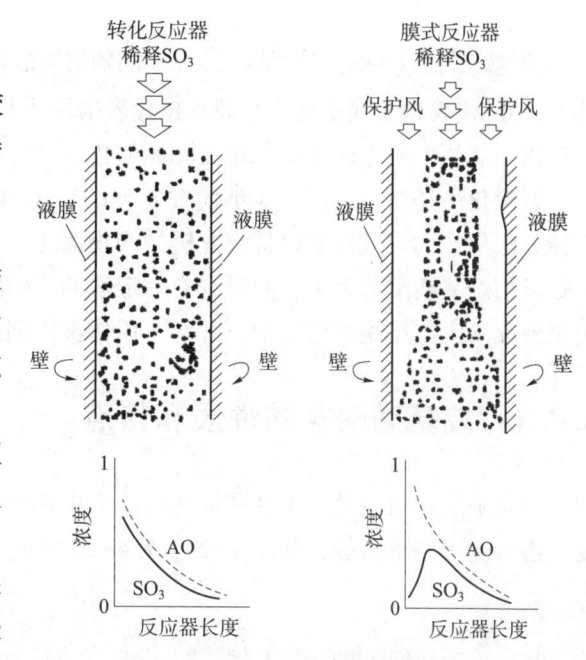

图 4-22 三氧化硫气体扩散控制

通过上述措施，可控制磺化反应在 40 ℃ 左右平稳地进行。

4.3.3.4 磺内酯水解条件的选择

对于难溶于水且不具有表面活性的磺内酯，通常使用氢氧化钠将其水解，转化为可溶于水且具有表面活性的羟基烷基磺酸盐。表 4-6 列举了不同水解温度和水解时间下磺内酯的残存量。

表 4-6 不同水解温度和水解时间下磺内酯的残存量

水解温度/℃	水解时间/min	磺内酯残存量/(mg·L^{-1})	水解温度/℃	水解时间/min	磺内酯残存量/(mg·L^{-1})
140	20	568	170	20	80
140	60	327	180	20	30
165	20	200			

根据上述结果可以看出，升高水解温度和延长水解时间可降低磺内酯的残存量，工业生产中，经常使用的水解条件为在 160~170 ℃、1 MPa 压力下水解 20 min。

4.4 烷基磺酸盐

烷基磺酸盐（SAS）的商品实际是不同碳数的饱和烷基磺酸盐的混合物，其通式为 RSO_3Me，其中，Me 代表碱金属或碱土金属，R 代表碳原子数为 13~17 的烷基。目前表面活性剂行业生产该产品的主要方法为氧磺化法和氯磺化法。

氧磺化法是在 20 世纪 40 年代被发现的，50 年代开始发展，近几十年来发展很快。用这种方法生产的烷基磺酸以带有支链的产物为主，伯烷基磺酸仅占 2%。氯磺化法的反应产物则以伯烷基磺酸盐为主，同时含有一定量的二磺酸。早在第二次世界大战期间，德国便采用氯磺化法生产了烷基磺酸钠，并将其用作洗涤剂和渗透剂。

4.4.1 烷基磺酸盐的性质和特点

烷基磺酸盐在碱性、中性和弱酸性溶液中均较为稳定，其脱脂力、润湿力、临界胶束浓度、溶解度等各项性能，如图 4-23~图 4-26 所示。

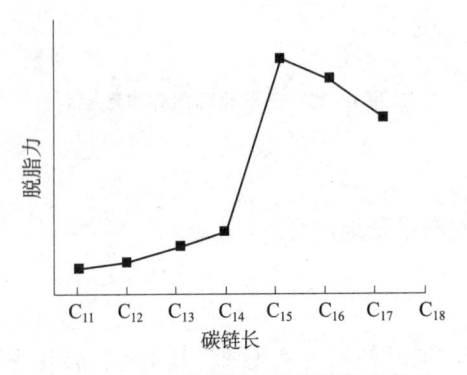

图 4-23 SAS 的脱脂力与碳链长的关系

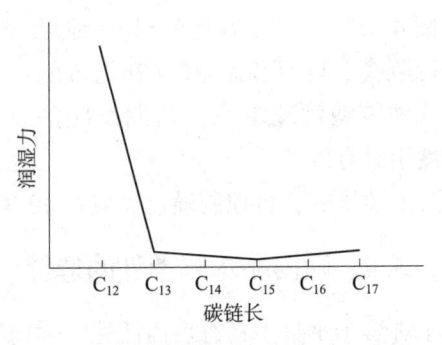

图 4-24 SAS 的润湿力与碳链长的关系

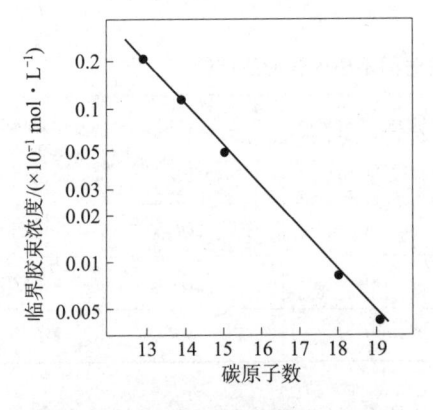

图 4-25 直链烷基磺酸钠 CMC 与碳原子数的关系

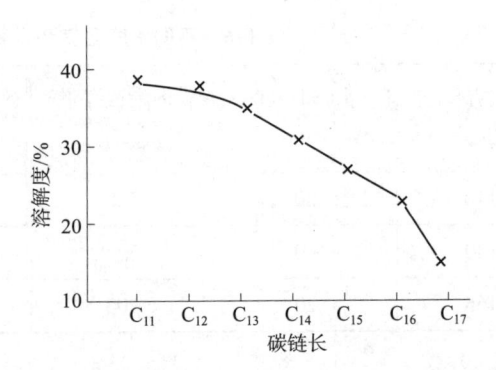

图 4-26 SAS 的溶解度与碳链长的关系

可见，烷基磺酸盐的溶解度和临界胶束浓度随烷基链碳原子数的增加而降低，其在硬水中也具有良好的润湿、乳化、分散和去污能力。

此外，该类表面活性剂的生物降解性很好，在20 ℃下、2 d后生物降解率即可达到99.7%，而且没有有毒代谢产物生成，对皮肤的刺激性也较小。

4.4.2 氧磺化法生产烷基磺酸盐

由正构烷烃与二氧化硫及氧反应制备烷基磺酸钠的反应方程式为：

$$RCH_2CH_3 + SO_2 + \frac{1}{2}O_2 \longrightarrow \underset{RCHCH_3}{SO_3H} \xrightarrow{NaOH} \underset{RCHCH_3}{SO_3Na}$$

4.4.2.1 长链烷烃的氧磺化机理

烷烃的氧磺化是自由基反应，其反应过程包括链的引发、链的增长和链的终止三个步骤。

首先，烷烃在紫外线或 γ 射线的照射下吸收能量生成烷基自由基 R·，引发反应的进行。

$$RH \longrightarrow R· + H·$$

在自由基反应的引发阶段，紫外线或 γ 射线除了可以激发烷烃生成烷基自由基引发反应外，还可以激发二氧化硫，使之处于激发态而引发链反应。在紫外线照射下，二氧化硫（SO_2）可吸收289 nm波长的光成为激发态 SO_2^*，它能够将能量转移给烷烃，并使之生成烷基自由基，自身则失去能量而回到基态。

$$SO_2(基态) \xrightarrow{h\nu} SO_2^*(激发态)$$
$$RH + SO_2^* \longrightarrow R· + H· + SO_2$$
$$RSO_2· + O_2 \longrightarrow RSO_2OO·$$
$$RSO_2OO· + RH \longrightarrow RSO_2OOH + R·$$

烷基自由基 R· 与二氧化硫反应生成烷基磺酰自由基 $RSO_2·$，在氧的存在下，该自由基与氧作用得到烷基过氧磺酰自由基 $RSO_2OO·$，它能夺取烷烃中的氢生成烷基过氧磺酸，同时产生烷基自由基 R·，进一步引发自由基反应的进行。该过程可表示如下：

$$R· + SO_2 \longrightarrow RSO_2·$$

烷基过氧化磺酸在水的存在下，与二氧化硫和水反应生成烷基磺酸和硫酸，从而使链反应终止：

$$RSO_2OOH + SO_2 + H_2O \longrightarrow RSO_3H + H_2SO_4$$

由于正构烷烃链上的伯碳原子与仲碳原子上的氢原子的相对活性比为1:3，因此，氧磺化反应的产物绝大部分为仲位取代物。

此外，实践证明，氧磺化反应对于低链烷烃是一个自动催化的反应，即一旦引发后，即使不再提供能量或引发剂，反应也可自动地进行下去。而对于长链烷烃，则需要连续不断地提供引发剂，如自始至终用紫外线照射，才能使氧磺化反应顺利进行。

控制此反应过程的关键中间产物是烷基过氧磺酸（RSO_2OOH），它与醋酐或水的反应速率较快，因而可以通过向反应体系中加入醋酐或水，使过氧磺酸进一步转化为磺酸而使体系中的浓度不至于过高，从而达到控制反应进程的目的。向反应器中加入水的方法通常称为水-光氧磺化法，这种方法生产成本较低，工艺较为成熟。

4.4.2.2 水-光氧磺化法生产烷基磺酸盐的工艺过程

该生产工艺包括氧磺化反应和后处理两部分，后处理又包括分离和中和等过程。其工艺流程如图4-27所示。

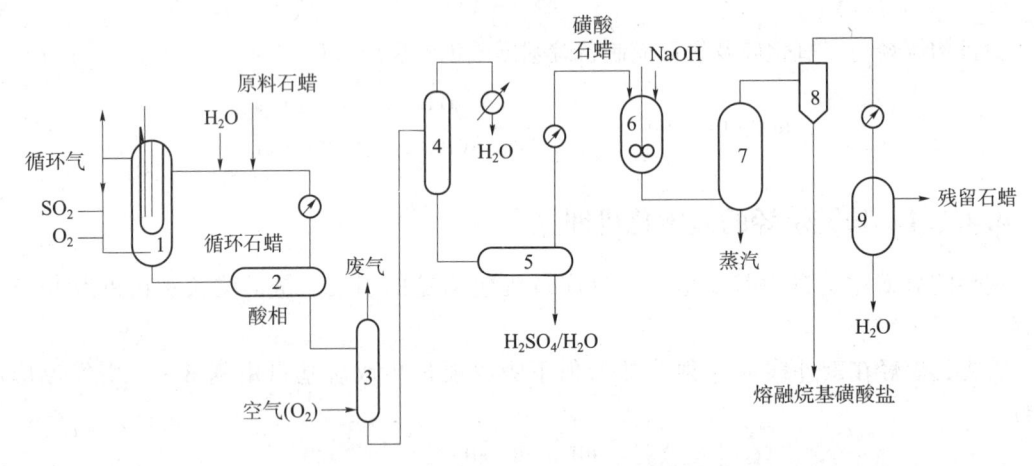

1—反应器；2，5，8—分离器；3—气体分离器；4，7—蒸发器；6—中和釜；9—油水分离器。

图 4-27 水-光氧磺化法生产烷基磺酸盐的工艺流程

原料正构烷烃和水组成的液相由上部进入装有高压水银灯的反应器中，二氧化硫和氧气通过气体分布器由反应器的底部进入，并很好地分布在液相中。反应器的温度控制在40℃以下，液体物料在反应器中停留时间为6~7 min。之后反应物料由反应器的下部进入分离器，分离器上层分出的油相经冷却器冷却后，和原料正构烷烃及水一起返回反应器循环使用。

二氧化硫和氧气的单程转化率较低，大量未反应的气体由反应器顶部排出后，经加压返回反应器循环使用。

由分离器底部分出的磺酸液中含有烷基磺酸 19%~23%、烷烃 30%~38%、硫酸 6%~9%及少量水等。磺酸液从气体分离器的顶部进入，用空气吹脱法去除残留的二氧化硫后，由底部流出并进入蒸发器，废气由气体分离器上部排出。

物料在蒸发器中蒸发脱去部分水后，从其底部流出进入分离器中静置分层，分去下层浓度为60%左右的硫酸。上层的磺酸液经冷却后，用泵打入中和釜中，用50%的氢氧化钠溶液中和，中和后的物料中约含有45%的烷基磺酸钠和部分正构烷烃。

中和物料从中和釜底部流出，再从底部进入蒸发器，由分离器顶部溢出的物料经冷凝器冷却后，在油水分离器中分离出60%的烷基磺酸盐产品。

通过此工艺过程制得的烷基磺酸钠产品经进一步蒸发处理可得高浓度产品，其商品组成为：烷基单磺酸钠 85%~87%、烷基二磺酸钠 7%~9%、硫酸钠 5%、未反应烷烃 1%。

4.4.2.3 影响反应的因素

1. 正构烷烃的质量要求

正构烷烃通常采用尿素络合或分子筛吸附法分离得到，这种方法得到的正构烷烃中芳烃

含量较高，约为 0.4%~1.0%，同时含有一定量的烯烃和异构烷烃，它们均会对氧磺化反应产生不利影响。其中，芳烃会参与氧磺化反应，其产物在反应液中积累到一定浓度时，会对主反应产生较强的抑制作用，还会导致产品色泽变深。烯烃、异构烷烃和醇等杂质会降低反应的初始速率，使反应出现诱导期。因此，氧磺化反应前要对原料进行精制和预处理，尽可能减少杂质的含量，一般要求控制原料中芳烃的含量低于 0.005%。

2. 温度的影响

光化学反应的活化能主要取决于光的吸收，受温度的影响较小。但温度太高时，会降低二氧化硫和氧气在烷烃中的溶解度，从而影响反应速率和磺酸的生成量，还可能使副反应增加。温度太低时，反应速率缓慢，因此反应温度应适宜，一般控制在 30~40 ℃较为理想。

3. 气体空速及气体比例

所谓气体空速，是指单位面积、单位时间通过的气体的量。氧磺化反应是气液两相反应，增加气体空速，有利于气液相的传质。通常气体通入量以 3.5~5.5 L/(h·cm^2) 为宜，再继续提高气体空速对产率影响不大。采用此气体空速下反应，气体的单程转化率很低，必须循环使用，一般循环利用率可达 95%以上。

氧磺化反应的原料中有两种气体，即二氧化硫和氧气。从氧磺化反应的方程式可以看出，二氧化硫与氧气的理论物质的量比为 2∶1。但实际生产中，为了保证反应的正常进行，二者的用量比达到了 2.5∶1。根据动力学分析可知，氧磺化反应的速率与二氧化硫的浓度成正比，因此，增加二氧化硫的用量有助于反应的进行。

4. 加水量的影响

正构烷烃的氧磺化反应除生成单磺酸外，还会生成无表面活性的多磺酸副产物。单磺酸与多磺酸的比例与烷烃的转化率有关。如图 4-28 所示，单磺酸与二磺酸含量的比值随烷烃转化率的提高而降低。即转化率越高，单磺酸在产物中所占的比例越小，而多磺酸所占比例越大，这种变化趋势在烷烃的转化率较低更为明显。由此可见，一味提高单程转化率，会使副反应增多，二磺酸含量增加，单磺酸产品的产率降低，产品质量下降。

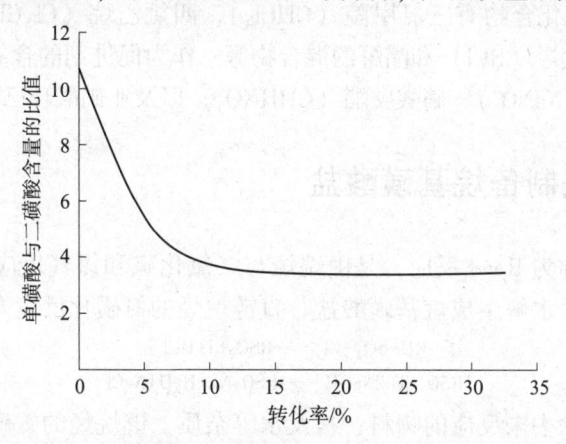

图 4-28 单磺酸与二磺酸含量的比值与烷烃转化率的关系

为解决此问题，可在反应过程中向反应体系内加入适量的水，使单磺酸产物溶解在水中，而从反应区抽出，避免继续参与氧磺化反应而生成二磺酸或多磺酸。同时，由于反应区内单磺酸含量降低，有利于反应向正方向，从而使产品的收率和质量都得到提高。

水的加入量应当适宜，可根据单磺酸的产量而定，一般应为磺酸量的2~2.5倍。加水过多，会导致物料乳化，难以分出磺酸；加水量太少，反应混合物仍处于互溶状态，磺酸不易分离出来。

4.4.2.4 其他氧磺化法简述

目前，水光氧磺化法已实现工业化，是烷烃磺化制备烷基磺酸盐的重要方法，反应采用紫外线引发。除此之外，还有采用其他引发方式来制备烷基磺酸盐，如γ射线法、臭氧法和促进剂法等。

所谓射线法，就是采用γ射线引发氧磺化反应的方法。通过研究和实践发现，能引发氧磺化反应的γ射线的剂量必须大于2 Gy。这种方法的优点是受抑制剂的影响较小，当反应激发后，烷基过氧磺酸的浓度超过某一数值时，即使在无γ射线照射的条件下，反应也能自动进行下去直到结束。这种方法也存在一定的缺点。首先，要想使γ射线的能量在设备中分布均匀，必须使用多个放射源，致使γ射线的防护设备投资较大。其次，用γ射线法得到的产品中，二磺酸含量较多，产品质量较差。

在以臭氧（O_3）为引发剂的氧磺化反应中，臭氧的浓度是影响反应速率和磺酸产率的重要因素。一般情况下，氧气中臭氧的含量以0.5%（质量分数）最为合适，此时生产1 t磺酸约需臭氧24 kg。由于扩大生产时所需的臭氧发生装置很大，目前在工业上还很难解决，因此用此法进行大生产会受到限制。

促进剂法是在反应中加入促进剂，这不仅能够提高反应速率，并且可在中断γ射线、紫外线等引发剂的情况下，使反应持续进行，这样可以提高产品质量并降低能量的消耗。常用的促进剂有醋酐、含氯化合物及含氧氮化物等。其中，加入醋酐的作用是与烷基过氧磺酸反应，其产物进一步与烷烃、二氧化硫和氧气反应生成烷基磺酸。

$$2RSO_2OOH+(CH_3CO)_2O \longrightarrow 2RSO_2OOCOCH_3+H_2O$$
$$RSO_2OOCOCH_3+7RH+7SO_2+3O_2+H_2O \longrightarrow 8RSO_3H+CH_3COOH$$

作为促进剂的含氯化合物有三氯甲烷（$CHCl_3$）、四氯乙烷（$Cl_2CH_2CH_2Cl_2$）、五氯乙烷（Cl_2CHCCl_3）以及氯代烃（RCl）和醋酐的混合物等。作为促进剂的含氧氮化物主要是硝酸钠（$NaNO_3$）、亚硝酸钠（$NaNO_2$）、硝酸戊酯（$CHHNO_3$）以及亚硝酸环己酯（$C_6H_{11}NO_2$）等。

4.4.3 氯磺化法制备烷基磺酸盐

氯磺化反应通常称为Reed反应，是由烷烃与二氧化硫和氯气反应生成烷基磺酰氯，进一步与氢氧化钠反应，水解生成烷基磺酸盐。直链烷烃的氯磺化反应方程式如下：

$$RH+SO_2+Cl_2 \longrightarrow RSO_2Cl+HCl\uparrow$$
$$RSO_2Cl+2NaOH \longrightarrow RSO_3Na+H_2O+NaCl$$

反应结束后，要除去未反应的物料、盐及水等杂质。链烷烃的氯磺化和氧磺化反应是制备烷基磺酸盐（RSO_3Na）的主要方法，这两个反应都要求在氧化剂即氧气（O_2）或氯气（Cl_2）的存在下，用二氧化硫与烷烃反应，从而引入磺酸基，并且均为自由基链反应。

4.4.3.1 氯磺化反应机理

直链烷烃的氯磺化反应通常是在紫外线的照射下，反应混合物中的氯气吸收光能，生成

了氯自由基，即

$$Cl_2 \longrightarrow 2Cl \cdot$$
$$Cl \cdot + RH \longrightarrow R \cdot + HCl$$
$$R \cdot + SO_2 \longrightarrow RSO_2 \cdot \text{（主）}$$
$$R \cdot + Cl_2 \longrightarrow RCl + Cl \cdot \text{（副）}$$
$$RSO_2 \cdot + Cl_2 \longrightarrow RSO_2Cl + Cl \cdot$$
$$Cl \cdot + Cl \cdot \longrightarrow Cl_2$$

氯自由基夺取 RH 中的氢生成氯化氢，从而生成了烷基自由基 R·。

$$Cl \cdot + RH \longrightarrow R \cdot + HCl$$

由于烷基自由基 R· 与二氧化硫的反应速率比与氯气反应的反应速率快 100 倍，因此更容易与前者反应生成烷基磺酰自由基，而很少与氯气反应生成卤化物。该过程可表示为

主反应： $R \cdot + SO_2 \longrightarrow RSO_2 \cdot$
副反应： $R \cdot + Cl_2 \longrightarrow RCl + Cl \cdot$

值得注意的是，烷基自由基 R· 与氧气的反应速率比其与二氧化硫的反应还快 10^4 倍，因此，反应体系中应控制氧含量最小。烷基碳酰自由基 RSO_2 进一步与氯气反应得到磺酰氯和氯自由基 Cl·，从而引发新的自由基反应。

$$RSO_2 \cdot + Cl_2 \longrightarrow RSO_2Cl + Cl \cdot$$

氯自由基 Cl· 之间反应生成氯气，从而使自由基链反应终止。

$$Cl \cdot + Cl \cdot \longrightarrow Cl_2$$

4.4.3.2 烷烃的氯磺化生产过程

氯磺化法制取烷基磺酸钠的工艺过程包括氯磺化反应、脱气、皂化、后处理等工序，其工艺流程如图 4-29 所示。

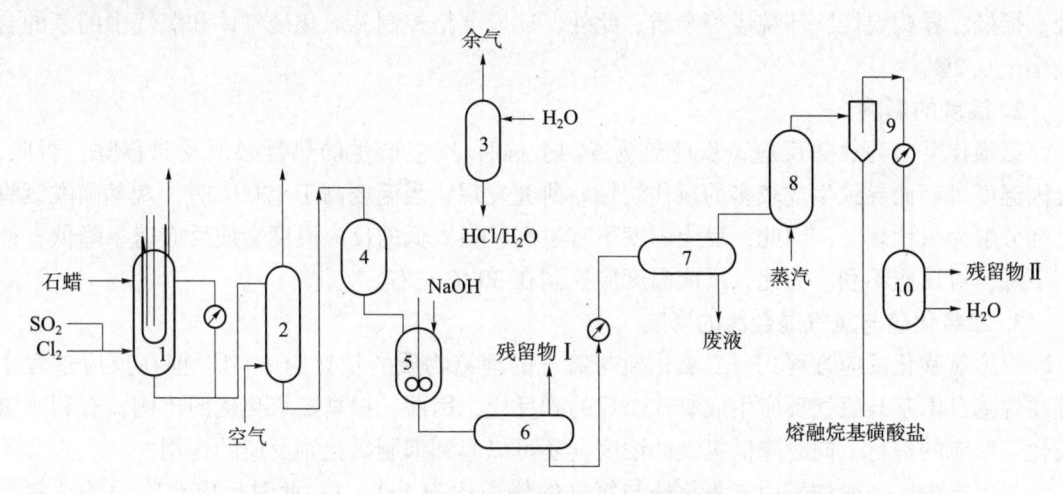

1—反应器；2—脱气塔；3—气体吸收塔；4—中间贮罐；5—皂化器；
6，7—分离器；8—蒸发器；9—磺酸盐分离器；10—油水分离器。

图 4-29 氯磺化法制取烷基磺酸钠工艺流程

1. 氯磺化反应

经过预处理的石蜡烃（主要是正构烷烃）从反应器上部进入，氯气和二氧化硫气体从反应器的底部引入，在紫外线照射下发生紫外线引发的氯磺化反应。反应后的物料由底部流出后，一部分经冷却器冷却回到反应器中，使反应器内的温度保持在 30 ℃ 左右；另一部分氯磺化产物进入脱气塔。

2. 脱气

在脱气塔内，氯磺化反应物料经空气气提脱除氯化氢气体，由反应器上部和脱气塔上部放出的氯化氢气体进入气体吸收塔，用水吸收。

3. 皂化

脱气后的氯磺化产物进入中间贮罐，再由顶部进入皂化器中与氢氧化钠反应，生成烷基磺酸钠，同时产生水和氯化钠。

4. 后处理

后处理包括脱烃、脱盐和脱油。皂化后的物料在分离器中分出残留的石蜡烃。磺酸钠则在分离器的下层，由其底部流出，经冷却进入分离器进行脱盐处理。下层是含盐废液；上层物料进入蒸发器，蒸去大量的水和残留的石蜡烃后，在磺酸盐分离器中分出磺酸盐，得到产物烷基磺酸盐的熔融物。蒸出的水和残余石蜡烃在油水分离器中静置分层，使二者分离。

在氯磺化反应过程中，原料的质量、反应温度、气体用量以及反应深度等都会对产品的质量产生重要的影响。

4.4.3.3 反应的影响因素

1. 原料的质量要求

由于原料石蜡烃中所含的芳烃、烯烃、醇、醛、酮及含氧化合物等杂质会抑制自由基链反应的进行，因此，必须对其进行预处理和精制。用发烟硫酸处理可以除去正构烷烃中的芳烃、烯烃、异构烷烃、环烷烃等杂质。此外，还应严格控制二氧化硫气体和氯气中的氧的含量小于 0.2%。

2. 温度的影响

氯磺化反应为放热反应，反应热为 54 kJ/mol，反应产生的热量必须及时移除，否则，会因温度过高而导致生成较多的氯代烷烃。研究发现，当温度高于 120 ℃ 时，烷基磺酰氯将全部分解为氯代烷烃，因此，反应温度不宜过高。但太低的反应温度会使反应速率降低，产率下降，对反应不利。为此，反应温度应控制在 30 ℃ 左右。

3. 二氧化硫与氯气混合比的影响

根据氯磺化反应方程式，二氧化硫与氯气的理论物质的量比为 1:1。但在反应过程中存在烷基自由基与氯气反应生成氯代烷烃的副反应，因此，提高二氧化硫的比例，有利于氯磺化主反应的进行，同时降低氯气的浓度，还可以起到抑制氯化副反应的作用。

在生产中，一般均采用二氧化硫与氯气的体积比为 1.1:1，此时反应产物中的总氯量与皂化氯量的比值维持在较低的数值。总氯量是指产品中氯元素的总含量。而皂化氯则是指可以与碱发生皂化反应的氯的含量。目的产物磺酰氯（RSO_2Cl）中的氯元素即为可皂化氯，它能与氢氧化钠发生反应，生成烷基磺酸钠。而氯代烃（RCl）中的氯为不可皂化氯，但在测定总氯量时能被测出。可见，对于正构烷烃的氯磺化反应，总氯量与可皂化氯量的比值越

接近于 1，产物中的含氯副产品越少，即氯代烃的含量越低。

从图 4-30 中可以看出，当二氧化硫与氯气的体积比小于 1.1∶1 时，随着比例的增加，总氯量与皂化氯量比值明显降低；而大于 1.1∶1 时，下降趋势不明显，采用过大的比例没有必要。因此，两种气体适宜的体积比为 SO_2∶Cl_2 = 1.1∶1。

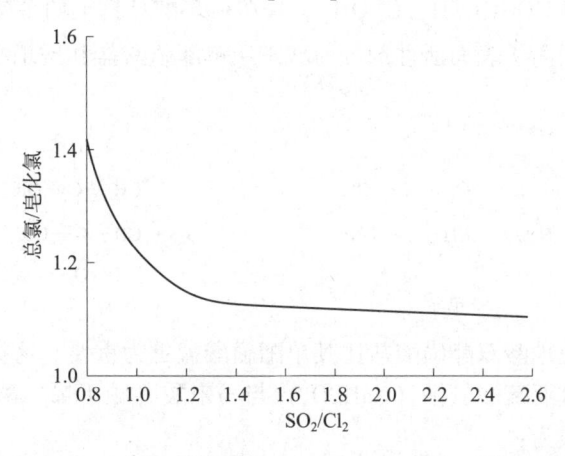

图 4-30　总氯/皂化氯与 SO_2/Cl_2（体积比）的关系

4. 反应深度的影响

氯磺化反应属于典型的串联反应，其反应深度对产物的组成有较大影响，而且反应深度不同，反应液的相对密度也不同，因此，可以通过测定反应液的相对密度来控制反应深度。烷烃氯磺化的反应深度、反应液的组成和相对密度的关系见表 4-7。

表 4-7　烷烃氯磺化的反应深度、反应液的组成和相对密度的关系

产品名称	反应深度/%	磺酰氯的产品组成 单磺酰氯/%	磺酰氯的产品组成 多磺酰氯/%	未反应烷烃/%	链上含氯量/%	密度/(g·cm^{-3})
M30	30 左右	95	5	70	0.5	0.83~0.84
M50	45~55	85	15	55~45	1.5	0.88~0.9
M80	80~82	60	40	20~18	4~6	1.02~1.03

从表中数据可以看出，随烷烃的单程转化率和反应深度的增加，多磺酰氯的含量明显提高，反应液的相对密度也逐渐增大。

产品 M30 反应深度较低，多磺酰氯等副产品少，产品质量较好。但烷烃只反应了 30%，反应液中含油量较多，需要脱去大量未反应的烷烃。根据反应液中含油量的多少，脱油方法也略有差异。对于含油量较大的 M30 的皂化液，一般采用静置分层脱油、冷冻降温脱盐，然后蒸发脱油除去不皂化物的方法。

M50 的皂化液的处理方法是先采用静置分层脱油和冷却脱盐工艺，然后用甲醇和水在 60 ℃下萃取除油。另外，也可以与 M30 的皂化液相同，在静置脱油后，再采用蒸发脱油的方法。

M80 的皂化液中因反应深度较高，未反应烷烃的含量较少，其后处理的方法与前两种产品有所不同。先静置分层脱油，下层浆状物冷却后用离心法脱盐，离心分离得到的清液在 102~105 ℃加热，然后用水稀释使残余油层析出。

4.5　琥珀酸酯磺酸盐

琥珀酸即丁二酸 [HOOC(CH$_2$)COOH]，按照琥珀酸结构上两个羧基的酯化情况，可以将琥珀酸酯磺酸盐型阴离子表面活性剂分为琥珀酸单酯磺酸盐和琥珀酸双酯磺酸盐，它们的结构通式为：

$$\underset{\text{单酯}}{\begin{array}{c}\text{CH}_2-\text{C}-\text{OR}\\|\quad\;\;\|\\\text{NaO}_3\text{S}-\text{CH}-\text{C}-\text{ONa}\\\;\;\|\\\text{O}\end{array}} \qquad \underset{\text{双酯}}{\begin{array}{c}\text{CH}_2-\text{C}-\text{OR}\\|\quad\;\;\|\\\text{NaO}_3\text{S}-\text{CH}-\text{C}-\text{OR}'\\\;\;\|\\\text{O}\end{array}}$$

在实际应用中，琥珀酸双酯磺酸盐比其单酯磺酸盐更为重要。这类表面活性剂分子中磺酸基的引入方法是通过亚硫酸氢钠（NaHSO$_3$）与马来酸（顺丁烯二酸）酯双键的加成反应进行的，该反应方程式为：

$$\begin{array}{c}\text{CH}-\text{C}-\text{OR}\\\|\quad\;\;\|\\\text{CH}-\text{C}-\text{ONa(R')}\\\;\;\|\\\text{O}\end{array} + \text{NaHSO}_3 \longrightarrow \begin{array}{c}\text{CH}_2-\text{C}-\text{OR}\\|\quad\;\;\|\\\text{NaO}_3\text{S}-\text{CH}-\text{C}-\text{ONa(R')}\\\;\;\|\\\text{O}\end{array}$$

表面活性剂分子中的 R 和 R′均为烷基，二者可以相同，也可以不同，随其碳链长度和结构的不同，可得到一系列性能不同的表面活性剂品种。表面活性剂的结构与其性能之间有十分密切的关系。

4.5.1　琥珀酸双酯磺酸盐结构与性能的关系

4.5.1.1　临界胶束浓度与琥珀酸双酯磺酸盐结构的关系

表4-8列出了部分琥珀酸双酯磺酸盐的临界胶束浓度。从表中数据可以看出，随琥珀酸双酯磺酸盐的碳原子数增加，其临界胶束浓度降低。测定上述表面活性剂的表面张力也得到类似的结果。

表4-8　部分琥珀酸双酯磺酸盐的临界胶束浓度

表面活性剂名称	CMC/ (mol·L^{-1})	温度/ ℃	表面活性剂名称	CMC/ (mol·L^{-1})	温度/ ℃
琥珀酸双正丁酯磺酸钠	0.2	25	琥珀酸双正辛酯磺酸钠	0.000 68	25
琥珀酸双异丁酯磺酸钠	0.2	25	琥珀酸双异辛酯磺酸钠	0.002 24	25
琥珀酸双正戊酯磺酸钠	0.053	25	琥珀酸双（2-乙基己基）酯磺酸钠	0.002 5	25
琥珀酸双正己酯磺酸钠	0.012 4	25			

当烷基的碳原子数相同时，带有正构烷基表面活性剂的临界胶束浓度比带有支链烷基的略低。例如，琥珀酸二正辛酯磺酸钠的临界胶束浓度为 0.006 80 mol/L，而琥珀酸二异辛酯磺酸钠和琥珀酸二（2-乙基己基）酯磺酸钠的临界胶束浓度则分别为 0.002 4 mol/L 和 0.002 5 mol/L。

4.5.1.2 润湿力与结构的关系

研究表明，当烷基碳链所含碳原子数小于 7 且不带分支链时，随着正构烷基碳链的增长，润湿力提高，而且随着支链数的增加，润湿力减弱。当碳原子数大于 7 时，随正构烷基碳链长度的增加，润湿力下降，而且随支链数的增加，润湿力增加。

4.5.2 Aerosol OT 的合成与性能

Aerosol OT 是琥珀酸酯磺酸盐类表面活性剂中最为重要的品种之一，其分子结构式为：

$$NaO_3S-CHCOOCH_2-CH(CH_2)_3CH_3 \atop CH_2COOCH_2-CH(CH_2)_3CH_3$$
（其中 CH 上带 C_2H_5 支链）

Aerosol OT 商品为无色或浅黄色液体，总活性物的含量为 70%~75%，相对密度为 1.8，闪点为 85 ℃，能溶于极性有机溶剂和非极性有机溶剂中，不溶于水，临界胶束浓度为 0.002 5 mol/L，最小溶液表面张力为 26.0 mN/m，产品 pH 为 5~10。

该产品是一种渗透十分快速、均匀，乳化和润湿性能均良好的渗透剂，广泛用作织物处理剂及农药乳化剂。具有相同结构和相似性能的国内产品的商品牌号为渗透剂 T。

Aerosol OT 的合成主要是酯化和磺化反应，它是由马来酸酐与 2-乙基己醇发生酯化反应，生成马来酸双酯，然后与亚硫酸氢钠（$NaHSO_3$）在双键上加成磺酸制得。其反应过程的方程式如下：

$$\begin{array}{c} CH-CO \\ \| \quad \quad \ \ \rangle O \\ CH-CO \end{array} + 2CH_3(CH_2)_3CHCH_2OH \xrightarrow[-H_2O]{H_2SO_4} \begin{array}{c} HC-COOCH_2CH(CH_2)_3CH_3 \\ \| \\ HC-COOCH_2CH(CH_2)_3CH_3 \end{array}$$
（2-乙基己醇带 C_2H_5 支链；产物酯基上带 C_2H_5 支链）

$$\xrightarrow{NaHSO_3} \begin{array}{c} CH_2-COOCH_2CH(CH_2)_3CH_3 \\ | \\ NaO_3S-CH-COOCH_2CH(CH_2)_3CH_3 \end{array}$$
（各 CH 上带 C_2H_5 支链）

上述两个反应的工艺过程和反应条件如下。

（1）酯化反应

将马来酸酐与 2-乙基己醇在硫酸的存在和真空条件下加热，控制好升温速度和真空度。脱水缩合反应顺利进行，直至蒸出来的水很少即为反应终点。一般酯化收率可达 95% 以上。

酯化反应结束后，用稀碱液中和物料中的硫酸，并用水洗至中性，同时除去生成的无机盐，最后在真空下蒸馏脱去未反应的醇。

(2) 磺化反应

经过脱醇处理的马来酸酐 (2-乙基己基) 酯与亚硫酸氢钠按物质的量比 1:1.05 投料，并加入一定量的乙醇作溶剂，在 110~120 ℃、0.1~0.2 MPa 压力下反应 6 h，即可得到 Aerosol OT 产品。

改变酯化反应的原料脂肪醇，按照上述同样方法可以制备含不同碳氢链的马来酸酯，经磺化后，可得到一系列不同牌号的 Aerosol 型阴离子表面活性剂。这类产品的化学结构和表面张力见表 4-9。可以看出，随着碳链长度的增加和相对分子质量的增大，Aerosol 型表面活性剂 0.1% 和 1% 的溶液对矿物油的表面张力均呈下降趋势。

表 4-9　Aerosol 型阴离子表面活性剂化学结构和表面张力

商品牌号	化学名称	相对分子质量	对矿物油的表面张力/($mN·m^{-1}$) 0.1%	对矿物油的表面张力/($mN·m^{-1}$) 1%
Aerosol OT	琥珀酸双 (2-乙基己基) 酯磺酸钠	444	5.86	1.84
Aerosol MA	琥珀酸双己基酯磺酸钠	388	20.1	4.18
Aerosol AY	琥珀酸双戊基酯磺酸钠	360	27.5	7.03
Aerosol IB	琥珀酸双异丁基酯磺酸钠	332	41.3	31.2

琥珀酸双酯磺酸盐是一类重要的渗透剂，应用十分广泛。此外，还有部分琥珀酸单酯磺酸盐也是比较重要的品种。

4.5.3　脂肪醇聚氧乙烯醚琥珀酸单酯磺酸钠

脂肪醇聚氧乙烯醚琥珀酸单酯磺酸钠，简称 AESM 或 AESS，具有良好的乳化性、分散性、润湿性及增溶性等性能，其结构通式如下：

$$\begin{array}{c} \text{O} \\ \text{CH}_2-\text{C}-(\text{OCH}_2\text{CH}_2)_n-\text{OR} \\ \text{NaO}_3\text{S}-\text{CH}-\text{C}-\text{ONa} \\ \text{O} \end{array}$$

该类表面活性剂中的典型品种如月桂醇聚氧乙烯 (3) 醚琥珀酸单酯磺酸钠，化学结构式为：

$$\text{C}_{11}\text{H}_{25}\text{O}(\text{CH}_2\text{CH}_2\text{O})_3\text{OCCH}_2\underset{\underset{\text{SO}_3\text{Na}}{|}}{\text{CH}}\text{COONa}$$

该产品通常为无色至淡黄色透明液体，具有十分优异的润湿性、抗硬水性和增溶性，脱脂力很弱。非常适用于与人体皮肤直接接触的日用化学品，现在已在调理香波、婴幼儿香波、浴液、洗面奶、洗手液等日用品的配方中使用。

$$C_{12}H_{25}O(CH_2CH_2O)_3H + \begin{matrix}CH-CO\\CH-CO\end{matrix}\Big\rangle O \xrightarrow{催化剂} C_{12}H_{25}O(CH_2CH_2O)_3OCCH=CHCOOH$$

$$C_{12}H_{25}O(CH_2CH_2O)_3OCCH=CHCOOH + NaHSO_3 \longrightarrow C_{12}H_{25}O(CH_2CH_2O)_3OCCH_2CHCOOH\underset{SO_3Na}{|}$$

合成反应的最佳工艺条件为：脂肪醇聚氧乙烯醚与马来酸酐的投料比为1∶1.05，酯化反应温度为70 ℃，酯化时间大约为6 h；磺化反应的温度宜控制在80 ℃，磺化时间为1 h，单酯与亚硫酸氢钠的投料比为1∶1.05。按照上述条件进行反应，表面活性剂的最终收率可达98%以上。

4.5.4 磺基琥珀酸N-酰基聚氧乙烯醚单酯钠盐

这类表面活性剂是以烷氧基化的含氮化合物为原料合成的，是配制香波的重要组分，其结构为：

$$RCONH(CH_2CH_2O)_nCOCHCH_2COONa\atop \overset{SO_3Na}{|}$$

它的合成过程是先由N-酰基乙醇和环氧乙烷反应合成N-酰基乙氧基化物，然后与顺丁烯二酸酐作用生成单酯，最后与亚硫酸氢钠在氢氧化钠存在的碱性条件下加成而得。各步反应式如下：

$$RCONHCH_2CH_2OH + (n-1)CH_2\overset{O}{-}CH_2 \longrightarrow RCONH(CH_2CH_2O)_nH \xrightarrow{\begin{matrix}CH-CO\\CH-CO\end{matrix}\rangle O}$$

$$RCONH(CH_2CH_2O)_nCOCH=CHCOOH \xrightarrow[-H_2O]{NaHSO_3} RCONH(CH_2CH_2O)_nCOCHCH_2COONa\atop\overset{SO_3Na}{|}$$

4.6 高级脂肪酰胺磺酸盐

高级脂肪酰胺磺酸盐阴离子表面活性剂的特点是在分子中引入了酰胺基，其结构通式如下：

$$R'CON(CH_2)_nSO_3Na\atop\overset{R}{|} \qquad R'=H或烷基$$

该类表面活性剂的磺酸基大多是通过间接方法引入的，也就是使用带有磺酸基的原料，而并非直接磺化制得。下面首先介绍其普遍使用的一般制法。

4.6.1 高级脂肪酰胺磺酸盐的一般制法

高级脂肪酰胺磺酸盐是通过带有磺酸基的原料羟基磺酸盐先后与脂肪胺和酰氯等其他中间体反应制得的，因此，首先要合成羟基磺酸盐。

4.6.1.1 羟基磺酸盐的合成

羟基磺酸盐可由亚硫酸氢钠（NaHSO$_3$）与醛或环氧化合物反应生成，例如：

$$NaHSO_3 + HCHO \longrightarrow HOCH_2SO_3Na$$

$$NaHSO_3 + CH_2\overset{O}{-}CH_2 \longrightarrow HOCH_2CH_2SO_3Na$$

4.6.1.2 氨基烷基磺酸盐的合成

用以上方法制得的羟基磺酸盐在高温高压下与有机胺反应，可制得相应的氨基烷基磺酸盐。

$$RNH_2 + HOCH_2SO_3Na \longrightarrow RNHCH_2SO_3Na + H_2O$$
$$RNH_2 + HOCH_2CH_2SO_3Na \longrightarrow RNHCH_2CH_2SO_3Na + H_2O$$

此外，氨基烷基磺酸盐也可用卤代烷来合成，例如，N-烷基牛磺酸钠的另一种合成方法为：

$$ClCH_2CH_2Cl + Na_2SO_3 \longrightarrow ClCH_2CH_2SO_3Na \xrightarrow[-HCl]{RNH_2} RNHCH_2CH_2SO_3Na$$

4.6.1.3 表面活性剂的合成

由氨基烷基磺酸盐与脂肪酰氯（R'COCl）进行 N-酰化反应，可得到相应的高级脂肪酰胺磺盐，即：

$$RNHCH_2SO_2Na \xrightarrow{R'COCl} R'\overset{R}{N}CONCH_2SO_3Na$$

$$RNHCH_2CH_2SO_3Na \xrightarrow{R'COCl} R'\overset{R}{N}CONCH_2CH_2SO_3Na$$

$$RNH\overset{OH}{C}HCH_2SO_3Na \xrightarrow{R'COCl} R'\overset{R}{N}CONCHCH_2SO_3Na$$

以上介绍的是高级脂肪酰胺磺酸盐的一般合成方法。除此之外，该类产品还可以脂肪酰胺 RCONH$_2$ 为原料来合成。例如：

$$RCONH_2 + HCHO + NaHSO_3 \longrightarrow RCONHCH_2SO_3Na$$

$$RCONH_2 + HCHO + CH_3NHCH_2CH_2SO_3Na \longrightarrow RCONHCH_2\overset{CH_3}{N}CH_2CH_2SO_3Na$$

4.6.2 净洗剂 209 的性能与合成

在高级脂肪酰胺磺酸盐型阴离子表面活性剂中，最典型的系列商品是依加邦（Igepon），即 N-酰基 N-烷基牛磺酸钠，其结构通式如下：

$$RCON\overset{R'}{C}H_2SO_3Na$$

变化式中的 R 和 R'，可制得一系列不同牌号的 Igepon 产品。

Igepon T 是十分重要的表面活性剂品种，其化学名称为 N-油酰基 N-甲基牛磺酸钠，化学结构式为：

$$C_{17}H_{33}CONCH_2SO_3Na$$
$$\qquad\qquad\ \,|$$
$$\qquad\qquad CH_3$$

国产相同结构的表面活性剂商品牌号为净洗剂 209，这是一种性能比较优良的阴离子表面活性剂，具体表现在：

① 商品稳定性好，在酸性、碱性、硬水、金属盐和氧化剂等的溶液中均比较稳定。

② 具有优异的去污、渗透、乳化和扩散能力，而且其去污能力在有电解质存在时尤为明显，泡沫丰富并且稳定。

③ 洗涤毛织物和化纤织物后，能赋予其柔软性、光泽性和良好的手感。

④ 生物降解性好。

生产净洗剂 209 的主要原料包括油酸、三氯化磷（PCl_3）、甲胺、环氧乙烷及亚硫酸氢钠，其合成过程主要包括以下四步反应。

第一步：羟乙基磺酸钠的制备。

该步反应方程式为：

$$\underset{H_2C-CH_2}{\overset{O}{\triangle}} + NaHSO_3 \longrightarrow HOCH_2CH_2SO_3Na$$

反应要求在氮气保护下于搪瓷釜中进行，反应温度为 70~80 ℃，反应器内的压力不超过 26.7 kPa。反应到达终点后，还需升温至 110 ℃ 保温反应 1.5 h。

第二步：N-甲基牛磺酸钠的制备。

$$HOCH_2CH_2SO_3Na \xrightarrow{CH_3NH_2} CH_3NHCH_2CH_2SO_3Na$$

N-甲基牛磺酸钠的生产方法有间歇法和连续法两种，目前工业上应用的一般是连续法。

连续法的生产过程是在 Cr-Mo 不锈钢制成的管式反应器中进行的，物料在管内保持 260 ℃ 左右的反应温度和 18~22 MPa 的压力。反应结束后，在常压薄膜蒸发器中除去未反应的甲胺，最后得到含量为 25%~30% 的 N-甲基牛磺酸钠的淡黄色水溶液。

在此工艺方法中，原料甲胺的用量大大超过其理论配比，其目的是抑制甲胺的双烷基化产物 N,N-双(2-磺基乙基) 甲胺二钠盐 [$CH_3N(CH_2CH_2SO_3Na)_2$] 的生成，确保主产物有比较高的收率。

第三步：油酰氯的制备。

油酰氯的生产大多采用间歇反应，在搪瓷锅内于 50 ℃ 下由油酸和三氯化磷反应制得，其反应方程式为：

$$C_{17}H_{33}COOH \xrightarrow{PCl_3} C_{17}H_{33}COCl$$

第四步：油酰氯与牛磺酸钠反应制备表面活性剂。

最后，表面活性剂由油酰氯和牛磺酸钠经 N-酰化（缩合）反应制得。该合成工艺有间歇法和连续法两种。其中，连续法优于间歇法，其特点是操作方便，反应过程中油酰氯水解量少，产品质量好，设备利用率高。

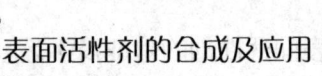

$$C_{17}H_{33}COCl + CH_3NHCH_2CH_2SO_3Na \longrightarrow C_{17}H_{33}CON(CH_3)CH_2CH_2SO_3Na + HCl$$

油酰氯和 N-甲基牛磺酸钠连续缩合生产工艺流程如图 4-31 所示。

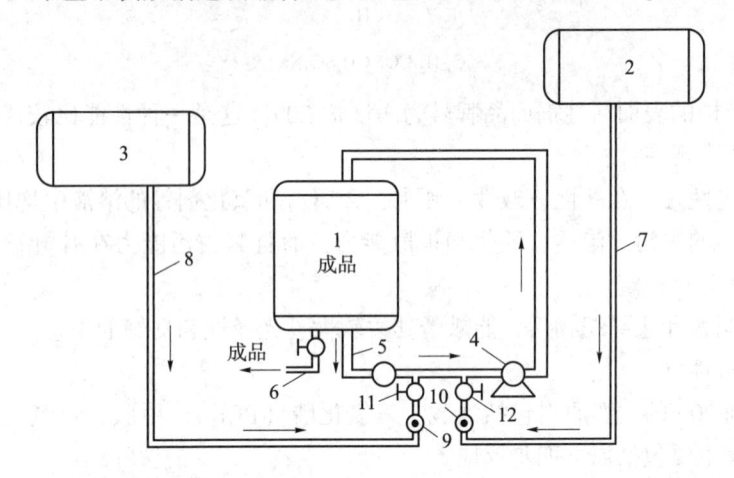

1—贮槽；2—油酰氯贮罐；3—N-甲基牛磺胺钠、碱及水贮罐；4—循环泵；5—循环物料导管；6—成品导管；7—油酰氯导管；8—N-甲基牛磺酸钠碱及水导管；9—N-甲基牛磺酸钠、碱及水流量计；10—油酰氯流量计；11—N-甲基牛磺酸钠、碱及水控制阀；12—油酸氯控制阀。

图 4-31　油酰氯和 N-甲基牛磺酸钠连续缩合生产工艺流程

反应过程中，N-甲基牛磺酸钠、油酰氯和氢氧化钠按照物质的量比为 1∶1∶(1.25~1.3) 的配比投料。N-甲基牛磺酸钠的碱溶液和油酰氯由贮罐经流量计进入反应管道，通过循环泵连续混合并发生反应。反应温度控制在 60~80 ℃，所得产品是含量为 20% 左右的溶液，溶液的 pH 为 8 左右，N-甲基牛磺酸钠的转化率可达 90% 以上。

4.6.3　净洗剂 LS

净洗剂 LS，即 N-(3-磺基 4-甲氧基苯基) 油酰酰胺钠盐，具有较好的润湿性、分散性和乳化性等性能，其结构式为：

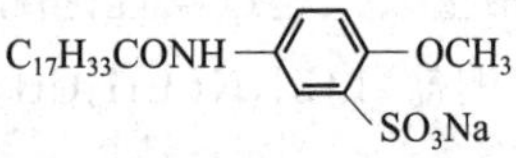

$$C_{17}H_{33}CONH\text{—}C_6H_3(OCH_3)(SO_3Na)$$

该表面活性剂与净洗剂 209 的合成方法相同，只是在合成表面活性剂时引入磺酸基所使用的中间体不同，它是由油酰氯与 4-甲氧基苯胺 3-磺酸反应制得的。

$$3C_{17}H_{33}COOH + PCl_3 \xrightarrow{-H_3PO_3} 3C_{17}H_{33}COCl$$

$$H_2N\text{—}C_6H_4\text{—}OCH_3 + SO_3 \longrightarrow H_2N\text{—}C_6H_3(SO_3H)\text{—}OCH_3$$

$$C_{17}H_{33}COCl + H_2N\text{—}C_6H_3(SO_3H)\text{—}OCH_3 \xrightarrow{NaOH} C_{17}H_{33}CONH\text{—}C_6H_3(SO_3Na)\text{—}OCH_3$$

4.7 其他类型阴离子表面活性剂

除磺酸盐型表面活性剂外，阴离子表面活性剂还包括硫酸酯盐、磷酸酯盐和羧酸盐型三大类，下面分别作简要介绍。

4.7.1 硫酸酯盐型阴离子表面活性剂

硫酸酯盐型阴离子表面活性剂的化学通式为 $ROSO_3M$，其中，M 为 Na、K 或 $N(CH_2CH_2OH)_3$ 等，烃基 R 中的碳原子数一般为 8~18。这类表面活性剂具有良好的起泡能力和洗涤性能，在硬水中稳定，其水溶液呈中性或微碱性，主要用于洗涤剂中。

硫酸酯盐表面活性剂的主要品种包括高级脂肪醇硫酸酯盐和高级脂肪醇醚硫酸酯盐，此外，还有硫酸化油、硫酸化脂肪酸和硫酸化脂肪酸酯等。

1. 高级脂肪醇硫酸酯盐

将具有长链烷基的高级脂肪醇与硫酸、发烟硫酸、氯磺酸及三氧化硫等硫酸化试剂反应，便可制得高级脂肪醇硫酸酯盐（AS）。当原料高级醇的碳原子数为 12~18 时，表面活性剂的性能最佳。十二烷基硫酸钠（$C_{12}H_{25}SO_4Na$）即为这类表面活性剂的主要代表产品之一。

十二烷基硫酸钠又名月桂醇硫酸钠，俗名 K12、FAS-12，其产品有液体状和粉状两种形式：液体状产品为无色至淡黄色浆状物；粉状产品为纯白色且有特征气味的粉末。该产品最突出的性能是易溶于水，在硬水中的起泡力强，而且泡沫细腻丰富、稳定持久，具有较强的去污能力。主要用作起泡剂、洗涤剂、乳化剂及某些有色金属选矿时的起泡剂和捕集剂等。

十二烷基硫酸钠的合成反应方程式为：

$$C_{12}H_{25}OH + H_2SO_4 \longrightarrow C_{12}H_{25}OSO_3H + H_2O$$

2. 高级脂肪醇醚硫酸酯盐

高级脂肪醇醚硫酸酯盐是高级脂肪醇聚氧乙烯醚硫酸酯盐（AES）的简称，它是由高级脂肪醇和环氧乙烷加成后再经硫酸化制得的。此类表面活性剂中性能较好的如月桂醇聚氧乙烯醚硫酸酯钠，该产品的水溶性优于十二烷基硫酸钠，而且具有较好的钙皂分散能力和抗盐能力，低温下透明，适宜制造透明液体香波。其合成方法如下：

$$C_{12}H_{25}OH + n\,CH_2\underset{O}{-}CH_2 \longrightarrow C_{12}H_{25}O(CH_2CH_2O)_nH \xrightarrow{\text{硫酸化剂}}$$

$$C_{12}H_{25}O(CH_2CH_2O)_nSO_3H \xrightarrow{NaOH} C_{12}H_{25}O(CH_2CH_2O)_nSO_3Na$$

通常环氧乙烷加成数 n 为 2~4，由于亲水性的醚键的存在，使表面活性剂的水溶性大大提高，在硬水中的起泡性也非常好。

3. 其他类型

硫酸化油是天然不饱和油脂或不饱和蜡经硫酸化、中和后所得产物的总称。硫酸化脂肪酸由不饱和脂肪酸直接硫酸化即可得到。硫酸化脂肪酸酯是不饱和脂肪酸的低级醇酯经硫酸化后所得的表面活性剂。这几类表面活性剂因硫酸基靠近分子中间，洗涤能力较差，很少用作洗涤剂，但渗透性良好，多用作染色助剂、纤维整理剂和纺织油剂等。

4.7.2 磷酸酯盐型阴离子表面活性剂

磷酸酯盐型阴离子表面活性剂是含磷表面活性剂的重要品种，它包括烷基磷酸酯盐和烷基聚氧乙烯醚磷酸酯盐。根据酯基的数目，又可分为单酯盐和双酯盐，它们的结构可分别表示如下：

$$RO-\overset{\overset{O}{\|}}{\underset{OM}{P}}-OM \qquad \overset{R-O}{\underset{R-O}{>}}\overset{\overset{O}{\|}}{P}-OM$$

$$RO(CH_2CH_2O)_n-\overset{\overset{O}{\|}}{\underset{OM}{P}}-OM \qquad \overset{RO(CH_2CH_2O)_n}{\underset{RO(CH_2CH_2O)_n}{>}}\overset{\overset{O}{\|}}{P}-OM$$

$$R-\text{⟨⟩}-O(CH_2CH_2O)_n-\overset{\overset{O}{\|}}{\underset{OM}{P}}-OM \qquad \overset{RO(CH_2CH_2O)_n}{\underset{RO(CH_2CH_2O)_n}{>}}\overset{\overset{O}{\|}}{P}-OM$$

单酯盐 \qquad 双酯盐

式中，R 为 $C_8 \sim C_{18}$ 的烷基；M 可以是 K、Na、二乙醇胺 $[N(CH_2CH_2OH)_2]$ 或三乙醇胺 $[N(CH_2CH_2OH)_3]$ 等；n 为 3~5。

磷酸酯盐表面活性剂对酸、碱均具有良好的稳定性，容易生物降解，洗涤能力好，具有良好的抗静电性、乳化、防锈和分散等性能。可用作纺织油剂、金属润滑剂、抗静电剂、乳化剂、抗蚀剂等，也可用作干洗洗涤剂。

1. 烷基磷酸酯盐

制备烷基磷酸酯盐最常用的方法是用醇和五氧化磷反应，这种方法简单易行，反应条件温和，不需要特殊设备，反应收率高，成本低。

$$4ROH + P_2O_5 \longrightarrow 2(RO)_2PO(OH) + H_2O$$
$$2ROH + P_2O_5 + H_2O \longrightarrow 2ROPO(OH)_2$$
$$3ROH + P_2O_5 \longrightarrow (RO)_2PO(OH) + ROPO(OH)_2$$

由上述反应可以看出，反应产物主要是单酯及双酯的混合物，并且反应配比、温度等对产品的组成有较大的影响。通常当醇与五氧化二磷配比为 (2~4):1（物质的量比）时，产物中单烷基磷酸酯约为 45%~70%，双烷基磷酸酯约为 30%~55%。

此外，还可用醇与三氯氧磷反应制取单酯、与三氯化磷反应制取双酯，其反应式如下：

$$ROH + POCl_3 \longrightarrow RO-\overset{\overset{O}{\|}}{P}\overset{Cl}{\underset{Cl}{<}} + HCl$$

$$RO-\overset{\overset{O}{\|}}{P}\overset{Cl}{\underset{Cl}{<}} + H_2O \longrightarrow RO-\overset{\overset{O}{\|}}{P}\overset{OH}{\underset{OH}{<}} + 2HCl$$

$$3ROH + PCl_3 \longrightarrow \overset{RO}{\underset{RO}{>}}\overset{\overset{O}{\|}}{P}-H + RCl + 2HCl$$

$$\overset{RO}{\underset{RO}{>}}P-H + Cl_2 \longrightarrow (RO)_2\overset{\overset{O}{\|}}{P}-Cl + HCl$$

$$(RO)_2\overset{O}{\underset{\|}{P}}-Cl + H_2O \longrightarrow (RO)_2\overset{O}{\underset{\|}{P}}-OH + HCl$$

2. 磷酸化油

像硫酸化油一样，某些油脂也可磷酸化。如蓖麻油中的羟基可以与磷酸化试剂反应，生成磷酸化蓖麻油，用碱或有机胺中和生成磷酸化蓖麻油钠盐或胺盐，具有优异的缓蚀性能。

4.7.3 羧酸盐型阴离子表面活性剂

羧酸盐型阴离子表面活性剂俗称皂类，是使用最多的表面活性剂之一。

1. 脂肪酸盐

（1）肥皂

肥皂即属高级脂肪酸盐。

结构类型：化学式为 RCOOM，这里 R 为烃基，可以是饱和的，也可以是不饱和的，其碳原子数为 8~12，M 为金属原子，一般为钠，也可以是钾或铵。

合成路线：油脂与碱的水溶液加热起皂化反应制得肥皂。

$$\begin{array}{c} RCOOCH_2 \\ | \\ RCOOCH \\ | \\ RCOOCH_2 \end{array} + 3NaOH \longrightarrow 3RCOONa + \begin{array}{c} CH_2OH \\ | \\ CHOH \\ | \\ CH_2OH \end{array}$$

肥皂的性质与其金属离子的种类有关，钠皂质地较钾皂硬，胺皂最软。此外，肥皂的性质还与脂肪酸部分的烃基组成有很大关系：脂肪酸的碳链越长，饱和度越大，凝固点越高，用其制成的肥皂越硬。例如，用硬脂酸（$C_{17}H_{35}COOH$）、月桂酸（$C_{11}H_{23}COOH$）和油酸（$C_{17}H_{33}COOH$）制成的三种肥皂，硬脂酸皂最硬，月桂酸皂次之，油酸皂最软。

肥皂的生产是表面活性剂最古老的生产工艺之一，设备简单，制备容易。工业制皂有盐析法、中和法、连续皂化法和直接法。从原理上讲，盐析法和直接法都是油脂皂化法。目前比较先进的工艺是中和法和连续皂化法。国内制皂工厂大多采用盐析法。

盐析法的主要工艺过程为：

① 皂化。将油脂与碱液放入皂化釜，加热煮沸。在开口皂化釜中，先加入熔融态油脂，再慢慢加入碱液。空锅时加入易皂化的油脂如椰子油，皂化后作乳化剂。反复进行反应时，留下锅底作乳化剂即可。皂化第一阶段要形成稳定胶体；第二阶段加浓碱液后，皂化速率快，要防止结块；第三阶段由于未皂化的油脂浓度低，皂化速率很慢，需要很长时间皂化。皂化率可达95%~98%，游离碱小于0.5%以下。脂肪皂化后形成皂胶。

② 盐析。在皂胶中加入电解质食盐，使皂胶中过量的水和杂质分离出来，得到纯的皂胶。杂质包括水解生成的甘油、色素、磷脂、动植物纤维、机械杂质等。将有害杂质除去，可从废液中回收甘油。为使分离得干净，盐析、碱析可进行多次。

③ 碱析。在皂胶中加入一定的碱，使未完全皂化的油脂进一步皂化，并降低皂胶中氯化钠等无机盐的含量，进一步除去杂质，净化皂胶。

④ 整理。皂胶经碱析后结晶比较粗糙，电解质含量比较高（NaOH 0.6%~1%、NaCl 0.4%~0.8%、Na_2CO_3、Na_2SO_4等）。整理过程中进一步加电解质，补充皂化和排出皂胶中的杂质，使皂胶结晶细致。

⑤ 调和。通过搅拌或碾磨将填料加入皂胶中，是控制肥皂质量的最后一道工序，直接

影响肥皂的硬度、晶型、脂肪酸含量、外观、气味、洗涤力、保存性等。填料中有硅酸钠（水玻璃）、碳酸钠、滑石粉等。硅酸钠、碳酸钠可以提高肥皂的洗涤性能和防止肥皂酸败。滑石粉可增加肥皂中的固体物，防止肥皂收缩变形，使肥皂有良好的外观。填料亦有软化硬水的作用。调和中，有时加入皂用香精，如香草油、松油醇、β-萘甲醚等，以掩盖肥皂的不良气味。

总之，制皂中最重要的一步是皂化，盐析、碱析、整理都是为了除去杂质，减少水分，提高脂肪酸含量，得到符合工艺要求的纯净皂基。皂基经调和加入肥皂配方的复料即可成型。

此法生产周期至少一天，有时甚至需几天时间，这是传统工艺的主要缺点。为了缩短皂化时间，可采用催化剂如氧化锌、石灰石等。先将油脂高压水解，再加碱中和。先进的连续化皂化法是利用油脂在高温高压（200 ℃，20~30 MPa）下快速皂化的原理，4 min 就可得到 40%~80% 的肥皂，产品质优价廉。具体生产方法可查阅有关资料。

此类肥皂中油脂可以是动物油脂如牛油，也可以是植物油脂如椰子油、棕榈油、米糠油、大豆油、花生油、硬化油等。由于所用天然油脂不同，得到的肥皂性质也不同。

生产肥皂的工艺流程简图如图 4-32 所示。

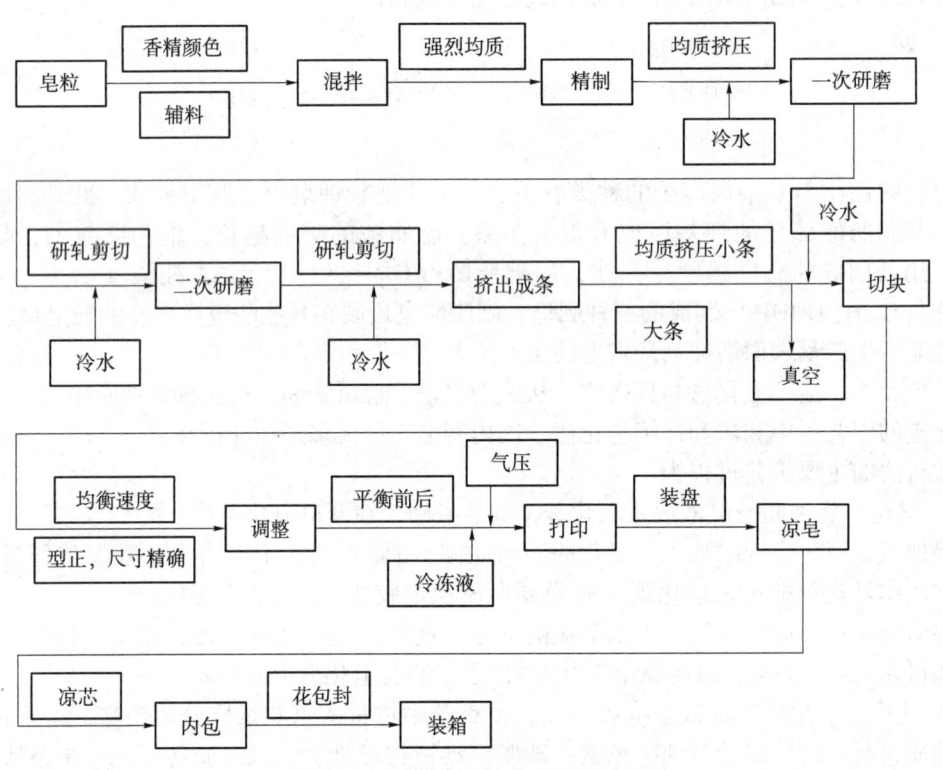

图 4-32 生产肥皂的工艺流程简图

（2）多羧酸皂

多羧酸皂使用不多，较典型的是作润滑油添加剂、防锈剂用的烷基琥珀酸系制品，琥珀酸学名丁二酸，其上带有一个长碳链后便成为有亲油基的二羧酸。

结构类型：此系列产品一般是利用 $C_3 \sim C_{24}$ 的烯烃与顺丁烯二酸酐共热，在 200 ℃下直接加成为烷基琥珀酸酐而制得。其中，较常见的是十二烷基琥珀酸（D 表面活性剂）。

(3) 松香皂

松香皂是一种天然植物树脂酸用碱中和的产物。

结构类型：分子式为 $C_{19}H_{29}COOH$。它本身没有洗涤作用，但却有优良的乳化力和起泡力。

合成路线：

$$RCOOH + MOH \longrightarrow RCOOM + H_2O$$

M 为 K^+、Na^+ 等。

性能与用途：松香酸钠盐广泛应用于洗衣皂生产中，它能改变肥皂泡沫性能，防止酸败，增加边缘透明性。用松香皂、聚硅氧烷及其他非离子表面活性剂配成的低泡沫洗涤剂，特别适用于自动洗衣机在高温（85 ℃）下洗涤。松香皂溶液与己二醇、乙酸、水、乙酸乙酯等配成清洗剂可以用于清洗金属表面。与乙二醇、乙二胺复配可以作为润滑剂、颜料分散剂。松香及改性松香皂也可以作为混凝土起泡剂，制造轻质混凝土构件。

松香皂另一个重要用途是作为造纸施胶剂。近年来，这种施胶剂不断发展和改进。如松香与马来酸酐（或富马酸）加成，再经甲醛改性，最后制成钾皂，可做强化施胶剂使用。

松香是一种来源丰富、价格低廉的再生型天然化工原料。我国有丰富的松脂资源，目前年产量 50 万吨，松香产量 40 万吨/年，居世界第一位。在当前表面活性剂原料短缺，价格上涨，环保要求更高的情况下，开发利用松香类合成表面活性剂，无疑具有资源优势。

2. N-酰基氨基羧酸盐

N-酰基氨基羧酸盐是脂肪酰氯与氨基酸的反应产物。

结构类型：随着碳链的长度和氨基酸种类的不同，可以有多种同系产品生成。N-酰基氨基羧酸盐的结构为：

$$R-CONH(CONHR')_n COONa$$

R'、R 为长碳链烷基，常用的氨基酸原料是肌氨酸和蛋白质水解物。较著名的是 N-油酰基多缩氨基酸钠（商品名为雷米邦）。

合成路线：N-油酰基多缩氨基酸钠的制备过程为蛋白质水解；油酰氯的制备；油酰氯与蛋白质的缩合。

性能与用途：此类产品除了具有表面活性外，其突出优点是低毒、低刺激性，因而广泛用于人体洗涤品、化妆品和牙膏、食品等。

3. 聚醚羧酸盐

结构类型：聚醚羧酸盐其分子式如下：

$$R-(OC_2H_4)_n OCH_2COONa$$

合成路线：聚醚羧酸盐是聚乙二醇型非离子表面活性剂进行阴离子化后的产品。以高级醇聚氧乙烯醚这种非离子表面活性剂为原料，与氯乙酸钠反应或与丙烯酸酯反应，均可制备这种产品。

$$R-(OCH_2CH_2)_n OH + ClCH_2COONa \longrightarrow R-(OCH_2CH_2)_n OCH_2COONa + HCl$$

$$R-(OCH_2CH_2)_n OH + CH_2=CHCOOR \longrightarrow R-(OCH_2CH_2)_n CH_2CH_2COONa + H_2O$$

性能与用途：聚醚羧酸盐主要用于润湿剂、钙皂分散剂及化妆品。

课后练习题

1. 简述阴离子表面活性剂的主要类型、化学通式。

2. 简述阴离子表面活性剂的一般特性。
3. 简述磺酸基引入方法及其含义。主要磺化试剂有哪些？
4. 简述烷基苯的结构与性能的关系的一般规律。
5. 写出 LAS、AOS、SAS、AES、AS 的化学名称及其相应的结构通式。
6. 画出发烟硫酸对烷基苯的泵式连续磺化工艺流程图；指出各位号的名称，主要设备的作用、设计特点、要求，工艺条件的主要控制参数。
7. 指出烷基苯磺酸的后处理中分酸的目的、原理及主要控制参数；使中和顺利进行的主要因素及条件。
8. 对照多釜串联三氧化硫磺化工艺，指出各位号名称、主要工艺参数及位号 5、6、12 的作用。
9. 膜式反应器适用于哪些类型阴离子表面活性剂的生产？其常用类型是哪两大公司开发的哪两种类型？指出 Allied 反应器的主要组成及作用、TO 反应器的技术特点及作用。
10. 写出 α-烯烃的三氧化硫磺化的主要产物名称及其化学结构通式；指出 AOS 生产的主要过程及其工艺控制参数。
11. 对照 TO 反应器制取磺化或硫酸化产物的流程，指出各位号的名称。
12. 写出水-光氧磺化、氯磺化生产烷基磺酸的主要反应方程式，画出其工艺流程，分别指出其影响反应的主要因素。
13. 合成原理题：写出 Aerosol OT、K12、磷酸酯盐和肥皂合成的主要反应方程式。
14. 产品性能题：肥皂的性质及其一般规律；AOS 的显著优点；AS 与 SAS 相比的化学结构特点及其化学稳定性和溶解性。
15. 基本概念：老化、不皂化物、单体、总固体含量、中和值。
16. 在 LAS、AOS 和 SAS 的生产过程中都涉及加水，从合成原理分别说明加水的作用。

第 5 章 阳离子表面活性剂

阳离子表面活性剂在水溶液中呈正电性,形成携带正电荷的表面活性离子。同阴离子表面活性剂相反,阳离子表面活性剂的亲水基由带正电荷的基团构成,而其疏水基的结构与阴离子表面活性剂的相似,主要是不同碳原子数的碳氢链。例如:

$$\begin{bmatrix} & R^1 & \\ R- & N^+ - & R^2 \\ & R^3 & \end{bmatrix} \cdot X^-$$

式中,R~R^3四个基团中通常有一个碳链较长。由于阳离子表面活性剂所带电荷正好与阴离子型所带电荷相反,因此,常称之为阳性皂或逆性肥皂,阴粒子表面活性剂则称为阴性皂。

5.1 阳离子表面活性剂概述

阳离子表面活性剂主要是含氮的有机胺衍生物,由于其分子中的氮原子含有孤对电子,故能以氢键与酸分子中的氢结合,使氨基带上正电荷,因此,它们在酸性介质中才具有良好的表面活性;而在碱性介质中容易析出而失去表面活性。除含氮阳离子表面活性剂外,还有一小部分含硫、磷、砷等元素的阳离子表面活性剂。

阳离子表面活性剂在工业上大量使用的历史不长,需求量逐年都在快速增长,但是由于它主要用于杀菌剂、纤维柔软剂和抗静电剂等特殊用途,因此,与阴离子表面活性剂及非离子表面活性剂相比,使用量相对较少。

阳离子表面活性剂除了具有一般表面活性剂的基本性质外,还表现出一些特殊性能,如具有良好的杀菌、杀藻、防霉能力,良好的柔软、抗静电、调理性能,而且抗菌谱广、用量少、刺激性低。因此,可用作柔软剂、杀菌剂、匀染剂、抗静电剂、乳化剂、调理剂、金属缓蚀剂、絮凝剂和浮选剂等。由于其特殊的性能与应用,具有良好的发展潜力,随着工业用和民用范围的不断扩大,其品种和需求量都将继续增加。

5.1.1 阳离子表面活性剂的分类

目前，具有商业价值的阳离子表面活性剂大多是有机氮化合物的衍生物，其正离子电荷由氮原子携带，也有一些新型阳离子表面活性剂的正离子电荷由磷、硫、碘和砷等原子携带。按照阳离子表面活性剂的化学结构，主要可分为胺盐型、季铵盐型、杂环型和鎓盐型四类。

5.1.1.1 胺盐型

胺盐型阳离子表面活性剂是伯胺盐、仲胺盐和叔胺盐表面活性剂的总称。它们的性质极其相似，且很多产品是伯胺与仲胺的混合物。这类表面活性剂主要是脂肪胺与无机酸形成的盐，只溶于酸性溶液中。而在碱性条件下，胺盐容易与碱作用生成游离胺而使其溶解度降低，因此使用范围受到一定的限制。

表 5-1 是胺盐型阳离子表面活性剂主要类型的结构通式和实例。

表 5-1 胺盐型阳离子表面活性剂主要类型的结构通式和实例

类型	结构通式	实例
伯胺盐	$RNH_2 \cdot HCl$	$C_{18}H_{37}NH_2 \cdot HCl$ 十八烷基胺（硬脂胺）
仲胺盐	$R^1NHR^2 \cdot HCl$	$(C_{18}H_{37})_2NH_2 \cdot HCl$ 盐酸十八烷基胺盐酸盐
叔胺盐	$R^1NR^2(R^3) \cdot HCl$	$C_{18}H_{37}N(CH_3)_2 \cdot HCl$ N,N-二甲基十八胺盐酸盐

5.1.1.2 季铵盐型

季铵盐型阳离子表面活性剂从分子结构上看，是铵离子（NH_4^+）的 4 个氢原子被烷基取代。4 个烷基中，有 1~2 个为长碳链（通常 C_{12}~C_{15}），有 2~3 个为短碳链（如甲基、乙基、羟乙基等）。季铵盐型阳离子表面活性剂是最为重要的阳离子表面活性剂品种，其性质和制法均与胺盐型的不同。此类表面活性剂既可溶于酸性溶液，又可溶于碱性溶液。具有一系列优良的性质，而且与其他类型的表面活性剂相容性好，因此，使用范围比较广泛。季铵盐型阳离子表面活性剂的结构通式如下：

$$\left[R - \overset{\overset{R^1}{|}}{\underset{\underset{R^3}{|}}{N^+}} - R^2 \right] \cdot X^-$$

重要的烷基二甲基苄基季铵盐品种如十二烷基二甲基苄基氯化铵（1227，洁尔灭）、十二烷基二甲基苄基溴化铵（1227，新洁尔灭）、十四烷基二甲基苄基氯（溴）化铵（1427）、十八烷基二甲基苄基氯（溴）化铵（1827）等。结构通式如下：

$$\left[R - \overset{\overset{CH_3}{|}}{\underset{\underset{CH_3}{|}}{N}} - CH_2 - \text{C}_6\text{H}_5 \right]^+ X^-$$

季铵盐型阳离子表面活性剂主要是通过叔胺盐与烷基化试剂反应制得。

5.1.1.3 杂环型

阳离子表面活性剂分子中所含的杂环主要是含氮的吗啉环、吡啶环、咪唑环、哌嗪环和喹啉环等。表 5-2 是杂环型阳离子表面活性剂的主要类型和结构通式。

表 5-2 杂环型阳离子表面活性剂的主要类型和结构通式

类型	结构通式
吗啉环型	$R^1R^2N^+(CH_2CH_2)_2O \cdot X^-$
吡啶环型	$[R-NC_5H_5]^+ \cdot Cl^-$
咪唑环型	(结构式) $\cdot X^-$
哌嗪环型	$R^1R^2N^+(CH_2CH_2)_2NH \cdot X^-$
喹啉环型	(异喹啉结构式) $\cdot X^-$

5.1.1.4 鎓盐型

阳离子表面活性剂按照杂原子的不同，可分为含 N、P、As、S、I 等元素的表面活性剂，但这种分类方法很少使用。按照携带正电荷的原子不同，阳离子表面活性剂还包括磷盐、锍盐、碘鎓和钟盐化合物等。

1. 磷盐化合物

该类阳离子表面活性剂具有良好的杀菌性能，主要用作乳化剂、杀虫剂和杀菌剂等。此外，四羟甲基磷氯化还具有优良的阻燃性能，可用作织物阻燃整理剂。磷盐化合物多是由带有三个取代基的膦与卤代烷反应制得。例如，十二烷基二甲基苯基溴化磷的合成反应方程式如下：

$$\underset{}{\text{PhP(CH}_3)_2} + C_{12}H_{25}Br \xrightarrow[\text{乙醇}]{110\ ℃} \left[\underset{CH_3}{\overset{CH_3}{C_{12}H_{25}-\overset{+}{P}-Ph}}\right]\cdot Br^-$$

产品的收率为 85%。

2. 锍盐化合物

这类锍盐类表面活性剂的通式为：

$$\left[\begin{matrix}R^1\\R^2\end{matrix}\overset{+}{S}-R^3\right]\cdot X^-$$

锍盐化合物可溶于水，具有除草、杀灭软体动物杀菌和杀真菌等作用，是有效的杀菌剂，而且对皮肤的刺激小，因此，使用性能优于传统的季铵盐化合物。这类表面活性剂可通过硫醚与卤代烷反应制得，例如：

$$C_{16}H_{33}SC_2H_5 + CH_3X \longrightarrow \left[\underset{CH_3}{C_{16}H_{33}\overset{+}{S}C_2H_5}\right]\cdot X^-$$

氧化锍衍生物是锍盐型阳离子表面活性剂中性能十分优异的品种，它在阴离子洗涤剂和传统的松香皂配方中均能保持良好的杀菌性。它的合成方法是以带有一个或两个长链烷基的亚砜为原料，通过烷基化反应制得。例如，十二烷基甲基亚砜与硫酸二甲酯进行季铵盐化反应，便可合成出具有表面活性的产品。

$$\underset{O}{C_{12}H_{25}SCH_3} + (CH_3)_2SO_4 \longrightarrow \underset{O}{C_{12}H_{25}\overset{\overset{CH_3}{|}}{\overset{+}{S}}CH_3}\cdot CH_3SO_4^-$$

3. 碘鎓化合物

碘鎓化合物的优点是同阴离子型洗涤剂及肥皂具有较好的相容性，抗微生物效果好，而且对次氯酸盐的漂白作用有较好的稳定性。其结构通式为：

$$\left[R^1-\overset{+}{I}-R^2\right]\cdot X^-$$

4. 钟盐化合物

钟盐型阳离子表面活性剂的性质与磷盐化合物的近似，其化学通式为：

$$\left[\begin{matrix}&R^3&\\R^1-&\overset{|}{As}&-R^4\\&\overset{|}{R^2}&\end{matrix}\right]\cdot Cl^-$$

上述几种主要的䥲盐型阳离子表面活性剂大都具有优良的杀菌、抑菌性能，可广泛用作杀菌剂，但是现有表面活性剂的种类少，产量也较少，一般工业上没有大生产。

5.1.2 阳离子表面活性剂的性质

季铵盐型阳离子表面活性剂是阳离子表面活性剂的主要类别，应用最为广泛，且具有代表性，是人们研究阳离子表面活性剂结构与性能关系的重点。

5.1.2.1 溶解性

一般情况下，阳离子表面活性剂的水溶性很好，但随着烷基碳链长度的增加，水溶性呈下降趋势。例如，长链烷基二甲基苄基氯化铵在水和95%的乙醇中的溶解度数据见表5-3。

表5-3 长链烷基二甲基苄基氯化铵在水和95%的乙醇中的溶解度（25 ℃）

烷基 R 的碳原子数	11	12	13	14	15	16	17	18	19
水中溶解度/[g·(100 mL)$^{-1}$]	70	50~75	52	26.7	16.1	0.85	0.48	0.10	0.096
95%乙醇中溶解度/[g·(100 mL)$^{-1}$]	84	75	81	74.5	74	62	72	52.6	54

由表5-3中的数据可以看出，随着季铵盐型阳离子表面活性剂碳链长度的增加，其水溶性和醇溶性均呈下降趋势。从水中的溶解度数据可以看出，烷基链的碳原子数在15个以下时，表面活性剂易溶于水；超过15个碳原子，水溶性急剧降低。

此外，疏水性烷基链的个数和链上的取代基对表面活性剂的溶解性能也有影响。例如，季铵盐分子中含有单个长链烷基时，该化合物能溶于极性溶剂，但不溶于非极性溶剂；而含有两个长链烷基的季铵盐几乎不溶于水，但溶于非极性溶剂。而且，当季铵盐的烷基链上带有亲水性或不饱和基团时，能增加其水溶性。

5.1.2.2 Krafft 点

阳离子表面活性剂同其他离子表面活性剂一样，具有 Krafft 点，即当达到某一温度时，表面活性剂在水中的溶解度急剧增加，这一温度点也称为临界溶解温度（CST）。当表面活性剂溶液为过饱和状态时，Krafft 点应是离子表面活性剂单体、胶束和未溶解的表面活性剂固体共存的三相点。

通常 Krafft 点与表面活性剂疏水基碳链的长度呈线性关系，并可表示为：

$$\text{Krafft 点} = a + bn$$

式中，a、b 为常数；n 为碳链所含碳原子的个数。根据上述关系式，碳链越长，n 值越大，则 Krafft 点越高。

除碳链长度的影响较大外，表面活性剂的 Krafft 点还与成盐的配对阴离子有关。例如，十六烷基吡啶型阳离子表面活性剂的 Krafft 点随配对阴离子的不同而有所差别，见表5-4。

表 5-4　配对阴离子对十六烷基吡啶型阳离子表面活性剂 Krafft 点的影响

$$C_{16}N_{33}-N^+C_5H_5 \cdot X^-$$

X	Cl	Br	I
Krafft 点/℃	17	28	45

从这组数据可以看出，按照 Cl、Br、I 的次序，表面活性剂的 Krafft 点温度升高，由此可知，其溶解性能将按此顺序依次降低。

5.1.2.3　表面活性

通常表面活性剂的表面活性是用其稀溶液的表面张力比纯水的表面张力的下降程度来衡量的，可见，表面张力是表面活性剂的重要性能之一。季铵盐型阳离子表面活性剂的表面张力有如下规律。

随着烷基碳链长度的增加，表面活性剂的表面张力逐渐下降，这一点可用不同碳链长度的烷基二甲基苄基氯化铵的表面张力加以说明，见表 5-5。

表 5-5　烷基二甲基苄基氯化铵的表面张力

$$[R-N^+(CH_3)_2-CH_2-C_6H_5] \cdot Cl^-$$

R 的碳数	8	9	10	11	12	13	14	15	16	17	18	19
γ(0.1%溶液)/($mN \cdot m^{-1}$)	67.5	64.3	60.6	53.9	47.6	43.6	43.6	43.5	43.5	43.2	43.0	43.0
γ(0.01%溶液)/($mN \cdot m^{-1}$)	72.3	72.2	71.9	70.9	68.7	67.1	62.4	53.9	43.7	43.2	43.4	43.6

分子结构相同时，表面张力的大小还与溶液的浓度有关。通常情况下，在一定范围内，表面张力随表面活性剂溶液的浓度升高而降低，降低到一定数值时，又随溶液浓度的升高而增加。例如，十六烷基三甲基氧化铵的表面张力与其溶液浓度的关系见表 5-6。

表 5-6　十六烷基三甲基氯化铵的表面张力与溶液浓度的关系

$$[C_{16}H_{33}-N^+(CH_3)_3] \cdot Cl^-$$

溶液溶解度/($mol \cdot L^{-1}$)	0.002	0.005	0.01	0.025	0.04	0.05	0.1
表面张力 γ/($mN \cdot m^{-1}$)	69.8	59.4	41.3	38.0	31.3	35.0	35.6

可见，表面活性剂溶液的浓度低于 0.04 mol/L 时，随着溶液浓度的升高，表面张力逐渐降低；超过此浓度值时，表面张力反而略有升高。

5.1.2.4 临界胶束浓度

表 5-7 给出了几种季铵盐型阳离子表面活性剂的临界胶束浓度。从表中数据可以看出，随着烷基碳链长度的增加，临界胶束浓度降低。

表 5-7 几种季铵盐型阳离子表面活性剂的临界胶束浓度（25 ℃）

表面活性剂结构	CMC/(mol·L^{-1})	表面活性剂结构	CMC/(mol·L^{-1})
$[C_{12}H_{25}N^+(CH_3)_3]\cdot Cl^-$	1.5×10^{-2}	$[C_{14}H_{29}N^+(CH_3)_3]\cdot Cl^-$	3.5×10^{-3}
$[C_{12}H_{25}\!-\!\overset{CH_3}{\underset{CH_3}{N^+}}\!-\!CH_2\!-\!C_6H_5]\cdot Cl^-$	7.8×10^{-3}	$[C_{16}H_{33}N^+(CH_3)_3]\cdot Cl^-$	9.2×10^{-4}

5.2 阳离子表面活性剂的合成

合成阳离子表面活性剂的主要反应是 N-烷基化反应，其中，叔胺与烷基化试剂作用，生成季铵盐的反应也叫作季铵化反应。本节将重点介绍具有不同结构特点的季铵盐型阳离子表面活性剂的合成。

5.2.1 烷基季铵盐

烷基季铵盐是季铵盐型阳离子表面活性剂的重要品种之一，已作为杀菌剂、纤维柔软剂、矿物浮选剂、乳化剂等被广泛应用。其结构特点是氮原子上连有四个烷基，即铵离子 NH_4^+ 的四个氢原子全部被烷基所取代，通常这个烷基中只有一个或两个是长链碳氢烷基，其余烷基的碳原子数为一个或两个。根据其结构特点，烷基季铵盐的合成方法主要有三种，即由高级卤代烷与低级叔胺反应制得、由高级烷基胺和低级卤代烷反应制得、通过甲醛-甲酸法制得。

5.2.1.1 高级卤代烷与低级叔胺反应

由高级卤代烷与低级叔胺反应合成烷基季铵盐是目前使用比较多的方法，该方法的反应通式为：

$$RX + \underset{R^2}{\overset{R^1}{\underset{|}{N}}}\!-\!R^3 \longrightarrow \left[R\!-\!\underset{R^3}{\overset{R^1}{\underset{|}{N}}}\!-\!R^2\right]\cdot X^-$$

在这一反应中，卤代烷的结构对反应的影响主要表现在以下两个方面。

（1）卤离子的影响

当以低级叔胺为进攻试剂时，此反应为亲核置换反应，卤离子越容易离去，反应越容易进行。因此，当烷基相同时，卤代烷的反应活性顺序为：
$$R-I > R-Br > R-Cl$$

可见，使用碘代烷与叔胺反应效果最佳，反应速率快，产品收率高。但碘代烷的合成需要碘单质作原料，成本偏高，因此，在合成烷基季铵盐时较少使用。多数情况下采用氯代烷与叔胺反应。

（2）烷基链的影响

卤原子相同时，烷基链越长，卤代烷的反应活性越弱。

此外，叔胺的碱性和空间效应对反应也有影响。叔胺的碱性越强，亲核性活性越大，季铵化反应越易于进行。当叔胺上烷基取代基存在较大的空间位阻作用时，对季铵化反应不利。

用高级卤代烷与低级叔胺反应合成的烷基季铵盐表面活性剂有十二烷基三甲基溴化铵和十六烷基三甲基溴化铵等。十二烷基三甲基溴化铵，即1231阳离子表面活性剂，主要用作杀菌剂和抗静电剂。它是由溴代十二烷与三甲胺按物质的量比1∶（1.2~1.6），在水介质中于60~80 ℃反应制得的。反应中使用过量的三甲胺是为了保证溴代烷反应完全。

$$C_{12}H_{25}Br + (CH_3)_3N \xrightarrow[\text{水介质}]{60\sim80\ ℃} [C_{12}H_{25}-\overset{+}{N}(CH_3)_3]\cdot Br^-$$

十六烷基三甲基溴化铵即1631阳离子表面活性剂，是一种性能优良的杀菌剂，也可用作织物柔软剂。它的合成是在醇溶剂中进行的，反应中要求三甲胺至少过量50%以上。

$$C_{16}H_{33}Br + (CH_3)_3N \xrightarrow[\text{回流}]{\text{醇介质}} [C_{16}H_{33}-\overset{+}{N}(CH_3)_3]\cdot Br^-$$

5.2.1.2　高级烷基胺与低级卤代烷反应

这种方法是由高级脂肪族伯胺与氯甲烷反应先生成叔胺，再进一步经季铵化反应得到季铵盐。例如，十二烷基三甲基氯化铵的合成即可采用此种方法。

$$C_{12}H_{25}NH_2 + 2CH_3Cl + 2NaOH \longrightarrow C_{12}H_{25}-N\begin{matrix}CH_3\\CH_3\end{matrix} + 2NaCl + 2H_2O$$

$$C_{12}H_{25}-N\begin{matrix}CH_3\\CH_3\end{matrix} + CH_3Cl \xrightarrow[\text{加压}]{\text{加热}} \left[C_{12}H_{25}-\overset{\underset{|}{CH_3}}{\underset{\underset{|}{CH_3}}{N}}-CH_3\right]\cdot Cl^-$$

这种表面活性剂也称为乳胶防黏剂DT，易溶于水，溶液呈透明状，具有良好的表面活性，主要用于乳胶的防黏和杀菌。

再如，十六烷基二甲基胺与氯甲烷在石油醚溶剂中于80 ℃加压反应1 h，再经重结晶可以制得纤维柔软剂CTAC，即十六烷基三甲基氯化铵。

$$C_{16}H_{33}-N\begin{matrix}CH_3\\CH_3\end{matrix} + CH_3Cl \xrightarrow[\text{加压，80 ℃，1 h}]{\text{石油醚溶剂}} \left[C_{16}H_{33}-\overset{\underset{|}{CH_3}}{\underset{\underset{|}{CH_3}}{N}}-CH_3\right]\cdot Cl^-$$

5.2.1.3 甲醛-甲酸法

甲醛-甲酸法是制备二甲基烷基胺的最古老的方法，这种方法工艺简单，成本低，因此，在工业上得到广泛的应用，占有重要的地位。但是用该法生产的产品质量略差。

甲醛-甲酸法是以椰子油或大豆油等油脂的脂肪酸为原料，与氨气反应经脱水制成脂肪腈，再经催化加氢还原制得脂肪族伯胺，这两步反应的方程式为：

$$\text{R}-\overset{\text{O}}{\underset{\|}{\text{C}}}-\text{OH} \xrightarrow{\text{NH}_3} \text{R}-\overset{\text{O}}{\underset{\|}{\text{C}}}-\text{O}-\text{NH}_4 \xrightarrow[360\ ℃]{-\text{H}_2\text{O}} \text{R}-\overset{\text{O}}{\underset{\|}{\text{C}}}-\text{O}-\text{NH}_2 \xrightarrow[360\ ℃]{-\text{H}_2\text{O}} \text{RC}\equiv\text{N}+2\text{H}_2$$

$$\xrightarrow[\text{莱尼镍催化加氢}]{150\ ℃,\ 1.38\times 10^3\ \text{Pa}} \text{RCH}_2\text{NH}_2$$

然后以此脂肪族伯胺为原料，先将其溶于甲醇溶剂中，在 35 ℃下加入甲酸，升温至 50 ℃后，再加入甲醛溶液，最后在 80 ℃回流反应数小时，即可得到二甲基烷基胺，产物中叔胺的含量为 85%~95%。

$$\text{RNH}_2 + 2\text{H}-\overset{\text{O}}{\underset{\|}{\text{C}}}-\text{H} + 2\text{H}-\overset{\text{O}}{\underset{\|}{\text{C}}}-\text{OH} \xrightarrow[\text{加热}]{\text{甲醇控制}} \text{R}-\text{N}\begin{matrix}\text{CH}_3\\ \text{CH}_3\end{matrix} + 2\text{CO}_2\uparrow + 2\text{H}_2\text{O}$$

甲醛-甲酸法的反应历程是伯胺首先与甲醛反应，生成席夫碱，后经甲酸还原得到脂肪族仲胺。仲胺再进一步与甲醛缩合，被甲酸还原便可制得脂肪族叔胺，即：

$$\text{RCH}_2\text{NH}_2 + \text{HCHO} \xrightleftharpoons{\text{缩合}} \text{RCH}_2\text{NHCH}_2\text{OH} \xrightarrow{\text{脱水}} \text{RCH}_2\text{N}=\text{CH}_2$$

$$\xrightarrow[-\text{CO}_2]{\text{HCOOH还原}} \text{RCH}_2\text{NHCH}_3 \xrightleftharpoons{\text{再缩合}}_{\text{HCHO}} \text{RCH}_2\text{N}(\text{CH}_3)-\text{CH}_2\text{OH} \xrightarrow{\text{脱水}}$$

$$\text{RCH}_2-\overset{\text{CH}_3}{\underset{}{\text{N}}}{}^+=\text{CH}_2 \xrightarrow[-\text{CO}_2]{\text{HCOOH还原}} \text{RCH}_2\text{N}\begin{matrix}\text{CH}_3\\ \text{CH}_3\end{matrix}$$

反应过程中的中间产物席夫碱在一定条件下有可能发生异构化，并水解生成醛和甲胺，这一副反应将导致叔胺收率降低。

$$\text{RCH}_2\text{N}=\text{CH}_2 \xrightleftharpoons{\text{异构化}} \text{RCH}=\text{N}-\text{CH}_3 \xrightarrow[+\text{H}_2\text{O}]{\text{水解}} \text{RCHO}+\text{CH}_3\text{NH}_2$$

为了提高反应的收率，应当控制适宜的原料配比。研究表明，提高甲酸的投料量有助于主产物收率的提高。例如，当脂肪胺、甲酸和甲醛的物质的量（mol）比为 1∶5.2∶2.2 时，叔胺的收率可达到 95%。

由甲醛-甲酸法制得的叔胺氯甲烷反应便可制得烷基季铵盐阳离子表面活性剂。

$$\text{R}-\text{N}\begin{matrix}\text{CH}_3\\ \text{CH}_3\end{matrix} + \text{CH}_3\text{Cl} \xrightarrow{\text{加热}} \left[\text{R}-\overset{\text{CH}_3}{\underset{\text{CH}_3}{\text{N}^+}}-\text{CH}_3\right]\cdot\text{Cl}^-$$

通过此种方法合成的烷基季铵盐阳离子表面活性剂的主要品种和性能见表 5-8。

表 5-8 甲醛-甲酸法合成的烷基季铵盐阳离子表面活性剂的主要品种和性能

商品名称	主要应用
乳胶防黏剂 DT	浮选剂、杀菌剂
1231 阳离子表面活性剂	抗静电剂、杀菌剂
纤维柔软剂 CTAC	纤维柔软剂
1631 阳离子表面活性剂	纤维柔软剂、直接染料固色剂
Hyamine 3258	杀菌剂

5.2.2 含杂原子的季铵盐

这里所谓的含杂原子的季铵盐一般是指疏水性碳氢链中含有 O、N、S 等杂原子的季铵盐，也就是指亲油基中含有酰胺基、醚基、酯基或硫醚基的表面活性剂。由于亲水基团季铵阳离子与烷基疏水基是通过酰胺、酯、醚或硫醚等基团相连的，而不是直接连接在一起，故有人将这类季铵盐称作间接连接型阳离子表面活性剂。

5.2.2.1 含氧原子

含氧原子的季铵盐大多是指疏水链中含有酰胺基或醚基的季铵盐。

1. 含酰胺基的季铵盐

酰胺基的引入一般是通过酰氯与胺反应实现的。在表面活性剂的合成过程中，先制备含有酰胺基的叔胺，最后进行季铵化反应得到目的产品。

例如，表面活性剂 Sapamine MS 的合成主要有三步反应。

第一步：油酸与三氯化磷反应制得油酰氯。

$$C_{17}H_{33}COOH \xrightarrow{PCl_3} C_{17}H_{33}COCl$$

第二步：油酰氯与 N,N-三乙基乙二胺缩合制得带有酰胺基的叔胺 N,N-二乙基-2-油酰胺基乙胺。

$$H_3N-CH_2CH_2-N\begin{matrix}C_2H_5\\C_2H_5\end{matrix} \xrightarrow{C_{17}H_{33}COCl} 3C_{17}H_{33}CONHCH_2CH_2N\begin{matrix}C_2H_5\\C_2H_5\end{matrix}$$

第三步：N,N-二乙基-2-油酰胺基乙胺与硫酸二甲酯剧烈搅拌反应 1 h 左右，分离后得到产品 Sapamine MS。

$$C_{17}H_{33}CONHCH_2CH_2N\begin{matrix}C_2H_5\\C_2H_5\end{matrix} + (CH_3O)_2SO_2 \longrightarrow [C_{17}H_{33}CONHCH_2CH_2\overset{C_2H_5}{\underset{C_2H_5}{\overset{|}{N}}}-CH_3]\cdot CH_3SO_4^-$$

此外，由脂肪酸和伯胺直接进行 N-酰化反应是获得酰胺基化合物的另一种方法。例如，柔软剂 ES 是硬脂酸双酰胺的典型产品。它的制备方法是先由硬脂酸与二乙烯三胺按物质的量（mol）比 1∶0.5，在氮气保护和 140~170 ℃ 的温度下，以熔融状态脱水反应数小时制

得双酰胺，然后在110~120 ℃同环氧氯丙烷反应，在氮原子上引入环氧基团。其合成反应方程式如下：

$$2C_{17}H_{35}COOH + H_2NCH_2CH_2NHCH_2CH_2NH_2 \xrightarrow[-2H_2O]{140\sim170\ ℃,\ N_2}$$

$$C_{17}H_{35}CONHCH_2CH_2NHCH_2CH_2NHCOC_{17}H_{35} \xrightarrow[110\sim120\ ℃]{\underset{H}{\overset{O}{H_2C-C-CH_2Cl}}}$$

$$\underset{\underset{O}{\underset{|}{CH_2-CH-CH_2}}}{C_{17}H_{35}CONHCH_2CH_2\overset{+}{N}HCH_2CH_2NHCH_2OHC_{17}H_{35}}\cdot Cl^-$$

2. 含醚基的季铵盐

含醚基的季铵盐型表面活性剂通常具有类似如下化合物的结构：

$$[C_{18}H_{37}OCH_2\overset{+}{N}(CH_3)_3]\cdot Cl^-$$

该表面活性剂的合成方法是：在苯溶剂中将十八醇与甲醛和氯化氢充分反应，分离并除去水，减压蒸馏得到十八烷基氮甲基醚。以此化合物为烷基化试剂，同三甲胺进行N-烷基化反应制得产品。

$$C_{18}H_{37}OH + HCHO + HCl \xrightarrow{5\sim10\ ℃} C_{18}H_{37}OCH_2Cl + H_2O$$

$$C_{18}H_{37}OCH_2Cl + N(CH_3)_3 \longrightarrow [C_{18}H_{37}OCH_2\overset{+}{N}(CH_3)_3]\cdot Cl^-$$

5.2.2.2 含氮原子

在亲油基团长链烷基中含有氮原子的表面活性剂，如 N-甲基 N-十烷基氨基乙基三甲基溴化铵，是由 N-甲基-N-十烷基溴乙胺与三甲胺在苯溶剂中于密闭条件下 120 ℃反应 12 h，经冷却、加水稀释得到的透明状液体产品。

$$\underset{\underset{CH_3}{|}}{C_{10}H_{21}-N-CH_2CH_2Br} + NH(CH_3)_3 \xrightarrow[120\ ℃,\ 12\ h]{苯溶剂300份} \left[\underset{\underset{CH_3}{|}}{C_{10}H_{21}NCH_2CH_2-\overset{+}{N}(CH_3)_3}\right]\cdot Br^-$$

类似的产品还有以碘负离子作为配对阴离子的表面活性剂：

$$\left[\underset{\underset{CH_3}{|}}{C_{12}H_{25}-N-CH_2CH_2-\overset{+}{N}(CH_3)_3}\right]\cdot I^-$$

5.2.2.3 含硫原子

合成长链烷基中含有硫原子的季铵盐，首先要制备长链烷基甲基硫醚的卤化物，即具有

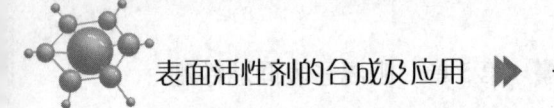

烷化能力的含硫亲油基，并以此为烷基化试剂进行季铵化反应。

长链烷基甲基硫醚的卤化物的合成通常采用长链烷基硫醇与甲醛及氯化氢反应的方法。

例如，十二烷基氯甲基硫醚的合成反应如下所示：

$$C_{12}H_{25}SH + HCHO + HCl \xrightarrow{-H_2O} C_{12}H_{25}SCH_2Cl$$

反应中向十二烷基硫醇与40%甲醛溶液的混合物中通入氯化氢气体，脱水后即可得到无色液态的产品。将生成的硫醚与三甲胺在苯溶剂中于70~80℃加热反应2h，即到达反应终点，分离、纯化，可以制得无色光亮的板状结晶产品。其反应式为：

$$C_{12}H_{25}SCH_2Cl + N(CH_3)_3 \xrightarrow[70~80℃,2h]{苯溶液350份} [C_{12}H_{25}SCH_2\overset{+}{N}(CH_3)_3] \cdot Cl^-$$

用十二烷基氯甲基醚与N,N-二甲基桂胺和N,N-二甲基氨基乙醇反应，还可分别合成如下两种含硫的季铵盐型阳离子表面活性剂。

$$\left[C_{12}H_{25} - S - CH_2 - \overset{+}{N}(CH_3)_2 \atop \qquad\qquad\qquad\quad | \atop \qquad\qquad\qquad C_{12}H_{25} \right] \cdot Cl^-$$

$$\left[C_{12}H_{25} - S - CH_2 - \overset{+}{N} - (CH_3)_2 \atop \qquad\qquad\qquad\quad | \atop \qquad\qquad\qquad CH_2CH_2OH \right] \cdot Cl^-$$

5.2.3　含有苯环的季铵盐

含有苯环的季铵盐类表面活性剂主要用作杀菌剂、起泡剂、润湿剂和染料固色剂等。在合成过程中，引入芳环的主要方法是用氯化苄作烷基化试剂与叔胺反应。氯化苄是由甲苯的侧链氯化反应制得的，其反应式为：

$$\text{C}_6\text{H}_5\text{—CH}_3 + Cl_2 \xrightarrow{100℃} \text{C}_6\text{H}_5\text{—CH}_2Cl + HCl$$

为了避免苯环上氯化，要求该反应在搪瓷釜或搪玻璃塔式反应器中进行。

以氯化苄为原料合成的含苯环的季铵盐型阳离子表面活性剂的种类较多，这里仅就代表性品种做简要介绍。

5.2.3.1　洁尔灭

洁尔灭的化学名称为十二烷基二甲基苄基氯化铵，又叫1227阳离子表面活性剂，该表面活性剂易溶于水，呈透明溶液状，质量分数为万分之几的溶液即具有消毒杀菌的能力，对皮肤无刺激，无毒性，对金属不腐蚀，是一种十分重要的消毒杀菌剂。使用时，将其配制成20%的水溶液应用，主要用于外科手术器械、创伤的消毒杀菌和农村养殖的杀菌。此外，该产品还具有良好的起泡能力，也可用作聚丙烯腈的缓染剂。

它是由氯化苄与N,N-二甲基月桂胺在80~90℃下反应3h制得的。

$$\underset{CH_3}{\underset{|}{C_{12}H_{25}-N}}-CH_3 + ClCH_2-C_6H_5 \xrightarrow[3\ h]{80\sim90\ ℃} \left[\underset{CH_3}{\underset{|}{C_{12}H_{25}-\overset{+}{N}}}-CH_2-C_6H_5 \right] \cdot Cl^-$$

如果将配对的负离子由氯变为溴，则得到的表面活性剂称为新洁尔灭，是性能更加优异的杀菌剂。值得注意的是，其合成方法与洁尔灭有所不同。它是由氧化苄先与六亚甲基四胺（乌洛托品）反应，得到的中间产物再先后与甲酸和溴代十二烷反应制得的，其合成过程如下：

$$C_6H_5-CH_2Cl + (CH_2)_6N_4 \xrightarrow{40\sim60\ ℃} C_6H_5-CH_2[(CH_2)_6N_4]Cl$$

$$\xrightarrow[\text{水解}]{HCOOH} C_6H_5-CH_2N(CH_2)_2 \xrightarrow{C_{12}H_{25}Br} \left[C_6H_5-CH_2-\overset{+}{N}(CH_3)_2-C_{12}H_{25} \right] \cdot Br^-$$

5.2.3.2　NTN

NTN 即 N,N-二乙基-(3′-甲氧基苯氧乙基) 苄基氯化铵，也可命名为 N,N-二乙基(3′-甲氧基苯氧乙基) 苯甲胺氯化物，是一种杀菌剂，其结构式如下：

$$\left[\underset{OCH_3}{C_6H_4}-OCH_2CH_2-\overset{\underset{|}{C_2H_5}}{\overset{|}{\underset{|}{N^+}}}-CH_2-C_6H_5 \right] \cdot Cl^-$$

该表面活性剂的疏水部分含有醚基，因此，首先应合成含有醚基的叔胺，再与氯化苄反应，具体反应步骤如下：

$$\underset{OCH_3}{C_6H_4}-OH \xrightarrow{NaOH} \underset{OCH_3}{C_6H_4}-ONa \xrightarrow[-NaCl]{ClCH_2CH_2N(C_2H_5)_2}$$

$$\underset{OCH_3}{C_6H_4}-OCH_2CH_2-N(C_2H_5)_2 \xrightarrow[\text{高压釜中}100\ ℃,\ 24\ h]{H_2CCl-C_6H_5}$$

$$\left[\underset{OCH_3}{C_6H_4}-OCH_2CH_2-\overset{\underset{|}{C_2H_5}}{\overset{|}{\underset{|}{N^+}}}-CH_2-C_6H_5 \right] \cdot Cl^-$$

5.2.3.3　Zephirol M

Zephirol M 的分子中疏水基团部分含有磺酰胺基团，其合成过程如下：

$$CN-\overset{\delta+}{CH}=\overset{\delta-}{CH_2} + \underset{CH_3}{\overset{CH_3}{N}}-H \xrightarrow{\text{加成}} CN-CH=CH_2-N\underset{CH_3}{\overset{CH_3}{<}} \xrightarrow[\text{加氢还原}]{H_2} H_2NCH_2CH_2CH_2-N\underset{CH_3}{\overset{CH_3}{<}}$$

$$\xrightarrow[-HCl]{\underset{CH_3}{\overset{SO_2Cl}{R'-CH-}}} R'-\underset{CH_3}{\overset{|}{CH}}-SO_2NH(CH_2)_3N\underset{CH_3}{\overset{CH_3}{<}} \xrightarrow[\text{季铵化}]{ClCH_2-C_6H_5}$$

$$\left[R'-\underset{CH_3}{\overset{|}{CH}}-SO_2NH(CH_2)_3-\underset{CH_3}{\overset{CH_3}{\overset{|}{N^+}}}-CH_2-C_6H_5\right]\cdot Cl^-$$

5.2.3.4 Hyamine 1622

Hyamine 1622 表面活性剂的结构较为复杂，如下式：

$$\left[CH_3-\underset{CH_3}{\overset{CH_3}{\overset{|}{C}}}-CH_2-\underset{CH_3}{\overset{CH_3}{\overset{|}{C}}}-C_6H_4-OCH_2CH_2OCH_2CH_2-\underset{CH_3}{\overset{CH_3}{\overset{|}{N^+}}}-CH_2-C_6H_5\right]\cdot Cl^-$$

合成此产品的关键是对叔辛基苯氧乙基氯乙基醚的合成，它可以对叔辛基苯酚和二氯二乙基醚为原料制备。对叔辛基苯酚、氢氧化钠、二氯二乙基醚和少量水在 115~120 ℃下加热反应 6.5 h，经脱除食盐、减压蒸馏后，制得无色油状的对叔辛基苯氧乙基氯乙基醚。反应式为：

$$CH_3-\underset{CH_3}{\overset{CH_3}{\overset{|}{C}}}-CH_2-\underset{CH_3}{\overset{CH_3}{\overset{|}{C}}}-C_6H_4-OH + ClCH_2CH_2OCH_2CH_2Cl \xrightarrow[\substack{115\sim120\text{ ℃}\\6.5\text{ h}}]{\substack{H_2O,\ 20\text{ mL}\\NaOH,\ 22\text{ g}}}$$

$$CH_3-\underset{CH_3}{\overset{CH_3}{\overset{|}{C}}}-CH_2-\underset{CH_3}{\overset{CH_3}{\overset{|}{C}}}-C_6H_4-OCH_2CH_2OCH_2CH_2Cl$$

将上述产品与 N,N-二甲基苯甲胺在油浴加热下于 120~135 ℃回流反应 15.5 h，经分离、精制后，得到的黄色黏稠状液体便是最终产品——表面活性剂 Hyamine 1622。

$$CH_3-\underset{CH_3}{\overset{CH_3}{\overset{|}{C}}}-CH_2-\underset{CH_3}{\overset{CH_3}{\overset{|}{C}}}-C_6H_4-OCH_2CH_2OCH_2CH_2Cl + \underset{CH_3}{\overset{CH_3}{N}}-CH_2-C_6H_5 \xrightarrow[\substack{120\sim135\text{ ℃}\\15.5\text{ h}}]{\text{油浴加热，回流}} \text{Hyamine 1622}$$

与 Hyamine 1622 结构类似的表面活性剂还有润湿起泡剂 Phemerol，即：

$$\left[CH_3-\underset{CH_3}{\overset{CH_3}{\overset{|}{C}}}-CH_2-\underset{CH_3}{\overset{CH_3}{\overset{|}{C}}}-C_6H_4-OCH_2CH_2OCH_2CH_2-\underset{C_2H_5}{\overset{CH_2CH_2OH}{\overset{|}{N^+}}}-CH_2CH_2OH\right]\cdot OSO_2OC_2H_5$$

5.2.4 含杂环的季铵盐

在阳离子表面活性剂的分类中已经提到,季铵盐分子中所含的杂环主要是吗啉环、哌嗪环、吡啶环、喹啉环和咪唑环等(见5.1.1.3节),本节主要介绍此类表面活性剂的合成。

5.2.4.1 含有吗啉环的季铵盐

此类表面活性剂主要用作润湿剂、净洗剂、杀菌剂、乳化剂、纤维柔软剂、染料固色剂等。合成含吗啉环的季铵盐型阳离子表面活性剂可以先在特定的化合物分子中引入吗啉环,再经季铵化反应制得。

其代表品种如 N-甲基 N-十六烷基吗啉的甲基硫酸酯盐,该表面活性剂是由 N-十六烷基吗啉与硫酸二甲酯反应制得的。

$$R-N\begin{pmatrix}CH_2CH_2\\CH_2CH_2\end{pmatrix}O + CH_3OSO_2OCH_3 \longrightarrow \left[C_{16}H_{33}-\overset{+}{N}\begin{pmatrix}CH_2CH_2\\CH_2CH_2\end{pmatrix}O \cdot HCl\right] \cdot CH_3OSO_2^-$$

再如,前面提到的中间体对叔辛基苯氧乙基氯乙基醚与吗啉在 100~120 ℃ 下回流反应 7 h,用氢氧化钠水溶液中和至碱性,经分离、减压蒸馏,得到淡黄色的对叔辛基苯氯乙基吗啉-N-乙基醚。该中间体继续与硫酸二乙酯反应便制得了含吗啉环的季铵盐型阳离子表面活性剂。其合成的各步反应为:

另外,利用仲胺与双(2-氯乙基)醚反应可以一步合成季铵化的吗啉衍生物。反应既可以在溶剂中进行,也可以不加溶剂,同时用无机碱或过量的胺作缩合剂进行反应。生成的吗啉季铵盐可以作为润湿剂、洗净剂、杀菌剂,还可用作润滑油的成分之一。

利用类似的反应,由脂肪族伯胺同双(2-氯乙基)硫醚反应,生成烷基硫代吗啉;脂肪族仲胺同双(2-氯乙基)硫醚反应,可直接合成硫代吗啉季铵盐。

5.2.4.2 含哌嗪环的季铵盐

含哌嗪环的季铵盐阳离子表面活性剂的合成方法与含吗啉环的产品十分类似。例如，对叔辛基苯氧乙基氯乙基醚与哌嗪反应的产物进一步与氯化苄反应，可以合成对叔辛基苯氧乙基-N-苄基哌嗪-N-乙基醚氯化物，这是一种杀菌剂的分散剂。

$$\text{H}_3\text{C}-\underset{\underset{\text{CH}_3}{|}}{\overset{\overset{\text{CH}_3}{|}}{\text{C}}}-\text{CH}_2-\underset{\underset{\text{CH}_3}{|}}{\overset{\overset{\text{CH}_3}{|}}{\text{C}}}-\text{C}_6\text{H}_4-\text{OCH}_2\text{CH}_2\text{OCH}_2\text{CH}_2-\text{N}\underset{\diagdown}{\diagup}\text{NH} \xrightarrow[\text{苯作溶剂}]{\text{H}_2\text{CCl}-\text{C}_6\text{H}_5,\ 75\ ℃,1\ \text{h}}$$

$$\left[\text{H}_3\text{C}-\underset{\underset{\text{CH}_3}{|}}{\overset{\overset{\text{CH}_3}{|}}{\text{C}}}-\text{CH}_2-\underset{\underset{\text{CH}_3}{|}}{\overset{\overset{\text{CH}_3}{|}}{\text{C}}}-\text{C}_6\text{H}_4-\text{OCH}_2\text{CH}_2\text{OCH}_2\text{CH}_2-\overset{+}{\text{N}}(\text{CH}_2\text{C}_6\text{H}_5)\diagup\diagdown\text{NH}\right]\cdot\text{Cl}^-$$

5.2.4.3 三嗪型阳离子

三嗪型阳离子表面活性剂是指含有三嗪环的一类杂环阳离子表面活性剂，主要用作纤维处理剂、纸张处理剂、柔软剂、匀染剂等，一般是以三聚氰胺或三氯均三嗪为原料合成。

（三聚氰胺与三氯均三嗪结构式）

以三聚氰胺为原料合成的柔软剂，如 Permel：

$$\text{C}_{17}\text{H}_{35}\text{CONHCH}_2\text{NH}-\underset{\text{NHCH}_2\text{OCH}_3}{\text{三嗪环}}-\text{NHCH}_2\text{OCH}_3$$

5.2.4.4 含吡啶环的季铵盐

含吡啶环的季铵盐的表面活性剂是 1932 年由 Bohme 发明的，可以用作分散剂、润湿剂和固色剂等。由于吡啶具有刺激性异味，使这类表面活性剂的应用受到较大限制。其代表品种有氯化十二烷基吡啶、氯化十六烷基吡啶、溴化十六烷基吡啶和氯化硬脂酰甲氨基吡啶等。这些表面活性剂主要用作纤维防水剂，也可用作染色助剂和杀菌剂，但用量都很少。

$$\text{C}_{12}\text{H}_{25}-\overset{+}{\text{N}}\text{C}_5\text{H}_5\cdot\text{Cl}^- \qquad \text{C}_{16}\text{H}_{33}-\overset{+}{\text{N}}\text{C}_5\text{H}_5\cdot\text{Cl}^-$$

氯化十二烷基吡啶　　　　氯化十六烷基吡啶

$$C_{16}H_{33}\!-\!\overset{+}{N}\diagup\!\!\diagdown\!\cdot Br^-$$

溴化十六烷基吡啶

$$C_{17}H_{35}CONHCH_2\!-\!\overset{+}{N}\diagup\!\!\diagdown\!\cdot Cl^-$$

氯化硬脂酰甲氨基吡啶

含吡啶环的季铵盐表面活性剂多采用卤代烷与吡啶或烷基吡啶在加热条件下反应的合成方法，其反应式如下：

$$RCl(RBr) + \underset{N}{\diagup\!\!\diagdown} \longrightarrow \left[R\!-\!\overset{+}{N}\diagup\!\!\diagdown\right]\cdot Cl^-(Br^-)$$

例如，溴代十六烷与吡啶在 140～150 ℃下反应 5 h 生成溴化十六烷基吡啶，冷却后得到肥皂样的无色块状产品。

$$C_{16}H_{33}Br + \underset{N}{\diagup\!\!\diagdown} \xrightarrow[5\,h]{140\sim150\,℃} \left[C_{16}H_{33}\!-\!\overset{+}{N}\diagup\!\!\diagdown\right]\cdot Br^-$$

含有吡啶环的季铵盐表面活性剂中，另一个比较重要的品种是 EmcolE-607，这是一种矿物浮选剂，该表面活性剂的分子中还含有酯键，其结构式为：

$$\left[CH_3\!-\!\underset{\overset{+}{N}}{CH}\!-\!CONHCH_2CH_2O\overset{O}{\overset{\|}{C}}\!-\!C_{11}H_{23}\right]\cdot Cl^-$$

其实验室制法是将 6.1 g 乙醇胺溶解于 50 mL 水中，冷却至 0 ℃，在激烈搅拌下缓慢加入 α-溴丙酰溴，同时缓慢加入 10%的氢氧化钠溶液 46.5 mL。反应 15 min 后，用 500 mL 热的异丙醇萃取出生成物，滤掉萃取液中的溴化钠等无机盐，蒸掉溶剂，得到黏稠状液体 α-溴丙酰胺基乙醇。

$$CH_3\!-\!\underset{Br}{CHCOBr} + H_2NCH_2CH_2OH \xrightarrow[\text{异丙醇萃取}]{-NaBr} CH_3\underset{Br}{CHCONHCH_2CH_2OH}$$

将 10 g 上述生成物溶解于冷却到 5～10 ℃的吡啶盐中，在激烈搅拌下滴加 8 g 月桂酰氯。反应中温度上升到 85 ℃，反应结束后，在常温下放置 12 h，分离后得到褐色黏稠状液体 EmcolE-607。

$$CH_3\underset{Br}{CHOONHCH_2CH_2OH} + \underset{N}{\diagup\!\!\diagdown} \xrightarrow{5\sim10\,℃} \left[CH_3\!-\!\underset{\overset{+}{N}}{CH}\!-\!CONHCH_2CH_2OH\right]\cdot Cl^-$$

$$\xrightarrow{C_{11}H_{23}COCl} \left[CH_3\!-\!\underset{\overset{+}{N}}{CH}\!-\!CONHCH_2CH_2OC\!-\!C_{11}H_{23}\right]\cdot Cl^-$$

此外，含有醚键和酰胺键的吡啶型阳离子表面活性剂还有 VelanPF 和 ZelanA 等，Velan 和 Zelan 系列产品都属于反应型表面活性剂，有关内容将在特殊类型表面活性剂的有关章节（第 8 章）中介绍。

$$\left[C_{16}H_{33}OCH_2-\overset{+}{N}C_5H_5\right]\cdot Cl^- \qquad \left[C_{12}H_{25}CONHCH_2-\overset{+}{N}C_5H_5\right]\cdot Cl^-$$

VelanPF   ZelanA

5.2.4.5 含喹啉环的季铵盐

含喹啉环的季铵盐型阳离子表面活性剂由喹啉或异喹啉和卤代烷反应制得，主要用作杀菌剂，也可用于柔软剂、润湿剂及矿物浮选剂等。例如，IsothanQ 系列产品由卤代烷与异喹啉反应制得，其中代表性品种如下：

$$\left[C_{12}H_{25}-\text{异喹啉}^+\right]\cdot Cl^-$$

5.2.4.6 含咪唑啉环的季铵盐

咪唑啉环型阳离子表面活性剂是指疏水长碳链连接在咪唑环的一个或两个氮原子上，并且以咪唑啉环阳离子作为亲水基的一类新型表面活性剂，近年来，已成为胶体与界面化学领域的研究热点之一。该类表面活性剂的结构通式为：

$$\left[\begin{array}{c} R-C\overset{N-CH_2}{\underset{\overset{+}{N}-CH_2}{\Big\langle}} \\ \overset{|}{R'} \quad \overset{|}{C_2H_4OH} \end{array}\right]\cdot Cl^-$$

式中，取代基 R 为含 8~22 个碳原子的长链烷基；R′ 为低级烷基或苄基等。此类表面活性剂主要用作优良的纤维柔软剂和平滑剂，能赋予腈纶、棉、尼龙等织物优异的柔软性，并能提高织物的使用性能。也常用作性能优异的起泡剂和直接染料固色剂。

咪唑型阳离子表面活性剂的合成方法主要有两种：直接季铵化法和复分解法。

1. 直接季铵化法

直接季铵化法主要包括成环、季铵化。

（1）成环

这一步反应主要是用脂肪酸与 N-羟乙基乙二胺缩合，然后脱水成环制备烷基-N-羟乙基咪唑啉。反应式为：

$$\text{RCOOH} + \text{NH}_2\text{CH}_2\text{CH}_2\text{NHCH}_2\text{CH}_2\text{OH} \xrightarrow[-\text{H}_2\text{O}]{150\sim180\ ^\circ\text{C}} \text{RCO}-\text{NHCH}_2\text{CH}_2\overset{|}{\text{NHCH}_2\text{CH}_2\text{OH}}$$

$$\text{或} \quad \text{RC}\underset{\overset{\|}{O}}{-}\text{N}\begin{array}{c}\text{CH}_2\text{CH}_2\text{OH}\\\text{CH}_2\text{CH}_2\text{OH}\end{array}$$

$$\text{RCO—NHCH}_2\text{CH}_2\text{—NHCH}_2\text{CH}_2\text{OH} \xrightarrow{\text{异构化}} \left\{ \begin{array}{c} \text{烯醇式} \\ \text{(酮式)} \end{array} \right\} \xrightarrow[\text{成环}]{250\sim300\ ^\circ\text{C}, -\text{H}_2\text{O}} \text{咪唑啉}$$

（2）季铵化

烷基-N-羟乙基咪唑啉与氯甲烷、硫酸二甲酯、硫酸二乙酯、氯化苄和环氧氯丙烷等进行季铵化反应，得到含咪唑啉环的季铵盐。咪唑啉季铵化反应属于双分子亲核取代反应，其反应速率取决于亲核试剂的强弱和离去基团的离去能力。该步反应的方程式如下：

$$\text{咪唑啉} \xrightarrow[\text{CH}_3\text{Cl}]{\text{季铵化}} \text{季铵盐} \cdot \text{Cl}^-$$

采用不同的季铵化试剂所得的表面活性剂的结构见表5-9。

表5-9 不同的季铵化试剂所得的表面活性剂的结构

季铵化试剂	R^1	X
$(CH_3O)_2SO_2$	CH_3	CH_3OSO_2O
$(C_2H_5O)_2SO_2$	C_2H_5	$C_2H_5OSO_2O$

在此类表面活性剂中，以十四酸为原料，经成环并与氯化苄反应制得的产品是一种强力杀菌剂，其结构如下：

使用不同的脂肪酸原料与N-羟乙基乙二胺反应成环可以得到含不同碳原子数的烷基R，例如，使用月桂酸（$C_{11}H_{23}COOH$）、十四碳酸（$C_{13}H_{27}COOH$）、软脂酸（$C_{15}H_{31}COOH$）、油酸（$C_{17}H_{33}COOH$）、硬脂酸（$C_{17}H_{35}COOH$）和二十碳酸（$C_{19}H_{39}COOH$）为原料制得的产品，对应的烷基取代基R分别为$C_{11}H_{23}$—、$C_{13}H_{27}$—、$C_{15}H_{31}$—、$C_{17}H_{33}$—、$C_{17}H_{35}$—和$C_{19}H_{39}$—。

2. 复分解法

首先，以咪唑和适当的烷基化试剂（如丙烯腈）为原料，制备 β-氰乙基咪唑；其次，β-氰乙基咪唑与长链溴代烷发生季铵化反应，合成 β-氰乙基咪唑烷基溴化铵；再次，在碱性条件下发生消去反应，得到单长链烷基咪唑中间体；最后，单长链烷基咪唑与烷基化试剂进行季铵化反应制备咪唑阳离子表面活性剂。

从分子结构角度来看，咪唑型阳离子表面活性剂与传统季铵型阳离子表面活性剂最显著的差异在于亲水基的结构不同；咪唑型表面活性剂的亲水基是电子云呈离域化共振的咪唑环，而且具有两个可以连接取代基团的 N 原子，结构不对称；如果两个 N 原子上的取代烷基相同，则结构对称。

向一定浓度的单长链烷基咪唑的水溶液中通入 CO_2，可制得 N-长链烷基咪唑碳酸盐阳离子表面活性剂；再向体系中通入 N_2 时，CO_2 被驱离，该阳离子表面活性剂又被还原为长链烷基咪唑中性结构；能稳定地实现电导率和乳液循环"开-关"功能，并且这种可逆开关可控性好，是一种典型的开关型表面活性剂。

长链烷基咪唑与二溴代烷进行季铵化反应，可制得对称的双子咪唑阳离子表面活性剂。

咪唑型阳离子表面活性剂是一种功能化离子液体，具有良好的表面活性，同时还具有离子液体的独特性能，在微乳液、电化学、色谱与分离、乳液聚合、纳米材料制备等领域具有广阔的应用前景。

5.2.4.7 含其他杂环的季铵盐

含噁唑环的季铵盐可以分为两类：一类是长链烷基连接在噁唑环的 2-位上，是由脂肪酸与烷醇酰胺通过缩合反应合成的；另一类是长链烷基直接连接在噁唑环的氮原子上，是由卤代烷与噁唑反应合成的。这两类物质的结构如下：

$R = C_9H_{19} \sim C_{13}H_{27}$，$C_{12}H_{25} \sim C_{16}H_{33}$
$R' = H$，CH_3
$X = CH_3COO$，$CH_3CHOHCOO$

噁唑类季铵盐类在碱性条件下易于开环形成开链季铵盐表面活性剂：

$$\text{噁唑鎓盐} + C_{12}H_{25}N(CH_3)_2 \longrightarrow C_{12}H_{25}\overset{CH_3}{\underset{CH_3}{N}}CHCH_2\overset{}{\underset{COCH_3}{N}}CH_2CH_2SO_3^-$$

含咪唑环的季铵盐主要由取代的咪唑与卤代烷反应合成，如4-氨基-5-苯基咪唑和卤代烷反应生成的季铵盐：

此类季铵盐结构较为稳定，不易分解。

5.2.5 胺盐型

胺盐型阳离子表面活性剂主要有长链烷基伯胺盐、仲胺盐、叔胺盐三大类。

5.2.5.1 长链烷基伯胺盐

这类表面活性剂的合成是用长碳链的伯胺与无机酸反应制得。所用的原料是以椰子油、棉籽油、大豆油或牛脂等油脂制得的胺类混合物，结构和合成均比较简单，主要用作纤维柔软剂和矿物浮选剂等。

$$RNH_2 + HCl \longrightarrow RNH_2 \cdot HCl$$

5.2.5.2 仲胺盐

仲胺盐型表面活性剂的产品种类不多，目前市售商品主要是Priminox系列，此类产品的结构式及对应商品的牌号见表5-10。

表5-10 Priminox系列产品的结构式及对应商品的牌号

$$Cl_2H_{25}NH(CH_2CH_2O)_nCH_2CH_2OH$$

n	0	4	14	24
商品牌号	Priminox 43	Priminox 10	Priminox 20	Priminox 32

Priminox 表面活性剂可以有两种合成方法。

一种是由高级卤代烷与乙醇胺的多乙氧基物反应制备，即：

$$C_{12}H_{25}Br + H_2N(CH_2CH_2O)_nCH_2CH_2OH \longrightarrow C_{12}H_{25}NH(CH_2CH_2O)_nCH_2CH_2OH$$

另一种是由高级脂肪胺与环氧乙烷反应制备，即：

$$C_{12}H_{25}NH_2 + (n+1)CH_2\overset{O}{-\!\!\!-}CH_2 \longrightarrow C_{12}H_{25}NH_2(CH_2CH_2O)_nCH_2CH_2OH$$

5.2.5.3 叔胺盐

叔胺盐型阳离子表面活性剂中最重要的是亲油基中含有酯基的 Soromine 系列和含有酰胺基的 Ninol、Sapamine 系列产品。

1. Soromine 系列

该系列表面活性剂中最重要的品种为 SoromineA，是由 IG 公司开发生产的，其国内商品牌号为乳化剂 FM，具有良好的渗透性和匀染性。其结构式为：

$$C_{17}H_{35}COOCH_2CH_2-N \begin{cases} CH_2CH_2OH \\ CH_2CH_2OH \end{cases}$$

它是由脂肪酸和三乙醇胺在 160～180 ℃下长时间加热缩合制得的。

$$C_{17}H_{35}COOH + N(CH_2CH_2OH)_3 \xrightarrow{160～180\ ℃} C_{17}H_{35}COOCH_2CH_2N(CH_2CH_2OH)_2$$

Soromine 系列其他产品：SoromineDB、SoromineAF 等。

$$C_{17}H_{35}COOCH_2CH_2N(C_4H_9)_2 \qquad C_{17}C_{35}COOCH_2CH_2NHCH_2CH_2O(CH_2CH_2O)_{2\sim3}H$$
$$\text{SoromineDB} \qquad\qquad\qquad\qquad \text{SoromineAF}$$

2. Ninol（尼诺尔）系列

该系列产品结构通式为：

$$RCON \begin{cases} CH_2CH_2OH \\ CH_2CH_2OH \end{cases}$$

此类产品的长碳链烷基和酰胺键相连，抗水解性能较好。它由脂肪酸与二乙醇胺反应制得，例如：

$$C_{17}H_{35}COOH + HN(CH_2CH_2OH)_2 \xrightarrow[-H_2O]{150～175\ ℃} C_{17}H_{35}CON(CH_2CH_2OH)_2$$

3. Sapamine 系列

这一系列产品由瑞士汽巴-嘉基公司最先投产，其分子中烷基和酰胺基相连，具有一定的稳定性，不易水解。其价格高于 Soromine 系列产品。此类表面活性剂主要用作纤维柔软剂和直接染料的固色剂等。其结构通式为：

$$C_{17}H_{33}CONHCH_2CH_2N(C_2H_5)_2 \cdot HX$$

根据成盐所使用的酸不同，可以得到不同牌号的产品，见表 5-11。

表 5-11 Sapamine 主要产品

HX	CH_3COOH	HCl	$CH_3CHOHCOOH$
商品牌号	SapamineA	SapamineCH	SapamineL

该类表面活性剂先由油酸与三氯化磷反应生成油酰氯，再与 N,N-二乙基乙二胺缩合，最后用酸处理制得，其反应式为：

$$C_{17}H_{33}COOH \xrightarrow{PCl_3} C_{17}H_{33}COCl$$

$$C_{17}H_{33}COCl + H_2NCH_2CH_2N(C_2H_5)_2 \xrightarrow[-HCl]{缩合} C_{17}H_{33}CONHCH_2CH_2N(C_2H_5)_2$$

$$\xrightarrow{酸处理} C_{17}H_{33}CONHCH_2CH_2N(C_2H_5)_2 \cdot HX$$

5.2.5.4 柯维尔系列产品

柯维尔系列表面活性剂主要有两个代表品种，即 AhcovelF 和 AhcovelG。

AhcovelF 是一种纤维柔软剂，它是由硬脂酸和二亚乙基三胺反应，在 160~180 ℃ 脱水后用盐酸中和制得。其反应式为：

$$C_{17}H_{35}COOH + H_2NCH_2CH_2NHCH_2CH_2NH_2 \xrightarrow[-H_2O]{160~180\ ℃} C_{17}H_{35}CONHCH_2CH_2NHCH_2CH_2NH_2$$

$$2C_{17}H_{35}CONHCH_2CH_2NHCH_2CH_2NH_2 + 2H_2N-\underset{\underset{O}{\parallel}}{C}-NH_2 \xrightarrow[-4NH_3]{180~190\ ℃} \xrightarrow[\text{中和}]{2HCl}$$

$$\begin{array}{c} C_{17}H_{35}CONHCH_2CH_2N-CH_2CH_2-NH \\ | \qquad\qquad\qquad | \\ C=O \qquad\qquad C=O \cdot 2HCl \\ | \qquad\qquad\qquad | \\ C_{17}H_{35}CONHCH_2CH_2N-CH_2CH_2 \qquad NH_2 \end{array}$$

AhcorelF

这种表面活性剂的缺点是耐热性差，易变黄，容易使染料变色。如果在反应中增加尿素的比例，并在反应后加入乳酸使其成盐，则可以提高产品的耐热性，从而减轻处理织物因熨烫受热而发黄的现象。

AhcovelG 是一种溶于水的纤维柔软剂，大多产于日本。它比 AhcovelF 的耐热性和耐日光性好，长时间保存不变黄、不发臭，性质稳定。其结构通式为：

$$\begin{array}{c} C_{17}H_{35}CONHCH_2CH_2N-CH_2CH_2OH \\ | \\ C=NH \qquad\qquad \cdot 2CH_3COOH \\ | \\ C_{17}H_{35}CONHCH_2CH_2N-CH_2CH_2OH \end{array}$$

其合成方法是先由硬脂酸与羟乙基乙胺缩合，缩合产物再与碳酸胍混合，并缓慢加热到 185~190 ℃，脱去四分子氨，最后用乙酸处理成盐得到。其反应式为：

$$4C_{17}H_{35}CONHCH_2CH_2NHCH_2CH_2OH + (H_2N-\underset{\underset{NH}{\parallel}}{C}-NH_2)_2 \cdot H_2CO_3 \xrightarrow[-4NH_3]{185~190\ ℃}$$

$$\xrightarrow{4CH_3COOH} 2 \begin{array}{c} C_{17}H_{35}CONHCH_2CH_2N-CH_2CH_2OH \\ | \\ C=NH \qquad\qquad \cdot 2CH_3COOH \\ | \\ C_{17}H_{35}CONHCH_2CH_2N-CH_2CH_2OH \end{array}$$

AhcovelG

类似的产品还有如下结构的表面活性剂，该产品可使处理后的纤维织物耐洗涤，有羊毛似的手感，经加热和长时间保存后不变色，是性能优异的纤维处理剂。

$$\begin{array}{c} C_{17}H_{35}CONHCH_2CH_2N-CH_2CH_2OH \\ | \\ C=O \qquad\qquad \cdot 2HCl \\ | \\ C_{17}H_{35}CONHCH_2CH_2N-CH_2CH_2OH \end{array}$$

用月桂酸与羟乙基乙二胺的缩合产物在 185 ℃ 下与硫脲反应，可以得到褐色黏稠液体，即为如下结构的表面活性剂：

$$2C_{11}H_{23}CONHCH_2CH_2NHCH_2CH_2OH + S=C\begin{pmatrix}NH_2\\NH_2\end{pmatrix} \xrightarrow[-2NH_3]{185\sim190\ ℃}$$

$$\xrightarrow[\text{酸处理}]{\text{中和}} \begin{matrix} C_{11}H_{23}CONHCH_2CH_2N-CH_2CH_2OH \\ | \\ C=O \\ | \\ C_{11}H_{23}CONHCH_2CH_2N-CH_2CH_2OH \end{matrix} \cdot 2HX$$

这种表面活性剂分子中含有硫原子,既可溶于水,又可溶于酸,用作蛋白质纤维的处理剂具有防虫蛀作用。

5.2.6 咪唑啉盐

该类表面活性剂的结构通式如下:

$$R-C\begin{matrix}N-CH_2\\ \| \quad |\\ \;\;CH_2\\ H\end{matrix} \cdot HCl$$

它同前面介绍的含咪唑啉环的季铵盐型阳离子表面活性剂结构相近。其制备方法是将脂肪酸和乙二胺的混合物加热,先在180~190 ℃时脱水生成酰胺,然后在高温(250~300 ℃)加热下脱水成环生成咪唑啉环。其反应过程为:

$$RCOOH + \begin{matrix}HN-CH_2\\ |\\ H_2N-CH_2\end{matrix} \xrightarrow[-H_2O]{180\sim190\ ℃} \begin{matrix}O\\ \|\\ RC-NH-CH_2\\ |\\ H_2N-CH_2\end{matrix} \xrightarrow[-H_2O\text{成环}]{250\sim300\ ℃} R-C\begin{matrix}N-CH_2\\ \| \quad |\\ \;\;CH_2\\ H\end{matrix}$$

$$C_{17}H_{33}COOH + \begin{matrix}H_2N-CH-CH\begin{matrix}CH_3\\CH_3\end{matrix}\\ |\\ H_2N-CH_2\end{matrix} \xrightarrow[HCl]{290\sim300\ ℃} C_{17}H_{33}-C\begin{matrix}N-CH-CH\begin{matrix}CH_3\\CH_3\end{matrix}\\ \| \quad |\\ \;\;CH_2\\ H\end{matrix} \cdot HCl$$

实例:使用不同的羧酸和胺为原料,可以合成多种咪唑啉盐表面活性剂的产品,而且合成条件也有差别。这些品种的合成反应方程式如下:

$$C_{17}H_{33}COOH + \begin{matrix}H_2N-\overset{H}{\underset{|}{C}}-CH\begin{matrix}CH_3\\CH_3\end{matrix}\\ NH_2-CH_2\end{matrix} \xrightarrow[HCl]{290\sim300\ ℃} C_{17}H_{33}-C\begin{matrix}N-\overset{H}{\underset{|}{C}}-CH\begin{matrix}CH_3\\CH_3\end{matrix}\\ \| \quad |\\ \;\;CH_2\\ H\end{matrix} \cdot HCl$$

$$C_{15}H_{31}COOH + \begin{matrix}H_2N-\overset{H}{\underset{|}{C}}-CH_3\\ NH_2-CH_2\end{matrix} \xrightarrow[H_2SO_4]{320\sim325\ ℃} C_{15}H_{31}-C\begin{matrix}N-\overset{|}{C}-CH_3\\ \| \quad |\\ \;\;CH_2\\ H\end{matrix} \cdot 1/2H_2SO_4$$

$$C_{11}H_{23}COOH + \begin{matrix}H_2N-CH_2\\ |\\ NH_2-\overset{H}{\underset{|}{C}}-C_6H_5\end{matrix} \xrightarrow[HBr]{290\ ℃} C_{11}H_{23}-C\begin{matrix}N-CH_2\\ \| \quad |\\ \;\;CH-C_6H_5\\ H\end{matrix} \cdot HBr$$

5.2.7 鎓盐型阳离子表面活性剂

由其他可携带正电荷的元素（如 P、S 等）作为阳离子表面活性剂的亲水基时，称为鎓盐阳离子表面活性剂。根据亲水基的不同，可分为鏻化物、氧化锍和锍化物、碘鎓化合物三类。

1. 鏻化物

三烷基膦与卤代物反应可生成四烷基鏻卤化物，主要作为乳化剂、杀虫剂和杀真菌剂，其化学稳定性和热稳定性比季铵盐高。

$$R_3P + R'X \longrightarrow \left[\begin{array}{c} R \\ R'-P-R' \\ R \end{array}\right]^+ X^-$$

2. 氧化锍和锍化物

在非含氮的阳离子表面活性剂中，从商品化观点来看，氧化锍化合物可能是最有前途的，是非常有效的杀菌剂，对皮肤的刺激性低于季铵盐，在皂类和阴离子表面活性剂存在下仍具有杀菌能力。如十二烷基甲基亚砜与硫酸二甲酯季铵化反应。

$$\underset{O}{C_{12}H_{25}SCH_3} + (CH_3)_2SO_4 \longrightarrow \left[\underset{O}{C_{12}H_{25}S(CH_3)_2}\right]^+ CH_3SO_4^-$$

3. 碘鎓化合物

碘鎓化合物是由碘原子携带正电荷形成的鎓盐，具有抗微生物效果，可以与阴离子表面活性剂相容，在复配体系中可保持高效杀菌效果，对次氯酸钠的漂白作用具有稳定性。

5.3 阳离子表面活性剂的应用

阳离子表面活性剂具有良好的杀菌、柔软、抗静电、抗腐蚀等作用和一定的乳化作用、润湿性能，也常常用作相转移催化剂。但这类表面活性剂很少单独用作洗涤剂，因为很多基质的表面在水溶剂特别是在碱性中通常带有负电荷，在应用过程中，带正电荷的表面活性剂会在基质表面形成亲水基向内、疏水基向外排列，使基质表面疏水而不利于洗涤，甚至产生负面作用。此外，这类表面活性剂的主要应用领域也不像其他表面活性剂那样用来降低表面张力，而是利用其结构上的特点，用于其他特殊方面。

5.3.1 消毒杀菌剂

阳离子表面活性剂最突出的特点是具有消毒杀菌作用，常用于医药、原油开采等的消毒

杀菌。代表品种如洁尔灭，即十二烷基二甲基苄基氯化铵。这种带有苄基的季铵盐型阳离子表面活性剂具有较强的消毒杀菌作用，其10%的水溶液的杀菌能力相当于苯酚杀菌能力的50~60倍，因此，被广泛用作外科手术和医疗器械等的消毒杀菌剂。此外，它还能杀死蚕业生产中的败血菌、白僵菌和曲霉菌等。在石油开采和化工设备中，水中的铁细菌和硫酸盐还原菌对铁质及不锈钢质设备和管路有腐蚀性，使用洁尔灭作杀菌剂可以杀灭细菌并起到防止金属腐蚀的作用。

5.3.2 腈纶匀染剂

腈纶（聚丙烯腈）分子的主链上往往含有少量的衣康酸或乙烯磺酸之类的化学组分，它们使纤维带有一定的负电荷，在用阳离子染料染色时，纤维与染料之间产生较强的电荷作用。在染色过程中，如果染料的吸附和上染速度太快，容易将织物染花。因此，在染色初期需要加入阳离子表面活性剂，抢先占领染席，然后随温度的升高，染料再缓慢地把表面活性剂取代下来，达到匀染的目的。通常使用的匀染剂如下：

$$\left[C_{18}H_{37} - \underset{\underset{CH_3}{|}}{\overset{\overset{CH_3}{|}}{N^+}} - CH_3 \right] \cdot Cl^- \qquad \left[C_{18}H_{37} - \underset{\underset{CH_3}{|}}{\overset{\overset{CH_3}{|}}{N^+}} - CH_2 - C_6H_5 \right] \cdot Cl^-$$

季铵盐阳离子表面活性剂匀染作用的大小随烷基链长度的增加而上升，并受与氮原子相连的各基团大小和种类的影响。

此外，由于阳离子表面活性剂带有正电荷，对于通常带有负电荷的纺织品、金属、玻璃、塑料、矿物、动物或人体组织等具有较强的吸附能力，易在这些基质的表面上形成亲油性膜或产生正电性，因此，可广泛用作纺织品的防水剂、柔软剂、抗静电剂、染料匀染剂等。

5.3.3 抗静电剂

高分子材料大多是电的不良导体，但又容易产生静电而不能传导，生成的静电给使用和加工带来困难。阳离子表面活性剂可以将其分子的非极性部分吸附于高分子材料上，极性基则朝向空气一侧，形成离子导电层，从而使电荷得以传导，起到抗静电的作用。

5.3.4 矿物浮选剂

在采矿工业中，矿石杂质较多，要去除矿石中的杂质，需要进行矿物的泡沫浮选，表面活性剂可以作为矿物浮选的起泡剂和捕集剂。阳离子表面活性剂一般用作捕集剂，其特点是和矿物的反应迅速，有时甚至不需要搅拌槽，在短时间内即可浮选完毕。而且分选效果很好，多半不需要进一步精选。

矿物浮选中常用的阳离子捕获剂主要是脂肪胺及其盐、松香胺、季铵盐、二元胺及多元胺类化合物等阳离子表面活性剂。胺类阳离子表面活性剂，如正十四胺、十六胺等是有色金

属氧化矿、石英矿、长石、云母等硅铝酸盐和钾盐的捕获剂。伯胺、仲胺、叔胺及季铵盐都可以作铬铁矿的捕获剂。作为浮选捕获剂的季铵盐类主要是十六烷基三甲基溴化铵、十八烷基三甲基溴化铵等烷基季铵盐及烷基吡啶盐两类。

5.3.5 相转移催化剂

相转移催化是指用少量试剂（如季铵盐）作为一种反应物的载体，将此反应物通过界面转移至另一相，使非均相反应顺利进行，此种试剂在反应中无消耗，实际是起催化剂的作用，通常称为相转移催化剂。

相转移催化剂（PTC）在有机合成反应中的应用范围相当广泛，主要集中在烷基化反应、二卤卡宾加成反应、氧化还原反应及其他特殊反应四个方面。作为相转移催化剂的阳离子表面活性剂以季铵盐为主，还有叔胺和聚醚等，例如，冠醚亦是相转移催化剂的一种。

广泛使用的有代表性的季铵盐相转移催化剂有四正丁基氯化铵、三正辛基甲基氯化铵、十六烷基三甲基溴化铵和苄基三乙基氯化铵等。反应类型不同，需要选用不同结构的相转移催化剂。

5.3.6 织物柔软剂

当衣物被重复洗涤时，棉花的微小纤维容易发生断裂和拆散，加之洗涤过程中的机械摩擦产生静电，使变干的微纤维与纤维束垂直，这些微纤维像一个个"倒钩"，抑制了纤维与纤维间的滑动，从而干扰纤维的柔性，当纤维经过皮肤时，便会使人有粗糙的感觉。

向这些织物中加入柔软剂后，柔软剂通过化学作用和物理作用吸附在织物上，能够减少织物表面的静电积累，改善纤维-纤维间的相互作用，使得微纤维躺倒，与纤维束平行，消除了"倒钩"，并且通过覆盖和润滑纤维束，减小了纤维间的摩擦，得到了更柔软、易弯曲的纤维。

目前用于织物柔软剂的主要阳离子表面活性剂见表5-12。

表5-12 常用的阳离子型织物柔软剂

阳离子型织物柔软剂		
$\begin{array}{c}R\quad CH_3\\ \diagdown N^+\diagup\\ \diagup\quad\diagdown\\ R\quad CH_3\end{array}\cdot X^-$ X=Cl, CH_3SO_4	$\begin{array}{c}RCOOC_2H_4\quad CH_3\\ \diagdown N^+\diagup\\ \diagup\quad\diagdown\\ RCOOC_2H_4\quad CH_3\end{array}\cdot Cl^-$	$RCONHC_2H_4N^+C_2H_4NHCOR\cdot CH_3SO_4^-$ 其中含 CH_3 和 $(R'O)_nH$
$\begin{array}{c}RCOOC_2H_4\quad CH_3\\ \diagdown N^+\diagup\\ \diagup\quad\diagdown\\ RCOOC_2H_4\quad C_2H_4OH\end{array}\cdot CH_3SO_4^-$	咪唑啉结构 $\cdot Cl^-$，取代基 C_2H_4NHCOR	

除上述应用外，阳离子表面活性剂的其他用途还包括金属防腐剂、头发调理剂、沥青乳化剂、农药杀虫剂、化妆品添加剂、抗氧剂和起泡剂等。

课后练习题

1. 简述阳离子表面活性剂的性质。
2. 简述洁尔灭的生产方法及应用。
3. 何为季铵化反应？季铵化反应的影响因素有哪些？
4. 利用油酸、三乙醇胺合成一种SAA产品。
5. 利用月桂酸、氨、甲酸、甲醛及氯化苄合成一种阳离子表面活性剂。
6. 以脂肪酸RCOOH、N-羟乙基乙二胺$NH_2CH_2CH_2NHCH_2CH_2OH$、氯甲烷合成一种阳离子表面活性剂。
7. 采用相关原料合成一种咪唑啉型阳离子表面活性剂。

第 6 章　两性表面活性剂的合成及工艺

两性表面活性剂是 20 世纪 40 年代中期由 H. S. Mannheimer 第一次提出的，是表面活性剂的重要组成部分。同阴离子、阳离子和非离子等类型的表面活性剂相比，两性表面活性剂开发较晚。1937 年，美国专利率先开始了关于这类化合物的报道。1940 年，美国杜邦公司研究开发了甜菜碱（Betaine）型两性表面活性剂。1948 年，德国人 Adolf Schmitz 发表了关于氨基酸型两性表面活性剂在电解质溶液中的性质以及该表面活性剂应用于外科消毒杀菌等方面的研究成果。1950 年以后，各国才逐渐开始重视两性表面活性剂的研究和开发工作，商品化的品种逐渐增多。从产量上讲，两性表面活性剂远不如阴离子、阳离子和非离子表面活性剂。但是由于该类表面活性剂具有许多优异的性能，加上近年来环境保护要求日益严峻，人们对消费品的要求越来越高，促进了这类表面活性剂的快速发展。从增长率来看，它的发展速度高于表面活性剂行业的总体增长率。

两性表面活性剂性能优异，而且低毒，基本上无公害和污染。因此，这类表面活性剂的发展前景是相当广阔的，社会需求量将不断增加。国际上目前相当重视两性表面活性剂的研究开发工作，而且取得了一定进展。他们的研究工作主要集中在以下几方面：①改造原有两性表面活性剂的分子结构，使其各种性能更加优异，产品更加实用；②设计和合成新型结构的两性表面活性剂，利用其能够和所有其他类型的表面活性剂复配的特性，产生各种加和增效作用，达到最佳的配方效果；③深入研究两性表面活性剂结构与性能的关系，为开拓新型结构的两性表面活性剂品种、扩大其应用领域提供重要的理论指导。总之，两性表面活性剂的发展速度将会越来越快，两性表面活性剂在整个表面活性剂中所占的比重也将日益增加。因此我国应更加重视对此类表面活性剂的理论研究和新产品的开发与研究。

6.1　两性表面活性剂概述

在英文名称中，"Amphoterics（两性表面活性剂）"和"Zwitterionics（两性离子表面活性剂）"可以区分得很清楚，但中文名称却不能清楚区分。因此，广义的"两性表面活性

剂"是狭义的"两性表面活性剂"和"两性离子表面活性剂"的统称，是指分子结构中，同时具有阴离子、阳离子和非离子中的两种或两种以上离子性质的表面活性剂。根据分子中所含的离子类型和种类，可以将两性表面活性剂分为以下四种类型。

① 同时具有阴离子和阳离子亲水基团的两性表面活性剂，如 R—NH—CH$_2$—COOH、R—N$^+$(CH$_3$)$_2$—CH$_2$COO—，式中，R 为长碳链烷基或烃基。

② 同时具有阴离子和非离子亲水基团的两性表面活性剂，如 R—O$\left(\text{CH}_2\text{—CH}_2\text{O}\right)_nSO_3^-Na^+$、R—O$\left(\text{CH}_2\text{—CH}_2\text{O}\right)_nCH_2$COO—Na$^+$。

③ 同时具有阳离子和非离子亲水基团的两性表面活性剂，如：

$$R-\overset{+}{\underset{CH_3}{N}}\begin{cases}(CH_2CH_2O)_pH\\(CH_2CH_2O)_qH\end{cases}$$

④ 同时具有阳离子、阴离子和非离子亲水基团的两性表面活性剂，如：

$$R-O(CH_2CH_2O)_nCH_2-\underset{OH}{\overset{H}{C}}-CH_2-\overset{CH_3}{\underset{CH_3}{\overset{+}{N}}}-CH_2-COO^-$$

通常情况下，人们所提到的两性表面活性剂大多是狭义的两性表面活性剂，主要指分子中同时具有阳离子和阴离子亲水基团的表面活性剂，也就是前面提到的①和④类型的表面活性剂，其余两种则分别归属于阴离子表面活性剂和阳离子表面活性剂。

两性表面活性剂的正电荷绝大多数负载在氮原子上，少数是磷原子或硫原子。负电荷一般负载在酸性基团上，如羧基（—COO—）、磺酸基（—SO$_3$—）、硫酸酯基（—OSO$_3$—）、磷酸酯基（—OPO$_3$H—）和磺酸酯基（—OSO$_2$—）等。其结构的特殊性决定了两性表面活性剂具有独特的性质与功能。根据正负电荷中心的酸、碱性强弱，两性表面活性剂一般可分为三类。

第一类是含弱碱性氮原子的两性表面活性剂。对 pH 敏感，在强酸性水溶液中呈现阳离子性；在强碱性溶液中呈现阴离子性；在 pH 接近中性时，则以内盐的形式存在，即显示两性，这种内盐一般称为两性离子（Zwitterionics）。如烷基甘氨酸：

$$RN^+H_2CH_2COOH \underset{HCl}{\overset{NaOH}{\rightleftharpoons}} RN^+H_2CH_2COO^- \underset{HCl}{\overset{NaOH}{\rightleftharpoons}} RNHCH_2COO^-$$

第二类是强碱性氮原子的两性表面活性剂。在强酸性溶液中呈现阳离子性与阴离子性相混，易生成沉淀；在中性或强碱性溶液中均呈现两性，因而在整个 pH 范围内只在两种离子形式间变换。如羧基甜菜碱：

$$R-\overset{CH_3}{\underset{CH_3}{\overset{|}{N}}}-CH_2COOH \underset{HCl}{\overset{NaOH}{\rightleftharpoons}} R-\overset{CH_3}{\underset{CH_3}{\overset{|}{\overset{+}{N}}}}-CH_2COO^-$$

第三类是两性表面活性剂。对 pH 不敏感，在任何 pH 情况下，均以内盐或两性离子的形式存在，因而它只有一种离子形式。这类两性表面活性剂主要是磺基甜菜碱及硫酸酯基甜菜碱，在任何 pH 条件下吸附至带电表面都不会形成疏水性表面。

$$R-\overset{CH_3}{\underset{CH_3}{\overset{|}{N}}}-CH_2CH_2CH_2SO_3^- \underset{HCl}{\overset{NaOH}{\rightleftharpoons}} R-\overset{CH_3}{\underset{CH_3}{\overset{|}{\overset{+}{N}}}}-CH_2CH_2CH_2SO_3^-$$

6.1.1 两性表面活性剂的特性

根据狭义的定义，两性表面活性剂的分子中带有阴、阳两种亲水基团，兼有两种离子类型表面活性剂的表面活性。它们在水溶液中能够发生电离，在某种介质条件下可以表现出阴离子表面活性剂的特性，而在另一种介质条件下，又可以表现出阳离子表面活性剂的特性。

近年来，两性表面活性剂之所以日益受到人们的重视、发展较快，主要是因为它们具有以下几个方面的特性。①两性表面活性剂具有等电点，在 pH 低于等电点的溶液中带正电荷，表现为阳离子表面活性剂的性能；在 pH 高于等电点的溶液中带负电荷，表现为阴离子表面活性剂的性质。因此，此类表面活性剂在相当宽的 pH 范围内都有良好的表面活性。②几乎可以同所有其他类型的表面活性剂进行复配，而且在一般情况下都会产生加和增效作用。③具有较低的毒性和对皮肤、眼睛刺激性。磺酸盐和硫酸酯盐型阴离子表面活性剂对人的皮肤和眼睛都有较强的刺激性，而两性表面活性剂的刺激性非常小，因此可以用在化妆品和洗发香波中。④具有极好的耐硬水性和耐高浓度电解质性，甚至在海水中也可以有效地使用。⑤对织物有优异的柔软平滑性和抗静电性。⑥具有良好的乳化性和分散性。⑦可以吸附在带有负电荷或正电荷的物质表面上，而不产生憎水薄层，因此有很好的润湿性和起泡性。⑧有一定的杀菌性和抑霉性。⑨有良好的生物降解性。正是由于两性表面活性剂的上述特点，它在日用化工、纺织工业、染料、颜料、食品、制药、机械、冶金及洗涤等方面的应用范围日益扩大。

6.1.2 两性表面活性剂的分类

在两性表面活性剂中，已经实用化的品种相对于其他类型的表面活性剂而言仍然较少。在大多数情况下，两性表面活性剂的阳离子部分都是由胺盐或季铵盐作为亲水基，而阴离子部分则有所不同，因此，对两性表面活性剂进行分类时，可以按阴离子部分的种类分类，也可以按表面活性剂的整体化学结构分类。

6.1.2.1 按阴离子部分的亲水基种类分类

按阴离子部分亲水基的种类，可以将两性表面活性剂分为羧酸盐型、磺酸盐型、硫酸酯盐型和磷酸酯盐型四类，见表 6-1。

表 6-1 两性表面活性剂按阴离子分类的主要类型

阴离子类型	阴离子基团结构	活性剂结构	活性剂结构通式
羧酸盐型	—COOH	氨基酸型	R—NH—CH$_2$CH$_2$COOH
		甜菜碱型	R—N$^+$(CH$_3$)$_2$—CH$_2$COO$^-$
		咪唑啉型	$\begin{array}{c} CH_2 \\ N\diagdown CH_2 \\ \| \\ R-C-N-CH_2COO^- \\ \| \\ CH_2CH_2OH \end{array}$

续表

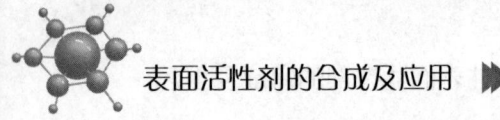

阴离子类型	阴离子基团结构	活性剂结构	活性剂结构通式
磺酸盐型	—SO$_3$M	氨基酸型	R—NHCH$_2$CH$_2$CH$_2$SO$_3$Na
		甜菜碱型	R—N$^+$(CH$_3$)$_2$—CH$_2$CH$_2$CH$_2$SO$_3^-$
		咪唑啉型	$\begin{array}{c} \text{CH}_2 \\ \text{N} \diagup \diagdown \text{CH}_2 \\ \text{R—C} = \text{N}^+ \text{—CH}_2\text{CH}_2\text{OH} \\ \quad\quad\quad | \\ \quad\quad\quad (\text{CH}_2)_3\text{SO}_3^- \end{array}$
硫酸酯盐型	—OSO$_3$M	氨基酸型	R—NHCH$_2$(OH)—CH$_2$OSO$_3$Na
		甜菜碱型	R—N$^+$(CH$_3$)$_2$—CH$_2$CH$_2$OSO$_3^-$
		咪唑啉型	$\begin{array}{c} \text{CH}_2 \\ \text{N} \diagup \diagdown \text{CH}_2 \\ \text{R—C} = \text{N}^+ \text{—CH}_2\text{CH}_2\text{OH} \\ \quad\quad\quad | \\ \quad\quad\quad (\text{CH}_2)_3\text{OSO}_3^- \end{array}$
磷酸酯盐型	$\text{OR—P}\begin{array}{c}\text{O}\\ \diagup \\ \diagdown\end{array}\begin{array}{c}\text{OM}\\\text{OM}\end{array}$	单酯	$\text{R}^1\text{—}\underset{\underset{\text{R}^2}{|}}{\overset{\overset{\text{R}^3}{|}}{\text{N}^+}}\text{—CH}_2\text{CH}_2\text{O—P}\begin{array}{c}\text{O}\\\diagdown\\\diagup\end{array}\begin{array}{c}\text{OH}\\\text{O}^-\end{array}$
	$\text{OR—P}\begin{array}{c}\text{O}\\ \| \\ \text{OM}\end{array}\text{—OR}$	双酯	$\text{R}^1\text{—}\underset{\underset{\text{R}^2}{|}}{\overset{\overset{\text{R}^3}{|}}{\text{N}^+}}\text{—CH}_2\text{CH}_2\text{O—P}\begin{array}{c}\text{O}\\\diagdown\\\diagup\end{array}\begin{array}{c}\text{OH}\\\text{O}^-\end{array}$

6.1.2.2 按整体化学结构分类

按整体化学结构,两性表面活性剂主要分为甜菜碱型、咪唑啉型、氨基酸型和氧化胺型四类。

① 甜菜碱型。甜菜碱型两性表面活性剂的分子结构如下式所示:

$$CH_3R—N^+—CH_2COO—CH_3$$

其中,阴离子部分还可以是磺酸基、硫酸酯基等,阳离子还可以是磷和硫等。

② 咪唑啉型。分子中含有咪唑啉环,分子结构如下式所示:

$$\begin{array}{c} \text{H}_2\text{C} \\ \text{N} \diagup \diagdown \text{CH}_2 \\ \text{R—C} = \text{N}^+ \text{—CH}_2\text{COO}^- \\ \quad\quad\quad | \\ \quad\quad\quad \text{CH}_2\text{CH}_2\text{OH} \end{array}$$

③ 氨基酸型。此类表面活性剂的结构主要是 β-氨基丙酸型和 α-亚氨基羧酸型，它们的分子结构如下：

$$R—{}^+NH_2—CH_2CH_2COO^- \qquad \begin{array}{c}RCHCOO^-\\|\\{}^+NH_2R\end{array}$$

$$\text{N-烷基-}\beta\text{-氨基丙酸} \qquad\qquad \text{N-烷基-}\alpha\text{-亚氨基羧酸}$$

④ 氧化胺型。氧化胺型两性表面活性剂的分子结构通式如下：

$$\begin{array}{c}R^1\quad R^2\\\diagdown\;\diagup\\{}^+N\\\diagup\;\diagdown\\O^-\quad R^3\end{array}$$

在上述两种分类方法中，按整体化学结构分类的方法比较常用，其中最重要的表面活性剂品种是甜菜碱型和咪唑啉型两类。

6.2 两性表面活性剂的性质

与其他类型的表面活性剂相比，两性表面活性剂具有很多特殊的性质，例如，表面活性剂存在等电点，介质的 pH 对表面活性剂的离子性质有较大影响等。

6.2.1 两性表面活性剂的等电点

两性表面活性剂分子中同时具有阴离子和阳离子亲水基团，也就是说，它的分子中同时含有酸性基团和碱性基团。因此，两性表面活性剂最突出的特性是它具有两性化合物所共同具有的等电点的性质，这是两性表面活性剂区别于其他类型表面活性剂的重要特点。其正电荷中心显碱性，负电荷中心显酸性，这决定了它在溶液中既能给出质子，又能接受质子。例如，N-烷基-β-氨基羧酸型两性表面活性剂在酸性和碱性介质中呈现如下的电离平衡：

$$\text{R}-\text{NHCH}_2\text{COO}^- \underset{\text{OH}^-}{\overset{\text{H}^+}{\rightleftharpoons}} \text{R}-\text{NHCH}_2\text{COOH} \underset{\text{OH}^-}{\overset{\text{H}^+}{\rightleftharpoons}} \text{R}-{}^+\text{NH}_2\text{CH}_2\text{COOH}$$

$$\text{pH}>4 \qquad\qquad \text{pH}\approx 4 \qquad\qquad \text{pH}<4$$

在 pH 大于 4 的介质，如氢氧化钠溶液中，该物质以负离子形式存在，呈现阴离子表面活性剂的特征；在 pH 小于 4 的介质，如盐酸溶液中，则以正离子形式存在，呈现阳离子表面活性剂的特征；而在 pH 为 4 左右的介质中，表面活性剂以内盐的形式存在。可见两性表面活性剂所带电荷随其应用介质或溶液的 pH 的变化而不同。

在静电场中，由于电荷作用，以阴离子形式存在的两性表面活性剂离子将向阳极移动，以阳离子形式存在的两性表面活性剂离子将向阴极移动。在一个狭窄的 pH 范围内，两性表面活性剂以内盐的形式存在，此时将该表面活性剂的溶液放在静电场中时，溶液中的双离子将不向任何方向移动，即分子内的净电荷为零。此时溶液的 pH 被称为该表面活性剂的等电点（或等电区，等电带）。如 N 烷基-β-氨基羧酸型两性表面活性剂的等电点为 4.0 左右。

若以 pK_a 和 pK_b 分别表示两性表面活性剂酸性基团和氨基的解离常数，那么该表面活性剂的等电点（pI）可由下式表示：

$$pI = (pK_a + pK_b)/2 \qquad (6-1)$$

两性表面活性剂的等电点可以反映该活性剂正、负电荷中心的相对解离强度。若 pI<7.0，则表明负电荷中心解离强度大于正电荷中心解离强度；若 pI>7.0，表明正电荷中心解离强度较大。两性表面活性剂的等电点可以用酸碱滴定的方法确定，即用盐酸或氢氧化钠标准溶液滴定，并测定 pH 的变化曲线，从而确定等电点。对于两性表面活性剂，由于所含阴离子和阳离子基团的种类、数量及位置的不同，它们的等电点也有很大差别，大部分两性表面活性剂的等电点为 2~9。例如，N-烷基-β-氨基丙酸的等电区因烷基链的不同而不同，见表 6-2。

表 6-2　N-烷基-β-氨基丙酸的等电区
R—NHCH$_2$CH$_2$COOH

R	C$_{13}$~C$_{14}$的混合物	纯 C$_{13}$	纯 C$_{14}$
等电区	2~4.5	6.6~7.2	6.8~7.5

羧酸咪唑啉型两性表面活性剂的等电区为 6~8（大约为 7）。甜菜碱型两性表面活性剂的等电区根据其结构不同而有所差别，见表 6-3。

表 6-3　甜菜碱型两性表面活性剂的等电区

表面活性剂结构	R—N$^+$(CH$_3$)$_2$—CH$_2$CH$_2$COO$^-$		R—N$^+$(CH$_2$CH$_2$OH)$_2$—CH$_2$COO$^-$		CH$_3$—N$^+$(CH$_3$)(R)—CHCOO$^-$		
R	C$_{17}$	C$_{18}$	C$_{17}$	C$_{18}$	C$_8$	C$_{10}$	C$_{12}$
等电区	5.1~6.1	4.8~6.8	4.7~7.5	4.6~7.6	5.5~9.5	6.1~9.5	6.7~9.5

从以上数据可以看出，等电点确切地说应称为等电区或等电带，也就是说，它在某一 pH 范围内呈电中性。由于 pH 的变化会引起两性表面活性剂所带电荷和离子性质的不同，因此，在使用过程中，介质或溶液 pH 的变化将引起表面活性剂性质的很大变化。

6.2.2　临界胶束浓度与 pH 的关系

一般两性表面活性剂的临界胶束浓度随着溶液 pH 的增加而增大。例如，N-十二烷基-N,N-双乙氧基氨基乙酸钠的临界胶束浓度随其溶液的 pH 变化见表 6-4。

表 6-4　N-十二烷基-N,N-双乙氧基氨基乙酸钠的临界胶束浓度（25 ℃）

C$_{12}$H$_{15}$—N$^+$(CH$_2$CH$_2$OH)$_2$—CH$_2$COO$^-$

溶液 pH	2	4	7	9	11
CMC/(mmol·L^{-1})	0.25	0.50	0.75	0.97	100

6.2.3 pH 对两性表面活性剂溶解度和起泡性的影响

两性表面活性剂的溶解度和起泡性也会随着溶液 pH 的不同而发生变化。例如，N-十二烷基-β-氨基丙酸的溶解度和起泡性与 pH 的关系分别如图 6-1 和图 6-2 所示。

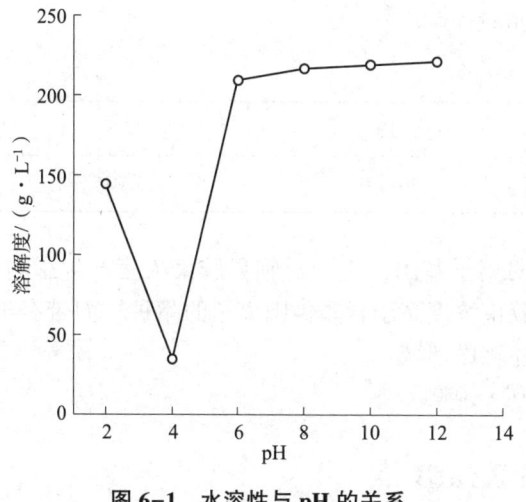

图 6-1 水溶性与 pH 的关系

图 6-2 起泡性与 pH 的关系

可以看出，N-十二烷基-β-氨基丙酸（$C_{12}H_{25}$—$NHCH_2CH_2COOH$）的溶解度和泡沫量随 pH 的变化有如下规律：

① 该表面活性剂等电点时溶液的 pH 约为 4，在等电点时，由于活性剂以内盐形式存在，其溶解度及泡沫量均最低。

② 当介质的 pH 大于 4，即高于等电点时，呈现阴离子表面活性剂的特征，起泡快，泡沫丰富而且松大，溶解度迅速增加。

③ 当介质的 pH 小于 4，即低于等电点时，呈现阳离子表面活性剂的特征，泡沫量和溶解度也较大。

6.2.4 在基质上的吸附量及杀菌性与 pH 的关系

两性表面活性剂在 pH 低于等电点的溶液中，由于显示阳离子表面活性剂的特征，在羊毛和毛发上的吸附量大，亲和力强，杀菌力也比较强。而在 pH 高于等电点的溶液中以阴离子的形式存在，上述性能不理想。

6.2.5 甜菜碱型两性表面活性剂的临界胶束浓度与碳链长度的关系

对于甜菜碱型两性表面活性剂，其临界胶束浓度与烷基 R 碳链长度的关系可用下式表示：

$$\lg CMC = A - Bn \tag{6-2}$$

式中，n 为烷基长碳链中碳原子的个数；常数 $A=1.5\sim 2$，$B=29$。此类表面活性剂的临界胶束浓度除可由式（6-2）计算外，也可以由实验测得。表 6-5 给出了部分甜菜碱型两性表面活性剂的临界胶束浓度，从表中数据可以看出，随着烷基链碳数的增加，临界胶束浓度明显降低。

表 6-5 部分甜菜碱型两性表面活性剂的临界胶束浓度（23 ℃）

$$R-\overset{CH_3}{\underset{CH_3}{\overset{|}{\underset{|}{N^+}}}}-(CH_2)_nCOO^-$$

R 的碳原子数	11	13	15
CMC/(mmol·L^{-1})	1.8	0.17	0.015

此外，改变两性表面活性剂中的阳离子或阴离子基团，也会对临界胶束浓度产生影响，例如，含季铵阳离子的两性表面活性剂的临界胶束浓度高于含季鏻阳离子的品种，而带有不同阴离子的表面活性剂的临界胶束浓度按照下述顺序递减：

$$—COO^- > —SO_3^- > —OSO_3^-$$

6.2.6 两性表面活性剂的溶解度和 Krafft 点

以烷基甜菜碱型表面活性剂为例，两性表面活性剂的结构对其溶解度和 Krafft 点产生如下影响。

① 对于羧酸甜菜碱，当表面活性剂分子中的羧基与氮原子之间的碳原子数由 1 增加至 3 时，对其溶解度和 Krafft 点影响不大。

② 当烷基取代基的结构相同时，磺酸甜菜碱和硫酸酯甜菜碱的 Krafft 点明显高于羧酸甜菜碱，即前两者的溶解度较低。这一规律可由表 6-6 中的数据说明。

表 6-6 阴离子对 Krafft 温度点的影响

$$C_{14}H_{33}N^+(CH_3)_2—(CH_2)_nX^-$$

X$^-$	Krafft 点/℃	
	n = 2	n = 3
COO$^-$	<4	<4
SO$_3^-$	—	27
OSO$_3^-$	>90	—

通常羧基甜菜碱型两性表面活性剂的 Krafft 点低于 4~18 ℃，而大部分磺酸甜菜碱的 Krafft 点在 20~89 ℃，硫酸酯甜菜碱则均高于 90 ℃。

除自身的结构外，电解质的存在对表面活性剂的 Krafft 点也有影响。通常电解质在阴离子表面活性剂或阳离子表面活性剂溶液中会起盐析作用，从而使表面活性剂的溶解度降低，Krafft 点上升。在非离子表面活性剂中，这种影响不十分明显，会使表面活性剂的溶解度略

有降低，Krafft 点略有提高。在两性表面活性剂溶液中，加入电解质所产生的作用是使溶解度提高，Krafft 点降低。

6.2.7 表面活性剂结构对钙皂分散力的影响

钙皂分散力（Lime Soap Disporsing Rate，LSDR）或钙皂分散性是指 100 g 油酸钠在硬度为 333 mg $CaCO_3$/L 的硬水中维持分散，恰好无钙皂沉淀发生时所需钙皂分散剂的质量（g）。钙皂分散剂是指具有能防止在硬水中形成皂垢悬浮物功能的物质。可见，LSDR 数值越小，表面活性剂对钙皂的分散能力越强。

① 两性表面活性剂烷基 R 的碳链增长，或氮原子与羧基间的碳原子数 n 由 1 增加至 3 时，活性剂的钙皂分散力有所提高，LSDR 值降低。例如，表面活性剂结构不同（表 6-7），其 LSDR 值不同。

表 6-7 烷基链对表面活性剂钙皂分散力的影响

$C_{12}H_{25}N^+(CH_3)_2—(CH_2)_nCOO^-$

n	1	2	3
LSDR/g	20	17	11

② 当表面活性剂分子中引入酰氨基或将羧基转换成磺酸基或硫酸酯基时，会使钙皂分散力大大改善，LSDR 数值降低（表 6-8）。

表 6-8 部分两性表面活性剂的钙皂分散力

两性表面活性剂	LSDR/g	两性表面活性剂	LSDR/g
$C_{12}H_{25}N^+(CH_3)_2—CH_2CH_2COO—$	17	$C_{12}H_{25}N^+(CH_3)_2—CH_2COO—$	20
$C_{12}H_{25}N^+(CH_3)_2—CH_2CH_2SO_3—$	4	$C_{11}H_{23}CONHC_3H_6N^+(CH_3)_2—CH_2COO—$	7
$C_{16}H_{33}N^+(CH_3)_2—CH_2CH_2COO—$	16	$C_{16}H_{33}N^+(CH_3)_2—CH_2COO—$	16
$C_{16}H_{33}N^+(CH_3)_2—CH_2CH_2COO—$	4	$C_{16}H_{33}N^+(CH_3)_2—CH_2COO—$	6

6.2.8 去污力

表面活性剂 N-烷基-N,N-二甲基磺酸甜菜碱的结构式如下：

$$R—N^+—(CH_3)_2—CH_2CH_2CH_2SO_3^-$$

该表面活性剂在棉和聚酯/棉混纺织物上的去污力同其分子中烷基 R 碳链长度的关系分别如图 6-3 和图 6-4 所示。

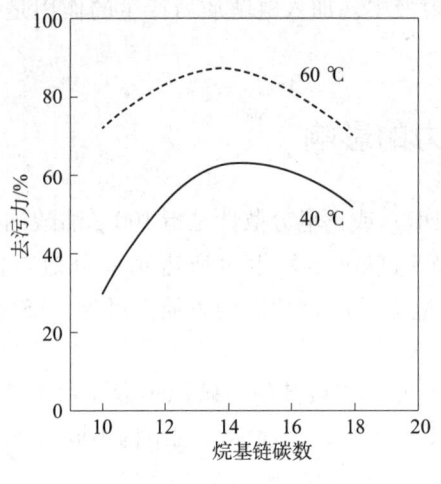

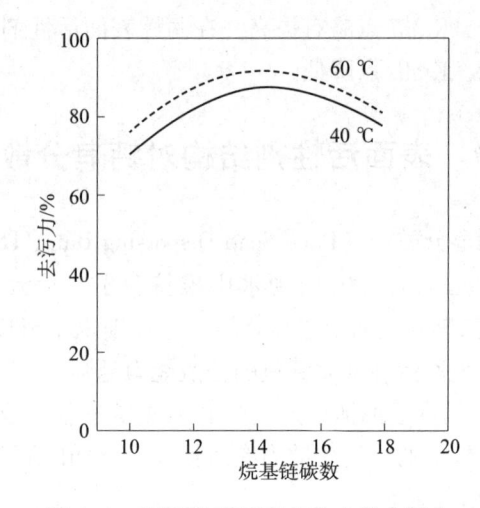

图6-3 在棉上的去污力　　　　图6-4 在聚酯/棉混纺织物上的去污力

从这两个图可以看出，该表面活性剂对棉或聚酯/棉混纺织物的去污力均随烷基链碳数的不同而有所变化，且均在含12~16个碳原子时去污效果最佳。

除上述特性外，两性表面活性剂还具有较好的抗静电能力和很好的生物降解性。例如，咪唑啉型两性表面活性剂的水溶液在12 h内的生物降解率可以达到90%以上，不产生公害。

6.3　两性表面活性剂的合成

本部分将重点说明甜菜碱型和咪唑啉型两性表面活性剂的合成。

6.3.1　羧酸甜菜碱型两性表面活性剂的合成

天然甜菜碱是从甜菜中提取出来的一种天然含氮化合物，其化学名称为三甲胺乙（酸）内酯，其结构式如下：

$$(CH_3)_3{-}^+N{-}CH_2COO^-$$

天然甜菜碱分子中由于没有长碳链的疏水基而不具备表面活性，只有当其分子结构中的三个甲基至少有一个被 $C_8\sim C_{20}$ 长链烷基取代后，才具有表面活性剂的性质。具有表面活性的甜菜碱统称为甜菜碱型两性表面活性剂。甜菜碱型两性表面活性剂的分子结构便是以它为主要参照设计出来的。

甜菜碱型两性表面活性剂与其他两性表面活性剂的区别在于：由于分子中季铵氮的存在，使其在碱性溶液中不具有阴离子性质。在不同的pH范围，甜菜碱两性表面活性剂只会以两性离子或阳离子表面活性剂的形式存在。因此，在等电点区，甜菜碱两性表面活性剂不会像其他具有弱碱性氮的两性表面活性剂那样出现溶解度急剧降低的现象。甜菜碱型两性表面活性剂，与季铵盐阳离子表面活性剂不同，其可以与阴离子表面活性剂配合使用，不会形成水不溶性"电中性"化合物。

根据甜菜碱表面活性剂中阴离子的不同，此类表面活性剂可分为羧酸甜菜碱、磺酸甜菜碱和硫酸酯甜菜碱等。

羧酸甜菜碱型两性表面活性剂最典型的结构为 N-烷基二甲基甜菜碱，其结构通式为：

$$R-\underset{\underset{CH_3}{|}}{\overset{\overset{CH_3}{|}}{N^+}}-CH_2COO^-$$

其中，最常用、最重要的品种是十二烷基甜菜碱，商品名为 BS-12，它大多采用氯乙酸钠法制备。

6.3.1.1 氯乙酸钠法合成羧酸甜菜碱

羧酸甜菜碱又称烷基甜菜碱，即天然甜菜碱分子中的一个甲基被长碳链烷基所取代，得到长链烷基二甲基甜菜碱，典型结构式如下：

$$R-\underset{\underset{CH_3}{|}}{\overset{\overset{CH_3}{|}}{N^+}}-CH_2COO^-$$

氯乙酸钠法是用氯乙酸钠与叔胺反应制备羧基甜菜碱。在制备过程中，先用等摩尔的氢氧化钠溶液将氯乙酸中和至 pH 为 7，使其转化为氯乙酸的钠盐。此步反应方程式为：

$$ClCH_2COOH + NaOH \longrightarrow ClCH_2COONa + H_2O \quad (pH \approx 4)$$

然后氯乙酸钠与十二烷基二甲胺在 50~150 ℃反应 5~10 h 即可制得产品，反应式为：

$$C_{12}H_{25}-\underset{\underset{CH_3}{|}}{\overset{\overset{CH_3}{|}}{N}} + ClCH_2COONa \xrightarrow[5\sim 10\ h]{50\sim 150\ ℃} C_{12}H_{25}-\underset{\underset{CH_3}{|}}{\overset{\overset{CH_3}{|}}{N^+}}-CH_2COO^- + NaCl$$

反应结束后，向反应混合物中加入异丙醇，过滤除去反应生成的氯化钠，再蒸馏除去异丙醇后，即可得到浓度约为 30% 的产品。该商品呈透明状液体。这种表面活性剂具有良好的润湿性和洗涤性，对钙、镁离子具有良好的螯合能力，可在硬水中使用。

改变叔胺中的长碳链烷基，可以合成一系列带有不同烷基的 N-烷基二甲基甜菜碱，例如，用十四烷基二甲胺、十六烷基二甲胺与氯乙酸钠反应，可分别合成十四烷基甜菜碱和十六烷基甜菜碱。为了合成烷基链中带有酰氨基或醚基的羧酸甜菜碱，首先应合成含有酰氨基和醚基的叔胺，再进一步与氯乙酸钠反应。例如，由脂肪酸与氨基烷基叔胺反应合成酰氨基叔胺，即：

$$R'COOH + H_2NCH_2CH_2CH_2N(CH_3)_2 \xrightarrow{-H_2O} R'CONHCH_2CH_2CH_2N(CH_3)_2$$

$$\xrightarrow{ClCH_2COONa} R'CONHCH_2CH_2-\underset{\underset{CH_3}{|}}{\overset{\overset{CH_3}{|}}{N^+}}-CH_2COO^-$$

再如，通过下列反应可以合成疏水基部分含有醚基的羧酸甜菜碱。

$$\text{CH}_3\text{-}\underset{\underset{\text{CH}_3}{|}}{\overset{\overset{\text{CH}_3}{|}}{\text{C}}}\text{-CH}_2\text{-}\underset{\underset{\text{CH}_3}{|}}{\overset{\overset{\text{CH}_3}{|}}{\text{C}}}\text{-}\underset{}{\underline{\hphantom{xx}}}\text{-OCH}_2\text{CH}_2\text{OCH}_2\text{Cl} \xrightarrow{\text{NH}(\text{CH}_3)_2}$$

$$\text{CH}_3\text{-}\underset{\underset{\text{CH}_3}{|}}{\overset{\overset{\text{CH}_3}{|}}{\text{C}}}\text{-CH}_2\text{-}\underset{\underset{\text{CH}_3}{|}}{\overset{\overset{\text{CH}_3}{|}}{\text{C}}}\text{-}\underset{}{\underline{\hphantom{xx}}}\text{-OCH}_2\text{CH}_2\text{OCH}_2\text{-N}\underset{\text{CH}_3}{\overset{\text{CH}_3}{\diagup\hspace{-2pt}\diagdown}} \xrightarrow{\text{ClCH}_2\text{COONa}}$$

$$t\text{-}\text{C}_8\text{H}_{17}\text{-}\underset{}{\underline{\hphantom{xx}}}\text{-OCH}_2\text{CH}_2\text{OCH}_2\text{-}\overset{+}{\underset{\underset{\text{CH}_3}{|}}{\overset{\overset{\text{CH}_3}{|}}{\text{N}}}}\text{-CH}_2\text{COO}^-$$

用烷基二乙醇胺与氯乙酸钠反应制得的羧基甜菜碱，分子中的羟乙基直接连在亲水基的氮原子上，即：

$$\text{C}_{12}\text{H}_{25}\text{-N}\underset{\text{CH}_2\text{CH}_2\text{OH}}{\overset{\text{CH}_2\text{CH}_2\text{OH}}{\diagup\hspace{-2pt}\diagdown}} + \text{ClCH}_2\text{COONa} \longrightarrow \text{C}_{12}\text{H}_{25}\text{-}\overset{+}{\underset{\text{CH}_2\text{CH}_2\text{OH}}{\overset{\text{CH}_2\text{CH}_2\text{OH}}{\text{N}}}}\text{-CH}_2\text{COO}^-$$

此外，还有的表面活性剂分子以苄基作为疏水基，例如：

$$(\text{C}_{12}\text{H}_{25}\text{-}\underset{}{\underline{\hphantom{xx}}}\text{-})_2\overset{+}{\underset{\text{CH}_2\text{COO}^-}{\overset{\text{CH}_2\text{CH}_2\text{OH}}{\text{N}}}}\text{-CH}_2$$

该表面活性剂的合成首先将对十二烷基氯化苄和乙醇胺在碳酸氢钠的异丙醇溶液中回流反应 2 h，过滤、干燥浓缩，制得双十二烷基苄基乙醇胺。然后该中间体和氯乙酸钠在异丙醇中、碘化钾的催化下回流反应 12 h，反应结束经后处理可得最终产品。其合成反应式为：

$$2\text{C}_{12}\text{H}_{25}\text{-}\underset{}{\underline{\hphantom{xx}}}\text{-CH}_2\text{Cl} + \text{H}_2\text{NCH}_2\text{CH}_2\text{OH} \xrightarrow[\text{异丙醇}]{\text{NaHCO}_3} (\text{C}_{12}\text{H}_{25}\text{-}\underset{}{\underline{\hphantom{xx}}}\text{-CH}_2)_2\text{NCH}_2\text{CH}_2\text{OH}$$

$$\xrightarrow[\text{KI, 异丙醇}]{\text{ClCH}_2\text{COONa}} (\text{C}_{12}\text{H}_{25}\text{-}\underset{}{\underline{\hphantom{xx}}}\text{-CH}_2)_2\overset{+}{\underset{\text{CH}_2\text{COO}^-}{\overset{\text{CH}_2\text{CH}_2\text{OH}}{\text{N}}}}$$

氯乙酸钠法是合成羧酸甜菜碱型两性表面活性剂最重要的方法之一，使用最为广泛。

6.3.1.2　卤代烷和氨基酸钠反应合成羧酸甜菜碱

卤代烷和氨基酸钠反应合成的方法的第一步是由胺与氯乙酸钠反应制备氨基酸钠，然后与卤代烷反应制备甜菜碱。例如，N-烷基-N-苄基-N-甲基甘氨酸合成的反应方程式如下：

$$\underset{}{\underline{\hphantom{xx}}}\text{-CH}_2\text{NHCH}_3 + \text{ClCH}_2\text{COONa} \xrightarrow[40\ ℃]{95\%\text{乙醇}} \underset{}{\underline{\hphantom{xx}}}\text{-CH}_2\text{N}\underset{\text{CH}_2\text{COONa}}{\overset{\text{CH}_3}{\diagup\hspace{-2pt}\diagdown}}$$

$$\xrightarrow[\text{回流}]{\text{RBr,无水乙醇}} R-\overset{\overset{\displaystyle CH_3}{|}}{\underset{\underset{\displaystyle H_2C-C_6H_5}{|}}{N}}-CH_2COO^-$$

N-甲基苄基胺与氯乙酸钠按物质的量比 3∶1 投料，在 95% 的乙醇中于 40 ℃反应 24 h，脱掉一分子氯化氢。反应结束后，用碳酸钠处理反应液，并蒸出过量的 N-甲基苄基胺，经脱水后得到 N-甲基-N-苄基甘氨酸钠。该中间体溶于无水乙醇中，与过量的溴代烷 RBr 在回流条件下反应，蒸出溶剂，分离出未反应的溴代烷即可得到所需产品。

6.3.1.3 卤代烷与氨基酸酯反应再经水解合成羧酸甜菜碱

卤代烷与氨基酸酯反应再经水解合成的方法可用于制备长碳链中含有酰氨基的甜菜碱，如 N,N,N-三甲基-N′-酰基赖氨酸等，这种表面活性剂的结构为 RCONH(CH$_2$)$_4$—CH—COO—$^+$N(CH$_3$)$_3$。

它的合成主要包括以下五步。

第一步：由脂肪酸与赖氨酸经 N-酰化反应制备 N′-酰基赖氨酸。

$$RCOOH + H_2N(CH_2)_4\underset{\underset{\displaystyle NH_2}{|}}{C}HCOOH \longrightarrow RCONH(CH_2)_4\underset{\underset{\displaystyle NH_2}{|}}{C}HCOOH$$

第二步：用甲醇将羧基酯化。

$$RCONH(CH_2)_4\underset{\underset{\displaystyle NH_2}{|}}{C}HCOOH \xrightarrow[-H_2O]{CH_3OH} RCONH(CH_2)_4\underset{\underset{\displaystyle NH_2}{|}}{C}HCOOCH_3$$

第三步：用甲醛和氢气与 N-酰基赖氨酸甲酯进行 N-烷基化反应，生成 N,N-二甲基-N′-酰基赖氨酸甲酯。

$$RCONH(CH_2)_4\underset{\underset{\displaystyle NH_2}{|}}{C}HCOOCH_3 + 2HCHO + H_2 \longrightarrow RCONH(CH_2)_4\underset{\underset{\displaystyle N(CH_3)_2}{|}}{C}HCOOCH_3$$

第四步：用碘甲烷季铵化。

$$RCONH(CH_2)_4\underset{\underset{\displaystyle N(CH_3)_2}{|}}{C}HCOOCH_3 + CH_3I \longrightarrow [RCONH(CH_2)_4\underset{\underset{\displaystyle ^+N(CH_3)_3}{|}}{C}HCOOCH_3]I^-$$

第五步：季铵化反应的产物用氢氧化钠在碱性条件下水解，使酯基水解为羧基即得到最终产品。

$$[RCONH(CH_2)_4\underset{\underset{\displaystyle ^+N(CH_3)_3}{|}}{C}HCOOCH_3]I^- \xrightarrow[\text{水解}]{NaOH} RCONH(CH_2)_4\underset{\underset{\displaystyle ^+N(CH_3)_3}{|}}{C}HCOO^-$$

6.3.1.4 α-溴代脂肪酸与叔胺反应合成羧酸甜菜碱

用 α-溴代脂肪酸与叔胺反应合成的方法制备的甜菜碱型两性表面活性剂为 α-烷基取代

的甜菜碱。例如，α-十四烷基三甲基甜菜碱的合成。

首先，十六碳酸和三氯化磷用水浴加热，在 90 ℃ 下缓慢滴加溴，加完后继续搅拌 6 h。然后加入水，并通入二氧化硫，使反应液由暗褐色逐渐变为浅黄色。分去水分得到 α-溴代十六酸，即：

$$C_{14}H_{29}CH_2COOH + Br_2 \xrightarrow{90\ ℃,\ 6\ h} C_{14}H_{29}\underset{Br}{CHCOOH} + HBr$$

然后，由 α-溴代十六酸与过量的三甲胺反应制得表面活性剂，即：

$$C_{14}H_{29}-\underset{Br}{CH}-COOH + N(CH_3)_3 \xrightarrow[48\ h]{25\%三甲胺} C_{14}H_{29}-\underset{\overset{+}{N}(CH_3)_3}{CH}-COO^-$$

6.3.1.5 长链烷基氯甲基醚与叔氨基乙酸反应合成羧酸甜菜碱

长链烷基氯甲基醚与叔氨基乙酸反应合成的方法主要用于制备含有醚基的甜菜碱，其结构通式为：

$$CH_3ROCH_2-N^+-CH_2COO-CH_3$$

该表面活性剂的合成分两步进行。

第一步：高碳醇的氯甲基化，即高碳醇与甲醛、氯化氢反应制取烷基氯甲醚。

$$ROH + HCHO + HCl \xrightarrow{5\sim10\ ℃} ROCH_2Cl$$

第二步：烷基氯甲醚与 N,N-二甲氨基乙酸反应，制得长碳链中含有醚基的甜菜碱型两性表面活性剂。

$$ROCH_2Cl + \underset{\underset{CH_3}{|}}{\overset{\overset{CH_3}{|}}{N}}-CH_2COOH \xrightarrow[NaOH]{醇溶剂} ROCH_2-\underset{\underset{CH_3}{|}}{\overset{\overset{CH_3}{|}}{N^+}}-CH_2COO^-$$

6.3.1.6 不饱和羧酸与叔胺反应合成羧酸甜菜碱

以带有一个或两个长碳链烷基的叔胺为原料，以丙烯酸、顺丁烯二酸等不饱和羧酸为烷基化试剂，经 N-烷基化反应可制备羧酸甜菜碱。例如，丙烯酸与十二烷基二甲基胺的反应方程式如下：

$$C_{12}H_{25}N(CH_3)_2 + CH_2=CHCOOH \longrightarrow C_{12}H_{25}-\underset{\underset{CH_3}{|}}{\overset{\overset{CH_3}{|}}{N^+}}-CH_2CH_2COO^-$$

再如，叔胺与顺丁烯二酸反应可制得含有两个羧基的表面活性剂：

$$\underset{\underset{R^2}{|}}{\overset{\overset{R}{|}}{R^1-N}} + \underset{HC-COOH}{\overset{HC-COOH}{||}} \longrightarrow \underset{\underset{R^2}{|}}{\overset{\overset{R}{|}}{R^1-N^+}}-\underset{CH_2COOH}{CHCOO^-}$$

6.3.2 磺酸甜菜碱的合成

磺酸甜菜碱（SB）与羧酸甜菜碱相似，也是三烷基铵内盐化合物，只是用烷基磺酸取代了羧酸甜菜碱中的烷基羧酸，故名磺酸甜菜碱。典型磺酸甜菜碱的结构式如下：

$$R-\overset{\overset{CH_3}{|}}{\underset{\underset{CH_3}{|}}{N^+}}-(CH_2)_nSO_3^- \quad (R=C_8\sim C_{18}, n\geqslant 2)$$

这类表面活性剂最早由 James 在 1885 年合成出来，当时他采用三甲胺和氯乙基磺酸反应制得表面活性剂 2-三甲基铵乙基磺酸盐 [$(CH_3)_3N^+CH_2CH_2SO_3^-$]。后来人们逐渐使用带有长碳链烷基的叔胺与氯乙基磺酸钠反应，制得了很多品种的磺酸甜菜碱型两性表面活性剂。

磺酸甜菜碱表面活性剂合成的关键在于磺酸基的引入。与合成羧酸甜菜碱的氯乙酸钠法类似，叔胺与氯乙基磺酸钠反应是制备磺酸甜菜碱的传统的方法，这反应可以用来合成磺酸基和季铵盐之间相隔两个亚甲基基团的磺酸甜菜碱。其合成主要过程包括氯乙基磺酸钠的制备及其与叔胺的反应。

氯乙基磺酸钠是通过二氯乙烷与亚硫酸钠的反应制备而得的。

$$ClCH_2CH_2Cl+Na_2SO_3 \longrightarrow ClCH_2CH_2SO_3Na$$

由氯乙基磺酸钠与特定结构的叔胺反应，便可合成出所需的磺酸甜菜碱型两性表面活性剂，即：

$$RN(CH_3)_2 + ClCH_2CH_2SO_3Na \longrightarrow R-\overset{\overset{CH_3}{|}}{\underset{\underset{CH_3}{|}}{N^+}}-CH_2CH_2SO_3^-$$

带有苄基的磺酸甜菜碱是此类表面活性剂中的常见品种，如 N-烷基-N-甲基-N-苄基胺乙基磺酸。

该表面活性剂合成的关键是 N-苄基牛磺酸的制备。N-甲基苄基胺与氯乙基磺酸钠反应制得 N-甲基-N 苄基牛磺酸钠，再进一步与溴代烷进行季铵化反应制得上述结构的表面活性剂。

为了满足应用性能的要求，磺酸甜菜碱两性表面活性剂的分子中还常常含有羟基，例如：

$$R-\overset{\overset{CH_3}{|}}{\underset{\underset{CH_3}{|}}{N^+}}-CH_2-\underset{\underset{OH}{|}}{CH}-CH_2SO_3^-$$

该表面活性剂的合成与氯乙基磺酸钠法类似，只是将与叔胺反应的原料由氯乙基磺酸钠改为 2-羟基-3-氯丙基磺酸钠反应，该中间体是由环氧氯丙烷与亚硫酸氢钠反应而得。

$$\text{ClCH}_2\text{CH}-\text{CH}_2 + \text{NaHSO}_3 \longrightarrow \text{ClCH}_2\text{CHCH}_2\text{SO}_3\text{Na}$$
$$\underset{\text{O}}{\diagdown\diagup} \qquad\qquad\qquad\qquad \underset{\text{OH}}{|}$$

$$\text{RN(CH}_3)_2 + \text{ClCH}_2\text{CHCH}_2\text{SO}_3\text{Na} \longrightarrow \text{R}-\overset{\text{CH}_3}{\underset{\text{CH}_3}{\overset{|}{\text{N}}}}-\text{CH}_2-\underset{\text{OH}}{\overset{|}{\text{CH}}}-\text{CH}_2\text{SO}_3^- + \text{NaCl}$$

磺酸甜菜碱型两性表面活性剂分子中磺酸基的引入方法除采用氯乙基磺酸外，还可通过叔胺和磺酸环内酯反应来实现，其反应通式为：

$$\text{RN(CH}_3)_2 + \underset{\text{SO}_2}{\overset{\text{H}_2\text{C}-\text{CH}_2}{\diagdown\diagup\text{O}}} \longrightarrow \text{R}-\overset{\text{CH}_3}{\underset{\text{CH}_3}{\overset{|}{\text{N}^+}}}-\text{CH}_2\text{CH}_2\text{CH}_2\text{SO}_3^-$$

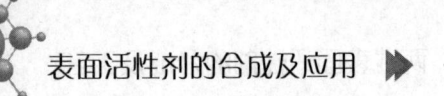

例如，表面活性剂 N-十六烷基-N-(3-磺基亚丙基)二甲基甜菜碱的合成就采用此种方法。

磺酸环内酯具有一定的致癌作用，目前大多采用氯代丙烯代替它与叔胺反应，然后与亚硫酸氢钠反应引入磺酸基。其反应式为：

$$\text{RN(CH}_3)_2 + \text{ClCH}_2\text{CH}=\text{CH}_2 \longrightarrow [\text{R}-\overset{\text{CH}_3}{\underset{\text{CH}_3}{\overset{|}{\text{N}^+}}}-\text{CH}_2\text{CH}=\text{CH}_2]\cdot\text{Cl}^- \xrightarrow{\text{NaHSO}_3} \text{R}-\overset{\text{CH}_3}{\underset{\text{CH}_3}{\overset{|}{\text{N}^+}}}-\text{CH}_2\overset{\text{CH}_3}{\overset{|}{\text{CH}}}\text{SO}_3^-$$

除以上方法外，还有许多其他方法可以合成磺酸甜菜碱型两性表面活性剂，这里不赘述。

6.3.3 硫酸酯甜菜碱的合成

硫酸酯甜菜碱两性表面活性剂的亲水基中的阴离子部分为硫酸基，硫酸酯甜菜碱两性表面活性剂的典型结构式为：

$$\text{R}-\overset{\text{CH}_3}{\underset{\text{CH}_3}{\overset{|}{\text{N}^+}}}-(\text{CH}_2)_n\text{OSO}_3^- \qquad n=2\sim3$$

其制备方法主要有以下三种。

① 先由叔胺和氯醇反应引入羟基后，再用硫酸、氯磺酸或三氧化硫进行硫酸酯化制得，其反应式为：

$$\text{RN(CH}_3)_2 + \text{Cl(CH}_2)_n\text{OH} \longrightarrow [\text{R}-\overset{\text{CH}_3}{\underset{\text{CH}_3}{\overset{|}{\text{N}^+}}}-(\text{CH}_2)_n\text{OH}]\cdot\text{Cl}^- \xrightarrow{\text{HSO}_3\text{Cl,NaOH}} \text{R}-\overset{\text{CH}_3}{\underset{\text{CH}_3}{\overset{|}{\text{N}^+}}}-(\text{CH}_2)_n\text{OSO}_3^-$$

以 N-(4-硫酸酯亚丁基) 二甲基十六烷基铵为例，其制备过程是用十六烷基二甲基胺与氯丁醇反应制得 N-(4-羟基丁基) 二甲基十六烷基氯化铵，然后与氯磺酸反应，再用氢氧化钠中和，最后经后处理得到产品。

$$C_{16}H_{33}N(CH_3)_2 + Cl(CH_2)_4OH \longrightarrow [C_{16}H_{33}-\overset{CH_3}{\underset{CH_3}{N^+}}-(CH_2)_4OH]Cl^-$$

$$\xrightarrow{HSO_3Cl, NaOH} C_{16}H_{33}-\overset{CH_3}{\underset{CH_3}{N^+}}-(CH_2)_4OSO_3^-$$

② 由卤代烷与带有羟基的叔胺反应，然后用三氧化硫酯化制得。

例如，用对十二烷基氯化苄和羟乙基叔胺反应，制得含有羟基的季铵盐，然后用三氧化硫酯化便合成出含有苄基的硫酸酯甜菜碱，其反应式为：

$$C_{12}H_{25}\text{—}\langle\text{—}\rangle\text{—}CH_2Cl + \overset{H_3C}{\underset{H_3C}{>}}N-CH_2CH_2OH \longrightarrow$$

$$\left[C_{12}H_{25}\text{—}\langle\text{—}\rangle\text{—}CH_2-\overset{CH_3}{\underset{CH_3}{N^+}}-CH_2CH_2OH\right]\cdot Cl^- \xrightarrow{SO_3\text{酯化}}$$

$$C_{12}H_{25}\text{—}\langle\text{—}\rangle\text{—}CH_2-\overset{CH_3}{\underset{CH_3}{N^+}}-CH_2CH_2OSO_3^-$$

③ 先由高级脂肪族伯胺与环氧乙烷反应，再经卤代烷季铵化和三氧化硫酯化制得。

$$RNH_2 + (m+n)CH_2\text{—}CH_2 \longrightarrow R-N\overset{(CH_2CH_2O)_mH}{\underset{(CH_2CH_2O)_nH}{}} \xrightarrow{R'X}$$

$$R-\overset{(CH_2CH_2O)_mH}{\underset{R'}{\overset{|}{N^+}}}(CH_2CH_2O)_nH \cdot X^- \xrightarrow{SO_3\text{酯化}} R-\overset{(CH_2CH_2O)_mH}{\underset{R'}{\overset{|}{N^+}}}(CH_2CH_2O)_nSO_3^-$$

该反应合成的产品是一种毛纺织品的匀染剂。

长链烷基二甲基叔胺与乙撑亚硫酸酯反应可制得亚硫酸基甜菜碱，具有优良的杀菌和缓蚀性能、良好的水溶性、优越的清洗剥离效果，而且具有良好的生物降解性和优异的配位性，可应用于油田注水系统和工业循环水系统的水处理剂。

$$R-\overset{CH_3}{\underset{CH_3}{N}} + \overset{H_2C-O}{\underset{H_2C-O}{>}}S=O \longrightarrow R-\overset{CH_3}{\underset{CH_3}{\overset{|}{N^+}}}-CH_2CH_2OSO_2^-$$

6.3.4 含磷甜菜碱的合成

含磷甜菜碱型两性表面活性剂可用来改进洗涤功能。例如，叔膦和磺酸丙内酯反应可制得下列含磷的表面活性剂，该表面活性剂由于磷元素的引入而使洗涤效果有所提高。

$$R^1-\underset{\underset{R^3}{|}}{\overset{\overset{R^2}{|}}{P}} + \underset{SO_2}{\overset{H_2C-CH_2}{\underset{|}{H_2C\quad O}}} \longrightarrow R^1-\underset{\underset{R^3}{|}}{\overset{\overset{R^2}{|}}{\overset{+}{P}}}-CH_2CH_2CH_2SO_3^-$$

以上可以看出，甜菜碱型两性表面活性剂的合成在一定程度上与季铵盐型阳离子表面活性剂的合成类似，可以借鉴季铵盐阳离子表面活性剂的合成路线和方法，但关键是羧基、磺酸基或硫酸酯基、亚硫酸酯基及磷酸酯基等阴离子的引入。

6.3.5 咪唑啉型两性表面活性剂的合成

咪唑啉型两性表面活性剂是分子结构中含有咪唑啉结构的一类两性表面活性剂，由于其特殊的结构，具有独特的性质和突出的性能，具有优良的洗涤、润湿、起泡性及柔软、抗静电等性能。

咪唑啉型两性表面活性剂最突出的优点就是具有极好的生物降解性能，能迅速、完全地降解，无公害产生；而且对皮肤和眼睛的刺激性极小，起泡性很好，因此较多地用在化妆品助剂、香波、纺织助剂等方面。此外，也应用在石油工业、冶金工业、煤炭工业等作为金属缓蚀剂、清洗剂以及破乳剂等使用。此类表面活性剂的代表品种是2-烷基-N-羧甲基-N′-羟乙基咪唑啉和2-烷基-N-羧甲基-N-羟乙基咪唑啉，它们的结构通式为：

式中，R 为含 12~18 个碳原子的烷基。

合成咪唑啉型两性表面活性剂的反应分三步进行。

第一步：脂肪酸和羟乙基乙二胺（AEEA）发生酰化反应，同时得到两种酰胺，其反应式为：

$$RCOOH + \underset{AEEA}{H_2NCH_2CH_2NHCH_2CH_2OH} \xrightarrow[-H_2O]{脱水}$$

$$RCONHCH_2CH_2NHCH_2CH_2OH + RCON\underset{CH_2CH_2OH}{\overset{CH_2CH_2NH_2}{<}}$$

第二步：酰胺脱水成环生成2-烷基-N-羟乙基咪唑啉（HEAI）。

$$\underset{\substack{\parallel\\O}}{RC}-NHCH_2 \atop HN-CH_2 \atop CH_2CH_2OH} + \underset{\substack{\parallel\\O}}{RC}-N-CH_2CH_2OH \atop H_2N-CH_2} \xrightarrow[\text{环合}]{\text{脱水}} R-C\underset{N-CH_2}{\overset{N=CH_2}{\diagdown}}\atop CH_2CH_2OH$$

第三步：2-烷基-N-羟乙基咪唑啉与氯乙酸钠反应，得到两性表面活性剂产品。

$$R-C\underset{N-CH_2}{\overset{N=CH_2}{\diagdown}}\atop CH_2CH_2OH} + ClCH_2COONa \longrightarrow R-C\underset{\substack{N^+-CH_2\\|\\HOCH_2CH_2\ \ CH_2COO^-}}{\overset{N=CH_2}{\diagdown}} + NaCl$$

应当注意的是，经过研究，人们证实了由 2-烷基-N-羟乙基咪唑啉和氯乙酸钠合成的咪唑啉型两性表面活性剂并非像如上结构那样以环状存在，而是复杂的线状结构的混合体系。这一现象可以从该反应的历程进行说明。

一般认为，咪唑啉型两性表面活性剂的复杂体系是由 2-烷基-N-羟乙基咪唑啉（HEAI）与氯乙酸钠（CIA）反应的复杂历程以及外部条件造成的。其反应历程如下：

在反应过程中，结构 b 可能存在是因为咪唑啉环上 1 位和 3 位的氮原子可以处于共振状态，结构稳定。正是由于它的存在，其水解最终得到 e 和 f 两种异构体。它们分别与氯乙酸钠反应得到产物 h 和 i。

咪唑啉在酸性条件下通常是稳定的，但在碱性条件下容易水解开环而形成线状结构。特别是在介质的 pH 大于 10 时，其开环水解速率迅速增大。在合成咪唑啉型两性表面活性剂时，反应介质的 pH 达到 13，在这种条件下合成的产物大部分会转化为线状结构。2-烷基-N-羟乙基咪唑啉在此条件下水解，造成①和②两个化学键的断裂，生成 c 和 d 两种异构体，它们与氯乙酸钠反应分别得到产物 e 和 g。

由此可见，咪唑啉型两性表面活性剂产品是一个由多种组分混合而成的复杂体系，因此，商品咪唑啉型两性表面活性剂很难用某一具体结构来表征。事实上，一般市售商品的主要活性组分是 e 和 g 两种化合物。2-烷基-N-羟乙基咪唑啉用氯乙基磺酸、2-羟基-3-氯丙基磺酸和磺酸环内酯等进行季铵化，可分别制得下列咪唑啉磺酸盐型表面活性剂。

咪唑啉硫酸酯型两性表面活性剂可由 2-烷基-N-羟乙基咪唑啉用硫酸等酯化制得，即：

6.3.6 氨基酸型表面活性剂的合成

氨基酸分子中有氨基和羧基，本身就是两性化合物。如果在氨基酸分子上引入适当的长链作为亲油基，即成为具有表面活性的氨基酸型两性表面活性剂。除了羧酸型氨基酸两性表面活性剂之外，还有磺酸型、硫酸型及磷酸型氨基酸两性表面活性剂。

氨基酸型两性表面活性剂的制备方法大致有以下三种。

(1) 高级脂肪胺与丙烯酸甲酯反应，再经水解制得

例如，月桂胺与丙烯酸甲酯反应引入羧基，制得 N-十二烷基-β-氨基丙酸甲酯，该化合物在沸水浴中加热，并在搅拌下加入氢氧化钠水溶液进行水解，生成表面活性剂 N-十二烷基-β-氨基丙酸钠。该反应方程式为：

$$C_{12}H_{25}NH_2 + CH_2\!=\!CHCOOCH_3 \longrightarrow C_{12}H_{25}NHCH_2CH_2COOCH_3$$

$$C_{12}H_{25}NHCH_2CH_2COOCH_3 + NaOH \longrightarrow C_{12}H_{25}NHCH_2CH_2COONa + CH_3OH$$

此类表面活性剂洗涤力极强，可用作特殊用途的洗涤剂。

(2) 高级脂肪胺与丙烯腈反应，再经水解制得

使用丙烯腈代替丙烯酸甲酯可以降低成本，使产品价格低廉。例如，用这种方法合成 N-十八烷基-β-氨基丙酸钠的反应式如下：

$$C_{18}H_{37}NH_2 + CH_2=CHCN \xrightarrow{NaOH} C_{18}H_{37}NHCH_2CH_2CN \longrightarrow$$
$$C_{18}H_{37}NHCH_2CH_2COONa + H_2O$$

以上两种方法合成的均是烷基胺丙酸型两性表面活性剂，若合成氨基与羧基之间只有一个亚甲基的品种，可采用高级脂肪胺与氯乙酸钠反应的方法。

(3) 高级脂肪胺与氯乙酸钠反应制得

烷基甘氨酸（$RNHCH_2COOH$）是最简单的氨基酸型两性表面活性剂，它的氨基与羧基之间相隔一个亚甲基（—CH_2—），其制备方法是由脂肪胺与氯乙酸钠直接反应制得。

$$RNH_2 + ClCH_2COONa \longrightarrow RNHCH_2COONa$$

合成过程是先将氯乙酸钠溶于水，然后加入脂肪胺，在 70~80 ℃下加热搅拌反应即可制得 N-烷基甘氨酸钠。

商品 Tego 是很好的杀菌剂，也是羧酸型氨基酸两性离子表面活性剂的典型品种。

Tego51 的结构：　　$RNHCH_2CH_2NHCH_2CH_2NHCH_2COOH \cdot HCl$（$R = C_8 \sim C_{18}$）

合成步骤：　　$RCl + NH_2CH_2CH_2NHCH_2CH_2NH_2 \longrightarrow RNHCH_2CH_2NHCH_2CH_2NH_2 + HCl$

$RNHCH_2CH_2NHCH_2CH_2NH_2 + ClCH_2COOH \longrightarrow RNHCH_2CH_2NHCH_2CH_2NHCH_2COOH \cdot HCl$

Tego103 合成如下：

$$2RCl + NH_2CH_2CH_2NHCH_2CH_2NH_2 \longrightarrow RNHCH_2CH_2NHCH_2CH_2NHR$$
$$\xrightarrow{ClCH_2COOH} RNHCH_2CH_2NCH_2CH_2NHR$$
$$\underset{CH_2COOH \cdot HCl}{|}$$

研究发现，此类表面活性剂对革兰氏阴性细菌和革兰氏阳性细菌等多种细菌具有很强的杀菌力，且使用的范围很广，与其他杀菌灭菌剂相比较，具有极低的毒性，对皮肤和眼睛没有刺激性，是一类广泛应用的杀菌灭菌剂。

6.3.7　氧化胺型

氧化胺的分子结构为四面体，其氮原子以配位键与氧原子相连，呈半极性，结构式如下：

$$R-\underset{\underset{R_2}{|}}{\overset{\overset{R_1}{|}}{N}}-O \quad (R=C_{10} \sim C_{18};\ R_1,\ R_2 = CH_3,\ CH_2CH_2OH,\ \cdots)$$

从结构上来看，氧化胺属于非离子表面活性剂。但是，其化学性质与两性表面活性剂的性质类似，在中性和碱性溶液中显示出非离子特性，在酸性介质中显示出弱阳的性质。它既

能与阴离子表面活性剂相溶,也能和非离子表面活性剂或阳离子表面活性剂相溶。故将其归为两性表面活性剂。

氧化胺表面活性剂具有增溶、乳化、稳泡、洗涤、保湿和抗静电等多种优良性能,对氧化剂、酸、碱的化学稳定性较好,且具有低刺激性、极低的生理毒性和良好的生物降解能力。在高档洗涤剂、婴儿洗涤剂、餐具洗涤剂、化妆品、医药、纺织等领域具有广泛的应用。氧化胺通常采用昂贵的叔胺与双氧水反应进行制备,生产成本相对较高,限制了它广泛的应用。

制备方法如下:

$$R-N(CH_3)_2 + H_2O_2 \longrightarrow R-N(CH_3)_2 \rightarrow O + H_2O$$

6.3.8 卵磷脂

卵磷脂是在所有的生物机体中都存在的天然两性表面活性剂。其中,在大豆和蛋黄中含量最高,工业上卵磷脂主要从大豆和蛋黄中提取,大豆卵磷脂质量好,价格低廉,乳化性好。工业上大多生产大豆磷脂,蛋黄卵磷脂质量更好,但价格较高,多用于医药领域。

A-磷脂酸　　卵磷脂　　脑磷脂　　肌醇磷脂

大豆磷脂是大豆油生产过程中脱胶时的副产物。通常,大豆磷脂是由卵磷脂、脑磷脂、肌醇磷脂和 A-磷脂酸等成分组成的混合物,均是具有表面活性的天然表面活性剂,具有特有的生物活性和生理功能,无毒、无污染、无刺激、易生物降解。卵磷脂,即磷脂酸的胆碱盐,由甘油骨架、两个脂肪酸基、磷酸基和一个含氨基的基团组成。

卵磷脂具有很好的乳化性和润湿性能,其胶体效应、抗氧化性、柔软性和生理活性都较好,大量用于食品及动物饲料工业,还可用于化妆品、医药、农药、染料、涂料等领域。卵磷脂不溶于水,不能用作洗涤剂。

6.4 两性表面活性剂的应用

两性表面活性剂具有许多优异的性质，这是由其结构特点决定的。它的应用范围近年来不断扩大，涉及洗涤用品、化妆品、合成纤维等很多领域。

6.4.1 洗涤剂及香波组分

两性表面活性剂可以用于液体洗涤剂的配方中，包括衣用洗涤剂、厨房用洗涤剂和住宅家具用洗涤剂等。由于两性表面活性剂的结构特点，使其具有良好的配伍性，能与其他离子或非离子类型的表面活性剂复配使用，产生很好的协同效应，提高洗涤剂的洗净力和起泡力。此外，两性表面活性具有很好的安全性，毒性低，对皮肤和眼睛刺激性也很小，因此是洗发香精和婴儿香波的理想原料之一。

用于洗涤剂中的两性表面活性剂包括甜菜碱型和咪唑啉型，前者具有水溶性好、洗涤效果好、适用的温度范围宽、刺激性小等优点，而后者则具有对皮肤和眼睛的刺激性小、起泡性好及性质温和等优点。

总之，两性表面活性剂用作洗涤剂及香波组分具有以下优点：
① 适用于较广范围 pH 的使用介质，耐硬水性好。
② 刺激性小，毒性低。
③ 与其他类表面活性剂成分配伍性好，易产生加和增效的协同作用；不与香精发生作用。

6.4.2 杀菌剂

两性表面活性剂用作消毒杀菌剂在近年来报道较多。大多应用在外科手术、医疗器具等方面。最早用于杀菌的两性表面活性剂是氨基羧酸型表面活性剂。例如，Tego 系列两性表面活性剂对革兰菌具有很强的杀菌能力，而其自身的毒性远远低于阳离子表面活性剂和苯酚类消毒杀菌剂。

6.4.3 纤维柔软剂

纤维的柔软加工是在其精练、漂白、染色等加工整理后，为赋予织物柔软感和平滑感，以满足最终成品所要求的性能而对纤维实施的处理过程。两性表面活性用作纤维柔软剂效果良好，且适用范围广，既能用于棉、羊毛等天然纤维，也适用于合成纤维制品。此种表面活性剂不与其他整理助剂发生有害的相互作用，能在广泛的 pH 范围内使用，不影响纤维的色光，不易使之泛黄，也不产生污染，应用效果良好。

据报道，甜菜碱型、氨基酸型及咪唑啉型两性表面活性剂均可用作纤维柔软剂，例如，

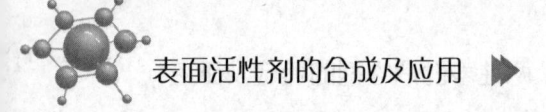

下面咪唑啉型两性表面活性剂即可用作纤维柔软剂。

$$C_{17}H_{35}CONH(CH_2)_3 - \overset{\overset{\displaystyle C_2H_4OH}{|}}{\underset{\underset{\displaystyle C_2H_4OH}{|}}{N^+}} - CH_2 - \overset{\overset{\displaystyle O}{\|}}{\underset{\underset{\displaystyle O^-}{|}}{P}} - OH$$

6.4.4 缩绒剂

羊毛织成呢后，需要进行缩绒，目的是使织物在长度和亮度上达到一定程度的收缩，同时使其厚度增加，手感柔软厚实，这样可使保暖性更好。使用两性表面活性剂作缩绒剂可以产生显著的效果。

6.4.5 抗静电剂

由于合成纤维本身绝缘性能较好，静电产生的电荷很难泄漏，因而更容易产生静电。在纺织过程中，静电的存在会引起丝束发散、断头较多等现象，给生产带来困难，影响产品产量和质量，甚至造成事故。

消除静电最简单的方法是使用抗静电剂。两性表面活性剂是一类理想的抗静电剂，特别是甜菜碱型两性表面活性剂。这类表面活性剂用作抗静电剂的特点是选择限制性小，几乎对各种纤维都能适用，而且抗静电能力普遍强于阴离子表面活性剂和非离子表面活性剂。

6.4.6 金属防锈剂

金属在空气中或加工过程中极易生锈腐蚀，造成重大损失，使用金属防锈剂可以控制腐蚀的速度，防止大气腐蚀而引起的生锈。氨基酸型、咪唑啉型两性表面活性剂均可作为有机缓蚀剂的成分，起到减缓金属腐蚀的作用。

6.4.7 电镀助剂

电镀是用电解的方法在金属表面覆盖一层其他金属，以防止制品的腐蚀、增加其表面硬度或达到装饰的目的。添加表面活性剂可以得到致密的微晶，使电镀层光亮平整均匀，与金属结合力强，无麻点，提高镀件质量。两性表面活性剂用于电镀液中，是性能良好的电镀助剂。

总之，随着两性表面活性剂研究的不断深入和性能优良的新品种的不断开发，它在国民经济各个领域的应用将会越来越广泛。

活性剂产量较大，产值高，而且年增长率高于阴离子表面活性剂。

与离子表面活性剂相比，非离子表面活性剂具有如下特点：稳定性高，不易受强电解质（如无机盐类）的影响；抗硬水性能好，不易受钙、镁离子的影响；不易受酸碱的影响；与其他类型表面活性剂的相容性好。非离子表面活性剂具有高表面活性，不仅具有良好的起泡性、渗透性、去污性、乳化性、分散性、增溶性等，而且具有良好的抗静电、柔软、杀菌、润滑、缓蚀、防锈、保护胶体、匀染、防腐蚀等多方面作用，泡沫适中，被大量用于合成洗涤剂和化妆品工业，还广泛用于纺织、造纸、食品、塑料、皮革、玻璃、石油、化纤、医药、农药、油漆、染料、化肥、胶片、照相、金属加工、选矿、建材、环保、消防等工业领域。非离子表面活性剂在产量上是仅次于阴离子表面活性剂的重要品种，种类繁多，按亲水基的种类和结构的不同，主要分为聚氧乙烯型、多元醇型、烷醇酰胺型、聚醚、烷基糖苷及烷基葡糖酰胺等。

7.1.2 非离子表面活性剂的定义

非离子表面活性剂具有非常广泛的应用，因此成为第二大类的表面活性剂品种。那么什么是非离子表面活性剂？它在结构上有什么特点呢？在前面几章介绍了离子表面活性剂，包括阴离子型、阳离子型和两性型表面活性剂，它们的一个共同特点就是在水溶液中发生电离，而两性表面活性剂还存在一个等电点的电离平衡（此时是电中性），它们的亲水基团均是由带正电荷或负电荷的离子构成。而非离子表面活性剂与它们不同，这类表面活性剂在水溶液中不会形成离子，在水中的溶解性完全凭借化合物分子中的活性基团与水形成的氢键。

因此非离子表面活性剂是一类在水溶液中不电离出任何形式的离子，亲水基主要由具有一定数量的含氧基团（一般为醚基或羟基）构成亲水性，靠与水形成氢键实现溶解的表面活性剂。

正是由于非离子表面活性剂在水中不电离，不以离子形式存在，因此决定了它在某些方面比离子表面活性剂优越，具有如下特点：

① 稳定性高，不易受强电解质无机盐类存在的影响。
② 不易受 Mg^{2+}、Ca^{2+} 的影响，在硬水中使用性能好。
③ 不易受酸碱的影响。
④ 与其他类型表面活性剂的相容性好。
⑤ 在水和有机溶剂中皆有较好的溶解性能。
⑥ 此类表面活性剂产品大部分呈液态或浆态，使用方便。
⑦ 随着温度的升高，很多种类的非离子表面活性剂变得不溶于水，存在"浊点"，这也是这类表面活性剂的一个重要的特点。

正是由于以上特点，非离子表面活性剂具有较阴离子表面活性剂更好的起泡性、渗透性、去污性、乳化性、分散性，并且在低浓度时有更好的使用效果，被广泛应用于纺织、造纸、食品、塑料、皮革、玻璃、石油、化纤、医药、农药、油漆、染料等工业部门。

7.1.3 非离子表面活性剂的分类

非离子表面活性剂的疏水基多是由含有活泼氢原子的疏水基团（非离子表面活性剂的疏水基来源是具有活泼原子的疏水化合物），如高碳脂肪醇、高碳脂肪酸、高碳脂肪胺、脂肪酰胺等物质。目前使用量最大的是高碳脂肪醇。亲水基的来源主要有环氧乙烷、聚乙二醇、多元醇、氨基醇等。

按其亲水基结构的不同，非离子表面活性剂主要分为聚乙二醇型和多元醇型两大类，其他的还有聚醚型、烷基多苷等类型的非离子表面活性剂。

7.1.3.1 聚乙二醇型

聚乙二醇型非离子表面活性剂包括高级醇环氧乙烷加成物、烷基酚环氧乙烷加成物、脂肪酸环氧乙烷加成物、高级脂肪酰胺环氧乙烷加成物。

7.1.3.2 多元醇型

多元醇型非离子表面活性剂主要有甘油脂肪酸酯、季戊四醇脂肪酸酯、山梨醇及失水山梨醇脂肪酸酯等。

7.1.3.3 其他类型

如烷基糖苷、冠醚等。
按化学结构，非离子表面活性剂可以分为以下几类。
（1）脂肪醇聚氧乙烯醚
$$RO(CH_2CH_2)_nH \quad (n=1\sim30, R=C_{10}\sim C_{18}, 平平加)$$
（2）烷基酚聚氧乙烯醚
$$R-\phenyl-O(CH_2CH_2O)_nH \quad (n=1\sim30, R=C_{10}\sim C_{18}, OP系列)$$
（3）聚氧乙烯烷基酰醇胺

$$RCONH(CH_2CH_2O)H,\ RCON\begin{matrix}(CH_2CH_2O)_xH\\(CH_2CH_2O)_yH\end{matrix}$$

$$RCON\begin{matrix}CH_2CH_2OH\\CH_2CH_2OH\end{matrix} \quad 尼诺尔$$

（4）脂肪酸聚氧乙烯酯
$$RCOO(CH_2CH_2O)_nH \quad (R=C_{17}H_{33}、C_{17}H_{35})$$
（5）聚氧乙烯烷基胺
$$RN\begin{matrix}(CH_2CH_2O)_xH\\(CH_2CH_2O)_yH\end{matrix}$$

（6）多元醇表面活性剂

$$C_{17}H_{35}COOCH_2-CHOH-CH_2OH \qquad C_{17}H_{35}COOCH_2-C(CH_2OH)_2-CH_2OH \qquad C_{17}H_{35}COOCH_2CH(O)CH_2 \cdots HOCH-CHOH \cdots OH$$

（7）聚醚（聚氧乙烯-聚氧丙烯共聚）型表面活性剂

$$HO(CH_2CH_2O)_b(CHCH_2O)_a(CH_2CH_2O)_cH$$
$$\quad\quad\quad\quad\quad\quad\quad\quad\quad CH_3$$

（8）其他

① 高级硫醇。

$$RS(CH_2CH_2O)_nH$$

② 冠醚。

③ 配位键型。

$$C_{12}H_{25}-P(CH_3)_2=O$$

④ 烷基糖苷。

7.2 非离子表面活性剂的性质

非离子表面活性剂在水中不电离，其表面活性是由中性分子体现出来的。此类表面活性剂具有较高的表面活性，其水溶液的表面张力低，临界胶束浓度亦低于离子表面活性剂；胶束聚集数大，导致其增溶作用强，并具有良好的乳化能力和润湿能力。

7.2.1 HLB 值

HLB 值是亲水亲油平衡值，表示表面活性剂亲水性与亲油性的强弱，但主要是描述亲水性，HLB 值越高，亲水性越强。非离子表面活性剂的 HLB 值一般为 0~20。

非离子表面活性剂 HLB 值的计算方法如下。

（1）聚乙二醇型非离子表面活性剂

$$HLB = E/5$$

式中，E 为加成环氧乙烷的质量分数。

（2）多元醇型非离子表面活性剂

$$HLB = 20(1-S/A)$$

式中，S 为多元醇酯的皂化值；A 为原料脂肪酸的酸值。

HLB 值的引入在表面活性剂分子结构和应用性能之间搭起了桥梁，不同 HLB 值的表面活性剂可参考的应用性能见表 7-1。

表 7-1 不同 HLB 值的表面活性剂可参考的应用性能

HLB 值	3~6	7~15	8~18	13~15	15~18
用途	W/O 乳液	润湿渗透	O/W 乳液	洗涤去污	增溶

因此，在实际生产和应用中，可以根据不同用途的要求来适当调节非离子表面活性剂的聚合度，即环氧乙烷的加成数，就可改变表面活性剂的 HLB 值，从而达到比较好的应用性能。

7.2.2 浊点及亲水性

7.2.2.1 浊点的定义和意义

对于聚氧乙烯醚型非离子表面活性剂而言，环氧乙烷加成数量越多，表面活性剂的亲水性就越好。因此，为了达到一定的 HLB 值及应用性能，可以改变环氧乙烷的加成数。

非离子表面活性剂的亲水性是通过表面活性剂与水分子之间形成氢键的形式体现出来的。在无水状态下，通常聚氧乙烯链呈现锯齿形，而在水溶液中则是呈现蜿曲形，如下所示：

$$\diagdown_{CH_2}\diagup^{CH_2}\diagdown_O\diagdown_{CH_2}\diagup^{CH_2}\diagdown_O\diagdown$$

锯齿形

蜿曲形

当非离子表面活性剂在水溶液中以蜿曲形存在时，聚氧乙烯基中亲水的氧原子均处于分子链的外侧，疏水性的—CH_2—基团被围在内侧，有利于水与氧原子形成氢键，从而使表面活性剂能够溶解在水中。

氢键的键能较低，结构松弛。当表面活性剂的水溶液温度升高时，分子的热运动加剧，结合在氧原子上的水分子脱落，形成的氢键遭到破坏，使其亲水性降低，表面活性剂在水中的溶解度下降。当温度升高到一定程度时，表面活性剂就会从溶液中析出，使原来透明的溶液变混浊，这时的温度称为非离子表面活性剂的浊点（Cloud Point, CP）。

非离子表面活性剂的浊点与离子表面活性剂的 Krafft 点相比有所不同。离子表面活性剂在温度高于 Krafft 点时，溶解度显著增加。非离子表面活性剂只有当温度低于浊点时，在水中才有较大的溶解度；如果温度高于浊点，非离子表面活性剂就不能很好地溶解并发挥作用。

因此，浊点是非离子表面活性剂的一个重要指标，可以用它来表示非离子表面活性剂亲水性的高低，非离子表面活性剂的浊点越高，表面活性剂越不易自水中析出，亲水性越好。实际上，非离子表面活性剂的质量和使用等都要靠其浊点的测定来指导。

7.2.2.2 影响非离子表面活性剂浊点的因素

1. 疏水基的种类

疏水基种类不同，而环氧乙烷（EO）加成数相同，表面活性剂的浊点也不相同。疏水基即亲油基的亲油性越大，所得表面活性剂的亲水性越低，浊点就低；反之，由亲油性小的疏水基构成的表面活性剂水溶性较大，其浊点较高。

例如，月桂胺、月桂醇和月桂酸酯的 10 mol 环氧乙烷加成物的浊点分别见表 7-2。可见疏水基种类不同，表面活性剂的浊点不同，按照月桂胺、月桂醇和月桂酸酯的顺序，由它们制得的非离子表面活性剂浊点降低，即亲水性（或水溶性）降低。

表 7-2 疏水基的种类对浊点的影响

疏水基	月桂胺	月桂醇	月桂酸酯
浊点/℃	98	88	32

2. 疏水基碳链的长度

同族化合物或同类型亲油基中，疏水基越长，碳数越多，疏水性越强，相应的亲水性就越弱，则浊点降低。以上可由表 7-3 中的数据（10 mol 环氧乙烷加成物）看出。由月桂醇到十八醇，碳原子数增加 6，浊点降低了 20 ℃，亲水性明显下降。

表 7-3 疏水基碳链的长度对浊点的影响

疏水基	月桂醇（C_{12}）	十四醇（C_{14}）	十六醇（C_{16}）	十八醇（C_{18}）
浊点/℃	88	78	74	68

3. 亲水基的影响

聚氧乙烯以及其他一些类型的非离子表面活性剂的亲水基主要是聚氧乙烯链。当疏水基固定时，浊点随环氧乙烷加成数或聚氧乙烯链长的增加而升高，亲水性增强。例如月桂基聚乙二醇醚的氧乙烯基化程度和浊点的关系见表 7-4。

表 7-4 月桂基聚乙二醇醚的氧乙烯基化程度和浊点的关系

n	4	5	6	7	8	9	10	11	12
浊点/℃	7.0	31.0	51.6	67.2	79.0	87.8	94.8	100.3	>100

4. 添加剂的影响

通常向非离子表面活性剂的溶液中添加非极性物质，浊点会升高；添加芳香族化合物或极性物质，浊点会下降；当加入 KOH 等碱性物质时，浊点会急剧下降。

7.2.2.3 水数

水数是用来表示非离子表面活性剂性能的另一个概念。它的含义是：将 1.0 g 非离子表面活性剂溶于 30 mL 二氧六环中，向得到的溶液中滴加水，直到溶液混浊，这时所消耗的水的体积（mL）即称为水数。水数也可用来表示非离子表面活性剂的亲水性，即水数上升，亲水性增强。

7.2.3 临界胶束浓度

非离子表面活性剂的临界胶束浓度较低，一般比阴离子表面活性剂低 1~2 个数量级。例如，同以十六烷基为疏水基的阴离子表面活性剂和非离子表面活性剂，其 CMC 相差较多，十六烷基硫酸钠的 CMC 为 5.8×10^{-4} mol/L，而十六醇的 6 mol 环氧乙烷加成物的 CMC 为 1.0×10^{-6} mol/L。

非离子表面活性剂具有较低的临界胶束浓度主要有以下两个原因：

① 离子表面活性剂本身不发生电离，不带电荷，没有静电斥力，易形成胶束。

② 分子中的亲水基体积较大，只靠极性原子形成氢键溶于水，与离子表面活性剂相比，与溶剂作用力较弱，易形成胶束。

影响非离子表面活性剂临界胶束浓度的因素符合表面活性剂的一般规律：

① 随着疏水基碳链长度的增加，表面活性剂的亲水性下降，CMC 降低。

② 随着聚氧乙烯聚合度的增加，表面活性剂的亲水性增强，CMC 提高。

例如，表 7-5 和表 7-6 两组数据充分说明了疏水基碳链长度和聚氧乙烯聚合度对临界胶束浓度的影响。

表 7-5　$C_nH_{2n+1}(CH_2CH_2O)_6OH$ 的临界胶束浓度（20 ℃）

疏水基	正丁醇（C_4）	正己醇（C_6）	正辛醇（C_8）	正癸醇（C_{10}）	十二醇（C_{12}）
CMC/(mol·L^{-1})	8×10^{-1}	7.4×10^{-2}	1.1×10^{-1}	9.2×10^{-4}	8.2×10^{-5}

表 7-6　$C_{16}H_{33}O(CH_2CH_2O)_nH$ 的临界胶束浓度（25 ℃）

n	6	7	9	12	15	21
CMC/(mol·L^{-1})	1×10^{-6}	1.7×10^{-6}	2.1×10^{-6}	2.3×10^{-6}	3.1×10^{-6}	3.9×10^{-6}

7.2.4 表面张力

表面活性剂最重要的性能就是有效地降低液体的表面或界面张力，对于非离子表面活性剂，影响其表面张力性质的因素主要有三个。

1. 疏水基官能团的影响

例如，同为聚氧乙烯亲水基团的表面活性剂，当疏水基种类不同时，其溶液表面张力不同，例如，表 7-7 中不同疏水基的表面活性剂具有不同的表面张力。

表 7-7 不同疏水基的表面活性剂对表面张力的影响

疏水基种类	异辛基酚聚氧乙烯醚	月桂酸聚乙二醇酯	油醇聚乙二醇醚	聚氧乙烯聚氧丙烯醚
$\gamma/(mN \cdot m^{-1})$	29.7	32.0	37.2	45.2

2. 亲水基的影响

随聚氧乙烯链长度的增加，即环氧乙烷加成数的增加，表面张力升高。由图7-1所示各种烷基酚聚氧乙烯醚表面张力与含量的关系可以看出，相同含量时，环氧乙烷（EO）加成数越低，表面张力也越低。

3. 温度的影响

通常随着温度的升高，表面张力下降。

7.2.5 润湿性

图 7-1 烷基酚聚氧乙烯醚表面张力与含量的关系

润湿性的测定一般采用纱带沉降法。纱带沉降法，即在给定的温度下，在一定的时间内，使纱带下降所需要的表面活性剂的浓度。浓度越低，说明表面活性剂的润湿性越高。例如，25 ℃时25 s 内使纱带下沉时表面活性剂的含量变化见表 7-8。

表 7-8 25 s 内使纱带下沉时表面活性剂的含量变化（25 ℃）

脂肪醇碳数	10			12			14		
EO 加成数	2.9	8.8	19.1	4.4	11.2	23.5	4.9	13.9	26.4
含量/%	0.03	0.05	2.0	0.05	0.09	3.5	0.21	0.4	6.25

从表 7-8 中可以看出，非离子表面活性剂的润湿性有如下规律：

① 碳数的增加，亲油基碳链长度的增长，使纱带下沉所需表面活性剂的含量增高，即润湿性降低。

② 在疏水基相同时，环氧乙烷 EO 加成数越多，亲水性越强，润湿力越差，使纱带下沉所需的表面活性剂含量越高。

7.2.6 起泡性和洗涤性

聚醚型非离子表面活性剂的起泡性通常比离子型的低，而且因为不能电离出离子，对硬水不敏感。此外，它的起泡性随 EO 加成数的不同而发生改变，并会出现最高值。例如，十三醇聚氧乙烯醚的起泡性如图 7-2 所示，其中，以环氧乙烷加成数为 9.5 mol 时最高。

在低温时，非离子表面活性剂的临界胶束浓度低于离子表面活性剂的临界胶束浓度，因此，其低温洗涤性较好。此外，用于不同纤维的洗涤时，得到最佳洗涤效果的表面活性剂的 EO 加成数不同，例如，壬基酚聚氧乙烯醚用于羊毛洗涤时，EO 加成数以 6~12 为最好；用

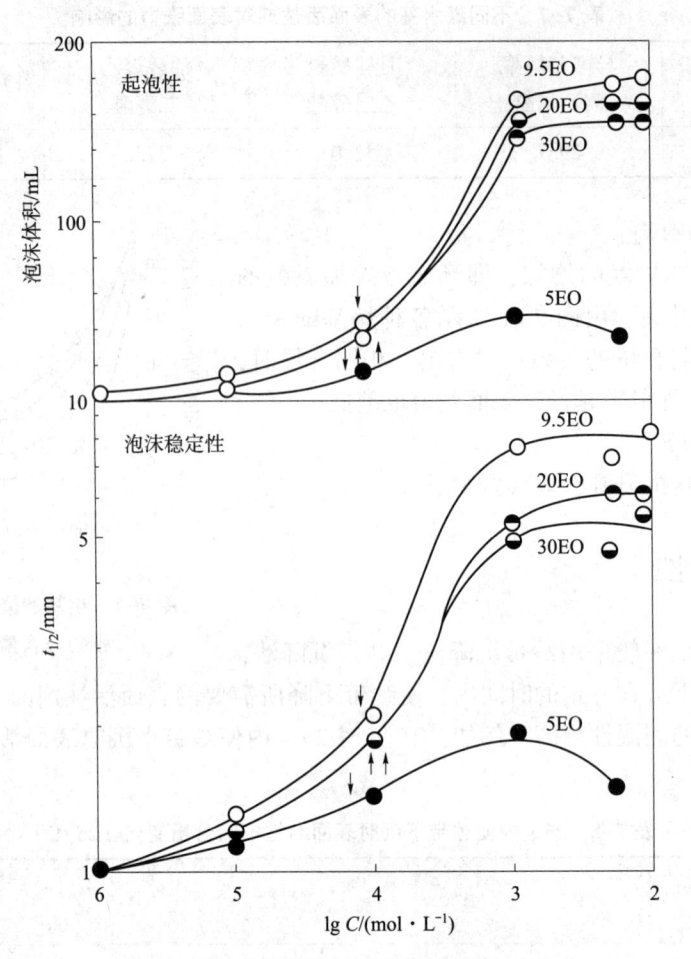

图 7-2 十三醇聚氧乙烯醚的起泡性（55 ℃）

于棉布洗涤时，则以 10 为最好。但十二醇聚氧乙烯醚在 EO 加成数为 7~8 时，对羊毛和棉布均显示最高的洗涤效果。

7.2.7 生物降解性和毒性

非离子表面活性剂不带电荷，不会与蛋白质结合，对皮肤的刺激性较小，毒性也较低。

生物降解性一般以直链烷基为好，烷基酚类则较差。此外，EO 加成数越多，生物降解性会降低。

7.3 合成聚氧乙烯表面活性剂的基本反应——氧乙基化反应

合成聚氧乙烯型表面活性剂的基本反应是氧乙基化反应，也叫环氧乙烷加成聚合反应。

这一反应包括环氧乙烷与脂肪醇（ROH）、酚类（ ![phenol] ）、硫醇（RSH）、羧酸（RCOOH）、酰胺（RCONH$_2$）以及脂肪胺（RNH$_2$）等含有活泼氢原子的化合物的反应。其反应式可表示为：

$$RXH^* + n\,CH_2\!\!-\!\!CH_2 \xrightarrow[\text{催化}]{OH^- \text{ 或 } H^+} RX(CH_2CH_2O)_nH^*$$

式中，RXH*为脂肪醇等含有活泼氢原子的物质；X为使氢原子致活的杂原子，如O、N、S等；R为疏水基团，如烷基、烷基芳烃、酯和醚等；n则代表平均聚合度，例如，产品标明$n=8$，实际上聚合度n为0~20的平均数，平均聚合度为8。以下介绍氧乙基化反应的机理。

7.3.1 反应机理

环氧乙烷为三元环，环氧乙烷因自身结构的特点，具有很大的活泼性，三元环易发生开环反应，和含有活泼氢的化合物进行加成反应。这一反应多数采用碱性条件下EO开环加成，即碱催化的氧乙基化反应，少数情况下采用酸性条件即酸催化的氧乙基化反应。采用的催化剂不同，反应机理也不同，因此，以下简要介绍碱催化和酸催化的氧乙基化反应机理。

7.3.1.1 采用LiOH、NaOH、KOH等碱作催化剂的氧乙基化反应

碱性条件下的EO开环加成反应是工业上合成非离子表面活性剂的常用方法。反应分两步进行：第一步是EO开环加成，得到一元加成物；第二步则是聚合反应，得到表面活性剂。

1. 环氧乙烷（EO）开环

$$RXH^* + NaOH\,(LiOH,\,KOH) \xrightarrow{\text{快}} RX^- + Na^+\,(K^+,\,Li^+) + H^*OH$$

$$RX^- + H_2C\!\!-\!\!CH_2 \xrightarrow{\text{慢}} RXCH_2CH_2O^-$$

$$RXCH_2CH_2O^- + RXH^* \xrightarrow{\text{快}} RX^- + RXCH_2CH_2OH^*$$

在上述反应中，第二步慢反应是反应的控制步骤，它是二级亲核取代反应，反应速度取决于RX$^-$和EO的浓度。

该反应生成的氧乙基化阴离子RXCH$_2$CH$_2$O$^-$与原料RXH*经历一个很快的质子交换反应，得到环氧乙烷的一元加成物RXCH$_2$CH$_2$OH*。

2. 聚合

根据以上机理，氧乙基化阴离子RXCH$_2$CH$_2$O$^-$除了可以同RXH*发生质子交换反应而终止反应外，还可以同EO进一步聚合形成聚氧乙烯链亲水部分，即发生下列一系列反应。

$$RXCH_2CH_2O^- + H_2C\!\!-\!\!CH_2 \longrightarrow RXCH_2CH_2OCH_2CH_2O^-$$

$$RXCH_2CH_2OCH_2CH_2O^- + RXH^* \longrightarrow RXCH_2CH_2OCH_2CH_2OH^* + RX^-$$

$$RX(CH_2CH_2O)_{n-2}CH_2CH_2O^- + H_2C\underset{O}{-}CH_2 \longrightarrow RX(CH_2CH_2O)_{n-1}CH_2CH_2O^-$$

$$RX(CH_2CH_2O)_{n-1}CH_2CH_2O^- + RXH^* \longrightarrow RX(CH_2CH_2O)_nH^* + RX^-$$

从以上反应历程可以看出，反应过程中可生成不同聚合度的化合物，因此，一般所指的环氧乙烷加成数实际上是一个平均值。

7.3.1.2　采用 BF_3、$SnCl_4$、$SnCl_5$ 及质子酸作催化剂的氧乙基化反应

酸性条件下的开环机理尚不十分清楚，多数认为是 S_N1 型亲核取代反应，即反应按下列过程进行。

$$CH_2\underset{O}{-}CH_2 + H^+ \xrightarrow{\text{快}} CH_2\underset{\overset{+}{O}H}{-}CH_2 \qquad ①$$

$$CH_2\underset{\overset{+}{O}H}{-}CH_2 \xrightarrow{\text{慢}} (HOCH_2CH_2)^+ \qquad ②$$

$$(HOCH_2CH_2)^+ + RXH \xrightarrow{\text{快}} RXCH_2CH_2OH + H^+ \qquad ③$$

接下去反应可以按②和③继续进行。

在上面介绍的酸催化机理中，第二步反应是整个反应的速率控制步骤。反应中生成的 EO 一元加成物还可以继续反应得到多分子加成物，即：

$$RXCH_2CH_2OH + (HOCH_2CH_2)^+ \longrightarrow RX(CH_2CH_2O)_2H^+$$

$$\vdots$$

$$RX(CH_2CH_2O)_{n-1}H + (HOCH_2CH_2)^+ \longrightarrow RX(CH_2CH_2O)_nH + H^+$$

酸催化反应在非离子表面活性剂的制备中不常采用，其中一个重要原因就是会有较多的副产物生成。副产物的生成过程如下：

$$RX(CH_2CH_2O)_nCH_2CH_2OH + H^+ \longrightarrow$$

$$RX(CH_2CH_2O)_nCH_2CH_2\overset{+}{O}H_2$$

除此之外，还有聚乙二醇副产物的生成，这些副反应会影响目标产品表面活性剂的产率及产品的质量，因此，工业上一般多使用碱作催化剂，而不采用酸作催化剂。

7.3.2 影响氧乙基化反应的主要因素

7.3.2.1 原料的影响

1. 环氧化物的影响

环氧化合物结构不同，反应活性不同。表7-9列出了不同环氧化合物的反应速率的影响。

表7-9 不同环氧化合物对反应速率的影响

环氧化物种类	环氧乙烷	环氧丙烷	环氧丁烷
相对反应速率	1	0.4	0.1

可以看出环氧乙烷反应速率最快，反应活性高。这一点可以解释为由于环氧乙烷开环反应属于亲核取代反应，被进攻质点为 $\overset{\delta+}{CH_2}—CH—R$（O位于$\delta-$），进攻位置为 $\overset{\delta+}{CH_2}$，烷基R是供电子基团，使 $\overset{\delta+}{CH_2}$ 正电荷分布下降，因此影响了反应速率，而且R越长，反应速率越低。

2. 含活泼氢原料的影响

一般的规律是，给出氢原子的能力越强，反应活性越高。因此有如下几点结论：

① 链长度增加，醇的活性降低，反应速率减慢。

② 按羟基的位置不同，氧乙基化反应速率为伯醇>仲醇>叔醇。

③ 在酚类反应物中，取代基也对乙氧基化反应速率有影响，并按下列顺序递减：—CH_3O>—CH_3>—H>—Br>—NO_2。

7.3.2.2 催化剂的影响

氧乙基化反应的催化剂有酸性催化剂和碱性催化剂两类，但一般用碱性催化剂，只有在某些局部的场合才使用酸性催化剂。碱性催化剂中比较常用的有金属钠、甲醇钠、氢氧化钠、碳酸钾、碳酸钠、乙酸钠等。

关于催化剂对反应的影响可以归纳为以下几条：

① 用酸性催化剂比使用碱性催化剂时的反应速率快80~100倍。

② 碱性催化剂碱性的强弱会影响反应速率，即碱性越强，催化反应速率越快，不同的碱性催化剂催化下的反应速率为 KOH> CH_3ONa> C_2H_5ONa> NaOH >K_2CO_3> Na_2CO_3。

③ 一般情况下，催化剂浓度增高，反应速率加快，且随浓度增高，在低浓度时反应速率的增加高于高浓度。例如，催化剂KOH浓度对EO加成速率有较大的影响，如图7-3所示。

④ 采用不同催化剂会影响产物的组成，即环氧乙烷加成数或聚合度n的分布。一般情况下采用酸性催化剂的聚合度符合泊松（Poisson）分布，而采用碱性催化剂的聚合度符合韦伯（Weibull）分布。二者性质对比见表7-10。

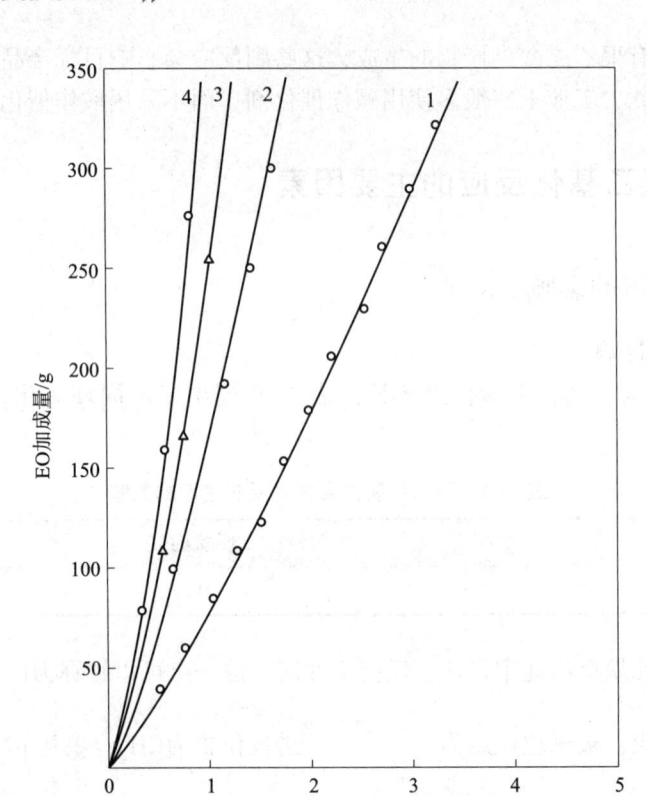

1—0.018 mol；2—0.036 mol；3—0.072 mol；4—0.143 mol。
图 7-3　催化剂 KOH 浓度对 EO 加成速度的影响（135~140 ℃，十三醇：1 mol）

表 7-10　不同催化剂对产物组成的影响

催化剂类型	聚合度 n 分布	产品性能	反应速率	其他	工业用途
酸催化剂	窄	好	快	有副产物	×
碱催化剂	宽	差	慢	无副产物	√

由此可以看出，尽管酸催化剂存在许多优点，但因副产物的生成且其用途不大，故工业生产上主要应用仍是碱性催化剂。

7.3.2.3　温度的影响

温度是影响环氧乙烷加成速率的一个重要因素，一般随着温度的升高，反应速率加快。但这一变化规律并不是呈现线性关系，而是在不同的温度范围内，反应速率随温度升高而加快的幅度不同。

例如，图 7-4 是在甲醇钠催化下，用 1 mol 十三醇与 220 g 环氧乙烷反应生成 $C_{13}H_{27}O(CH_2CH_2O)_5H$ 的反应时间与反应温度关系图。从图中结果可以看出，在相同温度增量下，环氧乙烷加成速率曲线在高温下的斜率比低温下的斜率大。

图 7-4 中的四条线，每相邻两条线的温度差别即温度升高量均为 30 ℃，当在 105~110 ℃ 反应时，需要 3.5 h 左右；在 135~140 ℃ 反应时，到结束时需要 1.2 h；当反应温度分别为 165~170 ℃ 和 195~200 ℃ 时，反应时间则分别仅需要 0.6 h 和 0.4 h。

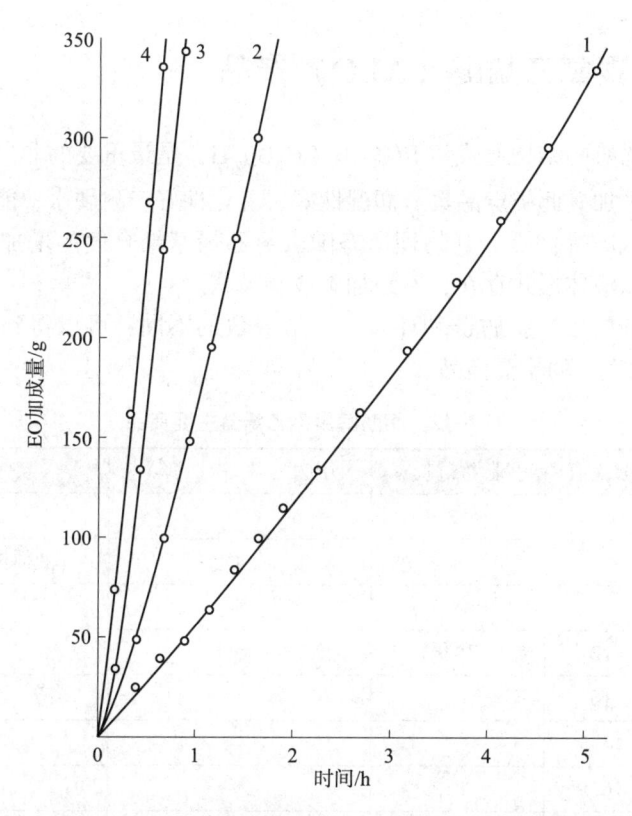

1—105~110 ℃；2—135~140 ℃；3—165~170 ℃；4—195~200 ℃。

图 7-4　温度对 EO 加成速率的影响（十三醇 1 mol，KOH 0.036 mol）

7.3.2.4　压力的影响

通常情况下，随着反应体系压力的升高，反应速率加快，这是因为在反应体系中反应压力与环氧乙烷的浓度成正比，压力升高，则环氧乙烷浓度加大，因此反应速率加快。例如，1 mol 的十三醇与 350 g 环氧乙烷在不同反应压力下的反应完成时间见表 7-11。

表 7-11　1 mol 的十三醇与 350 g 环氧乙烷在不同反应压力对反应时间的影响

反应压力 p/kPa	6	4	2	1
反应时间/h	1.4~1.5	约 2	约 1.5	约 2.6

7.4　非离子表面活性剂的制备

非离子表面活性剂的工业品种很多，国外的商品牌号多于千种，是仅次于阴离子表面活性剂的重要品种。本节选择工业上常用的一些典型品种，对它们的制备方法、工艺条件、应用性能及原料的制备进行简要说明。

7.4.1 脂肪醇聚氧乙烯醚（AEO）产品

脂肪醇聚氧乙烯醚的结构通式为 $RO(CH_2CH_2O)_nH$，是最重要的非离子表面活性剂品种之一，商品名为平平加。此类产品具有润湿性好、乳化性好、耐硬水、能用于低温洗涤、易生物降解以及价格低廉等优点。其物理形态随聚氧乙烯基聚合度的增加而从液体到蜡状固体，但一般情况下以液体形式存在，不易加工成颗粒状。

脂肪醇聚氧乙烯醚按其脂肪链和环氧乙烷加成数的不同，可以得到多种性能不同的产品。表 7-12 是国内生产的主要商品。

表 7-12 脂肪醇聚氧乙烯醚主要商品

商品名	HLB 值	脂肪链长	引入乙氧基数（n）	用途
乳化剂 FO		12	2	乳化剂
乳化剂 MOA	5		4	液体洗涤剂、合纤油剂
净化剂 FAE			8	印染渗透剂
渗透剂 JFC	12	7~9	5	渗透剂
乳白灵 A	16			矿油乳化剂
平平加 OS-15	14.5			匀染剂
平平加 O-20	16.5	12		乳化剂
平平加 O		12~16	15~22	匀染剂、乳化剂
匀染剂 102			25~30	匀染剂、石油乳化剂

现以平平加 O 为例介绍脂肪醇聚氧乙烯醚的具体制备方法。将月桂醇 186（1 mol）与催化剂 NaOH 1 g 加热至 150~180 ℃，在良好搅拌下通入环氧乙烷（EO，常温下为气体，沸点为 11 ℃），则反应不断进行，其反应式如下：

$$C_{12}H_{25}OH + nCH_2\!-\!\!\underset{O}{\underset{\diagdown\diagup}{CH_2}} \xrightarrow[150\sim180\ ℃]{NaOH催化} C_{12}H_{25}O(CH_2CH_2O)_nH$$

控制通入环氧乙烷的量，则在 150~180 ℃下可以得到不同摩尔比的加成物。工业上一般采用加压聚合法，以提高反应速率。

月桂醇聚氧乙烯醚的合成可认为是由如下两个反应阶段完成的：

$$C_{12}H_{25}OH + CH_2\!-\!\!\underset{O}{\underset{\diagdown\diagup}{CH_2}} \xrightarrow{NaOH} C_{12}H_{25}OCH_2CH_2OH$$

$$C_{12}H_{25}OCH_2CH_2OH + nCH_2\!-\!\!\underset{O}{\underset{\diagdown\diagup}{CH_2}} \xrightarrow{NaOH} C_{12}H_{25}O(CH_2CH_2O)_nCH_2CH_2OH$$

这两个阶段具有不同的反应速率。第一阶段反应速率略慢，当形成一分子环氧乙烷加成物（$C_{12}H_{25}OCH_2CH_2OH$）后，反应速率迅速增加。

合成脂肪醇聚氧乙烯醚的原料为高碳醇（高级脂肪醇）和环氧乙烷，下面简要说明这两种原料的合成方法及脂肪醇聚氧乙烯醚表面活性剂的生产过程。

7.4.2 高碳醇的制备方法

高碳醇的制备主要有三种方法：天然油脂和脂肪酸还原法、有机合成法和石蜡法。

1. 天然油脂和脂肪酸还原法

这种方法可以制备月桂醇（$C_{12}H_{25}OH$）、油醇[$CH_3(CH_2)_7CH=CH(CH_2)_7CH_2OH$]及鲸蜡醇（$C_{16}H_{33}OH+C_{18}H_{35}OH$）等，其反应式为：

$$RC(=O)-OH + 2H_2 \xrightarrow{Ni} RCH_2OH + H_2O$$

$$RC(=O)-OR' + 2H_2 \xrightarrow{Ni} RCH_2OH + R'OH$$

随着脂肪醇合成技术的不断发展，天然油脂和脂肪酸还原法制备高碳醇有所衰落，但由于原料来源丰富，至今仍占有一席之地。特别是椰子油还原制备十二碳醇在我国仍广泛使用，将椰子油在 100~200 Pa、200~300 ℃ 下，催化加氢还原制得椰子油醇。椰子油醇是国内洗涤剂用脂肪醇的重要品种，其产品组成见表 7-13。

表 7-13 椰子油醇的组成

组分	含量/%	组分	含量/%
辛酸（C_8）	9	十四醇	15
癸酸（C_{10}）	8	十六醇	5
十二醇	45	十八醇	8

生产非离子表面活性剂时，需要再进行分馏切割，前馏分（$C_8 \sim C_{14}$）作洗涤剂，后馏分（$C_{15} \sim C_{18}$）作乳化剂和匀染剂。

根据这一反应原理，合成脂肪酸或脂肪酸酯也可经还原得到高碳醇，但此方法只有少数国家在使用。

2. 有机合成法

有机合成制备高碳醇的方法中，比较重要的有两种：羰基合成法和齐格勒法。

（1）羰基合成法

羰基合成法是 1938 年德国鲁尔公司的奥托罗伦发现的。1944 年，该公司首先采用这种方法建成了年产万吨的 $C_{12} \sim C_{14}$ 脂肪醇装置并顺利投产。在此之后，法国、美国、日本、英国等国也先后建成了工业装置，使羰基合成法有很大的发展，而高碳醇的产量也有大幅度提高。

羰基合成法就是指烯烃、氢气和二氧化碳在催化剂及高温、高压条件下反应生成醛的反应。其反应式为：

$$2RCH=CH_2 + 2CO_2 + 4H_2 \xrightarrow[\text{羰基钴催化}]{CO_2(CO)_8} RCH_2CH_2CHO + RCH(CHO)CH_3 + 2H_2O$$

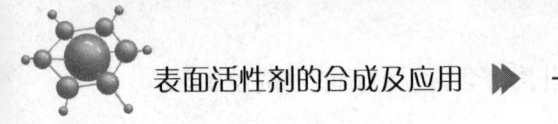

生成的醛加氢可得到醇，即：

$$RCH_2CH_2CHO, \underset{\underset{CHO}{|}}{RCHCH_3} + H_2 \xrightarrow{Ni} RCH_2CH_2CH_2OH, \underset{\underset{CH_2OH}{|}}{RCHCH_3}$$

因此，反应产物一般是伯醇和仲醇的混合物。

（2）齐格勒法

此法最早是于1954年由联邦德国马克斯·普兰克（Max-Plank）研究所的基尔-齐格勒发现的，于1962年建成了年产5万吨高级直链伯醇的工厂并正式投入生产。此法也是齐格勒低压法聚乙烯的发展。

齐格勒法是指乙烯与烷基铝在加热、加压的条件下反应得到三烷基铝，三烷基铝进一步与乙烯反应制得高级三烷基铝，最后经氧化、水解制得高碳醇，其反应过程分为四个步骤。

第一步：制备三乙基铝。可以看作由如下反应式制得：

$$3CH_2=CH_2 + 1.5H_2 + Al \longrightarrow Al(CH_2CH_3)_3 \qquad ①$$

实际上是铝粉、氢气在三乙基铝存在下生成二乙基铝化合物，二乙基铝化合物进一步与乙烯反应生成三乙基铝，即：

$$Al + 0.5H_2 + 2Al(CH_2CH_3)_3 \longrightarrow 3Al(CH_2CH_3)_2H \qquad ②$$

$$Al(CH_2CH_3)_2H + CH_2=CH_2 \longrightarrow Al(CH_2CH_3)_3 \qquad ③$$

可以将反应①看作反应②与③综合作用的结果。

第二步：生成高级三烷基铝，即烷基链增长的过程。

$$Al(CH_2CH_3)_3 + CH_2=CH_2 \longrightarrow Al\begin{matrix}R^1\\R^2\\R^3\end{matrix}$$

第三步：高级三烷基铝氧化为醇化铝。

$$Al\begin{matrix}R^1\\R^2\\R^3\end{matrix} + 3/2O_2 \longrightarrow Al\begin{matrix}OR^1\\OR^1\\OR^3\end{matrix}$$

第四步：醇化铝水解制得高碳醇。

$$2Al\begin{matrix}OR^1\\OR^1\\OR^3\end{matrix} + 3H_2SO_4 \longrightarrow Al_2(SO_4)_3 + 2R^1OH + 2R^2OH + 2R^3OH$$

齐格勒法制得的高碳醇均为伯醇，但它是不同碳链长度醇的混合物，其典型产品的分布见表7-14。

表7-14 齐格勒法制得的伯醇组成

组分	含量/%	组分	含量/%	组分	含量/%
C_2	1.1	C_{10}	20.9	C_{18}	1.30
C_4	9.6	C_{12}	13.8	C_{20}	0.5
C_6	17.4	C_{14}	7.2	C_{22}	0.2
C_8	24.5	C_{16}	3.5		

经过分离后，可以得到不同碳数的醇。这种方法存在的问题是得到的是多种醇的混合物。改进方法：调整产品比例，开发副产醇的应用。

3. 石蜡法

石蜡法生产高碳醇得到的是仲醇，其反应为自由基反应，反应方程式为：

$$RCH_2CH_2CH_2CH_3 \xrightarrow[Cl_2]{氯化} RCH_2CH_2CHCH_3(Cl) \xrightarrow[-HCl]{消除} RCH_2CH_2CH=CH_2$$

$$\xrightarrow[磺酸化]{+H_2SO_4} RCH_2CH_2CHCH_3(OSO_3H) \xrightarrow[-H_2SO_4]{水解} RCH_2CH_2CHCH_3(OH)$$

7.4.3 环氧乙烷的制备方法

环氧乙烷是制备非离子表面活性剂的重要原料，它的部分物理化学常数见表 7-15。

表 7-15 环氧乙烷的部分物理化学常数

项目	指标	项目	指标
沸点（101.325 kPa）/℃	10.7	生成热（25 ℃, 101.325 kPa)/(kJ·mol^{-1})	71.06
凝固点/℃	−111.3	燃烧热（25 ℃, 101.325 kPa)/(kJ·mol^{-1})	1 306.46
熔点/℃	−112.5	溶解热（101.325 kPa)/(kJ·mol^{-1})	6.27
闪点（开环）/℃	<−18	聚合热（液态)/(kJ·mol^{-1})	83.60
自燃温度（101.325 kPa）/℃	591	分解热（气态)/(kJ·mol^{-1})	83.60
着火温度（101.325 kPa 空气中）/℃	429	比热容/[J·(g·℃)$^{-1}$]（液态）	1.95
临界温度/℃	195.8	比热容/[J·(g·℃)$^{-1}$]（气态, 34 ℃, 101.325 kPa）	1.096
临界压力/MPa	7.17	蒸气压/kPa 10.7 ℃	87.99
密度（20 ℃）/(g·cm^{-3})	0.869 7	蒸气压/kPa 20 ℃	146.00
相对密度（d_{20}^{20}）	0.871 1	蒸气压/kPa 30 ℃	207.98
黏度（0 ℃)/(Pa·s)	0.032	蒸气压/kPa 50 ℃	395.57
折射率（7 ℃）	1.359 7	蒸气压/kPa 109 ℃	1 695.86

环氧乙烷的合成方法主要有氯乙醇法和直接氧化法。

1. 氯乙醇法

1925 年，美国联合碳化物公司建成第一套使用氯乙醇法生产环氧乙烷的装置，该法生产技术简单、乙烯消耗定额低，所以，长期以来为人们所采用，目前在国内仍有使用。

这种方法的生产过程可由下列反应表示。

首先，在水中通入氯气生成次氯酸：

$$Cl_2 + H_2O \longrightarrow HClO + HCl$$

乙烯同次氯酸反应生成氯乙醇:

$$HClO + CH_2=CH_2 \longrightarrow CH_2Cl-CH_2OH$$

氯乙醇和石灰相互作用获得环氧乙烷:

$$2CH_2Cl-CH_2OH + Ca(OH)_2 \longrightarrow 2CH_2\underset{O}{-}CH_2 + 2H_2O + CaCl_2$$

此法的工艺流程如图 7-5 所示。

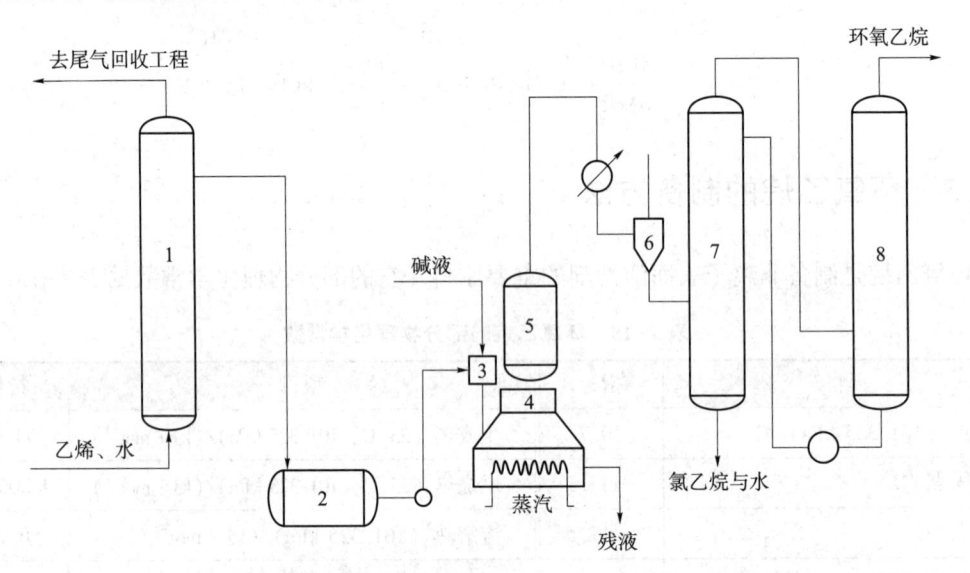

1—氯乙醇反应器；2—氯乙醇贮槽；3—混合器；4—皂化釜；
5—回流冷凝器；6—气液分离器；7—初馏塔；8—精馏塔。

图 7-5　氯乙醇法生产环氧乙烷工艺流程

这种方法的缺点是消耗大量的氯气和石灰，氯化钙溶液给污水处理造成很大困难，而且副产物盐酸对设备腐蚀严重。因此，氯乙醇法后来逐渐被直接氧化法取代，美国则在 1971 年前后将此法全部淘汰。

2. 直接氧化法

1953 年，美国设计（SD）公司成功建立了年产 27 t 的使用空气氧化法生产环氧乙烷的工业装置，此后该法被广泛使用并逐步取代氯乙醇法。1958 年，美国的壳牌开发（Shell Development）公司发展了氧气氧化法，建立了年产 2 万吨环氧乙烷的生产装置。由于廉价的纯氧易于制得，因此该法颇受人们的重视，到 1975 年，世界上使用氧气氧化法生产环氧乙烷的生产能力已超过使用空气氧化法。

该法的生产过程是乙烯和氧气在银催化剂的催化下氧化制得环氧乙烷，反应式如下。

主反应：

$$CH_2=CH_2 + \frac{1}{2}O_2 \xrightarrow[Ag]{250\ ℃} CH_2\underset{O}{-}CH_2$$

副反应：

$$CH_2=CH_2 + 3O_2 \xrightarrow{250\ ℃} 2CO_2 + 2H_2O$$

$$CH_2=CH_2+O_2 \longrightarrow 2CH_3OH$$
$$CH_2=CH_2+1/2O_2 \longrightarrow CH_3CHO$$
$$H_2C\underset{O}{-}CH_2 + 5/2O_2 \longrightarrow 2CO_2 + 2H_2O$$

$$H_2C\underset{O}{-}CH_2 \longrightarrow CH_3CHO$$

因此，生产过程中要严格控制反应条件，否则，副反应会加剧，破坏正常生产。另外，直接氧化法对原料乙烯的纯度要求较高，含量应高于98%；而且此法操作复杂，技术要求高，更适合大规模工业生产。

但氧化法工艺新，反应过程中不使用氯气，生产费用比氯乙醇法低，而且产品质量较好，环氧乙烷纯度>99.9%，醛含量（以乙醛计）<0.01%，水分含量<0.03%。使用氯乙醇法所得产品中，醛含量为0.1%~0.3%。一般对环氧乙烷质量要求为纯度>98%，乙醛含量≤0.4%，水分含量≤0.2%。

7.4.4 脂肪醇聚氧乙烯醚的应用

脂肪醇聚氧乙烯醚与其他表面活性剂的配伍性好。对硬水不敏感，低温洗涤性能好，但随着水温的升高，其溶解度会逐渐降低。在pH为3~11时，脂肪醇聚氧乙烯醚水解稳定。然而，它们也会在空气中缓慢氧化，生成一些氧化产物，比如乙醛和过氧化物，这些氧化产物比那些尚未发生类似情况的表面活性剂对皮肤毒性更大。

脂肪醇聚氧乙烯醚类非离子表面活性剂品种较多，应用广泛，一般可以用作液体洗涤剂、乳化剂、匀染剂、泡沫稳定剂、增白剂、增稠剂以及皮革助剂等。

7.5 非离子表面活性剂的生产方法

7.5.1 传统釜式搅拌工艺

以 $C_{18}H_{37}(OCH_2CH_2)_{10}OH$ 为例介绍传统釜式搅拌工艺生产非离子表面活性剂的过程，其工艺流程如图7-6所示。

生产 $C_{18}H_{37}(OCH_2CH_2)_{10}OH$ 的主要设备为不锈钢压力反应釜。将十八醇加入不锈钢压力反应釜中，然后加入50% NaOH 溶液，其用量为十八醇用量的0.5%。加热至100℃，真空脱水1h。然后通入氮气以赶走空气，防止环氧乙烷发生危险，最后加热到150℃，用氮气连续将EO压入反应釜中，维持压力为0.2 MPa，保持在130~180℃反应数小时，控制通入的EO的量，保证一定的摩尔比和聚合度。

聚合反应结束后，物料经乙酸中和，最后在漂白釜内用双氧水漂白，除去反应杂质的深黄色色素，使表面活性剂有良好的外观，最终得到产品 $C_{18}H_{37}(OCH_2CH_2)_{10}OH$。

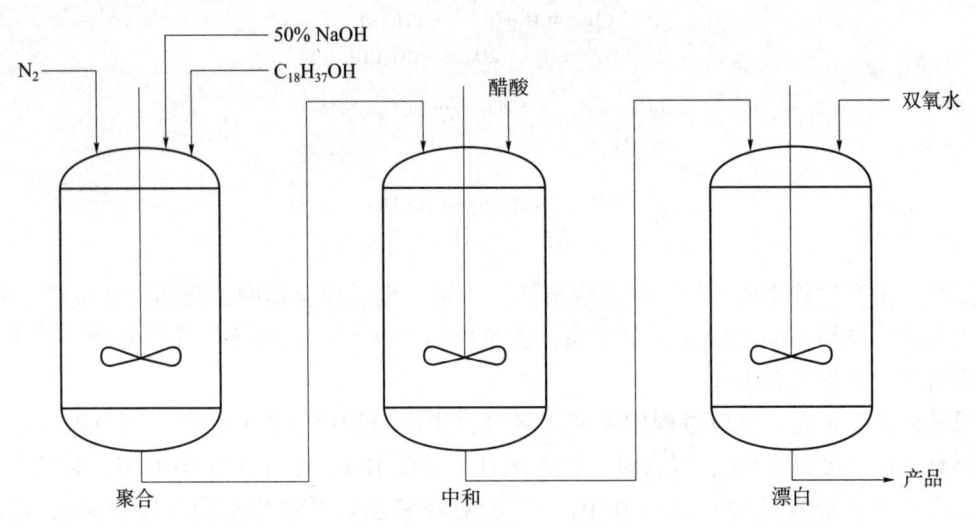

图 7-6　$C_{18}H_{37}(OCH_2CH_2)_{10}OH$ 生产工艺流程

7.5.2　Press 生产工艺

1962 年，由意大利 Press 公司首次开发的 Press 喷雾式反应器投入工业化生产，至今先后推出五代工业化反应器，如图 7-7 所示。

Press 生产工艺采用反应物料循环喷雾反应来替代搅拌混合，完成一个循环需要 1~10 min。

Press 生产工艺改变了传统的氧乙基化传质过程，即不采用环氧乙烷或环氧丙烷的气相向起始物液相中分布的方式，而是反应器内装不同开孔度的喷嘴管，物料经喷嘴物化后与气相环氧乙烷或环氧丙烷接触，即采用起始物液相向环氧乙烷或环氧丙烷气相分布的方式，从而获得很高的反应速度。

该法操作十分安全，聚乙二醇副产物也大大减少。其生产工艺流程示意如图 7-8 所示。

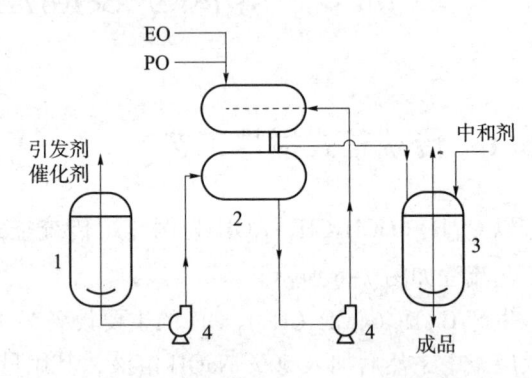

1—预热器；2—气液接触反应器；3—中和冷却器；4—泵。

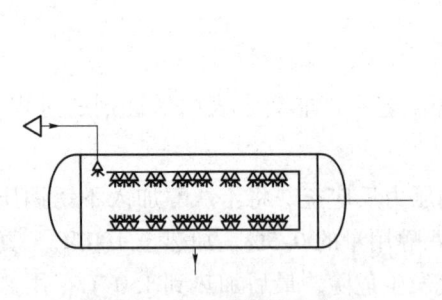

图 7-7　Press 喷雾式反应器　　图 7-8　Press 生产工艺流程示意

起始物由贮槽泵送到预热器 1，在这里加入催化剂，在真空下搅拌加热脱出水分。反应开始前，系统内的空气用氮气置换，然后将环氧乙烷或环氧丙烷送入专门设计的气液接触反应器 2 中。环氧乙烷或环氧丙烷在高压下其呈雾状，充满整个反应器的上部空间。起始物由

泵 4 送入反应器的喷嘴管中，通过管子上的细孔向外喷出，此起始物小液滴立即与喷成雾状的环氧化物反应。反应压力为 0.3~0.4 MPa，温度为 100~120 ℃，反应后送入中和冷却器 3 进行后处理。

Press 生产工艺的特点：

（1）反应速度远远高于传统工艺

在较少的催化剂用量和较低的压力、温度下可获得极高的反应速度（对主反应），副产物仍能保持较低的水准。由于具有极高的反应速度，因此装置有较高的生产能力，生产间歇时间少；就一定的生产能力而言，反应设备体积小，占地面积小，投资费用低。

（2）系统安全可靠

Press 生产工艺是将起始物以细小的液滴分散到氮气气氛下的环氧乙烷的气相中，大大增加了气液两相的接触面积。环氧乙烷与液滴反应快，在液相中残留少。设备实际容纳的危险性气体减少，安全系数高。反应器的气相部分没有任何传动部件，不存在生成静电的危险，可防止因静电产生的意外爆炸。

（3）产品质量好，相对分子质量分布窄

与传统法相比，Press 生产工艺更容易实现高相对分子质量产品的生产。产品中聚乙二醇含量低，这是因为水是聚乙二醇产生的主要原因，而该系统经专门设计，水分脱除效果好；反应的诱导期缩短，催化剂用量减少，也有助于减少聚乙二醇含量。此生产工艺的反应速度快，周期短，产品色泽好，一般不需要进行漂白处理，各批次之间重现性好。

（4）生产消耗低

每吨产品公用工程的消耗定额均低于传统法。

7.5.3 Buss 回路氧乙基化工艺

20 世纪 80 年代末，瑞士公司将其拥有 30 多年运行经验的回路反应器用于氧乙基化反应中，成功地开发了 Buss 回路氧乙基化新工艺，并于 1988 年在法国建成第一套工业生产装置。Buss 回路氧乙基化工艺以其高度的安全性和生产能力显示出更先进的技术水平和更强的竞争力。Buss 回路氧乙基化工艺组成：预处理段、反应段和后处理段。此工艺无尾气排放。图 7-9 所示为 Buss 回路氧乙基化工艺流程。

该工艺主要分为：

（1）预处理段

将定量的壬基酚和催化剂加入脱水搅拌釜中，在 110 ℃下减压脱水，升温至 160 ℃后进入回路喷射反应器中。

（2）反应段

启动物料循环泵，循环物料并升温，在反应器内的物料温度和氮气压力达到设定值后，即可通入液态或气态环氧乙烷；气化后的环氧乙烷在高效气液混合喷射反应器中与液相物料充分混合反应；保持环氧乙烷分压，直至所需环氧乙烷加完为止。

（3）后处理段

减压除氮，中和物料，然后送至产品贮罐。

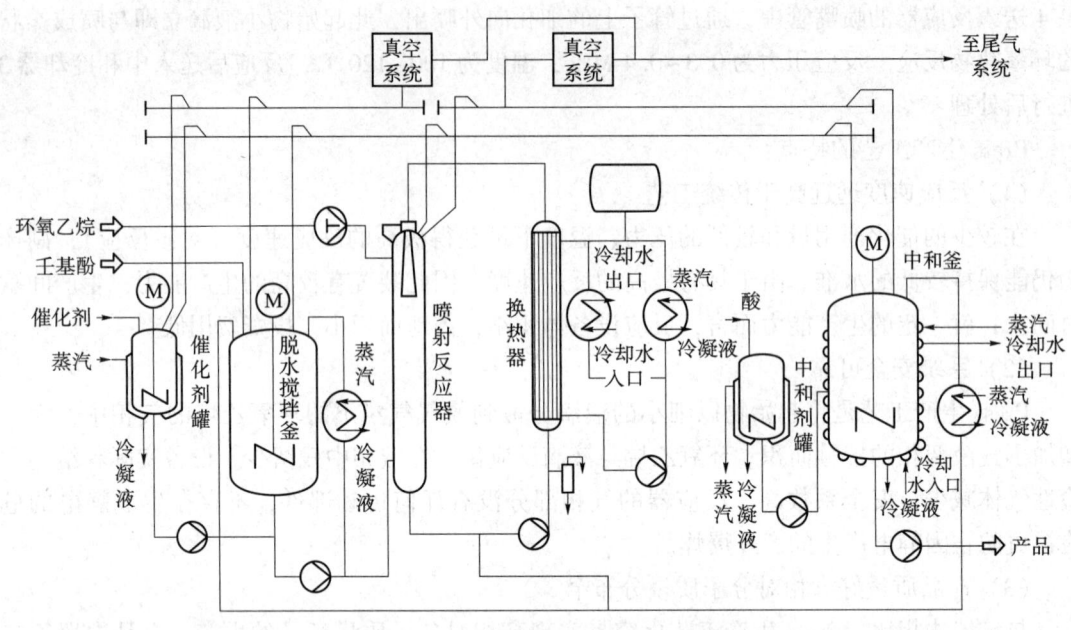

图 7-9 Buss 回路氧乙基化工艺流程

7.6 烷基酚聚氧乙烯醚

烷基酚聚氧乙烯醚是非离子表面活性剂早期开发的品种之一，其结构通式为：

$$R-\text{C}_6\text{H}_4-O(CH_2CH_2O)_nH$$

式中，R 为碳氢链烷基，一般为八碳烷基（$C_8H_{17}-$）或九碳烷基（$C_9H_{19}-$），很少有 12 个碳原子以上的烷基做取代基的。苯酚也可以用其他酚如萘酚、甲苯酚等代替，但这些取代物很少用。

7.6.1 烷基酚的制备

① 由苯酚与烯烃反应制得：

$$2CH_2=C(CH_3)_2 \xrightarrow{聚合} CH_3-C(CH_3)_2-CH=C(CH_3)-CH_3 \xrightarrow[酸催化]{C_6H_5OH} CH_3-C(CH_3)_2-CH_2-C(CH_3)_2-C_6H_4-OH$$

② 由苯酚与卤代烷反应制得：

$$RCH_2CH_3 + Cl_2 \xrightarrow{自由基反应} RCHClCH_3 \xrightarrow[AlCl_3]{C_6H_5OH} RCH(CH_3)-C_6H_4-OH$$

7.6.2 烷基酚聚氧乙烯醚的合成

例如，壬基酚聚氧乙烯醚的制备：

$$C_9H_{19}-C_6H_4-OH + CH_2-CH_2(O) \longrightarrow C_9H_{19}-C_6H_4-OCH_2CH_2OH$$

$$C_9H_{19}-C_6H_4-OCH_2CH_2OH + mCH_2-CH_2(O) \longrightarrow C_9H_{19}-C_6H_4-OCH_2CH_2O(CH_2CH_2O)_mH$$

这类表面活性剂的生产大多采用间歇法，在不锈钢压力反应釜中进行氧乙基化反应，反应器内装有搅拌器和蛇管，釜外带有夹套。

在生产过程中，首先将烷基酚和氢氧化钠或氢氧化钾催化剂（用量为烷基酚用量的 0.1%~0.5%）加入反应釜内，抽真空并用氮气保护，在无水无氧条件下，用氮气将环氧乙烷加入反应釜内，维持 0.15~0.3 MPa 压力和 (170±30)℃ 温度进行氧乙基化加成反应，直至环氧乙烷加完为止。冷却后用乙酸或柠檬酸中和反应物，再用双氧水（H_2O_2）漂白或用活性炭脱色，以改善产品颜色，最终制得烷基酚聚氧乙烯醚产品。

此外，按应用需要，烷基酚中的烷基可用芳香族取代基替换，如二苄基联苯基聚氧乙烯醚是很好的乳化剂。其合成路线如下：

$$\text{(结构式：二苄基联苯基聚氧乙烯醚)}$$

7.6.3 性质与用途

烷基酚聚氧乙烯醚类表面活性剂商品名为 OP 系列，具有如下特性。

① 由于环氧乙烷加入量不同，可制得油溶性、弱亲水性及浊点在 100 ℃ 以上的强亲水性化合物，例如：

$$C_9H_{19}\text{—}C_6H_4\text{—}O(CH_2CH_2O)_nH$$

$n=1\sim6$，油溶性。

$n>8$，水溶性，浊点 >50 ℃。

$n=8\sim9$，润湿性、去污力、乳化性能皆佳。

$n>10$，润湿性、去污力下降，浊点升高。

② 表面张力随环氧乙烷加成数不同而发生变化。当 $n=8\sim10$ 时，水溶液润湿性好，表面张力低；当 $n>15$ 时，可在强电解质溶液中使用。随着 n 的增加，水溶液的表面张力逐渐升高。

③ 化学性质稳定，耐酸和强碱，在高温时也不容易被破坏。

④ 可用于金属酸洗及强碱性洗净剂中。

⑤ 还可用作渗透剂、乳化剂、洗涤剂及染色中的剥色剂等。

⑥ 对氧化剂稳定，遇某些氧化剂如次氯酸钠、高硼酸盐及过氧化物等不易被氧化。

⑦ 不易生物降解。

7.7 聚乙二醇脂肪酸酯

聚乙二醇脂肪酸酯（工业上也称脂肪酸聚乙二醇酯）的合成方法有脂肪酸与环氧乙烷反应、脂肪酸与聚乙二醇反应、脂肪酸酐与聚乙二醇反应、脂肪酸金属盐与聚乙二醇反应、脂肪酸酯与聚乙二醇酯反应。其中，前两种方法原料价廉、易得，工艺简单，在工业上经常使用，本节主要介绍前两种方法。

7.7.1 脂肪酸与环氧乙烷（EO）反应

聚乙二醇脂肪酸酯的通式为 $RCOO(CH_2CH_2)_nH$，可将脂肪酸与环氧乙烷在碱性条件下发生氧乙基化反应，来制备此种表面活性剂。其反应过程分为以下两个阶段进行。

第一阶段：在催化剂的作用下，脂肪酸与环氧乙烷反应生成脂肪酸酯。此阶段也可称作引发阶段，其反应式为：

$$RCOOH + OH^- \longrightarrow RCOO^- + H_2O$$

$$RCOO^- + H_2C\overset{\displaystyle\diagdown\!\!\!/O\!\!\!\diagdown}{-\!\!\!-}CH_2 \longrightarrow RCOOCH_2CH_2O^-$$

$$RCOOCH_2CH_2O^- + RCOOH \longrightarrow RCOOCH_2CH_2OH + RCOO^-$$

第二阶段：聚合阶段。由于醇盐负离子的碱性高于羧酸盐离子，因此它可以不断地从脂肪酸分子中夺取质子，生成羧酸盐离子，直至脂肪酸全部耗尽，便迅速发生聚合反应。反应式为：

$$RCOOCH_2CH_2O^- + (n-1)H_2C\overset{\diagdown O \diagdown}{-\!\!\!-}CH_2 \longrightarrow RCOO(CH_2CH_2O)_n^-$$

$$RCOO(CH_2CH_2O)_n^- + RCOOH \longrightarrow RCOO(CH_2CH_2O)_nH + RCOO^-$$

两个阶段的总反应式为：

$$RCOOH + H_2C\overset{\diagdown O \diagdown}{-\!\!\!-}CH_2 \xrightarrow{OH^-} RCOOCH_2CH_2OH$$

$$RCOOCH_2CH_2OH + (n-1)H_2C\overset{\diagdown O \diagdown}{-\!\!\!-}CH_2 \longrightarrow RCOO(CH_2CH_2O)_nH$$

例如，硬脂酸 15 mol EO 加成物的制备可通过下列反应进行：

$$C_{17}H_{35}COOH + 15H_2C\overset{\diagdown O \diagdown}{-\!\!\!-}CH_2 \xrightarrow{OH^-} C_{17}H_{35}COO(CH_2CH_2O)_{15}H$$

7.7.2 脂肪酸与聚乙二醇反应

由脂肪酸与聚乙二醇直接酯化制备聚乙二醇脂肪酸酯的反应式为：

$$RCOOH + HO(CH_2CH_2O)_nH \longrightarrow RCOO(CH_2CH_2O)_nH + H_2O$$

由于聚乙二醇两端均可反应，因此可以同两分子羧酸反应，即：

$$2RCOOH + HO(CH_2CH_2O)_nH \longrightarrow RCOO(CH_2CH_2O)_nOCR + 2H_2O$$

为了主要获得单酯，通常要加入过量的聚乙二醇。这一酯化反应常常采用酸性催化剂如硫酸、苯磺酸等。

以月桂酸聚乙二醇酯为例，其合成反应式为：

$$C_{11}H_{23}COOH + HO(CH_2CH_2O)_{14}H \xrightarrow[H_2SO_4]{110 \sim 120\ ^\circ\!C,\ 2\sim 3\ h} C_{11}H_{23}COO(CH_2CH_2O)_{14}H + H_2O$$

7.7.3 产品的性质和应用

此类产品与高级醇或烷基酚的环氧乙烷加成物相比，渗透力和去污力一般较差，但具有低泡和生物降解性好的特点。主要用作乳化剂、分散剂、纤维油剂（纺织用或整理用）和染料助剂等，此外，在皮革、橡胶、制药等部门也有应用。

此类化合物由于结构中具有酯键，因此对热、酸、碱不够稳定，易水解。

7.8 脂肪酰醇胺（聚氧乙烯酰胺）

脂肪酰醇胺（聚氧乙烯酰胺）的结构通式为：

$$RCON\begin{pmatrix}(CH_2CH_2O)_pH\\(CH_2CH_2O)_qH\end{pmatrix}$$

制取此类表面活性剂的主要反应为：

$$C_{17}H_{33}CONH_2 + nH_2C\!-\!\!\!-\!\!CH_2 \xrightarrow{NaOH} C_{17}H_{33}CON\begin{pmatrix}(CH_2CH_2O)_pH\\(CH_2CH_2O)_qH\end{pmatrix} \quad (p+q=n)$$
$$\underset{O}{\diagdown\!\diagup}$$

脂肪酰醇胺类表面活性剂，按其结构，可以分为两种形式，即 1∶1 型和 1∶2 型（Ninol 产品）。

(1) 1∶1 型
即由 1 mol 脂肪酸与 1 mol 二乙醇胺反应制得的表面活性剂，如：

$$C_{11}H_{23}COOCH_3 + HN\begin{pmatrix}CH_2CH_2OH\\CH_2CH_2OH\end{pmatrix} \longrightarrow C_{11}H_{23}CON\begin{pmatrix}CH_2CH_2OH\\CH_2CH_2OH\end{pmatrix} + CH_3OH$$

这类表面活性剂水溶性差，但在洗涤溶液中具有很好的稳泡作用，故可用作泡沫稳定剂。

(2) 1∶2 型
即由 1 mol 脂肪酸与 2 mol 二乙醇胺反应制得的表面活性剂。如：

$$C_{11}H_{23}CON\begin{pmatrix}CH_2CH_2OH\\CH_2CH_2OH\end{pmatrix}\cdot NH\begin{pmatrix}CH_2CH_2OH\\CH_2CH_2OH\end{pmatrix}$$

它也是脂肪酰醇胺型表面活性剂中的一类重要品种，其水溶性优于 1∶1 型。它的制备方法是将 1 mol 月桂酸或椰子油脂肪酸与 2 mol 二乙醇胺在氮气保护条件下脱水缩合。

$$C_{11}H_{23}COOH + 2NH\begin{pmatrix}CH_2CH_2OH\\CH_2CH_2OH\end{pmatrix} \xrightarrow{N_2} C_{11}H_{23}CON\begin{pmatrix}CH_2CH_2OH\\CH_2CH_2OH\end{pmatrix}\cdot NH\begin{pmatrix}CH_2CH_2OH\\CH_2CH_2OH\end{pmatrix} + H_2O$$

对于这类表面活性剂，有人认为可能形成下列化合物，也有人认为是二乙醇胺与胺皂的共胶束现象造成的。

$$C_{11}H_{23}CON\begin{pmatrix}CH_2CH_2OH\\CH_2CH_2NH^+\end{pmatrix}\begin{pmatrix}CH_2CH_2OH\cdot OH^-\\CH_2CH_2OH\end{pmatrix}$$

脂肪酸和二乙醇胺按物质的量比 1∶2 进行缩合时，产物的组成较为复杂。产品的多组分说明了反应的复杂性。

这类表面活性剂的特点是水溶性好，起泡力强，而且泡沫稳定，洗净力强。另外，还可作为增稠剂使用。

对于脂肪酰醇胺类表面活性剂，可使用的脂肪酸还有：

油酸　$CH_3(CH_2)_7CH=CH(CH_2)_7COOH$

硬脂酸　$C_{17}H_{35}COOH$

软脂（鲸、蜡、棕榈）酸　$C_{15}H_{31}COOH$
肉豆蔻酸　$C_{13}H_{27}COOH$
月桂酸　$C_{11}H_{23}COOH$

7.9　聚氧乙烯烷基胺

聚氧乙烯烷基胺也是非离子表面活性剂的重要品种之一，是国外 20 世纪 60 年代开始兴起的化学品，具有洗涤、渗透、乳化和分散等多性能，广泛用作洗涤剂、乳化剂、起泡剂、润湿剂、染料匀染剂及纺织整理剂。

这类表面活性剂同时具有非离子表面活性剂和阳离子表面活性剂的性质，聚氧乙烯基链越长，非离子表面活性剂的性质越突出。这类表面活性剂的通式如下：

$$R-N \begin{matrix} (CH_2CH_2O)_nH \\ (CH_2CH_2O)_nH \end{matrix} \quad 或 \quad \begin{matrix} R^1 \\ R^2 \end{matrix} N-(CH_2CH_2O)_nH$$

由于高级脂肪胺极易同环氧乙烷反应，故可进行无催化剂反应。反应分两个阶段进行，即脂肪胺先与 2 mol 环氧乙烷反应，在无催化剂作用下，可制得 N,N-二羟乙基胺，然后在氢氧化钠或醇钠等催化剂作用下，发生聚氧乙烯链增长反应，其反应式可表示如下：

$$C_{12}H_{25}NH_2 + 2CH_2\!-\!\!\!-\!CH_2 \xrightarrow{无催化剂} C_{12}H_{25}N\begin{matrix}CH_2CH_2OH\\CH_2CH_2OH\end{matrix} \xrightarrow[NaOH或NaOR]{n\,EO} C_{12}H_{25}N\begin{matrix}(CH_2CH_2O)_pH\\(CH_2CH_2O)_qH\end{matrix}$$

$(p+q=n+2)$

以伯胺为起始原料，同环氧乙烷进行加成反应，可获得 Ethomeen 聚氧乙烯脂肪胺产品，其结构和性能见表 7-16。

表 7-16　Ethomeen 聚氧乙烯脂肪胺产品的结构和性能

名称	平均相对分子质量	烷基来源	环氧乙烷加成数	相对密度（25 ℃/25 ℃）	表面张力（0.1%）/（mN·m^{-1}）	表面张力（1%）/（mN·m^{-1}）
EthomeenC/12	285	椰子胺	2	0.874	32	33
EthomeenC/15	422	椰子胺	5	0.976	33	33
EthomeenC/20	645	椰子胺	10	1.101 7	39	38
EthomeenC/25	860	椰子胺	15	1.024	41	41
EthomeenC/12	483	豆油胺	5	0.951	33	33
EthomeenS/15	710	豆油胺	10	1.020	40	39
EthomeenS/20	930	豆油胺	15	1.040	43	43
EthomeenT/15	482	牛脂胺	5	0.966	34	33
EthomeenT/25	925	牛脂胺	15	1.028	41	40

仲胺和环氧乙烷的反应式如下：

$$R-NH_2 + nCH_2-CH_2 \xrightarrow{\quad O \quad} R-NH-CH_2-CH_2(CH_2CH_2O)_{n-2}OCH_2CH_2OH$$

但反应较为困难，反应中有聚乙二醇生成。

由叔胺和环氧乙烷加成可得到商品 Priminox。反应方程式如下：

$$R-\underset{\underset{CH_3}{|}}{\overset{\overset{CH_3}{|}}{C}}-NH_2 + nH_2C-CH_2 \xrightarrow{\quad O \quad} R-\underset{\underset{CH_3}{|}}{\overset{\overset{CH_3}{|}}{C}}-NH(CH_2CH_2O)_nH$$

聚氧乙烯脱氢松香胺是由脱氢松香胺制备的一种表面活性剂产品。由于脱氢松香胺是含有两个活性氢的物质，均可同环氧乙烷发生加成反应，得到商品 Polyrad。

7.10 聚醚

这里所讲的聚醚型非离子表面活性剂是指整嵌型聚醚，它们是环氧乙烷和环氧丙烷的整体共聚物。其中，主要有以乙二醇为引发剂的 Pluronic 和以乙二胺为引发剂的 Tetronic 两类产品。

7.10.1 Pluronic 类聚醚型非离子表面活性剂

Pluronic 类聚醚型非离子表面活性剂的结构式如下：

$$HO(CH_2CH_2O)_b(\underset{\underset{}{}}{\overset{\overset{CH_3}{|}}{C}}HCH_2O)_a(CH_2CH_2O)_cH$$

式中，聚氧丙烯基为疏水基团，且 $a \geqslant 15$；两端的聚氧乙烯基为亲水基团，占化合物总量的 10%~80%。

这类表面活性剂的合成方法用以下方程式表示：

$$HOCHCH_2OH + (a-1)HC-CH_2 \xrightarrow[\text{碱催化}]{\underset{(2.03\sim5.07)\times10^5 \text{ kPa}}{120\sim170\ ℃}} HO(CHCH_2)_aH$$
$$\underset{CH_3}{|} \qquad\qquad \underset{O}{\underset{|}{CH_3}} \qquad\qquad\qquad\qquad\qquad \underset{CH_3}{|}$$

$$\xrightarrow{(b+c) \underset{O}{H_2C-CH_2}} HO(CH_2CH_2O)_b(\underset{\underset{CH_3}{|}}{C}HCH_2O)_a(CH_2CH_2O)_cH$$

首先将丙二醇与氢氧化钠加热至 120 ℃，当 NaOH 全部溶解后，通入环氧丙烷，控制通入速度，维持反应温度在 120~135 ℃，直至加完环氧丙烷。然后通入规定量的环氧乙烷。反应完毕后，经中和及后处理即可得到所需产品。

Pluronic 产品相对分子质量为 1 000~16 000，吸湿性差，在水中的溶解度随聚氧乙烯加成量的增加而增加，随聚氧丙烯加成量的增加而下降。此系列产品的组成可以从它的

商品格子图中查找。

图 7-10 即为 Pluronic 表面活性剂的产品格子图。图中横轴表示分子中聚氧乙烯的质量分数，纵轴是聚氧丙烯的相对分子质量。格子图中的符号如 L101、P75 和 F77 等均表示商品的牌号。其中，L（liquid）表示产品状态为液状，P（paste）表示膏状，F（flakable solid）表示片状固体。字母后面的数字，个位数表示分子中聚氧乙烯的质量分数，十位数和百位数表示分子中聚氧丙烯的相对分子质量。

聚氧丙烯的相对分子质量	末位数							
3 250(10)	L101		P103	P104	P105		F108	
2 750(9)		L92		P94			F98	
2 250(8)	L81			P84			F87	
2 050(7)		L72			P75		F77	
1 750(6)	L61	L62	L63	L64	P65		F58	
1 450(5)								
1 200(4)		L42	L43	L44				
950(3)	L31			L35			F38	
末位数	(1)	(2)	(3)	(4)	(5)	(6)	(7)	(8)
%	10	20	30	40	50	60	70	80

聚氧乙烯的质量分数/%

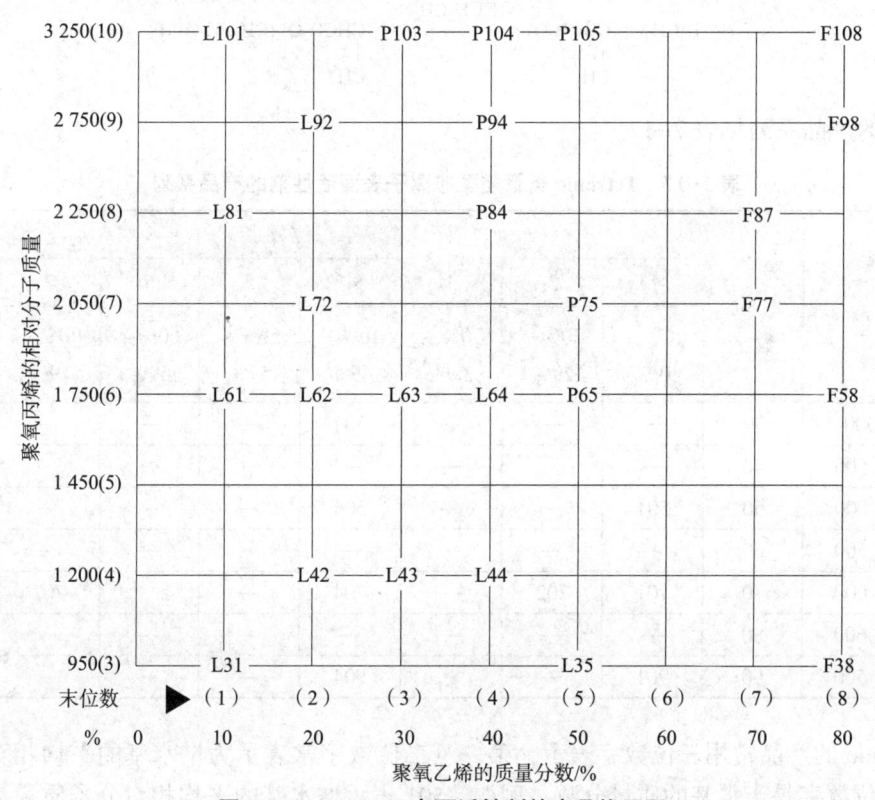

图 7-10　Pluronic 表面活性剂的产品格子图

通过 Pluronic 商品的牌号，即可在格子图中找到该产品的位置，从而查到其分子组成，例如，PluronicP85，从格子图可知其产品聚氧乙烯含量为 50%，聚氧丙烯相对分子质量为 2 250，该产品为膏状产品。

Pluronic 系列非离子表面活性剂主要用在石油工业中，并且在此范围内用途很广泛，其中主要用于以下两个方面。

（1）二次采油

一次采油后，部分原油仍牢固地吸附在砂层和岩石的表面，加入表面活性剂后，可降低原油的附着力，使原油能很容易地采出。一般二次采油量为 40%~50%。

（2）原油破乳

水能够以细微的水珠分散在原油中，形成稳定的油包水乳液，增加了运输负担，同时也会给炼油带来困难。加入 0.5% 的表面活性剂，就能使乳液破乳，破乳后的油的水含量可降至 1%，污水采油量（可理解为水中油的含量）可降至 0.3% 以下。

7.10.2 Tetronic 类聚醚型非离子表面活性剂

Tetronic 类聚醚型非离子表面活性剂的通式如下：

$$H(CH_2CH_2O)_y(CHCH_2O)_x\underset{H(CH_2CH_2O)_y(CHCH_2O)_x}{\overset{CH_3}{|}}NCH_2CH_2N\underset{(CHCH_2O)_x(CH_2CH_2O)_yH}{\overset{CH_3}{|}}(CHCH_2O)_x(CH_2CH_2O)_yH$$

它们的产品系列见表 7-17。

表 7-17 Tetronic 类聚醚型非离子表面活性剂的产品系列

憎水基相对分子质量	第一、二位数字	第三位数字							
		1	2	3	4	5	6	7	8
		10%~19%	20%~29%	30%~39%	40%~49%	50%~59%	60%~69%	70%~79%	80%~89%
501~1 000	30	—	—	—	304	—	—	—	—
1 001~1 500	40	—	—	—	—	—	—	—	—
1 501~2 000	50	501	—	—	504	—	—	—	—
2 001~2 500	60	—	—	—	—	—	—	—	—
2 501~3 000	70	701	702	—	704	—	—	707	—
3 001~3 600	80	—	—	—	—	—	—	—	—
3 601~4 500	90	901	—	—	904	—	—	—	908

Tetronic 的产品常用三位数字表示，第一、二位数字常表示为憎水基的平均相对分子质量，第三位数字是亲水基的质量分数。例如，501 表示憎水基的平均相对分子质量为 1 501~2 000，亲水基的质量分数为 10%~19%。

此类产品和 Pluronic 的区别：除引发剂的活泼氢有 4 和 2 的区别之外，Tetronic 具有较大的相对分子质量，可达 30 000，而 Pluronic 最大相对分子质量则为 13 000；Tetronic 的氮原子上未共用的电子对有弱氧离子的效应，但相对分子质量较大时，氮原子上未共用的电子对被掩盖，从而失去弱氧离子的效应。

Tetronic 系列产品可用作消泡剂和破乳剂。

以上介绍的几类非离子表面活性剂均为聚氧乙烯醚型，下面将介绍另一大类非离子表面活性剂，即多元醇型非离子表面活性剂。

7.11 多元醇型非离子表面活性剂

多元醇型非离子表面活性剂是指分子中含有多个羟基，并以之作为亲水基团的表面活性剂。此类表面活性剂以脂肪酸和多元醇为原料经酯化反应制得。所用的多元醇主要是甘油、

季戊四醇、山梨醇、失水山梨醇和糖类等。多元醇型非离子表面活性剂都是组分复杂的混合物，其组成取决于脂肪酸的组成、酯化度和酯化位置。选择不同的原料及不同的亲水疏水原料的投料比，可以合成具有宽范围亲水与疏水特性的多元醇型表面活性剂，它们具有不同的溶解特性、表面活性和其他物理性质。此类表面活性剂具有良好的乳化、分散、润滑和增溶性能，而且无毒或低毒，广泛用于食品、化妆品、药品和许多其他工业领域做乳化剂、分散剂，也可用作纺织油剂等。

本节主要介绍此类表面活性剂的几个重要品种，如脂肪酸失水山梨醇酯、脂肪酸甘油酯和季戊四醇酯，以及蔗糖的脂肪酸酯。

7.11.1　失水山梨醇脂肪酸酯及其聚氧乙烯化合物

失水山梨醇脂肪酸酯类表面活性剂商品名为 Span，具有润湿性好的特点，但水溶性差。它是由脂肪酸与失水山梨醇酯化制得的。

(1) 失水山梨醇的制备

山梨醇在硫酸存在下，于 140 ℃ 加热处理，可得到 1,4 位脱水的 1,4-失水山梨醇和 1,4 位脱水后 3,6 位再脱水的异山梨醇，其反应式为：

失水山梨醇常为以下两种化合物的混合体：

(2) 羧酸酯的制备

由于山梨醇羟基失水位置不定，所以，一般所说的失水山梨醇是各种失水山梨醇的混合物，因此，可由下列反应式表示其与羧酸的酯化反应，即：

实际上得到的产物是单酯、双酯和三酯的混合物（单酯、双酯和三酯均是 Span 的系列产品），可以用作润滑剂、抗静电剂等。

Span 产品水溶性较差，为改进其溶解性能，可以将其聚氧乙烯化，在分子中引入亲水性聚氧乙烯基，得到 Tween 系列的表面活性剂产品，从而极大地改进其应用性能。

$$\underset{HO-CH}{\overset{O}{\underset{|}{CH_2}}}\overset{OH}{\underset{|}{-CH}}-CH_2-O-\overset{O}{\underset{\|}{C}}-R + nCH_2-CH_2 \longrightarrow$$

$$\underset{\text{Tween}}{H(OCH_2CH_2)_pO-\overset{\overset{\overset{O}{\underset{|}{CH_2}}}{|}}{CH}-\overset{O(OCH_2CH_2)_sH}{\underset{|}{CH}}-CH_2-O-\overset{O}{\underset{\|}{C}}-R} \quad (p+q+s=n)$$

对 Span 系列非离子表面活性剂用环氧乙烷进行聚氧乙烯化，可得失水山梨醇脂肪酸酯的聚氧乙烯化合物，即聚氧乙烯（n）失水山梨醇脂肪酸酯。商品名为吐温（Tween），以单酯为例：

$$RCOOC_6H_8O(OH)_3 + nC_2H_4O \longrightarrow RCOOC_6H_8O(C_2H_4O)_xOH(C_2H_4O)_yOH(C_2H_4O)_zOH$$

式中，$x+y+z=n$，为环氧乙烷加成数。实际上环氧乙烷不仅加成到羟基上，而且由于酰基转移作用也嵌入酯键里。因此，Tween 系列非离子表面活性剂是比 Span 系列更复杂的混合物。

Tween 系列表面活性剂的 HLB 值为 9~17，其水溶性和分散性比 Span 系列表面活性剂好。其中，HLB 值为 9~14 时，亲水性较弱，分散力较大；若 HLB 值大于 15，则分散力较小，亲水性较强。

Tween 系列非离子表面活性剂低毒、无刺激，在药品、食品、化妆品中广泛用作乳化剂、分散剂、增溶剂，用于香波，可使毛发柔软，易梳理，对头皮无刺激，对眼睛刺激性小。在洗涤剂生产中，与阴离子烷基苯磺酸钠复配，可以提高去污能力、起泡力和抗多价金属离子的能力。在油田开发中，可用作油井生产防蜡剂、降凝剂和原油运输的降阻剂等。Span 系列不溶于水，Tween 系列的水溶性良好，Span 与 Tween 通常复配使用，广泛用于化妆品、药品、乳化剂等。

7.11.2 脂肪酸甘油酯和季戊四醇酯

脂肪酸甘油酯和季戊四醇酯可以分别由脂肪酸与甘油和脂肪酸与季戊四醇酯化制得。工业上大多采用酯交换法生产，这种方法简单而且价廉，成本较低。

例如，将甘油与椰子油或牛脂等按 2:1 的配料比投料，以 0.5%~1% 的氢氧化钠作催化剂，在 200~240 ℃下搅拌反应 2~3 h，即可发生酯化反应，生成甘油单月桂酸酯，其反应式为：

$$\underset{\text{椰子油}}{\begin{matrix}C_{11}H_{23}COOCH_2\\|\\C_{11}H_{23}COOCH\\|\\C_{11}H_{23}COOCH_2\end{matrix}} + 2\underset{\text{甘油}}{\begin{matrix}CH_2OH\\|\\CHOH\\|\\CH_2OH\end{matrix}} \xrightarrow[2\sim3\ h]{NaOH\ 200\sim240\ ℃} 3\underset{\text{甘油单月桂酸酯}}{\begin{matrix}C_{11}H_{23}COOCH_2\\|\\CHOH\\|\\CH_2OH\end{matrix}}$$

类似地，牛脂和季戊四醇反应可制得季戊四醇单硬脂酸酯，同时副产甘油单硬酯，反应式为：

$$\underset{\text{牛脂}}{\begin{matrix}C_{17}H_{35}COOCH_2\\C_{17}H_{35}COOCH\\C_{17}H_{35}COOCH_2\end{matrix}} + 2\,\underset{\text{季戊四醇}}{HO-CH_2-\underset{\underset{CH_2OH}{|}}{\overset{\overset{CH_2OH}{|}}{C}}-CH_2OH} \xrightarrow[2\sim3\text{ h}]{\text{NaOH}\atop 200\sim240\ ^\circ C}$$

$$2C_{17}H_{35}COOCH_2-\underset{\underset{CH_2OH}{|}}{\overset{\overset{CH_2OH}{|}}{C}}-CH_2OH \quad + \quad \begin{matrix}C_{17}H_{35}COOCH_2\\CHOH\\CH_2OH\end{matrix}$$

这两种表面活性剂主要用作乳化剂及纤维油剂。同时,因对人体无害,也常用作食品、化妆品的乳化剂。

7.11.3 蔗糖的脂肪酸酯

蔗糖的脂肪酸酯类表面活性剂的制备方法是将原料脂肪酸甲酯和蔗糖用溶剂溶解后,在碱性催化剂下加热发生酯交换反应,即可制得。

例如,将硬脂酸甲酯 1 mol 与蔗糖 3 mol、碳酸钾 0.1 mol 溶解于 DMF 中,减压至 80~90 mmHg[①]下,维持 90~100 ℃反应 3~6 h,所得的产品是单酯和双酯的混合物。然后加水使双脂水解为单脂。

$$C_{17}H_{35}COOCH_3 + \text{蔗糖} \xrightarrow[3\sim6\text{ h}]{DMF,\ K_2CO_3\atop 90\sim100\ ^\circ C}$$

$$\text{单酯和双酯的混合物} \xrightarrow[\text{水解}]{90\sim100\ ^\circ C} \text{蔗糖的单硬酯脂肪酸酯}$$

这种表面活性剂无毒、无味,用后可消化为脂肪酸和蔗糖,生物降解性好,是表面活性剂向天然化发展的一种趋势,可以用作洗涤剂及食品乳化剂等。

7.11.4 烷基糖苷

烷基糖苷(APG)是一类广泛使用的表面活性剂,早在 20 世纪 40 年代就被人们所发现,并得到了广泛应用。APG 的研究最早可以追溯到 1893 年,当时德国科学家 E. Fischer 首次使用糖与具有亲水性的甲醇、乙醇等合成低碳链的烷基糖苷。随后,其结构和性质也被多个研究小组所研究。初步的研究表明,烷基糖苷表面活性优异,生物相容性较好,对人体和

---

① 1 mmHg=133.322 Pa。

环境都不会产生有害的影响。在我国的河南、广东、湖北等地区，烷基糖苷已经实现工业化生产，但是还都停留在中试规模程度上，同时，烷基糖苷的研究工作也相继在我国多个重点大学研究开展，例如，大连理工大学、吉林大学等。我国的烷基糖苷无论是色泽还是气味等方面，与外国相比都还存在一定的差距，烷基糖苷的需求量正随着我国经济的高速发展而变得越来越大，因此，开发研究高质量的烷基糖苷具有非常重要的价值，需要在进一步提高生产规模的同时，加强对烷基糖苷质量的研究，提高产品的质量和竞争力。

APG 是由天然脂肪醇基在酸催化下脱水而缩合在糖基上，以糖基为亲水基、直链烷烃或者支链烷烃为疏水基，两部分通过醚键连接所构成。由于糖苷有纤维素糖苷键和淀粉糖苷键两种构型，因此，APG 也具有两种不同构型：α-APG 和 β-APG。从分子结构上看，APG 属于非离子表面活性剂，但同时具备阴离子表面活性剂和非离子表面活性剂的优点：临界胶束浓度（CMC）高，表面张力低，配伍性能好，去污性强，能与各种离子表面活性剂、非离子表面活性剂复配产生增效作用，起泡性良好，泡沫丰富且细腻，溶解性好，耐强碱及电解质，有较好的增稠能力、良好的对皮肤的润湿性和广谱抗菌性、溶解性强、对温度依赖性低等。此外，APG 的浊点特性与传统非离子表面活性剂也有所不同，可能是由于 APG 胶束表面会存在表面电荷。与 AEO 及 LAS 相比，APG 对皮肤刺激性指标为 1.2，远小于 AEO 的 3.0~5.0 和 LAS 的 5.0~6.0，生物降解度达到 96% 以上，远高于 AEO 的 88% 和 LAS 的 60%，对环境和生物的保护度极高。其所用原料可再生，也顺应了可持续发展的要求。

APG 的制备方法有直接苷化法（一步法）、转糖苷化法（两步法）、Koenigs-Knorr 法以及酶催化法。其中，Koenigs-Knorr 法反应流程复杂，成本高且产率较低，很难满足工业化需求，被渐渐淘汰；酶催化法合成 APG 对反应条件要求不高且产品质量好，但是酶催化法所用的专用酶不易制备，也难以满足工业化需求。目前，制备 APG 主要使用两步法和一步法两条工艺路线。其中，两步法是在酸性催化剂作用下，先将碳水化合物（如葡萄糖）与碳链较短的脂肪醇（如丁醇）反应，生成碳链较短的 APG，然后用长链脂肪醇来置换，最后转化制得所需的长链 APG。

该合成方法对实验条件要求不高，反应容易控制，但反应工序复杂，成本较高，产品纯度不高，存在游离的低碳醇，产品溶液易出现分层现象，这极大地限制了 APG 在日化领域的应用。

一步法合成 APG 是通过酸催化，使碳水化合物直接与长链醇反应而成，其对设备要求高，但工艺简单，成本较低。此外，一步法制备 APG 可通过改变原料配比及工艺条件，人

为控制其产品的平均聚合度，使产品质量容易保证。一步法以其低成本、高效率的优势，成为 APG 制备的研究趋势。

$$\text{葡萄糖} + ROH \xrightleftharpoons{H^+} \text{烷基葡萄糖苷} + H_2O$$

本章重点介绍了非离子表面活性剂的基本反应、生产方法及重要品种，可以看出聚乙二醇型非离子表面活性剂多易溶于水，主要用作洗涤剂、染色助剂、乳化剂等，很少用作纤维柔软剂。它和阴离子表面活性剂的主要性能比较见表 7-18。

表 7-18　阴离子表面活性剂与聚乙二醇型非离子表面活性剂主要性能比较

特性	阴离子表面活性剂	聚乙二醇型非离子表面活性剂
起泡性	一般较大	一般较小（在工业上有利）
渗透性	以渗透剂 OT 为最好	可制成同等程度或更好的渗透剂
去污性	中等程度	易制成高去污程度的产品
乳化性、分散性	良好	可变换 EO 聚合度制成适合各种用途的产品
用作染色助剂	酸性染料匀染剂	士林染料的匀染剂
低浓度时使用效果	性能下降	性能良好
产品状态	为粒状物，部分为粉状	主要为液体，使用方便
价格	最低	部分品种比阴离子表面活性剂的高

可以看出，聚乙二醇型非离子表面活性剂在许多方面存在着优异的性能，但其弱点是价格较阴离子表面活性剂的高。但是随着石油工业的日益发展，非离子表面活性剂必将越来越多地应用于日常生活及工业中。多元醇型非离子表面活性剂大多数不溶于水，主要用作纤维柔软剂和乳化剂等。

课后练习题

1. 非离子表面活性剂的含义是什么？
2. 什么是浊点？浊点与水数有何关系？
3. 氧乙基化反应的机理是什么？
4. 氧乙基化反应的影响因素有哪些？
5. 酸碱催化对氧乙基化反应产物有何影响？
6. 脂肪醇聚氧乙烯醚的生产工艺有哪些？各有何优缺点？
7. Tween 和 Span 产品之间有何区别与联系？
8. 蔗糖脂肪酸酯产品的特点是什么？

第8章 特种表面活性剂和功能性表面活性剂

随着表面活性剂在工业领域和民用领域的应用越来越广泛，常规表面活性剂产品的性能已不能完全适应这些行业的功能需求，特种表面活性剂和功能性表面活性剂应运而生。

通常所讲的特种表面活性剂主要是指含氟、硅、硼、锗等元素的表面活性剂，随着科学技术的发展进步，一些具有特殊结构和新型功能的表面活性剂不断涌现，形成了除常规表面活性剂之外的特种表面活性剂和功能性表面活性剂。这些表面活性剂除了具有常规表面活性剂的一般性质之外，还具有一些特殊的结构和功能。它们有的是在常规表面活性剂的基础上进行结构修饰，有的是对一些本来不具有表面活性的物质进行结构修饰，有些是从天然产物中提取的具有两亲性质的物质，更有一些是合成的具有全新结构的表面活性剂。这些新型的表面活性剂不仅增加了表面活性剂的品种，而且具有常规表面活性剂所不具备的特殊功能，可满足某些行业的特殊应用需求。

8.1 含氟表面活性剂

常规表面活性剂分子中的疏水基是由碳氢链组成的，含氟表面活性剂是指疏水基碳氢链上的氢原子部分或全部被氟原子所取代，亲水基与常规表面活性剂的相同。目前使用的含氟表面活性剂大多为碳氢链被全氟化的产品。含氟表面活性剂是近年来迅速发展的一类表面活性剂，是特种表面活性剂中最重要的品种。由于氟原子电负性大，碳氟键的键能大，氟原子的原子半径也比氢原子的大，因此，含氟表面活性剂具有很多独特的性能。

8.1.1 含氟表面活性剂的特性

含氟表面活性剂的特性可概括为"三高两憎"。"三高"是指高表面活性、高化学稳定性和高热稳定性；"两憎"是指其同时具有憎水性和憎油性。

1. 高表面活性

具有相同的亲水基团和相同碳数的含氟表面活性剂与常规的碳氢表面活性剂相比，由于碳氟链的憎水性比碳氢链的强，因此，含氟表面活性剂的表面活性高于常规表面活性剂，也是迄今为止在表面活性剂中表面活性最高的一种。含氟表面活性剂的临界胶束浓度很低（$10^{-6} \sim 10^{-5}$ mol/L），在很低的浓度（$100 \sim 500$ mg/mL）下即可将水溶液的表面张力降低至 20 mN/m 以下，而一般碳氢表面活性剂的表面张力为 $30 \sim 40$ mN/m。碳氢表面活性剂的疏水基链长为 $C_{12} \sim C_{18}$ 最合适，而含氟表面活性剂的疏水基链长一般为 $C_6 \sim C_{10}$。

2. 高化学稳定性和高热稳定性

由于氟原子是自然界中电负性最大的元素，碳氟键的键能可达 452 kJ/mol，而且氟原子的半径比氢原子的大，屏蔽碳原子的能力较强，使碳碳键的稳定性提高。因此，含氟表面活性剂具有良好的化学稳定性和热稳定性。例如，全氟壬基磺酸钾的分解温度在 420 ℃ 以上。含氟表面活性剂在热的铬酸、浓硫酸、氢氟酸及浓的热碱溶液中均能发挥很好的作用，而其他表面活性剂在这些溶液中则会被破坏。

3. 憎水性和憎油性

由于碳氟化合物分子间的范德瓦尔斯引力小，含氟表面活性剂不仅与水的亲和力小，而且与碳氢化合物的亲和力也小，即它不仅"憎水"，而且"憎油"。含氟表面活性剂难溶于极性有机溶剂和非极性有机溶剂，因此它在固体表面的单分子层不能被非极性液体所润湿。含氟表面活性剂不仅能大大降低水溶液的表面张力，而且能降低碳氢化合物液体或其他有机溶剂的表面张力。含氟表面活性剂不易吸附至油-水界面上，降低油-水间界面张力的能力小，不宜用作油水体系乳化剂。

另外，含氟表面活性剂还具有优良的配伍性、润湿性、渗透性、憎油性、低摩擦性、抗静电、防污及低毒等性能。

8.1.2 含氟表面活性剂的合成

含氟表面活性剂中的非极性链并非天然存在，合成比较困难，一般分为三个步骤：首先制取 $C_6 \sim C_{10}$ 的含氟烷基化合物；然后进一步制成易引入亲水基团的含氟中间体；最后引入各种亲水基团制成含氟表面活性剂。从分子结构看，含氟表面活性剂与碳氢表面活性剂的差别在于疏水基碳氟链，因此，含氟烷基化合物的合成是制备含氟表面活性剂的关键。从工艺上看，目前最成熟和最常用的合成方法主要是电解氟化法、氟烯烃调聚法和氟烯烃低聚法。

1. 电解氟化法

电解氟化法是通过电解产生的活泼氟原子直接置换原料中的氢原子和氯原子而完成的氟化反应。如烷基磺酰氯和烷基酰氯分别在无水氟化氢中电解，生成全氟烷基磺酰氟和全氟烷基酰氟，反应式如下：

$$C_nH_{2n+1}SO_2Cl + HF \xrightarrow{电解} C_nF_{2n+1}SO_2F + HCl$$

$$C_nH_{2n+1}COCl + HF \xrightarrow{电解} C_nF_{2n+1}COF + HCl$$

电解氟化法的最大优点在于反应一步完成，过程简单，但其成本高，用电量大，需专门的电解设备，而且反应中反应物的裂解、环化、重排现象严重，副产物多，产率较低。

2. 氟烯烃调聚法

氟烯烃调聚法利用全氟烷基碘等物质作为端基物，调节聚合四氟乙烯等含氟单体，制得低聚合的含氟烷基化合物。如用五氟碘乙烷作端基物对四氟乙烯在加热加压条件下引发连锁反应，生成全氟烷基化合物，再引入各种亲水性基团即可制得含氟表面活性剂。

氟烯烃调聚法制备的全氟烷烃基为直链结构，表面活性高，但得到的产物往往是不同链长化合物的混合物。

3. 氟烯烃低聚法

氟烯烃低聚法利用四氟乙烯、六氟丙烯及六氟环氧丙烯等氟烯烃在非质子性溶剂中发生低聚反应得到高支链、低聚合度全氟烯烃低聚物。如四氟乙烯在阴离子催化作用下可得到不同聚合度的小分子低聚物，聚合度以 4~6 为主。其中，五聚体所占比例最大。

$$n\mathrm{CF}_2\!=\!\mathrm{CF}_2 \xrightarrow{\text{催化剂}} (\mathrm{CF}_2\mathrm{CF}_2)_n \quad (n=4\sim 6)$$

8.1.3 含氟表面活性剂的应用

含氟表面活性剂广泛应用于石油工业、消防、生物医药、涂料、表面处理、造纸工业等领域，可以实现改进生产工艺条件、提高产品质量档次、增加产量、降低消耗、节约能源、改善环境、提高生产效率等效果。

1. 在石油工业领域的应用

含氟表面活性剂能提高和改善地层岩石的润湿性、渗透性、扩散性以及原油的流动性，可以进一步提高驱油效率，使它在三次采油中有巨大的潜力，现在研究较多的主要是在活性水驱、微乳液驱和泡沫驱油等方面。目前，含氟表面活性剂在石油工业中用作驱油剂的技术仍不成熟，受到多方面限制，国内市场上含氟表面活性剂在油田方面的应用实际上是利用其耐强酸强碱的性质。

2. 在消防领域的应用

含氟表面活性剂有极强的表面活性，可明显降低体系的表面张力，这使其在消防领域的应用有不可替代的地位，特别是用作灭火剂中的添加剂，可大大提高灭火效率。

蛋白泡沫灭火剂由于原料来源丰富、成本低廉而应用历史长久，但蛋白泡沫稳定性与流动性较差，难以迅速覆盖火源，灭火效果不好，特别是对油类火灾的灭火效果差，且耐复燃性不好，而用含氟表面活性剂可改善上述问题。在普通蛋白灭火剂中加入质量分数为 0.005%~0.05% 的阴离子含氟表面活性剂或非离子含氟表面活性剂，即可制得氟蛋白泡沫灭火剂。由于含氟表面活性剂的加入，降低了蛋白泡沫体系的表面张力，提高了泡沫的流动性，使其灭火速度提高 3~4 倍。目前，氟蛋白泡沫灭火剂已广泛应用于油库、炼油厂、加油站和油船等场所的灭火。

含氟表面活性剂的另一个重要用途是在轻水泡沫灭火剂中的应用。由于它能把水的表面张力降至很低，以致水溶液可在油面上铺展，形成一层膜。这种含氟表面活性剂的水溶液俗

称"轻水",将"轻水"制成泡沫,即为轻水泡沫灭火剂。在目前用于扑灭油类火灾的灭火剂中,轻水泡沫灭火剂由于其轻水及泡沫的双重灭火作用而具有最佳灭火效果,而且轻水泡沫灭火剂中97%以上的组分为水,这使它成为国际上重点发展的灭火剂。

另外,含氟表面活性剂也可用于抗复燃干粉灭火剂、普通化学泡沫灭火剂、凝胶灭火剂及水乳液灭火剂中。随着含氟表面活性剂工业的飞速发展,开发应用于大面积油类火灾和极性溶剂火灾的灭火剂越来越被人们重视。

3. 在生物医药领域的应用

囊泡是表面活性剂在水溶液中自发形成的具有双层封闭结构的分子有序组合体之一,可用于生物膜模拟、药物缓释、催化、提供反应的微环境等。

与普通表面活性剂相比,含氟表面活性剂更易形成双膜结构,并提高膜的致密性,使膜构成的囊泡更稳定,而且囊泡的内相具有更好的疏水疏油特性。由于疏水疏油,内相的药物很难从囊泡内部扩散出来,这使含氟表面活性剂囊泡在药物包裹方面具有良好的应用前景。但含氟表面活性剂一般比普通表面活性剂的毒性强,这也限制了其在生物医药领域的应用。

8.2 有机硅表面活性剂

有机硅表面活性剂主要是指以硅氧烷或硅烷为疏水主链,在其中间位或端位连接一个或多个有机极性基团而构成的一类表面活性剂。其亲水基也与常规表面活性剂相同。

8.2.1 有机硅表面活性剂的特性

由于特殊的硅氧烷结构,有机硅表面活性剂具有许多常规表面活性剂不具备的独特性能。

有机硅表面活性剂分子在界面上有很强的定向能力,能够显著降低表面能,降低水的表面张力的数值通常比常规表面活性剂低10%~20%,而且在有机溶剂中同样具有表面活性。在水溶液及有机溶剂中,可将表面张力降低至20~21 mN/m。

由于分子结构特殊,界面膜上各分子间的黏附力很小,因而有机硅表面活性剂还具有"超润湿性",即在低能疏水表面能够快速地铺展。在水分散体系中,有机硅表面活性剂倾向于形成双分子层的聚集体,如片状胶束、囊泡及易溶的液晶相等,同时,还可以稳定有机相分散体系。

有机硅表面活性剂还具有较高的耐热稳定性和消泡性,乳化性能优良,无毒,对皮肤无刺激,安全性高。

8.2.2 有机硅表面活性剂的合成

有机硅表面活性剂的合成方法与含氟表面活性剂的类似,通常分为两步,即含硅疏水基中间体的合成和亲水基团的引入。不同的是，含硅疏水基中间体一般由专业有机硅生产厂家提供，因此，对于有机硅表面活性剂的合成，关键在于亲水基团的引入。

1. 有机硅非离子表面活性剂的合成

非离子亲水基团的引入主要有三种方法：一是以聚氧乙烯醚为原料，与烷氧基聚硅氧烷反应；二是含有羟基的含硅疏水中间体直接与环氧乙烷进行乙氧基化反应；三是含氢硅氧烷与烯基聚醚发生加成反应。例如，含有羟基的硅氧烷化合物与环氧乙烷加成，可制得有机硅非离子表面活性剂。

$$H_3C-Si(CH_3)_2-(CH_2)_3OH + pCH_2CH_2O \xrightarrow{KOH} H_3C-Si(CH_3)_2-(CH_2)_3-O(CH_2CH_2O)_pH$$

2. 有机硅阳离子表面活性剂的合成

阳离子亲水基团的引入一般有两种方法，即由含卤素的硅烷与叔胺反应或者含有烯烃的叔胺与含氢硅氧烷加成反应。例如，三甲氧基氯丙基硅烷与十八烷基二甲基叔胺反应可制得季铵盐型有机硅阳离子表面活性剂。

$$(CH_3O)_3Si(CH_2)_3Cl + C_{18}H_{37}N(CH_3)_2 \longrightarrow [(CH_3O)_3-Si(CH_2)_3-N(CH_3)_2-C_{18}H_{37}]^+ \cdot Cl^-$$

3. 有机硅阴离子表面活性剂的合成

阴离子亲水基团的引入主要是通过含卤素的硅烷与活泼氢化合物反应或者通过环氧基有机硅化合物与亚硫酸盐反应实现。如含卤素的硅烷与丙二酸酯中的活泼氢反应，然后经水解脱羧、中和，可制得含硅的羧酸盐型阴离子表面活性剂。

$$R_3SiC_nH_{2n}X + H-CH(COOC_2H_5)_2 \xrightarrow[-HX]{缩合} R_3SiC_nH_{2n}CH(COOC_2H_5)_2$$

$$\xrightarrow[\Delta,-C_2H_5OH,-CO_2]{水解脱羧} R_3SiC_{n+1}H_{2(n+1)}COOH \xrightarrow{中和\ NaOH} R_3SiC_{n+1}H_{2(n+1)}COO^-Na^+$$

4. 有机硅两性表面活性剂的合成

有机硅两性表面活性剂可由含有环氧基团的有机硅化合物与氯乙酸钠、3-氯-2羟基丙磺酸钠等反应制备。

8.2.3 有机硅表面活性剂的应用

基于有机硅表面活性剂独特而优异的性能，有机硅表面活性剂在众多工业领域均具有广泛的用途。

由于其优异的乳化和润湿性能，且无毒、无副作用，在止汗剂制备、皮肤护理、面部护理及头发护理等个人护理领域应用广泛。有机硅表面活性剂的第二大主要应用领域为涂料工

业，主要用作各种涂料配方的添加剂，以改善其匀染、润湿、扩散等表面性能及涂料的光泽等。另外，可用于抑制泡沫的生成或消除生成的泡沫。这些涂料多用于建筑业、木材、船舶、炊具及卷材等工业领域。在纺织工业中，有机硅表面活性剂主要用于织物的后处理，由于其与织物具有优良的亲和性，因而可赋予织物柔软滑爽的手感。在石油和天然气工业中，有机硅表面活性剂主要用于原油破乳及泡沫控制。有机硅表面活性剂在造纸工业及农业中均有广泛的应用。有机硅表面活性剂最原始的用途是作为聚氨酯泡沫的稳定剂，而且到目前为止，其仍然是最主要的用途之一。

8.3　含硼表面活性剂

硼是一个亲氧元素，它能形成许多含有硼氧键的化合物，含硼表面活性剂多为硼酸酯的衍生物，可形成硼酸单酯、双酯、三酯和四配位硼螺环结构。

合成有机硼表面活性剂一般采用多羟基化合物与硼酸反应生成硼酸酯中间体。这些中间体带有活性基团（羟基），可与脂肪酸、脂肪酰氯、环氧乙烷、环氧氯丙烷等物质发生反应，生成相应的具有不同结构的硼酸酯表面活性剂。如甘油与硼酸通过不同投料比，分别生成中间体硼酸单甘酯（MGB）和硼酸双甘酯（DGB）。单酯类含硼表面活性剂（RMGB）是由 MGB 与脂肪酸或者脂肪酰氯在有机溶剂如 DMF 中反应制得的。

$$RCOOH + \begin{array}{c}CH_2-O\\|\\CH-O\\|\\CH_2-OH\end{array}B-OH \xrightarrow{DMF} \begin{array}{c}CH_2-O\\|\\CH-O\\|\\CH_2OOCR\end{array}B-OH + H_2O$$

（MGB）　　　　　　　（RMGB）

DGB 分子中含有两个游离羟基，在 BF_3 存在下可以与环氧氯丙烷加成，生成含有氧元素的丙氧基化硼酸二甘油酯阴离子表面活性剂。

$$\begin{array}{c}CH_2O\ OCH_2\\ \backslash\ /\\B\\ /\ \backslash\\CHO\ OCH\\|\ \ \ \ |\\H^+\\|\ \ \ \ |\\CH_2OH\ CH_2OH\end{array} + nCH_2-CHCH_2Cl \xrightarrow{BF_3} \begin{array}{c}CH_2O\ OCH_2\\ \backslash\ /\\B\\ /\ \backslash\\CHO\ OCH\\|\ \ \ \ |\\H^+\ CH_2O-(CH_2CHO)_n-H\\CH_2O-(CH_2CHO)_m-H\ |\\CH_2Cl\end{array} \quad (m+x=n)$$

除了阴离子型含硼表面活性剂之外，含硼表面活性剂种类很多，如非离子型含硼表面活性剂、阳离子型含硼表面活性剂及两性含硼表面活性剂等。

含硼表面活性剂具有碳氢表面活性剂无法代替的优势，此类产品无毒、无腐蚀性，具有优良的抗静电性和阻燃性，广泛应用于石油、电子、橡胶、采矿等工业领域。含硼表面活性剂还具有优良的乳化性和分散性，同 Span-80 相比，硼酸双甘酯单脂肪酸酯的乳化性和分散性更好。硼原子具有杀菌作用，因此，含硼表面活性剂也具有较好的抗菌性和防腐性能。含硼表面活性剂由于引入了长碳链的疏水基，有很好的油溶性，可作为润滑油添加剂，具有优良的抗磨性能。

8.4 双子表面活性剂

双子（Gemini）表面活性剂是通过连接基团将两个两性化合物在头基处或紧靠头基处连接起来的化合物。不同的亲水基、疏水基和连接基的组合可以获得各种构造的双子表面活性剂。

常规表面活性剂只有一个亲油基和一个亲水基，改变和提高其表面活性是有限的，而双子表面活性剂分子中有两个疏水基团、两个亲水基团和一个连接基，通过改变连接基团的长度即可轻易改变其性能，且具有比常规表面活性剂更为优良的物化性能和应用性能。

按连接基的不同，可分为亲水柔性间隔基型双子表面活性剂、亲水刚性间隔基型双子表面活性剂、疏水柔性间隔基型双子表面活性剂和疏水刚性间隔基型双子表面活性剂。其中，柔性连接基指碳链较短的碳氢链、亚二甲苯基、对二苯代乙烯基等；刚性连接基指较长的碳氢链、聚氧乙烯链、杂原子等。

按疏水基不同，可分为烷基型双子表面活性剂、烷烯基型双子表面活性剂、烷基芳基型双子表面活性剂及碳氟链或碳氢/碳氟混合烷链型双子表面活性剂等；按亲水基不同，分为阳离子型双子表面活性剂（如双季铵盐）、阴离子型双子表面活性剂（如双硫酸盐、双羧酸盐和双磷酸盐）、非离子型双子表面活性剂（如双磷酸酯和双糖衍生）、两性双子表面活性剂（如双磺基甜菜碱）。

据其对称性，又可将其分为对称型双子表面活性剂和非对称型双子表面活性剂。

8.4.1 双子表面活性剂的合成

1. 阳离子型双子表面活性剂的合成

阳离子型双子表面活性剂是研究最早的双子表面活性剂，有关其合成、性能、应用方面的研究报道也最多。最常用的合成方法是用二卤代烷与长链烷基叔胺进行季铵化反应制备。

2. 阴离子型双子表面活性剂的合成

阴离子型双子表面活性剂的种类较多，主要分为羧酸盐类、磺酸盐类、硫酸酯盐类及磷酸酯盐类等。二环氧丙基醚与长链脂肪醇反应，得到二羟基化合物，再进一步反应，可制得

一种阴离子型双子表面活性剂。

$$[Y = -O-, -OCH_2CH_2O-, -O(CH_2CH_2O)_2-, -O(CH_2CH_2O)_3-]$$

二烷基二苯醚二磺酸盐是一类典型的磺酸盐型双子表面活性剂，水溶性好，原料来源广泛，可通过烷基酚与长链烯烃或长链卤代烷反应得到二烷基二苯醚，然后与硫酸或氯磺酸等进行磺化反应制得，现已实现工业化生产。以乙二胺、2-溴乙基磺酸钠、肉豆蔻酰氯为原料，可制备如下磺酸盐型双子表面活性剂。

二环氧丙基醚与长链脂肪醇反应，得到二羟基化合物，二羟基化合物与磷酸化试剂反应，即可得磷酸酯盐型双子表面活性剂。

3. 非离子型双子表面活性剂的合成

非离子型双子表面活性剂主要有糖类、醇醚类和酚醚类。糖类双子表面活性剂可由葡萄糖等分子中的羟基等活性基团与其他双活性基团反应制备。醇醚类和酚醚类双子表面活性剂与传统非离子表面活性剂的合成方法相似，即先把具有疏水链的两部分用连接基连接起来，再进行乙氧基化或丙氧基化，其合成路线如下：

4. 两性双子表面活性剂的合成

关于两性双子表面活性剂合成的报道较少，其类型主要为阴、阳离子组合型及两性甜菜碱型。这类双子表面活性剂具有独特的性能，有潜在的应用价值。例如，以环氧氯丙烷与浓盐酸反应合成中间体 1,3-二氯 2-丙醇，再与三氯氧磷反应合成磷酸单酯连接剂，然后与十二烷基叔胺进行季铵化反应，制得磷酸基甜菜碱两性双子表面活性剂。

8.4.2 双子表面活性剂的特性

由于双子表面活性剂具有特殊结构，因而比其单体表面活性剂具有许多更优的特性，如低的 γ_{CMC}、较好的润湿性，以及更好的分散力、溶解性、起泡性和相行为等，受到化学工作者的青睐，是目前国内外研究较多的表面活性剂。其特性可概括如下。

① 双子表面活性剂比具有相似亲水亲油基的单体表面活性剂更易在界面吸附，吸附量为后者的 10~100 倍。

② γ_{CMC} 约为相应单体表面活性剂的 1/100~1/10，因而对皮肤刺激性更小。

③ 其亲油基在界面堆积比对应活性剂更紧密，特别是当两亲水基间的碳链中碳数为 4 或更少时。

④ 离子型双子表面活性剂中，分子中的双电荷将使固体在溶液中的分散更有效，和其他类型活性剂间作用更强。当吸附反电荷固体时，阳离子型双子表面活性剂只有一个亲水基在固体表面吸附，另一个亲水基朝向水相，因而能分散反电荷，从而将固体分散于水中。

⑤ 双电荷的存在使其对电解质不敏感。

⑥ 因为其在气-液界面更易吸附，所以有良好的润湿性。

⑦ 优良的起泡性。

⑧ 短亲油间隔基的二价阳离子型双子表面活性剂在溶液中形成长蠕虫状胶束，并在浓度低到 1.5% 时也能增加溶液黏度，可用作溶液增黏剂。

⑨ 二价阳离子双子表面活性剂具有较好的抗菌能力，约为一般活性剂的 100 倍。

⑩ 可适合做微乳液。在合成中，通过改变间隔基链长可得到最佳微乳液所需的适当界面韧性曲率值。

⑪ 双子表面活性剂能形成稳定囊泡。

⑫ 优良的复配性能。与普通阳离子表面活性剂相比，阳离子型双子表面活性剂与阴离子型普通表面活性剂复配体系在生成胶束能力方面有很强的协同作用。这主要由以下两个因素决定：两个离子头基靠连接基团通过化学键连接，使两个表面活性剂单体离子紧密连接；一个阳离子型双子表面活性剂分子带两个正电荷，而一个普通阳离子表面活性剂只带有一个正电荷。另外，此类表面活性剂具有能有效降低水溶液的表面张力、很低的 Krafft 点、更大的协同效应、良好的钙皂分散性及润湿、乳化等特点。单烷基二苯醚二磺酸可耐高浓度的强酸和强碱，在 50% 硫酸溶液中不失活，在 40% 氢氧化钠溶液中不凝聚，并有良好的抗氧化性、抗还原性、耐硬水性和低起泡性。

8.4.3 双子表面活性剂的应用

双子表面活性剂比相应单体表面活性剂有更好的表面活性、润湿作用、分散力、溶解性、起泡性等，可用于化妆品、盥洗品等个人护理用品。

双子表面活性剂由于其特殊的分子结构，可形成一些特殊结构的聚集体，因而可作为模板来合成纳米材料。

由于双子表面活性剂具有分散、乳化和溶解能力，在织物印染过程中加入双子表面活性剂，比传统表面活性剂更能有效改善染色参数，如染色稳定性、染色均匀性、染色速率和对染料的吸收等。

双子表面活性剂用于电泳色谱时，比普通表面活性剂有更好的分离效果。双季铵盐类具有优越的萃取能力，广泛用于相转移催化。

阳离子型双子表面活性剂根据结构不同，可以有多重亲水亲油功能，是优良的浮选助剂和增稠剂。聚氧乙烯型非离子型双子表面活性剂有优越的增稠性能，可以有效控制流变性，被用于印刷、涂料、采油等方面。

8.5　Bola 型表面活性剂

Bola 型表面活性剂是由一个疏水链连接两个亲水基团构成的两性化合物，目前文献报道的有单链型、双链型和半环型三种类型，如图 8-1 所示。

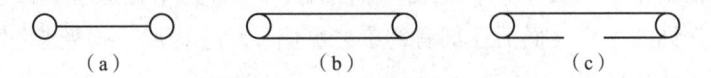

图 8-1　Bola 型表面活性剂类型
(a) 单链型；(b) 双链型；(c) 半环型

由于 Bola 型分子的特殊结构，它在溶液表面是以 U 形构象存在的，即两个亲水基伸入水相，弯曲的疏水链伸向气相，在气-液界面形成单分子膜，因而表现出一些独特的性能，如图 8-2 所示。

Bola 型表面活性剂的亲水基既有离子型，也有非离子型；疏水基可以是支、直链饱和烷烃或碳氟基团，也可以是不饱和的、带分支的或带有芳香环的基团。Bola 型表面活性剂的性质随疏水基和亲水基的性质不同而不同。

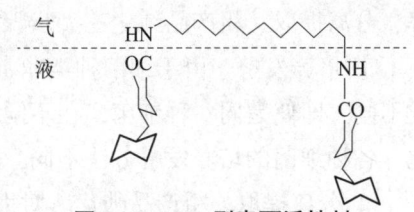

图 8-2　Bola 型表面活性剂在气-液界面上的吸附状态

Bola 型表面活性剂的表面张力有两个特点：一是降低表面张力的能力不是很强，如十二烷基二硫酸钠水溶液的最低表面张力为 47~48 mN/m，而十二烷基硫酸钠水溶液的最低表面张力为 39.5 mN/m；二是 Bola 型化合物溶液的表面张力浓度曲线往往出现两个转折点，在溶液浓度大于第二转折点后，溶液表面张力保持恒定。

与疏水基碳原子数相同、亲水基也相同的一般表面活性剂相比，Bola 型表面活性剂的 CMC 较高，Krafft 点较低，常温下具有较好的溶解性。但当亲水基碳原子数与疏水基碳原子数相同时，Bola 型表面活性剂的水溶性仍较差。

Bola 型表面活性剂不仅有传统表面活性剂所具有的润湿、乳化、洗涤等基本性能，还具备独特的表面性能、聚集和自组装行为及形成稳定单层类脂膜和囊泡的能力，在生物膜模拟、生物科学、新型材料、信息科学、印染工业等方面具有重要作用。依靠疏水链的长短，Bola 型表面活性剂能形成分子聚集体和囊泡，而且它们对细胞膜没有清洁作用，不像单链化合物那样有使细胞变性的趋势，因此，在生物科学领域尤其是药物缓释方面具有广阔的应用空间。Bola 型表面活性剂还具有助溶性能、相转移催化性能，可用于纺织印染领域。另外，利用 Bola 型表面活性剂在溶液中的特殊聚集状态和亲水基的高电荷密度，可以将其作为模板合成各种新型的不同结构的介孔材料。

8.6 生物表面活性剂

生物表面活性剂是指由细菌、酵母和真菌等各种微生物在代谢过程中分泌出的具有表面活性的两性化合物。它们与常规表面活性剂分子类似，存在着非极性的疏水基团和极性的亲水基团。

生物表面活性剂通常是由微生物产生的，并且多数是由细菌和酵母菌产生的。将微生物在一定条件下培养时，在微生物的代谢过程中会分泌出具有一定表面活性的代谢产物，即生物表面活性剂。根据化学结构不同，生物表面活性剂可分为单糖脂类、多糖脂类、脂蛋白类、磷脂类等。常见的生物表面活性剂有纤维二糖脂、鼠李糖脂、槐糖脂、海藻糖二脂、海藻糖四脂、表面活性蛋白等。

目前，应用于食品、医药和化妆品工业的磷脂、卵磷脂类生物表面活性剂是从蛋黄或大豆中分离提取出来的，这类生物表面活性剂的来源都是天然生物原料，受到原料的限制，难以大量生产。随着生物催化剂的研究已取得突破性进展，可以利用酶催化法合成生物表面活性剂，但合成的大多是一些结构相对简单的分子。

生物表面活性剂最主要的制备方法是发酵法和酶催化法，其中，发酵法一般分为培养发酵、分离提取、粗产品纯化三大步骤。

① 培养发酵。由于细菌种类非常多，每种细菌在培养过程中代谢产生的表面活性剂种类不同，即使是同一种细菌，在不同培养基和不同环境中，也会形成不同的表面活性剂。因此，各种细菌的培养发酵方法不同，应根据实际情况确定。

② 分离提取、粗产品纯化。对大多数细菌代谢形成的生物表面活性剂的分离提取、粗产品纯化有一些类似的方法，如萃取、盐析、渗析、离心、沉淀、结晶及冷冻干燥等。

发酵法是一种活体内生产方法，条件要求严格，产物提取困难；新发展起来的酶催化法合成生物表面活性剂，是一种体外生产方法，条件相对粗放，反应具有专一性，产物易于分离纯化。

生物表面活性剂来源于微生物的代谢活动，具有许多优于化学合成表面活性剂的特性：化学结构通常较为庞大和复杂，单个分子占据更大的空间，因而显示出较低的临界胶束浓度；无毒或低毒，能很快被微生物 100%降解，可用微生物法引入化学法难以合成的特殊官能团，专一性强，可用于特殊领域，生物相容性好，可由工业废物生产，变废为宝；具有更好的环境相容性、更高的起泡性，在极端温度、pH、盐浓度下具有很好的选择性和专一性，生产工艺简便，对生产设备要求不高等。

但生物表面活性剂的高生产成本限制了其应用。随着生物技术和相关手段的快速发展，

其除了在石油工业、环境工程等特殊领域受到重视外，现在越来越广泛应用于食品工业、化妆品工业、医学及其他领域，与人们的日常生活密切相关。随着人们崇尚自然和环保意识的增强，生物表面活性剂将有更加广阔的应用前景，并在某些应用领域有可能成为化学合成表面活性剂的替代品或升级换代品。

8.7 高分子表面活性剂

通常将相对分子质量在数千以上且具有表面活性的物质称为高分子表面活性剂。高分子表面活性剂具有低分子表面活性剂所没有的一些特性：具有较大的相对分子质量，渗透能力弱；降低表面张力和界面张力的能力较弱，可形成胶束；形成泡沫能力差，但所形成的泡沫都比较稳定；溶液黏度高，成膜性好；具有良好的分散、乳化、增稠以及絮凝等性能；大多数高分子表面活性剂是低毒或无毒的，具有环境友好性。高分子表面活性剂在制药工业、石油工业、纺织印染工业、造纸工业、废水处理工业及乳液聚合工业等各个工业部门被广泛用作胶乳稳定剂、增稠剂、破乳剂、防垢剂、分散剂、乳化剂和絮凝剂等。

高分子表面活性剂按亲水基类型，可分为阴离子型高分子表面活性剂、阳离子型高分子表面活性剂、非离子型高分子表面活性剂、两性高分子表面活性剂。按其来源，可分为天然高分子表面活性剂（如海藻酸钠、淀粉衍生物、蛋白质或多肽类衍生物等）、半合成高分子表面活性剂（如纤维素醚）及合成高分子表面活性剂（如聚氧乙烯高聚物）。

8.7.1 天然高分子表面活性剂

天然高分子表面活性剂主要有蛋白质和多糖两大类。蛋白质是由疏水性氨基酸与亲水性氨基酸以适当比例结合而成的，因此具有表面活性。明胶、卵蛋白、酪蛋白、大豆蛋白及棉籽蛋白等都有良好的起泡性和保护胶体的作用。例如，牛乳中的脂质因有蛋白质的存在而形成稳定的胶体。

多糖类天然高分子表面活性剂主要包括羧甲基纤维素、羧甲基淀粉等。纤维素是由葡萄糖组成的大分子多糖，不溶于水，但经羧甲基化后生成羧甲基纤维素，溶于水，并且能降低水溶液的表面张力。此外，阿拉伯树胶、阿拉伯半乳聚糖也是具有表面活性的多糖类高分子表面活性剂。生物表面活性剂中，脂蛋白也是具有表面活性的天然高分子化合物。

天然高分子表面活性剂具有表面活性，但降低表面张力的能力不大，一般不单独利用其有限的表面活性，而是用作乳化稳定剂、胶体稳定剂或增稠剂、分散剂。

8.7.2 聚乙烯醇类高分子表面活性剂

聚乙烯醇是一种水溶性高分子表面活性剂，有良好的分散作用、乳化作用和保护胶体的作用，常用作化妆品和药物等的乳化剂，广泛用于医药、农药及化学工业中。在纺织工业中可用作织物上浆剂及聚酰胺织物整理剂。

聚乙烯醇可由聚乙酸乙烯在碱性或酸性中水解制取。通常这一反应在无水甲醇的碱液中进行，将聚乙烯醇的部分羟基缩醛化，可增加其油溶性。

实际上，在反应过程中，分子中的乙酸基不能全部水解，因此，反应产物为聚乙烯醇、聚乙酸乙烯、聚乙烯醇缩醛的混合物。

聚乙烯醇的酯类可由聚乙酸乙烯部分水解制得，用途和聚乙烯醇类似，但水溶性较差。

聚乙烯醇的缺点是表面活性不高，极易吸水。为了克服这一缺点，可在分子链中引入有机硅化合物，以提高其表面活性和防水能力。一般通过聚乙烯醇与聚二甲基硅氧烷的接枝共聚来实现。聚乙烯醇与聚二甲基硅氧烷的接枝共聚物中，随着硅氧烷含量增加，产物逐渐由水溶性变为油溶性。这类共聚物是优良的乳化剂和分散剂。

8.8 冠醚型表面活性剂

冠醚一种大环化合物，它主要由与非离子表面活性剂的亲水基相似的聚氧乙烯链构成。根据聚氧乙烯链长短、环结构的形状和环中是否含有 N、S 等元素，可形成许多冠醚类化合物，有的相对分子质量高达数千。

冠醚型表面活性剂是在冠醚的环上引入疏水基团而得到的一类具有选择性络合阳离子且具有表面活性并能形成胶束等复合性能的两性化合物。根据冠醚环的形式和疏水基的种类不同，冠醚型表面活性剂有许多不同品种，如烷基冠醚、烷氧基甲基（羟基）冠醚、氮杂冠醚等。

冠醚型表面活性剂的冠醚环上带有长链烷基，其合成方法与一般冠醚略有不同，大致可以分为以下两类。

① 利用末端带有活性基团的长链烃逐步反应成环。

② 以冠醚为原料，直接进行烷基化。

冠醚型表面活性剂分子结构中具有聚氧乙烯大环，是一种非离子表面活性剂，其性能与开链的聚氧乙烯化合物有一些区别。由于冠醚的亲水基团不带有羟基，使冠醚型表面活性剂的亲水性下降，而其临界胶束浓度下降更多。冠醚型表面活性剂的润湿能力、起泡性均比相应的开链化合物大。

对于一般的聚氧乙烯型非离子表面活性剂溶液，加入盐可使浊点下降，这种效应称为盐

析效应。在冠醚型表面活性剂水溶液中加入盐，变化较为复杂。在冠醚型表面活性剂中加入Na、K等的氯化物，可使浊点升高，这就是冠醚型表面活性剂水溶液的盐溶效应，其原因为冠醚环能与金属离子形成络合物。当金属离子直径与冠醚腔孔直径刚好匹配，形成稳定的络合物时，盐溶效应最大。一般的规律为：当盐浓度较低时，盐溶效应可占优势，浊点上升；当盐浓度逐渐增大时，盐析效应增强，浊点下降。对于具有烷氧基和羟基的冠醚型表面活性剂，由于亲水性较强，加入盐后，盐析效应占优势，浊点略有下降。

由于冠醚化合物具有特殊的环状结构，因此它能选择性地络合阳离子、阴离子及中性分子。冠醚型表面活性剂随着长链烷基的增大，脂溶性增强。脂溶性好的冠醚在相转移催化剂、金属离子萃取剂和离子选择性电极等方面的应用前景很好。

冠醚型表面活性剂能与阳离子形成络合物，从而使伴随的阴离子能连续地从水溶液相转移到有机相，并且此时的阴离子完全裸露，活性很大。因此，对于采用阴离子促进的二相反应，冠醚型表面活性剂是一种非常有效的相转移催化剂，其催化效率远远大于一般冠醚催化剂。

液膜分离技术中的液膜具有高度的定向性、特殊的选择性和极大的渗透性，液膜中的流动载体决定了液膜的性能。将冠醚型表面活性剂作为流动载体，可获得通量大、选择性高的液膜。将羧酸冠醚作为流动载体，可使金属离子迁移通量增大，还可改变离子的选择性顺序。在氯仿液膜体系中，以烷基乙氧基冠醚为载体，碱金属离子的迁移效率随其疏水性的增加而增大，且其疏水烷基的碳数显著地影响离子的选择性。

长链烷基醚已作为传感活性物质制成各种性能优良的离子选择电极。例如，将饱和漆酚冠醚与聚氯乙烯成膜制成钾离子选择电极，用于测定复合肥料中的氧化钾含量；用通过酯键与冠醚环相连的表面活性剂制成的钾、铯离子选择电极，性能优良，具有较大的实际应用价值。

8.9 螯合型表面活性剂

螯合型表面活性剂是结合螯合结构与表面活性剂结构设计而成的一种新型的功能性表面活性剂。

受水体"富营养化"和无磷洗涤剂的研发要求影响，螯合型表面活性剂近年来特别受到关注，它除了具有常规表面活性剂的所有性质外，还具有螯合金属离子的能力，即这种表面活性剂集表面活性和螯合功能于一身，且具有耐硬水、抗腐蚀、易于生物降解和对人体无毒无刺激等一系列优越的性能，是一种具有广阔发展前景的新型绿色环保型表面活性剂。

螯合型表面活性剂主要应用于洗涤剂中，既可以作为洗涤剂的主活性物，又可替代洗涤助剂三聚磷酸钠，既具有很强的去污力，又不污染环境。另外，螯合型表面活性剂在废水处理、金属浮选及其他众多工业领域中也有非常广泛的应用。

众所周知，乙二胺四乙酸盐（EDTA）和乙二胺三乙酸盐（ED3A）是性能优良的螯合剂。研究发现，EDTA 在螯合金属离子时，四个羧基中只有三个起作用，另一个羧基不起作用。因此，如果在 EDTA 或 ED3A 分子中引入一个长链疏水基，即可获得具有螯合性能的表

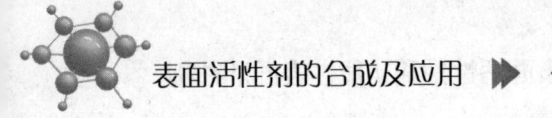

面活性剂。

$$\begin{matrix}^-OOCH_2C\\^-OOCH_2C\end{matrix}NCH_2CH_2N\begin{matrix}CH_2COO^-\\CH_2COO^-\end{matrix}\qquad\begin{matrix}^-OOCH_2C\\H\end{matrix}NCH_2CH_2N\begin{matrix}CH_2COO^-\\CH_2COO^-\end{matrix}$$
$$\text{（EDTA）}\qquad\qquad\qquad\text{（ED3A）}$$

由于 EDTA 分子结构的对称性，直接进行取代反应时，在其中一个羧基上实现高选择性是比较困难的，但是两个或两个以上的取代产物将严重影响螯合性能。因此，螯合型表面活性剂的合成大多数是在 ED3A 的分子中引入一个脂肪酰基或者烷基，制得 N-酰基 ED3A 和 N-烷基 ED3A 两类螯合型表面活性剂。

（1）N-酰基 ED3A 的合成

ED3A 与脂肪酰氯发生 Schotten-Baumann 酰基化反应，得到 N-酰基 ED3ANa$_3$盐，经酸化即得 N-酰基 ED3A。

$$\begin{matrix}NaOOCH_2C\\H\end{matrix}NCH_2CH_2N\begin{matrix}CH_2COONa\\CH_2COONa\end{matrix}+RCOCl\longrightarrow\begin{matrix}NaOOCH_2C\\R-\underset{\underset{O}{\|}}{C}\end{matrix}NCH_2CH_2N\begin{matrix}CH_2COONa\\CH_2COONa\end{matrix}+HCl$$

还可以采用月桂酸、甲醇、乙二胺和氯乙酸为原料，通过三步反应合成 N-月桂酰基 ED3A 螯合型表面活性剂。

（2）N-烷基 ED3A 的合成

以月桂醇、溴化氢、乙二胺和氯乙酸为原料，通过三步反应合成 N-十二烷基 ED3A 螯合型表面活性剂。

$$C_{12}H_{25}OH\xrightarrow{HBr}C_{12}H_{25}Br\xrightarrow{H_2NCH_2CH_2NH_2}C_{12}H_{25}NHCH_2CH_2NH_2$$
$$C_{11}H_{25}NHCH_2CH_2NH_2\xrightarrow[ClCH_2COOH]{NaOH}\begin{matrix}NaOOCH_2C\\C_{12}H_{25}\end{matrix}NCH_2CH_2N\begin{matrix}CH_2COONa\\CH_2COONa\end{matrix}$$

N-酰基 ED3A 螯合型表面活性剂的 CMC 值很低，表面张力最小值在 25 mN/m 左右，表面活性及降低表面张力的效率均优于月桂醇硫酸钠，并且当它的表面张力在 CMC 之上时，其值随着 pH 的改变而有所不同。

N-酰基 ED3A 的起泡能力与酰基链长、水的盐度（NaCl 的质量分数）和水的硬度等因素有关。硬脂酰基 ED3A 在软水中的泡沫稳定性很差，壬酰基 ED3A 在软水、硬水中的起泡能力都很差。月桂酰基 ED3A 在软水中的泡沫稳定性较月桂醇硫酸钠的略差，随着水中 NaCl 质量分数的增加，泡沫稳定性急剧增强，而月桂醇硫酸钠的泡沫稳定性则呈下降趋势。

与传统螯合剂不同，月桂酰基 ED3A 螯合 Ca^{2+} 的能力与其浓度有关，在浓度低于 CMC 时，螯合能力很差，但当浓度高于 CMC 时，螯合 Ca^{2+} 的效率极高，最终可达到 1∶1。N-酰基 ED3A 对金属离子螯合能力强弱的顺序如下：

$$Mg^{2+}<Cd^{2+}<Ni^{2+}\approx Cu^{2+}<Pb^{2+}\leqslant Fe^{2+}$$

由于 N-酰基 ED3A 盐有良好的表面活性并具有强的螯合能力，它可以强烈地吸附在金属表面，形成一层黏附紧密的疏水膜，减缓或避免了金属表面的电化学腐蚀。相反，非表面活性的螯合剂的吸附和脱附非常快，因此，加快了金属的腐蚀速率。

8.10 反应型表面活性剂

反应型表面活性剂带有反应基团，能与被使用的基体发生化学反应，从而永久地键合到基体表面，对基体起表面活性作用，同时也成了基体的一部分。它可以解决许多常规表面活性剂的不足。

反应型表面活性剂不仅具有常规表面活性剂的所有性质，如形成胶束和降低表面张力，并且有着常规表面活性剂不可替代的优势：表面活性剂的解吸将更加困难，稳定性更好；当乳胶成膜时，反应型表面活性剂的使用可减少甚至抑制表面活性剂向膜表面或膜内亲水性领域迁移；部分包埋的表面活性剂可作为聚合剂改进所形成的膜的性能；用反应型表面活性剂制备的乳液应用于橡胶工业中，如在使用之前先将乳胶凝聚，那么用作凝聚或洗涤的水的处理将会简化，或者说对这种水进行去污处理所需的氧的量减少。

反应型表面活性剂的出现，开辟了表面活性剂合成及应用的新领域，可广泛应用于乳液聚合、溶液聚合、分散聚合、无皂聚合和功能性高分子的制备等各个方面。在这些方面，常规表面活性剂被反应型表面活性剂全部或部分代替后，产品的性能得到了很大的改善或制得了新的产品。

反应型表面活性剂主要用作乳液聚合乳化剂、乳液聚合引发剂、乳液聚合链转移剂、表面修饰剂等。反应型表面活性剂除了包括亲水基和亲油基之外，还应包括反应基团。反应基团的类型和反应活性对反应型表面活性剂有特别重要的意义。根据反应基团类型及应用范围的不同，反应型表面活性剂可分为可聚合乳化剂、表面活性引发剂、表面活性修饰剂、表面活性交联剂、表面活性链转移剂等。

1. 可聚合乳化剂

可聚合乳化剂主要应用于乳液聚合中，一方面起到乳化作用，另一方面在乳液聚合过程中，乳化剂分子键到乳胶粒的表面。可聚合乳化剂的反应基团是双键，它能参与链增长过程中的自由基聚合反应。例如，以马来酸酐、脂肪醇聚氧乙烯醚-9 和 1,3-丙磺酸内酯为原料，采用三步法合成聚氧乙烯醚马来酸单酯磺酸盐可聚合乳化剂。与传统乳化剂相比，使用可聚合乳化剂可以得到更高的转化率，并且乳胶液具有较好的电解质稳定性，乳胶膜的耐水性也得到提高。

2. 表面活性引发剂

表面活性引发剂既是乳化剂，又是引发剂，它可以形成胶束，并能被吸附于胶粒表面。表面活性引发剂分子至少由三部分组成：自由基生成基、亲水基和亲油基。按自由基生成基结构的不同，可以分为偶氮类化合物和过氧类化合物等。

3. 表面活性修饰剂

固体表面可以通过吸附一层反应型表面活性剂并使其聚合，来达到表面修饰的目的。由于表面活性剂分子是键合到固体表面的，这层很薄的表面膜将是很稳定的，因此，亲水性的表面

将变为亲油性的。当然，也可以将亲油性的表面变为亲水性的，或对表面进行特殊的功能化。

绝大部分表面活性修饰剂都是双链型，即分子结构中包含一个亲水基和两个疏水碳链，这种结构对于材料表面的覆盖效果很好。

表面活性剂修饰剂主要用于有机聚合物、无机粒子及涂料的漆膜等表面的修饰，以改变材料表面的性能，如润湿性、耐候性、耐磨性、静电性、相容性、渗透性等。

4. 表面活性交联剂

表面活性交联剂主要应用于涂料，在涂料干燥成膜过程中，通过自氧化或其他物质引发进行交联聚合，从而保证涂料的力学性能等，不仅大大提高胶膜的硬度，同时也加快干燥速率及增加耐水性。如：

$$CF_3CF_2(CH_2CF_2)SO_2N \overset{CH_2CH_3}{\underset{}{|}} CH_2CH_2O - \overset{O}{\underset{}{\|}}C - \overset{}{\underset{CH_3}{\overset{|}{C}}} = CH_2$$

5. 表面活性链转移剂

许多传统的表面活性剂都有一定的链转移性，如十二烷基硫酸钠。典型的表面活性链转移剂分子中带有一个链转移巯基，如 $HSC_nH_{2n}(CH_2CH_2O)_mOH$ 和 $CH_3(CH_2CH_2O)_mCOOCH_2SH$ 等。这类表面活性剂分别被用于浓度低于临界胶束浓度的苯乙烯乳液聚合。

8.11　可分解型表面活性剂

可分解型表面活性剂是指含有在一定条件下可以分解的弱键，在酸、碱、热及光照等条件下，可分解为小分子，进而容易生物降解的表面活性剂。

可分解型表面活性剂有更高的降低表面张力的效率，因为连接基团加强了表面活性剂的疏水性，从而提高了表面活性剂分子在界面的吸附效率，使胶束的形成更容易。其除了具有较高的表面活性之外，还具有低泡、润湿及其他特殊性能。

近年来，环境因素已成为新型表面活性剂发展的主要推动力之一，生物降解性则是主要指标。可分解型表面活性剂分子结构中存在稳定性有限的弱键，可在一定条件下分解，因而具有很好的环保性能，具有广阔的应用前景。可分解型表面活性剂还可以解决一些复杂情况，如在有机合成及乳液聚合中，避免出现泡沫、乳化等情况，使产物的后处理更简单。另外，可分解型表面活性剂的优势还在于其分解产物具有的新功能，可应用于化妆品及生物医药等领域。

可分解型表面活性剂按分解的方式，分为酸分解、碱分解、热分解、光分解和臭氧分解等类型；按可分解官能团，分为含酯键及酰胺键型、缩醛（酮）型、热降解型、紫外光敏感型、有机硅型等。

可分解型表面活性剂的可分解原理是其分子中含有一些弱键，在一定条件下可发生分解。例如，臭氧可分解型表面活性剂是由于其分子中含有碳碳双键，在水中和臭氧存在下即可发生分解。缩醛（酮）型可分解型表面活性剂的分解原理是缩醛或缩酮在酸性条件下分解为醛（或酮）和醇。

$$\underset{R''}{\overset{R'}{>}}\!\!\!\underset{O}{\overset{O}{<}}\!\!R \xrightarrow{H^+} RCHO + \underset{R''}{\overset{R'}{>}}\!\!\!\underset{OH}{\overset{OH}{<}}$$

8.12 开关型表面活性剂

开关型表面活性剂是通过一定的方法，引发溶液中表面活性剂分子结构发生变化，从而使其相应的表面活性出现大幅度的改变，导致体系的某些宏观表面性质出现转变。也就是可根据需要来调节，使其具有或者不具有表面活性功能。这种改变是可逆的，可以调控的。根据引发方式的不同，可以分为电化学开关型表面活性剂、酸碱开关型表面活性剂、光开关型表面活性剂、CO_2开关型表面活性剂及温度开关型表面活性剂等。

电化学开关型表面活性剂以氧化还原反应作为表面活性剂的开关，来调节其表面活性的有无。目前研究较多的主要为二茂铁衍生物，通过电化学调控二茂铁基团中 Fe 的氧化还原状态，来控制其表面活性。

酸碱开关型表面活性剂分子对 pH 或金属螯合剂非常敏感，改变体系的 pH，可以使表面活性发生可逆变化。这类表面活性剂通常含有酸性基团或碱性基团，可以接受或给予质子。

光开关型表面活性剂分子结构中含有发色基团，受到光的激发后，分子结构发生变化，从而控制表面活性的改变。例如，偶氮类表面活性剂具有光敏特性，其顺反异构体在光照下可以相互转化。

CO_2开关型表面活性剂通常是含有脒基或胍基的化合物，在其水溶液中通入 CO_2，可形成溶于水的碳酸氢盐，具有表面活性；将溶液加热至 65 ℃并通入 N_2，碳酸氢盐分解，表面活性消失。

随着表面活性剂工业的发展，种类繁多的表面活性剂满足了各行各业不同的需求，但是表面活性剂的分离和回收利用仍比较困难，这对环境造成了很大的压力，而且有些工业过程往往只是某一段工艺需要表面活性剂的参与，之后则要将其分离除去，开关型表面活性剂可以很好地满足这种需求。

开关型表面活性剂以其独特的可调控性能，不仅解决了许多日化、医药及食品行业长期存在的界面难题，同时也响应了当前循环经济、清洁生产、可持续发展的环保理念。随着研

究的不断深入，开关型表面活性剂在许多领域将逐渐成为传统表面活性剂的替代品，还可能推动一些尖端技术的发展。

8.13　手性表面活性剂

手性表面活性剂是一类含手性结构的两亲分子，具有一般表面活性剂的基本性能，同时具有手性分子的特性，使其在特定的化学反应中具有区域选择性、不对称催化能力及在特定的手性拆分中具有手性识别能力，可广泛用于不对称合成、手性识别及手性分离等。另外，手性表面活性剂也可作为模板，用于手性介孔无机材料等的合成。

手性表面活性剂主要分为两大类，即天然手性表面活性剂和合成手性表面活性剂。其中，天然手性表面活性剂主要是胆汁盐、洋地黄皂苷及皂苷类衍生物；合成手性表面活性剂通常是含有手性结构的天然糖和氨基酸的衍生物，主要有 N-酰基氨基酸、N-烷氧基氨基酸、烷基糖苷、手性酒石酸及手性季铵盐等类型。

当今社会，庞大的市场需求推动医药、农药、材料、香料、生物等领域兴起了手性革命，手性技术得到了高度的重视，手性工业必将成为一个很大的产业。手性表面活性剂在各手性工业领域占据重要的地位，手性表面活性剂的研究引起了科学家们的极大兴趣。手性表面活性剂的合成方法、新品种开发、理化及应用性能研究是永恒的课题。手性分离以及不对称催化、手性无机材料的合成机理仍有待更深入地研究。手性表面活性剂独特的结构特性，必将在越来越多的领域发挥重要的作用。

8.14　环糊精及其衍生物

环糊精（CD）是由 6~8 个吡喃葡萄糖单元通过 1,4-糖苷键以椅式构象相连组成的环状化合物。其呈上窄下宽、两端开口的中空环筒状立体结构。根据葡萄糖单元的个数（n），可分为 α-环糊精（$n=6$）、β-环糊精（$n=7$）、γ-环糊精（$n=8$）等。

在 CD 腔体结构中，位于环筒窄边处的伯羟基和位于宽边处的仲羟基使其外腔具有"亲水性"；内腔排列着成桥氧原子，由于氧原子的非键合电子指向中心，同时受到 C—H 键的屏蔽作用，使空腔内部具有"疏水性"。另外，组成 CD 的每个葡萄糖单元有 5 个手性碳原子，其立体手性空腔可以和许多底物（或称为客体）分子包络形成包络复合物，尤其对手性化合物具有很好的识别能力。

由于 CD 具有一个疏水内腔以及外表面分布着众多反应性羟基，因此它具有很多特别的性能，可作为主体与客体分子（非极性物）形成包络复合物，对客体分子有屏蔽、控制释放、活性保护等功能，即"分子胶囊"，因而广泛应用于医药和食品领域。由于空腔的大小不同，所包络客体也不同，故适用于各种异构体的分离，即"分子识别"，可应用于分离材料领域。

CD 对有机化合物的增溶作用主要是由有机物与其空腔形成主客体包络物引起的。由于

CD 分子结构的特殊性，其分子中的空腔内部是疏水的，而空腔的外侧由于羟基的聚集而呈现亲水性。CD 对不同化合物的增溶效果主要与化合物的分子大小及其空腔的匹配程度有关。客体分子的大小与空腔体积越匹配，形成的包络物越稳定，增溶作用就越大。

CD 虽然有许多优点和广泛的用途，但作为主体分子，其在实际应用中有一定的局限性。一是 CD 的水溶性低，使其应用受到了极大的限制；二是 CD 分子缺少能显示电子转移、光致变色等特性的适宜官能团，有关 CD 与客体分子相互作用的研究，通常要借助各种必要的光学仪器，而 CD 本身在紫外、荧光等光谱中是惰性的。因此，有必要对 CD 进行化学改性，利用 CD 分子外腔表面的醇羟基进行醚化、酯化、氧化、交联等化学反应，使 CD 的分子外腔表面有新的官能团，即得具有优良性能的 CD 衍生物。

对 CD 的化学改性可采取下列途径：取代伯羟基或仲羟基上的氢原子；取代伯羟基或仲羟基；消除 C-6 位上的氢原子（比如将—CH_2OH 转化为—COOH）；通过部分氧化打开一个或多个 C_2、C_3 键。以上 4 种化学改性途径中，以通过羟基改性最普遍。

(1) 醚类衍生物

醚类衍生物是取代基与吡喃葡萄糖单元的 C-2、C-3、C-6 位的氧原子连接进行修饰的 CD。CD 醚类衍生物中研究较多的是甲基、乙基与羟丙基醚，其中，对羟丙基醚研究得最多。羟丙基 β-环糊精水溶性大大提高，在人体内基本不被分解代谢，无毒，局部刺激性小，环境相容性好；制备反应条件温和，易于分离、纯化，是目前最有应用前景的 β-环糊精衍生物。羟丙基 β-环糊精应用于制药工业中，作为药物的载体与许多药物包合，以提高药物的水溶性、稳定性和生物利用度。

(2) 环糊精聚合物

环糊精聚合物是通过化学键合方法得到的高分子化合物。环糊精聚合物在结构上仍保留了 CD 原有的空腔结构，在性能上保持了 CD 原有的包合、缓释、催化等能力，又兼具高聚物较好的机械强度、良好的稳定性和化学可调性等优点，在分子识别、色谱分离、环境污染防治、药物及食品工业等方面具有独特的作用和广泛的应用。

(3) 酯类衍生物

酯类衍生物一般是取代基以酯键在 CD 的 C-2、C-3、C-6 位连接而加以修饰，主要有磺酸酯、丙烯酸酯、羧酸酯和氨基甲酸酯等类型。

随着对 CD 的深入研究，CD 衍生物由于独特的性能而受到广泛关注，可应用于化学分离、医药、分析化学、环保、有机合成、食品、化妆品、卫生用品、包装材料和分离材料等诸多领域。

8.15　壳聚糖类表面活性剂

甲壳素（chitin），又称甲壳质、几丁质等，是一种广泛存在于自然界中的天然高分子化合物，自然界每年生产的甲壳素有 100 亿吨左右，主要来源于虾蟹壳、昆虫壳和微生物等。它是地球上仅次于纤维素的第二大可再生资源，同时，又是地球上除蛋白质外数量最大的含氮天然有机物。甲壳素的化学名称为 N-乙酰-2 氨基 D-葡萄糖，是通过 $β-1,4$-糖苷键相连的线性高分子，甲壳素与纤维素具有类似的结构。

甲壳素　　　　　　　　　　　　　纤维素

壳聚糖（chitosan）是甲壳素的脱乙酰化产物，外观上为半透明、略有珍珠光泽的片状固体，具有优良的生物相容性和生物降解性，无毒、无味、无刺激及良好的吸湿性、抑菌性、成膜性、吸附性等。壳寡糖（chitosan oligosaccharides），又称甲壳低聚糖、壳低聚糖等，是壳聚糖经降解得到二十糖以内的低聚糖，在分子结构上，除了聚合度不同外，与壳聚糖没有其他的区别。

壳聚糖($m>50$)　　　　　　壳寡糖($n=2\sim20$)

壳聚糖分子链上含有丰富的羟基和氨基活性基团，可对其进行改性，制得壳聚糖类表面活性剂，赋予其表面活性，符合开发绿色表面活性剂的趋势。壳聚糖类表面活性剂既保留了壳聚糖的优点，又表现出表面活性剂的性质，具有独特的结构性能优势，有广泛的应用前景，有望在日用化工、医药、食品、纺织印染等领域起到降低表面张力、起泡和稳泡、增溶、抗静电、抑菌杀菌及匀染等作用。

(1) 壳聚糖类阳离子表面活性剂

壳聚糖本身就是一种阳离子聚合物，具有一定的吸湿保湿和抑菌性能，但由于其不溶于水，限制了其在化妆品等领域的应用。在壳聚糖分子中引入季铵盐基团，可显著改善其水溶性。壳聚糖与缩水甘油三甲基氯化铵反应可制得水溶性的季铵盐型壳聚糖类阳离子表面活性剂。

(2) 壳聚糖类阴离子表面活性剂

壳聚糖与3-氯-2羟基丙磺酸钠反应可制得磺酸盐型的壳聚糖类阴离子表面活性剂。该表面活性剂易溶于水，不溶于有机溶剂。

(3) 壳聚糖类两性表面活性剂

壳聚糖首先与氯乙酸钠反应制备羧甲基化壳聚糖，再与缩水甘油三甲基氧化胺反应可制得壳聚糖类两性表面活性剂。研究表明，羧甲基化壳聚糖分子中 O 原子和 N 原子上都有相当取代度的羧甲基，而在终产物两性壳聚糖的分子中，羧甲基以 O 原子上取代为主，季铵

盐阳离子基以 N 原子上取代为主。

(4) 壳聚糖类非离子表面活性剂

对壳聚糖进行 N-酰化改性，采用脂肪酰氯与壳聚糖进行缩合反应，可得水溶性的非离子壳聚糖类表面活性剂。N-酰化壳聚糖可以有效地降低水溶液的表面张力，其 CMC 为 1.7×10^{-3} mol/L 左右，γ_{CMC} 为 40 mN/m 左右，N-酰化壳寡糖具有较好的耐酸、耐硬水性，对碱的稳定性差，对酸性染料染色具有较好的匀染效果。

通过化学改性，开发高效、无毒、生物相容性好、可生物降解的壳聚糖类表面活性剂，既具有科研价值，又蕴藏着巨大的经济效益和社会效益。随着资源的紧缺及人类环保意识的加强，壳聚糖类表面活性剂将成为今后绿色表面活性剂领域的研究热点之一。

课后练习题

1. 特殊表面活性剂包括哪些？
2. 含氟表面活性剂的特点是什么？有什么用途？
3. 含硅表面活性剂的特点是什么？有什么用途？
4. 什么是反应型表面活性剂？
5. 什么是生物表面活性剂？
6. 双子表面活性剂的含义是什么？与常规表面活性剂有什么异同？

第 9 章　表面活性剂的作用

表面活性剂能显著降低两种液体或者液-固相之间的表面张力，起到增溶、润滑或抗黏、乳化或破乳、起泡或消泡及增溶、分散、洗涤、防腐、抗静电等作用。

9.1　增溶作用

增溶作用是指由于表面活性剂胶束的存在，使得溶剂中不溶物或微溶物溶解度显著增加。增溶作用的关键在于乳液中胶束的形成，胶束越多，难溶物或不溶物溶解得越多，增溶量越大。具有增溶能力的表面活性剂称为增溶剂，被增溶的物质称为增溶质。增溶作用是表面活性剂的重要性质。对其特性展开研究，有助于我们更加深入地认知被增溶物与表面活性剂之间的作用机理，以及胶束在表面活性剂溶液中的动力学行为。

9.1.1　增溶作用的原理和特点

9.1.1.1　增溶原理

表面活性剂之所以能增加难溶性物质的溶解度，一般认为是因为它能在水中形成胶团（胶束）。胶团是由表面活性剂的亲油基团向内（形成一个极小油滴，非极性中心区）、亲水基团向外（非离子型的亲水基团从油滴表面以波状向四周伸入水相中）而成的球状体。整个胶团内部是非极性的，外部是极性的。由于胶团是微小的胶体粒子，其分散体系属于胶体溶液，从而可使难溶性物质被包藏或吸附，从而增大溶解量。由于胶团的内部与周围溶剂的介电常数不同，难溶性物质根据自身的化学性质，以不同方式与胶团相互作用，使其分散在胶团中。对于非极性物质而言，由于所含苯、甲苯等非极性分子与增溶剂的亲油基团有较强的亲和能力，增溶时它们可"钻到"胶团内部（非极性中心区）而被包围或在水基内部

对于极性物质，那些自身极性占优势的分子（如对羟基苯甲酚等）能完全吸附于胶团表面的亲水基之间而被增溶。而那些半极性的增溶物，它们既包含极性分子，又包含非极性分子（如水杨酸、甲酚、脂肪酸等），其增溶情况则是分子中非极性部分（如苯环）插入胶团的油滴（非极性中心区）中，极性部分（如酚羟基、羟基）伸入表面活性剂的亲水基之间。

9.1.1.2 增溶作用的特点

① 增溶作用是自发进行的过程，能够降低被增溶物质的化学势和自由能，从而使体系更加稳定。除非胶团被破坏，否则，被增溶物质不会自发析出。

② 增溶后溶液的沸点、凝固点、渗透压等不会明显改变，说明溶质并非以分子或离子形式存在，而是以分子团簇分散在表面活性剂的溶液。

③ 增溶作用是被增溶物进入胶团，与使用混合溶剂提高溶解度不同：表面活性剂的用量很少，没有改变溶剂的性质（图9-1）。

④ 增溶作用与乳化作用不同：增溶后，增溶剂与被增溶物处于同一相中单相均匀的热力学稳定体系，溶液透明，没有两相界面存在。乳化作用是在乳化剂作用下使一种液体以液珠状态分布于与其不相溶的液体中，从而形成不稳定体系。它们有自动分层的趋势，分散相与分散介质之间存在明显的界面。

⑤ 增溶作用最终形成的平衡态可以用不同方式达到。在表面活性剂溶液内加溶有某有机物的饱和溶液，可以由过饱和溶液或由逐渐溶解而达到饱和，这两种方式得到的结果完全相同。

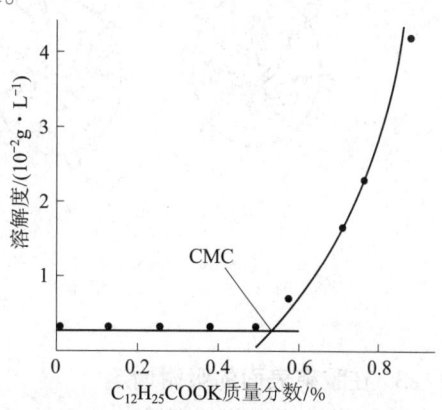

图9-1 2-硝基二苯胺在月桂酸钾水溶液中的溶解度

9.1.2 增溶作用的方式

在增溶作用过程中，胶束的大小会发生变化，被增溶物在胶束内的状态和位置基本固定不变，而不同的表面活性剂对不同的增溶物的增溶作用发生在胶束的不同区域，基本上可分为如下几类：

1. 非极性分子在胶束内核的增溶

此类增溶的增溶物主要是饱和脂肪烃、环烷烃等不易极化的非极性有机化合物，上述物质进入胶束内核的烃环境中形成热力学稳定状态，增溶物与内核物质同性同亲，也被称为夹心型增溶，如图9-2（a）所示。

这种模式的增溶特点是随着水溶液中表面活性剂的增多，增溶量与表面活性剂质量比也逐渐增大。其原理为：在胶团内核中，增溶导致胶束体积变大，需要更多的表面活性剂分子填补胀大的表面空位，因此，高浓度的表面活性剂溶液有利于形成较大的胶团结构，增溶量也随之增加。

2. 在表面活性剂分子间的增溶

此类增溶的增溶物主要是分子结构与表面活性剂相似的极性有机化合物，如长链的醇、

胺、脂肪酸和极性染料等两亲分子。它们增溶于胶束的定向表面活性剂分子之间，形成"栅栏结构"。此种结构在工业上应用范围最广。增溶物分子的极性与非极性的比率决定了增溶物在栅栏层渗透的深度。长链烃、极性较小的化合物比短链烃、强极性的化合物渗透得更深。以醇类为例，乙醇因为其烃链较短，极性较强，在胶束中增溶属于浅伸入的外层渗透；相比之下，更长烃链的正辛醇，在胶束中的增溶呈现出深度伸入内层的渗透状态。该方式的增溶也被称为栏栅性增溶，增溶量比其他夹心型的非极性增溶及吸附型增溶的增溶量都要大，一般情况下会随水溶液中表面活性剂浓度的增加而增加，如图9-2（b）所示。

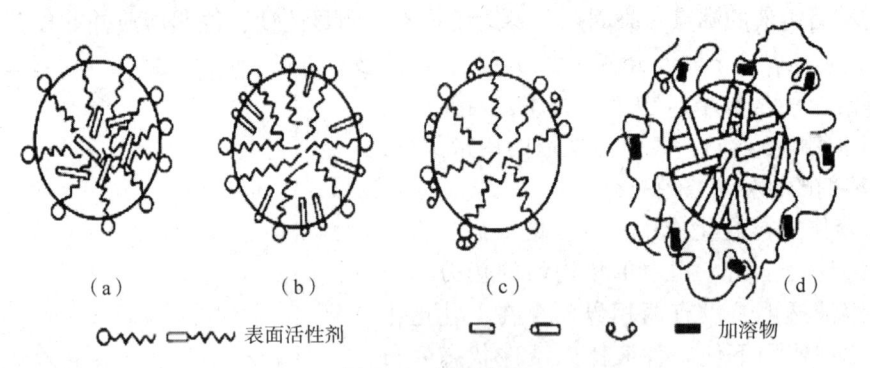

图 9-2 增溶方式

3. 在胶束表面的吸附增溶

这一类被增溶物主要是苯二甲酸二甲酯等既不溶于水也不溶于油的小分子极性有机化合物和一些高分子物质，如甘油、蔗糖以及某些染料。这些化合物通常被吸附于胶束表面区域，或是分子"栅栏"靠近胶束表面的区域。对于其他一些相对分子质量较大的极性化合物和染料而言，由于它们不能进入胶团中，而只能吸附在胶团表面，因此这种增溶的增溶量较小。由于在增溶过程中吸附表面积正比于浓度，因此，此方式的增溶量与表面活性剂质量比为一个定值，如图9-2（c）所示。

4. 聚氧乙烯链间的增溶

以聚氧乙烯基为亲水基团的非离子表面活性剂，通常将被增溶物包藏在胶束外层的聚氧乙烯链中，被增溶的物质主要是较易极化的碳氢化合物，如苯、乙苯、苯酚等短链芳香烃类化合物。随着聚氧乙烯链的增长，增溶量变大，同时，氧乙烯链可以聚合形成更大空间来容纳增溶物，如图9-2（d）所示。

以上4种是增溶的基本模式，在实际的增溶过程中，多种过程模式同时发生，例如乙苯在月桂酸钾溶液中的增溶，开始可能吸附在胶团表面，增溶量增加后，可能进入外层栅栏；对于较容易发生极化的烃类，开始增溶是可能吸附于胶束-水的界面处，增溶量增加后，可能插入表面活性剂分子栅栏中，甚至可能进入胶束内核。在表面活性剂溶液中，4种形式的胶束增溶作用对被增溶物的增溶量大小顺序为4>2>1>3。

9.1.3 增溶作用的主要影响因素

影响增溶作用的主要因素为增溶剂和被增溶物的化学结构、温度和添加物的性质。

9.1.3.1 增溶剂（表面活性剂）的化学结构

增溶剂本身对增溶作用的影响是各类影响因素中最重要的。首先表现为增溶剂种类的影响：增溶剂种类不同，其增溶量也不尽相同。同系物之间的相对分子质量的差异也会导致增溶效果的不同。如离子表面活性剂的增溶能力随着碳氧链增长而增加，非离子表面活性剂的增溶能力随氧乙烯链减小而增大，虽然上述两类增溶剂分子结构的改变均能使胶团增大，但对增溶量的增加并无太大影响。增溶量增加的主要原因是表面活性剂的碳氢链增长，使其亲水性下降，从而降低了CMC。此外，增溶剂的HLB值也是影响增溶作用的重要因素。以极性或半极性药物为例，非离子型的HLB值越大，其增溶效果越好，但极性低的药物的结果恰好相反（有一点需要在这里指出，目前为止，HLB值与增溶效果的关系尚无统一的认定）。

饱和烃和极性较小的有机难溶物在同系表面活性剂水溶液中的增溶能力可随着表面活性剂碳氢链增长而增加，这是因为此类被增溶物通常于胶团内核处发生增溶，表面活性剂的碳链增长可直接导致其CMC值减小，因此，在溶液中改变了其增溶特性。具体来讲，就是胶团聚集数以及胶团大小均增大，从而增加增溶量。

总结起来，表面活性剂影响增溶作用大体上可归纳为以下几点：

① 具有相同亲油基的表面活性剂，对烃类及极性有机物的增溶作用大小顺序一般为：非离子型>阳离子型>阴离子型。

② 胶束越大，增溶到胶束内部物质的增容量越大。

③ 亲油基部分带有分支结构的表面活性剂的增溶作用比直链的小。

④ 带有不饱和结构的表面活性剂，或在表面活性剂分子上引入第二极性基团时，对烃类的增溶作用减小，而对长链极性物增溶作用增加。

用量也是影响增溶剂增溶作用的重要因素。以药物增溶为例，如果用量太少，可能起不到增溶作用，或在储存、稀释时药物会发生沉淀；用量太多可能产生毒副作用，同时也影响胶团中药物的吸收。增溶剂的使用原则为控制HLB值在15~18，并以选择那些增溶量大、无毒无刺激的增溶剂为最佳。由于阳离子表面活性剂的毒性和刺激性均较大，故一般不用作增溶剂。阴离子表面活性剂仅用于外用制剂，而非离子表面活性剂应用较广，在口服、外用制剂及在注射剂中均有应用。

9.1.3.2 被增溶物的化学结构

一般而言，由于表面活性剂所形成胶团的体积大体是一定的，因此，被增溶物的相对分子质量越大，其增溶量越小。被增溶物的同分异构体对增溶也有一定影响，如Tween-20和Tween-40能使对羟基甲苯酸及间羟基甲苯酸增溶，却不能使邻羟基甲苯酸增溶。对各种被增溶物的分子形状、极性、链长、支链、环化等进行比对研究后，也可以总结出被增溶物化学结构对增溶量的影响的一些规律。

首先，脂肪烃与烷基芳烃被增溶的程度一般情况下随其链长的增加而减小，随不饱和度及环化程度的增加而增大。带支链的饱和化合物与相应的直链异构体增溶量大致相同。同类增溶物摩尔体积越小，增溶量越大。烷烃的氢原子被烃基、氨基等极性基团取代后，其被表面活性剂增溶的程度明显增加。

其次，增溶物的极性对其增溶量影响具有较明确的规律：相同碳原子数的脂肪醇比脂肪烃有更大的增溶量；在脂肪醇同系物中，碳元素含量越高，极性越小，增溶量也越小。这可以解释为增溶物的极性弱，链烃长度越长，伸入栅栏越深，导致增溶量越小。

最后，增溶时，增溶质的添加顺序对增溶量也有很大影响。研究以聚山梨醇脂肪酸酯类或聚氧乙烯脂肪酸酯类等为增溶剂，对维生素 A 棕桐酯的增溶实验结果表明：若将增溶剂先溶于水，再加入增溶质，则增溶质几乎不溶解；若先将增溶质与增溶剂充分混合，再加水稀释，则增溶质的溶解度显著提高。

9.1.3.3 温度的影响

对于大多数体系，温度升高，增溶量增加。同时，温度对增溶作用的影响随表面活性剂类型和被增溶物结构的不同而发生变化。值得指出的是，温度对离子表面活性剂的 CMC 和胶团影响较小。因此，对离子表面活性剂而言，温度升高导致的加剧热运动使得胶团中存在更多的空间来容纳被增溶物，从而使其溶解度增大。

总体而言，温度对增溶作用的影响有两点：①温度可引起胶团性质（CMC、胶团聚集数、胶团大小及形态等）改变；②温度或能改变分子间相互作用，导致分子热运动的平均自由程减小，而增加增溶物与表面活性剂以及溶剂间的相互作用，从而导致体系的增溶作用改变。

9.1.3.4 添加无机电解质的影响

在离子表面活性剂溶液中添加中性无机盐，可压缩离子雾和双电层厚度（即反离子作用）。这种结果可导致烃类化合物的增溶程度和胶团聚集数增加。胶团聚集数的增加有利于增加溶于胶团内核的非极性有机物的增溶量。但中性无机盐使胶束栅状层分子间的电斥力减小，分子排列更紧密，从而增加了栅栏层的堆积密度，最终导致此区域增溶的极性有机物增溶量减少。在实际生产中，还发现一些无机电解质影响增溶的规律，总结如下：①钠盐影响增溶的作用比钾盐的更大；一价离子的作用大于二价离子的增溶影响；相同阳离子的盐随阴离子不同而影响迥异。②若增溶物与表面活性剂形成混合胶团，则整体溶液的电平衡环境较复杂。随着表面活性剂的 CMC 变化，加入中性盐而导致的增溶物增溶量变化迥异。③碳链较长的极性有机物增溶位置伸入栅栏层，外加电解质对其增溶能力影响相对较小。④当表面活性剂的浓度达到 CMC 附近时，加入电解质，此时增溶能力变化会非常明显；若表面活性剂的浓度远大于 CMC，电解质浓度、CMC 值等的变化对增溶能力影响则变得很微弱。⑤在非离子表面活性剂溶液中，无机盐的影响往往可忽略。但在其浓度高于 0.1 mol/L 时也能显示出一定影响。如增加增溶量、降低临界胶束浓度、破坏表面活性剂聚氧乙烯等亲水基团与水分子的结合等，此时浊点也会相应地发生变化，一般浊点会降低。引入 H^+、Li^+、Ag^+、I^- 等一价离子则会使浊点升高。多价无机盐也具有这样的性质。

9.1.3.5 有机物添加剂的影响

当烃类等非极性化合物添加于溶液时，会使其增溶于表面活性剂胶束内部，使胶束胀大，有利于极性有机物插入胶束的"栅栏"中，即提高了极性有机物的增溶程度。当极性

有机物被添加后，它们会被增溶于胶束的"栅栏"中，使非极性碳氢化合物增溶的空间变大。当增溶了一种极性有机物之后，表面活性剂对另一种极性有机物的增溶程度随之降低。

9.1.4 增溶作用的应用

增溶作用与表面活性剂在水中形成的胶束的性质密不可分。胶束内部实际上是液态的碳氢化合物，因此，胶束内部的碳氢化合物较易与苯、矿物油等不溶于水的非极性有机物发生增溶。

增溶作用在乳液聚合（聚合反应在胶束中进行）、石油开采过程中的"驱油"以提高开采率（二次采油和三次采油）、胶片生产中去除斑点以及各种洗涤过程中均有广泛应用。

在药物增溶方面，聚山梨酯类可增溶非极性化合物和含极性基团的化合物，是应用最普通的增溶剂。另外，增溶剂也广泛用于"甲酚皂溶液"这类难溶性药物的增溶过程。其他如油溶性维生素、激素、抗生素、生物碱、挥发油等许多有机化合物，经增溶可制得较高浓度的澄清或澄明溶液，可供外用、内服、肌肉或皮下注射等。

9.2　乳化与破乳作用

9.2.1 乳状液的定义

乳状液（或称乳化体）是一种（或几种）液体以液珠形式分散在另一种与之互不混溶的液体中所形成的不均匀分散体系。乳状液中被分散的一相称作分散相或内相；另一相则称作分散介质或外相。显然，内相是不连续相，外相是连续相。两个不相混溶的液体不能形成稳定的乳状液，必须要加入第一组分（起稳定作用）才能形成乳状液。乳状液的外观一般常呈乳白色不透明液状，乳状液之名即由此而得。根据液滴直径大小，可分为大分子乳状液和小分子乳状液，大分子乳状液的液滴直径大多为 0.2~50 μm，可用一般光学显微镜观察；小分子乳状液液滴直径为 0.01~0.2 μm，其中，液滴直径为 0.01~0.1 μm 的乳状液称为微乳液，微乳液是透明或半透明的、热力学稳定的分散体系。

9.2.2 乳状液的类型及其鉴别

在制备乳状液时，通常乳状液的一相是水，另一相是极性小的有机液体，习惯上统称为"油"。根据内外相的性质，乳状液主要有两种类型：一类是油分散在水中，如牛奶、雪花膏等，简称为水包油型乳状液，用 O/W 表示，如图 9-3（a）所示；另一类是水分散在油中，如原油、香脂等，简称为油包水型乳状液，用 W/O 表示，如图 9-3（b）所示。这里要指出的是，上面讲到的油、水相不一定是单组分，每相都可包含有多种组分。

除上述两类基本乳状液外，还有一种复合乳状液，是 O/W 型和 W/O 型乳液共存的复合体系。它可能是油滴里含有一个或多个水滴，这种含有水滴的油滴被悬浮在水相中形成乳状

液，这样的体系称为水/油/水（W/O/W）。含有油滴的水滴被悬浮在油相中所形成的乳状液为油/水/油（O/W/O）。这种类型少见，一般存在于原油中，由于这种复合乳状液的存在，给原油的破乳带来很大的困难。

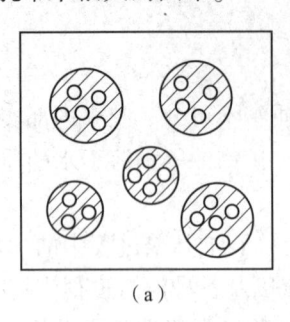

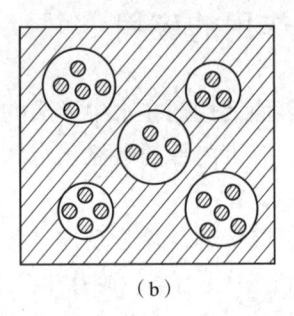

图 9-3 多重乳状液

(a) O/W 型；(b) W/O 型

根据"油"和"水"的一些不同特点，可采用比较简便的方法对其类型进行鉴定。

(1) 染料法

染料法将少量水溶性染料加入乳状液中，若整体被染上颜色，表明乳状液是 O/W 型；若只有分散的液滴带色，表明乳液是 W/O 型。也可用油溶性染料做实验，则情形相反。常用水溶性染料是亮蓝 FCF、酸性红 GC 等；常用油溶性染料是苏丹Ⅲ及油溶绿等。为提高鉴别的可靠性，往往同时对油溶性染料和水溶性染料先后进行实验。

(2) 稀释法

稀释法利用乳状液能与其分散介质液体相混溶的特点，以水或油性液体稀释乳状液便可确定其类型。将乳状液滴于水中，如液滴在水中扩散开来，则为 O/W 型的乳状液；如浮于水面，则为 W/O 型乳状液。还可以沿盛有乳状液容器壁滴入油或水，如液滴扩散开来，则分散介质与所滴的液体相同；如液滴不扩散，则分散相与所滴的液体相同。

(3) 电导法

大多数"油"的导电性甚差，而水的导电性较好，所以 O/W 型乳状液的导电性好，W/O 型乳状液的导电性差，测定分散体系的导电性即可判断乳状液的类型。但若 W/O 型乳状液水相比例很大，或油相中离子型乳化剂质量分数较大时，也可能有较好的导电性。

(4) 光折射法

光折射法利用水和油对光的折射率的不同，可鉴别乳状液的类型。让光从一侧射入乳状液，乳状液中的液珠起到透镜作用，若为 O/W 型，粒子起集光作用，用显微镜观察仅能看见粒子左侧轮廓；若为 W/O 型，则只能看到右侧轮廓。

(5) 滤纸湿润法

滤纸湿润法适用于某些重油与水的乳状液。将一滴乳状液滴于滤纸上，若液体迅速铺展，在中心留下油滴，则表明该乳状液为 O/W 型；若不能铺展，则该乳状液为 W/O 型。但本法对某些容易在滤纸上铺开的油（如苯、环己烷等）形成的乳状液不适用。

9.2.3 乳化剂

乳化剂是一类可使互不相溶的油和水转变成难以分层的乳液的物质，属于表面活性剂。

乳化剂的作用：①降低表面张力和界面张力，减少乳化的能量，减小表面自由能。②在分散相表面形成保护膜。当有乳化剂存在时，在搅拌作用下形成的分散相液滴外面吸附了一层乳化剂，在静电斥力作用下，小的液滴难以撞合成大的液滴，于是形成了稳定的乳状体系，这就是乳化剂的乳化作用。③形成胶束。乳化剂浓度很小时，是以分子分散状态溶解在水中，达到一定浓度后，乳化剂分子开始形成聚集体（约 50~150 个分子），称为胶束。④产生静电和位阻排斥效应。⑤增加界面黏度，阻止自身位移。⑥决定乳液的类型，这取决于乳化剂与水相及油相的相互作用强弱。

9.2.3.1 乳化剂的选择

1. 乳化剂选择的一般原则

① 有良好的表面活性和降低表面张力的能力。

② 乳化剂分子或其他添加物在界面能形成紧密排列的凝聚膜，在膜中分子间的侧向相互作用强烈。

③ 乳化剂的乳化性能与其和油相或水相的亲和力有关。

④ 适当的外相黏度可以减小液滴的聚集速度。

⑤ 乳化剂与被乳化物 HLB 值应相等或相近。

⑥ 在有特殊用途时，要选择无毒的乳化剂。

2. 选择乳化剂的方法

乳化剂的选择方法最常用的是亲水亲油平衡法（Hydrophile Lipophile Balance，HLB）和相转变温度法（Phasce Inversion Temperature，PIT）。前者适用于各种类型表面活性剂，后者是对前一种方法的补充，只适用于非离子表面活性剂。另外，还有藤田理论和混合焓法可以用来选择乳化剂。

(1) HLB 法

格列芬提出的 HLB 方法部分地解决了选择乳化剂的关键问题。表面活性剂分子中亲水基的亲水性与亲油基的亲油性之比，决定了活性剂的性质和用途，用数字来表示这个关系的方法称为 HLB 方法。HLB 即意味亲水亲油的平衡。HLB 值表明了表面活性剂同时对水和油的相对吸引作用。HLB 值越高，其亲水性越强；HLB 值越低，其亲油性越强。实质上，HLB 值是由分子的化学结构、极性的强弱或者是分子中的水合作用决定的。该方法使用方便、易于掌握，但不能表示乳化剂的效率和能力，同时，没有考虑分散介质及温度等因素对乳状液稳定性的影响。

(2) PIT 法

1964 年，Shinodae 和 Arai 提出 PIT 法。在一定体系中，在某一温度时，乳化剂的 HLB 值会发生急剧变化，同时，乳状液体系会发生相变，此温度称为相转变温度。在临近 PIT 时，乳状液的稳定性和 HLB 的变化都很敏感，因此，用 PIT 法不但可以测定 HLB 值，还可以得到较精确的值。以通常的油水两相为例，PIT 的确定方法为：用 3%~5% 的非离子乳化剂乳化分散相（油相和水相等量），搅拌加热至不同温度，观察（观测）乳状液是否转相，直至测出 PIT。PIT 能直接反映油相和水相的化学性质，测定方便，用 PIT 法来选择非离子乳化剂比 HLB 法更为方便。但该法只适用于非离子乳化剂的选择。

非离子表面活性剂的亲水基团的水合程度随温度升高而降低，表面活性剂的亲水性在下

降，其 HLB 值也降低。换言之，非离子表面活性剂的 HLB 值与温度有关：温度升高，HLB 值降低；温度降低，HLB 值升高。用非离子表面活性剂做乳剂时，在低温下形成的 O/W 型乳状液随温度升高可能变为 W/O 型乳状液；反之亦然。对于一定的油水体系，每一种非离子表面活性剂都存在一定的相转变温度，在此温度时，表面活性剂的亲水亲油性质刚好平衡。因此，可根据 PIT 值来选择乳化剂。高于 PIT 形成 W/O 型乳状液，低于 PIT 形成 O/W 型乳状液。

（3）藤田理论

1957 年，藤田提出有机概念图（emeytined dern）预测有机物的性质。将有机物按照组成分子结构的官能团分为有机性基（以 O 表示）和无机性基（以 I 表示）两大类，并给予它们一定的数值（基数值）。—OH 的无机性值为 100，—COOH 的无机性值为 150；单个—CH_2 的有机性值为 20。I/O 称为无机性-有机性平衡值（Inorganic-Organic Property Balance Value，IOB）。IOB 与 HLB 有对应的曲线关系。

（4）混合焓法

$$HLB = 1.06HM + 21.96$$

式中，HM 为乳化剂的混合焓。

该法需要预先测定水和乳化剂之间形成氢键时产生的焓。对于亲油的非离子乳化剂，用该法测得的 HLB 值与实际非常接近。

9.2.3.2 溶解度规则

溶解度规则也叫 Bancroft 规则，是 Bancroft 于 1913 年提出的乳化剂溶解度对乳状液类型影响的经验规则。其内容为：在构成乳状液体系的油、水两相中，乳化剂溶解度大的一相为乳状液的连续相，形成相应类型的乳状液。溶解度大，表明乳化剂与该相的相溶性好。相应的界面张力必然降低，体系的稳定性好，因此，易溶于水的乳化剂易形成 O/W 型乳状液，易溶于油的则形成 W/O 型乳状液。

Bancroft 规则可用界面张力或界面能的变化规律做定性解释。表面活性剂分子（或离子）在液-液界面上吸附和定向排列形成界面区，在此两侧界面张力（或界面压）可能不同，即在表面活性剂分子的亲水端与水相间的界面张力（或界面压）和表面活性剂分子的疏水端与油相间的界面张力（或界面压）不同。形成乳状液时，油水相界面发生弯曲，界面张力较大的边缩小面积，界面自由能低。若表面活性剂疏水端与油相的界面张力大于表面活性剂亲水端与水相间的界面张力，疏水端与油相一侧将收缩，形成凹面向油的界面，油相成为液滴，水相为连续相，为 O/W 乳状液。一种情况是表面活性剂疏水端与油相间界面张力小于表面活性水端水相间的界面张力，易形成 O/W 型乳状液；油溶性乳化剂易形成 W/O 型乳状液。

Bancroft 规则是能量因素影响乳状液类型的实验基础，此规则有相当广泛的实用价值。溶解度规则不仅可以用来解释以水溶性好的碱金属皂作为乳化剂能形成 O/W 型乳状液的原因，同时，还可以解释水溶性不好的钙皂做乳化剂时只能形成 W/O 型乳状液的原因。

9.2.4 乳状液的稳定性

乳状液的稳定性是指分散相液滴抗聚结的能力。分散相液滴的聚结速度是衡量乳状液稳定的最基本方法，可以通过测定单位体积乳状液中聚结液滴数目随时间的变化率确定。乳状

液中液滴凝聚变大，最终导致破乳。乳状液的稳定性不仅有热力学问题，还有动力学问题，而且后者往往是更重要的。影响乳状液稳定性的因素主要有以下几个。

1. 界面张力

乳状液是热力学不稳定体系，分散相液滴总有自发聚结、减小界面面积，从而降低体系能量的倾向。由于表面活性剂的两亲性，亲水基和亲油基的作用能够使其在界面上定向排列，使界面上的不饱和力场得到一定平衡，因此，能减小界面张力。加入表面活性剂使体系的界面张力减小，是形成乳状液的必要条件。界面张力的大小表明乳状液形成的难易程度，较小的油-水界面张力有助于体系的稳定。例如煤油与水的界面张力常在 40 mN/m 以上，若在其中加入适当的表面活性剂，则界面张力可减小到 1 mN/m 以下。但小的界面张力并不是决定乳状液稳定性的唯一因素。有些表面活性剂能将油-水界面张力降至很小，但却不能形成稳定的乳状液。因此，单靠界面张力的减小还不足以保证乳状液的稳定性。另外，减小表面张力对乳状液的稳定是有利的，但不是决定因素。例如，羧甲基纤维素钠等高分子表面活性剂作乳化剂时形成界面膜的界面张力较大，但其形成的乳状液却十分稳定。

2. 界面膜的性质

在体系中加入乳化剂后，在减小界面张力的同时，表面活性剂必然在界面发生吸附，形成层界面膜。界面膜对分散相液滴具有保护作用，使得在布朗运动中相互碰撞的液滴不易聚结，而液滴的聚结（破坏稳定性）是以界面膜的破裂为前提的，因此，界面膜的机械强度是决定乳状液稳定的主要因素之一。

与表面吸附膜的情形相似，当乳化剂浓度较低时，界面上吸附的分子较少，界面膜的强度较差，形成的乳状液不稳定。乳化剂浓度增加至一定程度后，界面膜则由比较紧密排列的定向吸附的分子组成，这样形成的界面膜强度大，大大提高了乳状液的稳定性。大量事实说明，要有足量的乳化剂才能有良好的乳化效果，而且直链结构的乳化剂的乳化效果一般优于支链结构的。

此结论与高强度的界面膜是乳状液稳定的主要原因的解释相一致。如果使用适当的混合乳化剂，有可能形成更致密的界面复合膜。由此可以看出，使用混合乳化剂，以使能形成的界面膜有较大的强度，来提高乳化效率，增加乳状液的稳定性。如油溶性的失水山梨醇单油酸酯（Span-80）和水溶性失水山梨醇单棕榈酸酯聚氧乙烯醚（Tween-40）的协同作用。在实践中，经常是使用混合乳化剂的乳状液比使用单一乳化剂的更稳定，混合表面活性剂的表面活性比单表面活性剂往往要优越得多。

3. 界面电荷

乳状液液滴表面电荷的来源有很多种，以下列举了它们的主要方式：①使用离子表面活性剂作为乳化剂，乳化剂分子发生解离；②使用不能发生解离的非离子表面活性剂为乳化剂时，液滴从水相中吸附离子，使自身表面带电；③液滴与分散介质发生摩擦，也可以使液滴表面带电。当液滴表面带电后，在其周围会形成类似于 Stern 模型的扩散双电层，阻止了液滴之间的聚结，从而提高乳状液的稳定性。通常而言，液滴表面的电荷密度越大，乳状液的稳定性越高。

对于非离子表面活性剂乳化的乳状液来说，由于液珠与介质摩擦而产生电荷，电荷的符号与两相的介电常数有关，介电常数大的那一相通常带正电，另一相则带负电。以水油体系来说，常温下，水的介电常数比油的大很多。因此，在 O/W 型乳状液中，油滴带负电荷；在 W/O 型乳状液中，水珠带正电荷。因此，由于电斥力的作用带同性电荷的液珠的凝结度

会降低，从而增加了乳状液的稳定度。液珠带有界面电荷，因电离作用，在其周围还会有反离子，形成扩散状态的分布，从而形成双电层。由于这些电荷的存在，一方面，液珠表面所带电荷符号相同，故当液珠相互靠近时相互排斥，防止液珠聚结，提高乳液稳定性；另一方面，界面电荷密度越大，表示界面膜分子排列越紧密，界面膜强度也越大，从而提高了液珠的稳定性。

4. 乳状液分散介质的黏度、两相密度差、液滴的大小和分布

分散介质的黏度 η 增加，使液滴的扩散系数 D 下降，依据 Stokes-Einstein 定律，对于球形液滴：

$$D = KT/(6\pi\eta a) \tag{9-1}$$

式中，K 为玻尔兹曼常数；T 为绝对温度；a 为液滴半径。

当扩散系数 D 下降时，液滴聚结速度下降。随着被分散的液滴数增加，外相的黏度增大，一般来说，浓乳状液较稀乳状液更易于稳定。为此，可添加一些天然或合成的增稠剂，通过增加乳状液外相的黏度，使乳状液更加稳定。由水、油和乳化剂组成的体系，在某浓度范围内可能形成液晶中间相，黏度会显著增大，从而使乳状液的稳定性大大增加。

在 O/W 型乳状液中，油滴比较轻，会向上层迁移。在重力作用下，由于两相密度差，会导致乳状液分层。依据 Stockes-Einstein 定律描述，球形液滴的沉降速度或上升速度 v 可通过下式计算：

$$V = 2a^2(\rho_1 - \rho_2)g/(9\eta) \tag{9-2}$$

式中，a 为分散相液滴的半径；ρ_1、ρ_2 为分散相和分散介质的密度；g 为重力加速度；η 为分散介质的黏度。

分散介质的黏度 η 越大，液滴布朗运动的速度越慢，沉降速度下降，减小了液滴之间相互碰撞的概率，有利于乳状液的稳定。而黏度增大可通过增加天然或人工合成的增稠剂来实现。同时，液滴数量的增加可增大黏度系数，多数乳状液经浓缩会比过滤后的更稳定。两相密度差减小，沉降速度下降，也有利于乳状液的稳定。液滴大小的影响较复杂，大量实验结果表明，液滴越小，乳状液越稳定；液滴大小分布均匀的乳状液较具有相同平均粒径的宽分布的乳状液稳定。

5. 相体积比

随着乳状液的被分散相体积增加，界面膜需要不断扩大，才可把被分散相包围住。若乳化剂不变、界面膜变薄，则体系的不稳定性会增加。若被分散相的体积超过连续相的体积，O/W 型或 W/O 型乳状液会越来越不如其反相的乳状液（即 W/O 型或 O/W 型乳状液）稳定。除非乳化剂的亲水-亲油平衡值限制其只能形成某一种类型的乳状液，否则，乳状液就会发生变型。

6. 温度

温度的变化会引起乳状液某些性质和状态变化，其中包括两相间的界面张力、界面膜的性质和黏度、乳化剂在两相的相对溶解度、液相的蒸气压和黏度、被分散离子的热运动等。因此，温度的变化对乳状液的稳定性有很大的影响，可能会使乳状液变型或引起破乳。乳化剂的溶解度随温度变化，乳状液的稳定性也随之改变。在接近乳化体系的相转变温度时，乳化剂可发挥最大的功效。任何危及界面的因素都会使乳状液的稳定性下降，如温度上升、蒸气压升高、分子蒸发、分子蒸气流通过界面等，都会使乳状液稳定性降低。

9.2.5 乳状液的破坏

乳状液的破坏可分为3种方式，即分层、变型和破乳。这3种方式各不相同，下面分别进行阐述。

9.2.5.1 分层

分层是指由于分散相和分散介质的密度不同，在重力或其他外力的作用下，分散相液滴上升或下降的现象。分层并不意味着乳状液被真正破坏，而是分为两个乳状液。对于 O/W 型乳状液，分散相油滴上浮，故上层中油滴浓度大；对于 W/O 型乳状液，下层水滴浓度大，发生分层时，乳状液并未被破坏，即分层并非破乳。例如牛奶放置时间长后，可分为两层，上层较浓，含乳脂成分高一些；下层较稀，含乳脂成分低一些。这是因为分散相乳脂的密度比水的小，如果一个乳状液，其分散相密度比介质的大，则分层后，下层将浓些，上层将稀些。适宜的外部条件（如离心分离）和添加剂（如某些电解质）可加速分层过程。能加速分层的添加剂称为分层剂。沉降与分层是同时发生的。在许多乳状液中，分层现象或多或少会发生，改变制备技术或配方可以将分层速度降低到无足轻重的地步。

国外一些研究学者提出能量与做功理论来诠释分层机制，即假设液珠都是以球形分布，其半径为 a，被分层的两相密度差为 $\Delta\rho$，假定烧杯高度为 H，则当 $(4/3)\pi a^3 \Delta\rho gH \ll kT$ 时，乳状液将不会分层。即体系克服重力做功所需能量远小于分子体系热运动的动能时，分层现象不会出现。

9.2.5.2 变型

乳状液由于乳化条件改变，可由 W/O 型转变为 O/W 型，或 O/W 型转变为 W/O 型，这样的过程称为变型。实质上，变型过程是原来的乳状液的液滴聚结成连续相，而原来的分散介质分裂为不连续相的过程。变型是乳化过程的重要现象，对乳状液的稳定性有很大的影响，也是工艺过程应注意的问题。乳状液形成的类型和变型与下列因素有关：

（1）相添加顺序

将水相添加至油相，开始时形成 W/O 型乳状液；反之，形成 O/W 型乳状液。但是，最终形成哪一类型乳状液、是否发生变型，取决于体系的亲水亲油平衡值。如两相的相体积相近，发生 W/O→O/W（或 O/W→W/O）变型比较困难；温度和搅拌条件对变型也有影响。这也是工艺过程中较常遇到的问题。

（2）乳化剂的性质

乳化剂的构型是决定乳状液类型的重要因素。对于单一的乳化剂体系，乳化剂水溶性越大，越倾向于形成 O/W 型乳状液；反之，倾向于形成 W/O 型乳状液。对于复配的乳化剂体系，取决于体系的亲水亲油平衡值。用钠皂稳定的乳状液是 O/W 型，加入足够量的二价阳离子（Ca^{2+}、Mg^{2+}）或三价阳离子（Al^{3+}），能使乳状液变成 W/O 型。

（3）相体积比

在某些体系中，当内相体积在 74% 以下时，体系是稳定的。当继续加入内相物质，使其体积超过 74% 时，则内相变成外相，乳状液极易发生变型。

（4）体系的温度

发生变型的温度与乳化剂浓度有关。浓度低时，变型温度随浓度增加而变化很大，当浓度达到一定值后，变型温度就不再改变。这种现象实质上涉及乳化剂分子的水化程度。含聚氧乙烯或聚氧丙烯的非离子表面活性剂的乳状液，随着温度的升高，表面活性剂变得更具有亲油性，乳状液可能转变为 W/O 型，存在一个相转变温度（PIT）。另外，一些离子表面活性剂稳定的乳状液在冷却时可转变为 W/O 型乳状液。以脂肪酸钠作为乳化剂的苯-水乳状液为例，假如脂肪酸钠中有相当多的脂肪酸存在，则得到的是 W/O 型乳状液。升高温度可加速脂肪酸向油相扩散的速率，使膜中脂肪酸含量减少而形成 O/W 型乳状液。降低温度并静置 30 min，又变成 W/O 型乳状液。

（5）电解质和其他添加剂影响

离子表面活性剂稳定的 O/W 型乳状液，添加强电解质后，由于降低了分散液滴的电势，并且增强了表面活性剂离子与反离子之间的相互作用（即使其亲水性减弱），会转变为 W/O 型乳状滴。添加脂肪酸或脂肪醇，由于它们会与表面活性剂结合，成为更具亲油性的表面活性剂复合物，这样也会使 O/W 型转变为 W/O 型。

变型机理可分为 3 个步骤：①该体系液珠表面带有负电荷，在乳状液中加入高价阳离子时，表面电荷立即被中和，液珠聚在一起。②聚集在一起的液珠将水相包围起来，形成不规则水珠。③液珠破裂后，油相变成了连续相，水变成了分散相，这时 O/W 型乳液即变成了 W/O 型乳状液。

9.2.5.3 破乳

破乳指乳状液完全被破坏，发生油水分层的现象。破乳又称反乳化作用（demulsification），是乳状液的分散相小液珠聚结成团，形成大液滴，最终使油水两相分层析出的过程。

1. 破乳的方法

破乳方法可分为物理机械法和物理化学法。物理机械法有电沉降、过滤、超声等；物理化学法主要是改变乳液的界面性质而破乳，如加入破乳剂。原理是表面活性剂受到温度变化或者其他外界因素，由乳化状态变成油水分离的过程，主要是乳化不稳定造成的。破乳后的表面活性剂如化妆品、食品添加剂、印染助剂等会失去使用性能，并且会引起副作用。乳状液是热力学不稳定体系，最后的平衡是油水分离、分层、破乳。破乳在油田等行业有广泛的应用。下面简单介绍破乳的 3 种方法。

（1）机械法

机械法如长时间静置、离心分离等。

① 长时间静置。将乳浊液放置过夜，一般可分离成澄清的两层。水平旋转摇动分液漏斗，当两个液层由于乳化而导致界面不清时，可将分液漏斗在水平方向上缓慢地旋转摇动，这样可以消除界面处的"泡沫"，促进分层。

② 离心分离。将乳化混合物移入离心分离机中，进行高速离心分离。

（2）物理法

物理法包括过滤、加热、超声、电沉降等。

① 过滤。对于由树脂状、黏液状悬浮物的存在而引起的乳化现象，可将分液漏斗中的物料用质地致密的滤纸进行减压过滤。过滤后，物料则容易分层和分离。

② 加热。加热乳状液也是常用的破乳的简便方法，虽然提高温度对于乳状液的双电层以及界面吸附没有多少影响，但若从分子热运动考虑，提高温度，增加了分子的热运动，界面膜中分子排列松散，有利于液珠的聚结。此外，温度升高时，外相黏度降低，从而降低了乳状液的稳定性，易发生破乳。

③ 超声。超声是形成乳状液的一种常用搅拌手段，在使用强度不大的超声波时，又可以使乳状液破乳。与此相似，对乳状液加以轻微振摇或搅拌也可导致破乳。

④ 电沉降。电沉降法主要用于W/O型乳状液的破乳。在电场的作用下，使作为内相的水珠聚结。电场干扰带有额外电荷的极性分子所组成的乳化膜壁，并引起其分子的重新排列。分子的重新排列即意味着膜的破裂，同时，电场引起了邻近液滴的相互吸引，最后水滴聚结并因相对密度比油大而沉降。

（3）化学法

化学法主要是通过加入一种化学物质来改变乳状液的类型和界面膜性质，目的是设法降低界面强度，或破坏其界面膜，从而使稳定的乳状液变得不稳定而发生破乳。

① 加入乙醚。相对密度接近1的溶剂，在萃取或洗涤过程中，容易与水相乳化，这时可加入少量乙醚将有机相稀释，使之相对密度减小，容易分层。补加水或其他溶剂再水平摇动则容易将其分成两相。至于是补加水还是补加溶剂更有效，可将乳化混合物取出少量，在试管中预先进行试探。

② 加入乙醇。对于由乙醚或氯仿形成的乳化液，可加入5~10滴乙醇，再缓缓摇动，可促使乳化液分层。但此时应注意，萃取剂中混入乙醇，由于分配系数减小，有时会带来不利的影响。

③ 其他情况。皂作乳化剂时，如脂肪酸钠、脂肪酸钾等，加入高价金属盐，通过破坏乳化剂的化学结构，就能达到破乳的目的。被固体粒子稳定的乳状液，可以通过加入某种表面活性剂使固体粒子被一相完全浸润，脱离界面而达到破乳的目的。石油工业中的原油脱水就是这种原理。

2. 破乳剂的作用原理

破乳剂是指能破坏乳状液的稳定性，使分散相聚结起来并从乳状液中析出的化合物。在化工生产中，用破乳剂可回收乳状液里没有参加反应的原料或产品等。

典型的破乳剂有水、溶剂、无机盐类电解质、对抗型表面活性剂和非离子表面活性剂等。乳液中加入溶剂或无机盐类电解质，可以改变水相或油相的相对密度，促使乳状液破坏。例如硫酸钠、硫酸镁和明矾等多价的金属盐都可以破坏分散相微滴表面的双电层，使微滴聚集而析出。

选择破乳剂的原则如下：①良好的表面活性，能将原有的乳化剂从界面上顶替下来，自身又不能形成牢固的界面膜。②离子型的乳化剂可使液滴带电而稳定，选用带相反电荷的离子型破乳剂可使液滴表面电荷中和。③相对分子质量大的非离子或高分子破乳剂溶解于连续相中，可因桥连作用而使液滴聚集，进而聚结、分层和破乳。④固体粉末乳化剂稳定的乳状液可选择对固体粉末有良好润湿作用的润湿剂作为破乳剂，以使粉末完全润湿后进入水相或油相。

破乳剂对乳状液的作用非常复杂，目前对破乳机理尚未有统一的结论。一般认为，乳状液的破坏需经历分层、絮凝、聚结的过程。根据研究结果，目前公认的破乳机理有以下几点。

(1) 相转移

加入破乳剂后,发生了相转变,即能够生成与乳化剂类型相反的乳状液,此类破乳剂称为反相破乳剂。这类破乳剂与乳化剂的憎水部分作用,生成络合物,从而使乳化剂失去乳化性能。

(2) 破乳剂的顶替作用

由于破乳剂本身具有较低的表面张力,具有很好的表面活性,很容易被吸附于油水界面而将原来的乳化剂从界面上顶替下来,而破乳剂分子又不能形成结实的界面膜,因此,在加热或在机械搅拌下,界面膜易被破坏而破乳。

(3) 电解质的加入

对于主要靠扩散双电层的排斥作用而稳定的稀乳状液,加入电解质后,可以压缩其双电层,有利于聚结作用的发生。一般带有与外相表面电荷相反的高价反离子有较好的破乳效果,破乳时使用的电解质浓度都较大。

(4) 破坏乳化剂

这是一类能使稳定乳状液的乳化剂遭到破坏的方法,其中最常用的是化学破坏法。例如,以皂作乳化剂时,加入酸可生成表面活性剂较小的脂肪酸,从而使乳状液破坏;脂肪酸钠、脂肪酸钾作乳化剂时,加入高价金属盐,破坏乳化剂的化学结构,就能达到破乳的目的。此外,对于一些天然产物及以大分子物质作乳化剂的乳状液,可采用微生物破乳,即某些微生物通过消耗表面活性剂得以生长,并对乳化剂起生物变构作用,致使乳状液遭到破坏。

(5) 润湿作用

对于以固体粉末稳定的乳状液,可加入润湿性能好的润湿剂,通过改变固体粉末的亲水、亲油性实现。

(6) 絮凝-凝结作用

由于非离子型破乳剂具有较大的相对分子质量,因此,在加热和搅拌下,相对分子质量较大的破乳剂分散在乳状液中,会引起细小的液珠絮凝,使分散相的液珠集合成松散的团粒。在团粒内,各细小液珠依然存在。这种絮凝过程是可逆的。随后的聚结过程是将这些松散的团粒不可逆地集合成大液滴,导致液滴数目减少。当液滴集合到一定直径后,因油水相对密度的差异,水与油即相互分离。

(7) 硬撞击破界面膜破乳

这种理论是在高相对分子质量及超高相对分子质量破乳剂问世后出现的。高相对分子质量及超高相对分子质量破乳剂的加入量仅为每升几毫克,而界面膜的面积却相当大。如将 10 mL 水分散到原油中,所形成的油包水型乳状液的油水界面膜总面积可达 6~600 m^2。因此,微量的药剂是难以排替面积如此巨大的界面膜的。所提出的机理认为,在加热和搅拌条件下,破乳剂有较多机会碰撞液珠界面膜或排替很少一部分活性物质击破界面膜,使界面膜的稳定性大大降低,因而发生絮凝、聚结。

(8) 界面膜褶皱变形破乳

在对乳状液液珠进行显微分析后,发现一般较稳定的 W/O 型乳状液均有双层或多层水圈,而两层水圈之间为油圈。用以上几种理论都很难解释这种乳状液的破乳。新提出的机理认为,液珠在加热搅拌下,破乳剂吸附于界面膜上,使界面膜发生褶皱变形,从而变脆而被破坏,此时液珠内部各层水圈相互连通,开始聚结,再与其他液珠凝聚而破乳。

(9) 增溶机理

实际操作时,人们发现使用的破乳剂的一个或少数几个分子即可在溶液中形成胶束,这种高分子线团或胶束可增溶乳化剂分子,从而引起乳液破乳。

9.2.6 乳状液的应用

乳状液在工农业生产,例如,农药、食品、化妆品、原油、建筑、纺织印染、制革、造纸、医药、采矿及日常生活中都有广泛应用。

9.2.6.1 农药中的应用

农药制剂在加工和应用中经常遇到分散问题,其中应用最广的一种体系就是乳状液。

在田间使用农药时,一般要求经过简单搅拌,并且在短时间内就能制成喷洒液。有时由于季节、地点的不同,水温和水质也有变化,地面喷洒和飞机喷洒等对浓度要求也不同,因此,要制成适于各种条件使用的乳状液。目前常遇到的农药乳状液主要有3类。

(1) 可溶性乳状液

通常由亲水性大的原药组成的所谓可溶解性乳油,如敌百虫、敌敌畏、乐果、氧化乐果、甲胺磷、久效磷、乙酰甲胺磷、磷胺等乳油,兑水而得。由于原药能与水混溶,形成真溶液状乳状液。

(2) 可溶化型乳状液

通常由加浴型乳油兑水而得。外观是透明或半透明的蓝色或其他色,油滴粒径小,一般为 0.1 μm 或更小。乳化稳定性好,对水质、水温或稀释倍数有好的适应能力,剂用量也较高,一般在 10% 以上。

(3) 浓乳状液

浓乳状液通常由乳化性乳油即浓乳剂兑水而得,油滴粒径分布在 0.1~10 μm 之间。这种乳状液乳化稳定性较好。若油滴粒径大于 10 μm,乳状液稳定性差,一般应避免应用。常用的农药乳化剂有肥皂、太古油和一些非离子表面活性剂。

9.2.6.2 食品工业中的应用

在生命科学快速发展的时代,要发展食品科学,提高食品质量,改进食品工艺,研制新功能食品,同时必须相应地发展食品乳化剂。食品乳化剂的憎水基团多为不同碳原子数的直链烷烃,可与食品中的直链淀粉结合,从而可以改善食品干硬黏连的口感及外观特性。如制造巧克力时,可用乳化剂降低黏度;熬制硬糖时,用乳化剂防止出现硬糖变黏、混浊、返砂等现象。世界各国确认的食品乳化剂有 200 余种,常用的主要有脂肪酸甘油酯、乙酸、乳酸、失水山梨醇脂肪酸脂、卵磷脂等。

9.2.6.3 乳状液在化妆品中的应用

护肤乳液亦称液态膏霜,是基础化妆品中一类颇受人们喜欢的化妆品,涂于皮肤上能铺展成一层极薄而均匀的油脂膜,不仅能滋润皮肤,还能起到保护皮肤、防止水分蒸发的作用。

护肤乳液也分O/W型和W/O型两种乳状液形式。其主要成分包括：中性烃类或酯类油脂、高级醇、脂肪酸；乳化剂主要为阴离子表面活性剂（如脂肪酸皂）、非离子表面活性剂和阳离子表面活性剂；水相成分为低级醇、多元醇、水溶性高分子和蒸馏水等。

9.2.6.4 乳状液在原油开采中的应用

石油工业是我国的一项支柱产业，乳化剂在其中的应用更为广泛。为提高钻井效率和安全生产，需配制钻井泥浆辅助钻井作业。泥浆中使用的乳化剂不仅可起到乳化作用，还可起到润湿作用。常用乳化剂有油酸皂、石油磺酸盐、磺化琥珀酸盐、十二烷基硫酸钠等。实际应用时，常为上述物质的复配物。为了提高采油率，减少岩层对油的吸附力，常加入乳化剂，使油层原油发生乳化，增加油在水中的溶解度。

1. 乳化钻井液

① 油包水（W/O）型钻井液。在钻井过程中，有时会遇到高度水敏性的黏土矿物层、高盐层，若用水基钻井液进行钻井，往往会引起水敏性地层的水化膨胀和剥蚀掉块、井壁坍塌或缩径，从而造成卡钻和井眼不规则等复杂问题，甚至会导致无法继续钻井。为了防止水基钻井液带来的这种因钻井液中的水进入地层后而带来的问题，通常在实践中采用W/O型乳化钻井液进行辅助钻井。主要组成为有机土、柴油（或原油）、含有一定矿物度的水及W/O型乳化剂。

② 水包油（O/W）型钻井液。O/W型钻井乳化液通常在地层压力较低地区钻井时使用。O/W型钻井液可以配制高油水比、低密度（相对密度小于1）的钻井液，在地层压力低的地区用这种低密度O/W型钻井液可防止钻井液漏失。

2. 油包水（W/O）型乳化酸

利用非均质注水法开发油藏时，当进入产能递减阶段，油井会普遍见水，这将会给油井酸化带来困难。处理时，采用常规的水基酸化液会导致含水率上升的矛盾，而代之以分隔器分层酸化油则会有一定效果，但不能用于厚油层的油水同出层和井况不良的油井，而W/O型乳化酸（酸/油乳化液）是一种可应用于含水油井的选样性酸化液，具有防腐、防膨、缓蚀等特性，适于深部酸化和水敏性地层的处理，能使油井增油降水并延长含水油井的稳产期。

3. 水包油（O/W）型乳液除垢剂

油气田井下和地面管道、设备的内表面常产生由石蜡、沥青以及无机物组成的非水溶性混合积垢，给石油生产带来麻烦和困难。采用O/W型乳液除垢剂清洗地面管道即可大大提高工效，减轻劳动强度，通常具有很好的清洗效果。

水包油型乳液除垢剂的基本组成：油相为多种烃类溶剂如芳香烃及煤油、柴油，水相为含有无机转化剂，如马来酸二钠盐、适量的有机碱如各种胶类、适量醇醚类助洗剂和一定量的水，乳化剂通常选用非离子O/W型乳化剂。

4. 氧化压裂液

压裂是一种广泛应用的原油增产技术。压开裂缝的导流系数（渗透率×宽度）必须大于储层渗透率高的导流系数。压裂增产效应，随裂缝中的填砂（支撑剂）长度、储层渗透率、裂缝导流系数及井筒附近地层渗透性堵塞的程度而定。压裂液包括前置液、携砂液、顶替液。前置液的用途是劈开裂缝；携砂液是将支撑剂送到裂缝中去；顶替液用来消除井底的积

砂。压裂液是由稠化剂、交联剂和破胶剂组成。

水包油型聚合物乳化压裂液是一种水力压裂液，即聚合物乳化压裂液，目前已应用于工业生产中。它是由2份油和1份稠化水组成的，其内相为现场原油、成品油、凝析油或液化石油气；外相是由水溶性聚合物和表面活性剂的淡水、矿化水或酸制成的压裂液。这种压裂液的主要组成如下。

油相（内相）：原油、成品油、凝析油成液化石油气，60%~75%（体积分数）。

水相（外相）：25%~40%（体积分数），内含乳化剂妥尔油酸钠（对淡水）、季铵盐（对盐水）。

稠化降阻剂：瓜胶、羟乙基纤维素、生物聚合物和聚丙烯酰胺等。

水包油型聚合物乳化压裂液具有降阻效果好、滤失量低、携砂性能好的特性，使用乳化压裂液的效率可高达60%~90%，成为所有压裂液之最。此外，还有净井快、地层渗透率损害小等优点。

油包水压裂液是一种以水作分散相、以油作分散介质的油包水型乳状液。例如，以淡水或盐水矿化度作水相，以高黏原油、柴油、煤油、稀释的沥青渣油作油相，以Span-80月桂酰二乙醇胺（分别溶于油和水中）作乳化剂，油：水：乳化剂=2：1：0.1就可配成油包水压裂液。这种压裂液有许多优点，例如，黏度大、悬砂能力强、滤失量少、不伤害油层等。使用时，用表面活性剂及添加剂的水环（含水）、润滑中心的黏性油环，使其下到油管中进行压裂。

9.2.6.5 在机械加工及防锈中的应用

在金属切削加工时，刀具切削金属可使其发生变形，同时，刀具与工件之间不断摩擦，因而产生切削力及切削温度，严重地影响了刀具的寿命、切削效率及工件的质量。因此，如何减小切削力和降低切削温度是切削加工中的一个重要问题。常用的一种方法是选用合适的金属切削冷却液。合理选用金属切削冷却液，一般可以提高加工光洁度1~2级并减小切削力15%~30%，降低切削温度100~150℃，成倍地提高刀具耐用度并能带走切削物。切削冷却液的种类很多，其中最广泛使用的是O/W型乳化切削液。它广泛地作为机械加工润滑、冷却剂用。若在油中加入油溶型缓蚀剂，还会对工件起到防锈的功能。

水包油型防污油是机械工业上常见的防锈剂。采用O/W型防锈油封存金属工件具有可节省油、改善劳动条件、降低成本、安全及不易燃等优点。可在油相中加入油溶性缓蚀剂如石油磺酸钡、十八胺等，乳化剂可采用水溶性好又有缓蚀作用的羧酸盐类如十二烯基丁二酸钠盐、磺化羊毛脂钠盐等，制备成O/W型防锈油。

9.2.6.6 在建筑上的应用

在道路施工养护、木材防腐、建筑物保护等方面都用到沥青乳液。乳化法制得的沥青具有制备简单、无毒、无臭气、可常温使用的特点，而且不管是冬季还是雨季，均不影响施工质量而被广泛应用。

沥青是由一种极其复杂的高分子碳氢化合物及由这些碳氧化合物的非金属衍生物组成的混合物。沥青在常温下为固体或半固体状态，因此，在使用时必须进行预处理，使之成为沥

青液。处理方法有加热熔化法、溶剂法和乳化法，分别制得沥青熔化液、含有溶剂的沥青溶液和沥青乳液。其中，以沥青和水的乳化法为好，这种方法可使沥青乳液在常温下使用，其凝固时间短、设备简单、不需要复杂的技术且无臭气。

1. 乳化沥青的生产

乳化沥青是指将沥青经机械作用分裂为细微颗粒，分散在含有表面活性剂的水溶液中。乳化剂吸附于沥青水界面上，以疏水的碳氢链吸附于沥青颗粒的表面而以亲水的极性基伸入水中定向排列，这不仅降低了沥青-水间的界面张力，更重要的是，在沥青颗粒的表面形成了一层致密的膜，可以阻止沥青颗粒的絮凝和聚结。若用离子表面活性剂，还可使沥青颗粒表面带有同种电荷，在沥青颗粒互相靠近时产生静电斥力而使沥青颗粒处于分散稳定状态。

2. 用于制备乳化沥青的乳化剂

① 阴离子型乳化剂。制备阴离子型沥青乳液是用阴离子表面活性剂作为乳化剂，常用的阴离子型乳化剂有妥尔油钠皂、环烷酸钠、硬脂酸钠、松香皂钾盐、石油磺酸钠、木质素磺酸盐等。

② 阳离子型乳化剂。制备阳离子型沥青乳液用的乳化剂主要是烷基亚丙基二胺类乳化剂，如牛脂丙烯二胺（duomeen T）、椰子油丙烯二胺（dinrams）、$C_{17} \sim C_{20}$ 或 $C_7 \sim C_9$ 烷基丙烯二胺二盐酸盐和烷基胺的盐酸盐等。这类阳离子型乳化剂不仅具有良好的乳化力，而且对石料的黏附性也好。此外，也可使用季铵盐类乳化剂，如 $C_{12} \sim C_{20}$ 烷基三甲基氯化铵和双十八烷基二甲基氯化铵等。这类乳化剂虽有较好的乳化能力，但用于铺路时在石料上形成的覆盖膜一般都比较薄。

3. 沥青乳化工艺

沥青乳化的设备主要有胶体磨、均值泵和高速搅拌机，其中，前两种乳化效率较高。

配制工艺：沥青送入胶体磨前先预热至 130~140 ℃，将水加热至 80~90 ℃ 加入乳化剂，先将乳化剂注入胶体磨，然后加入热沥青。在配制过程中，要特别注意对设备保温。当温度升高时，沥青黏度减小，沥青-水界面上的界面张力降低，这就大大促进了乳化作用；如果温度降低，则沥青开始凝固而得不到乳胶体。所以，机器保温是制取乳胶体时极重要的因素（特别是用高熔点沥青制备乳胶体），设备温度通常为 100 ℃ 左右。

如果使用胺型阳离子乳化剂，因为胺不能直接溶于水，因此，必须先制成胺盐再使用。一般需要用盐酸调节到 pH 约为 2，或用乙酸调节到 pH 约为 4 再使用。如果用酸过量，会影响乳化性和储存稳定性。水的硬度和离子性对阳离子型沥青乳液的使用性能和稳定性影响不大。水中 CaO 含量以不超过 80 mg/L 为宜。阳离子型乳化剂调制的沥青乳液由于破乳迅速，在铺设施工时对作业会造成一定困难，加入少量非离子表面活性剂如聚氧乙烯牛脂丙烯二胺作为助剂进行乳化，则可延缓沥青乳液的破乳过程，以保证铺路作业的顺利进行。

4. 乳化沥青在道路铺设中的应用

阴离子型沥青乳液的粒子带有负电荷，用于铺路时，只有铺撒于干燥的石料上才能破乳，并使沥青与石料黏附在一起。完成这一过程需要较长时间，因此，在冬季或雨季不适宜用阴离子型沥青乳液施工。阴离子型沥青乳液适用于铺设在碱性石料如石灰石上，而铺于酸性石料如硅石、花岗石等上时，则会出现如黏结不牢的现象。因此，阴离子型沥青乳液的应用受到一定的限制。

阳离子型防青乳液的粒子带有正电荷，与带负电荷的石料接触的瞬间就发生破乳，使沥青牢固地黏附在石料表面，同时，可在石料表面形成一层以阳离子型乳化剂疏水碳氢链包覆的疏水膜。因此，在冬季和雨季用阳离子型沥青乳液进行施工，都不会影响施工质量。

由于阳离子型沥青乳液比阴离子型沥青乳液具有更好的使用性能，因此，在铺设道路和建筑物防护中得到广泛应用。

9.3 润湿功能

润湿是一种十分普遍的现象，常见的润湿过程是固体表面的气体被液体取代，或是固-液界面上的一种液体被另一种液体所取代。例如，洗涤、印染、润滑，原油开采等，都要以润湿法为前提，但有些场合又要防止润湿，如防水、防油等。

9.3.1 接触角与杨氏方程

将液体滴在固体表面上，此液体在固体表面可铺展形成薄层或以一小液滴的形式停留于固体表面。前者为完全润湿，后者为部分润湿或不完全润湿。若在固、液、气三相交界处，作气-液界面的切线，自此切线经过液体内部到达固-液交界线之间的夹角，称为接触角（contact angle），用 θ 表示（图9-4）。

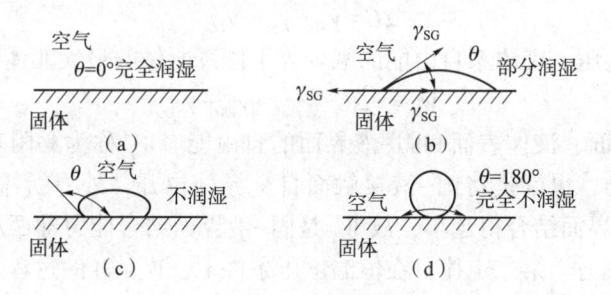

图 9-4 接触角

在以接触角表示液体对固体的润湿性时，习惯上可将 $\theta=90°$ 定为润湿程度的标准，$\theta>90°$ 为不润湿；$\theta<90°$ 则为润湿，接触角越小，润湿性能越好；$\theta=0°$ 为完全润湿；$\theta=180°$ 为完全不润湿。$\theta=180°$ 这种情况实际上不存在。总之，利用接触角的大小来判断液体对固体的润湿性具有简明、方便直观的优点，但不能反映润湿过程的能量变化。固体越是疏液，就被气体"润湿"，越易附着在气泡上；若固体是粉末，就易于随气泡一起上浮至液面。反之，固体越是亲液，就越易被液体所润湿，越难附着在气泡上。泡沫选矿利用的就是气体（或液体）对固体的这种"润湿性"的差异，而将有用的矿苗与无用的矿渣分开的。

Young 于 1805 年提出利用平面固体上的液滴在 3 个界面张力下的平衡来处理接触角问题。若固体的表面是理想光滑、均匀平坦且无形变，则可达稳定平衡；在这种情况下产生的接触角就是平衡接触角 θ。固体表面上液滴的平衡接触角 θ 与各种界面张力的关系：

$$\gamma_{SG} - \gamma_{SL} = \gamma_{LG} \cos \theta$$

这就是杨氏方程，亦即润湿方式的判据。

其中，θ 为自固-液界面经过液体内部到气-液界面的夹角；γ_{SG} 为与该液体的饱和蒸气平衡的固体的表面张力，对方程的贡献是最大限度减小固体的表面积；γ_{SL} 为固-液之间的界面张力，对方程的贡献刚好与 γ_{SG} 相反，为减小固-液界面之间的面积；γ_{LG} 为与其饱和蒸气平衡的液体的表面张力，其作用是力图减小液体的表面积。但值得指出的是，杨氏方程因 γ_{SG} 和 γ_{SL} 无法准确测定而使得其无法得到实验证明，因此，只能认为其实际上仅能够在一定条件下依据接触角测量值来推算固体的表面能。

9.3.2 润湿类型

润湿涉及至少三相，其中一相为固体，所以润湿不仅与液体的性质有关，也与固体的性质有关。润湿过程分为三类：沾湿、浸湿和铺展，其产生所需的条件也不尽相同。

1. 沾湿

沾湿主要是指当液体与固体接触后，将液-气和固-气界面变为固-液界面的过程（图9-5）。

例如，飞机在空中飞行，大气中的水珠是否会附着于机翼上而有碍飞行；农药喷雾能否有效地附着于植物的枝叶上。这些都是与沾湿过程有关的问题。

设固-液接触面积为单位值，则此过程中体系自由能变化值为

$$\Delta G = \gamma_{SL} - \gamma_{SG} - \gamma_{LG}$$

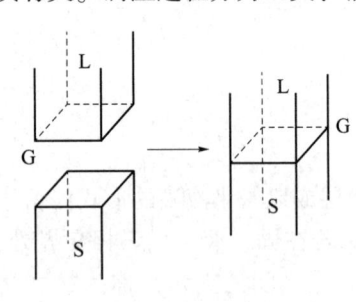

图9-5 沾湿图

设此过程恒温恒压，则体系自由能的减少等于体系所做的最大非体积功，即

$$W_a = -\Delta G = \gamma_{SG} - \gamma_{LG} - \gamma_{SL}$$

式中分别为气-固界面、液体表面和固-液界面的自由能。W_a 称为黏附功，它是沾湿过程体系对外所做的最大功，也就是将固-液接触面自交界处拉开，外界所需做的最小功。显然，此值越大，则固-液界面结合得越牢，故 W_a 是固-液界面结合能力即两相分子间相互作用力大小的度量。根据热力学第二定律，在恒温恒压条件下，$W_a \geq 0$ 的过程为自发过程，此即沾湿发生的条件。

2. 浸湿

浸湿是指固体浸入液体的过程。此过程的实质是固-气界面为固-液界面所代替，而液体表面在过程中无变化（图9-6）。

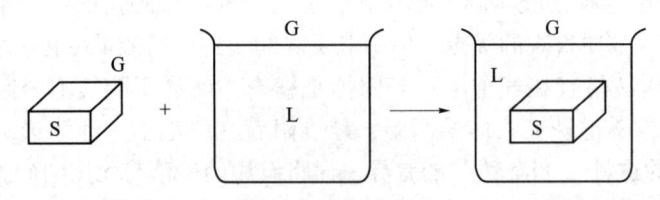

图9-6 浸湿过程

如洗衣时将衣物浸泡在水中。在浸湿面积为单位值时，过程的自由能降低为 $-\Delta G = \gamma_{SG} - \gamma_{SL} = W_i$。式中，$W_i$ 为浸润功，它反映液体在固体表面上取代气体的能力。$W_i \geq 0$ 是恒温恒压下浸湿发生的条件。

3. 铺展

铺展是指以固-液界面取代固-气界面，与此同时，液体表面展开，形成新的气-液界面的过程（图9-7）。

如农药喷雾于植物上，就须要求农药能在植物的枝叶上铺展，以覆盖最大面积。

当铺展面积为单位值时，体系自由能降低为 $-\Delta G = \gamma_{SG} - \gamma_{LG} - \gamma_{SL} = S$，$S$ 为铺展系数。在恒温恒压条件下，$S \geq 0$ 时，液体可以在固体表面上自动展开，连续地从固体表面上取代气体。只要液体量足够多，液体将会自行铺满固体表面。

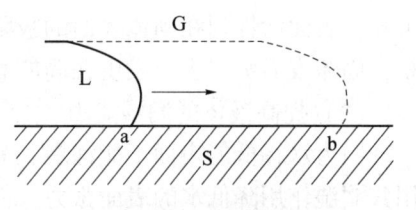

图 9-7 铺展过程

不论何种润湿，均是界面现象，其过程的实质都是界面性质及界面能的变化。3 种润湿发生的条件为：

沾湿：$W_a = \gamma_{SG} - \gamma_{LG} - \gamma_{SL} \geq 0$

浸湿：$W_i = \gamma_{SG} - \gamma_{SL} \geq 0$

铺展：$S = \gamma_{SG} - \gamma_{LG} - \gamma_{SL} \geq 0$

以上三式也成为润湿能否发生的能量判据。对于同一体系，$W_a > W_i > S$。显然，若 $S \geq 0$，则必有 $W_a > W_i > 0$，亦即铺展的标准是润湿的最高标准，能铺展则必能沾湿和浸湿，反之，则不然。因而常以铺展系数作为体系润湿性的指标。

常用来描述润湿的是润湿方程，将润湿方程用于上述 3 种润湿过程，可得到：

沾湿：$W_a = \gamma_{SG} - \gamma_{LG} - \gamma_{SL} = \gamma_{LG}(\cos\theta + 1)$

浸湿：$W_i = \gamma_{SG} - \gamma_{SL} = \gamma_{LG}\cos\theta$

铺展：$S = \gamma_{SG} - \gamma_{LG} - \gamma_{SL} = \gamma_{LG}(\cos\theta - 1)$

因此，通过测定液体的表面张力和接触角，即可得到黏附功、浸润功和铺展系数的数值。不难看出，接触角的大小可作为判断润湿能否进行的判据。$\theta \leq 180°$ 为沾湿发生的条件；$\theta \leq 90°$ 浸湿可自发进行；$\theta = 0°$ 或不存在时，铺展过程可自发进行。

9.3.3 表面活性剂的润湿作用

润湿的作用位置无外乎固体表面及液体表面。固体表面润湿可归因为固体的表面改性，可适当选择方法使将固体的表面能升高或降低；液体表面润湿则主要通过添加表面活性剂等化学物质来实现，即改变气-液、固-液界面张力及在固体表面形成一定结构的吸附层。

具体阐述如下：

（1）在固体表面发生定向吸附

表面活性剂的亲水基朝向固体，亲油基朝向气体吸附在固体表面，形成定向排列的吸附层，使自由能较高的固体表面转化为低能表面，从而达到改变润湿性能的目的。以典型的云母材料为例：未加任何处理的云母的表面自由能较高，水分子可以在其上铺展。表面活性剂处理后，溶液浓度增加至接近 CMC 时，云母表面则变为疏水表面，此时表面处发生了单分子层吸附。亲水基朝向云母表面，亲油基朝向空气侧分布，变为疏水表面。继续增大表面活性剂浓度使之超过 CMC 后，云母表面又变为亲水表面，此时的吸附状态变为双分子层吸附。亲水基因第二层分子与第一层的亲油基靠拢，重新露于空气中，从而又恢复其亲水性。由此可知，表面活性剂在固体表面的吸附状态是影响表面润湿性的重要因素。同时，值得指出的是，固体表面吸附主要发生在高能表面，低能表面没有明显的吸附作用。

（2）提高液体的润湿能力

因为水在低能表面不能铺展，为了改善体系的润湿性质，常在水中加入表面活性剂，利用其润湿作用降低水的表面张力，使其能够润湿固体的表面。孔性固体和疏松性固体物质诸如纤维等，有些表面能较高，液体原则上可以在其上铺展。但继续添加表面活性剂时，无法显著提高液体的湿润能力。

9.3.4 润湿剂

能有效改善液体在固体表面润湿性质的外加助剂称为润湿剂。润湿剂都是表面活性剂。渗透剂和分散剂都是广义的润湿剂。为使液体能渗透入纤维或孔性固体内而添加的助剂称作渗透剂。为使粉体（如颜料等）稳定地分散于液体介质中所用的助剂称作分散剂。

为了获得良好的润湿效果，作为润湿剂，在结构和性质上应满足如下要求：

① 分子结构：良好的润湿剂碳氢链中应该有分支结构，亲水基位于长碳链的中间位置。

② 性质：具有较高的表面活性，有良好的扩散和渗透性，能迅速地渗入固体颗粒的缝隙间或孔性固体的内表面发生吸附。

9.3.5 润湿的应用

1. 矿物的泡沫浮选

定义：矿物的泡沫浮选法是指利用矿物表面疏水-亲水性的差别从矿浆中浮出矿物的富集过程，也称作浮游选矿法。

许多重要的金属在粗矿中的含量很低，在冶炼之前必须设法将金属同粗矿中的其他物质分离，以提高矿苗中金属的含量。目前，铜矿、钼矿、铁矿、金矿等都是采用浮选法对矿石进行处理。

（1）浮选法原理

浮选法借助气泡浮力来浮选矿石，实现矿石和脉石分离的选矿技术。浮选过程使用的浮选剂由捕集剂、气泡剂、调整剂组成，其中，捕集剂和起泡剂主要由各类表面活性剂组成。

捕集剂的作用是以其极性基团通过物理吸附、化学吸附和表面化学反应，在矿物表面发生选择性吸附，以其非极性基团或碳氢链向外伸展，将亲水的矿物表面变为疏水的表面，便于矿物与体系中的气泡结合。

起泡剂在矿浆中产生大量的泡沫，可以使有用矿物有效地富集在空气与水的界面上。起泡剂还可以防止气泡并聚，延长气泡在矿浆表面存在的时间。

（2）浮选过程

将粉碎好的矿粉倒入水中，加入捕集剂，捕集剂以亲水基吸附于矿粉表面，疏水基进入水相，矿粉亲水的高能表面被疏水的碳氢链形成的低能表面所替代，有力图逃离水包围的趋势。向矿粉悬浮液中加入起泡剂并通空气，产生气泡，起泡剂的两亲分子会在气-液界面做

定向排列，将疏水基伸向气泡内，而亲水的极性头留在水中，在气-液界面形成单分子膜并使气泡稳定。

吸附了捕集剂的矿粉由于表面疏水，会向气-液界面迁移与气泡发生"锁合"效应。即矿粉表面的捕集剂会以疏水的碳氢链插入气泡内，同时，起泡剂也可以吸附在固-液界面上，进入捕集剂形成的吸附膜内。在气泡的浮力下，将矿粉一起带到水面上，从而达到选矿的目的。

2. 金属的防锈、缓蚀

金属表面会发生化学反应或电化学反应而遭到破坏，转变为离子，从而造成经济损失。为了防止金属腐蚀，可以在金属表面包覆一层保护层，应用缓蚀剂是一种很有效的方法。

缓蚀剂的亲水基朝向金属表面而亲油基朝向外，可以形成疏水膜或吸附油形成油膜，从而防止金属表面的电化学反应。

3. 织物的防水、防油处理

① 防水处理：用塑料和油布制成的雨衣透气性不好，长时间穿着感觉不舒服。若将纤维织物用防水剂处理后，既可防水，又具有很好的透气性。用防水剂溶液浸泡织物，表面活性剂的亲水基朝向纤维表面而亲油基朝外，变得疏水，从而达到防水的作用。

② 防油处理：用碳氟表面活性剂处理纤维后，使织物的表面张力低于油的，从而使油不能润湿织物表面。

4. 农药中的应用

对于大多数农药而言，只有加工成适当剂型的制剂才是可以直接使用的。农药中的表面活性剂是将无法直接使用的农药制成可以使用的农药制剂不可缺少的组分之一。它作为一种农药助剂，不但可以提高农药的使用效果，还可以减少农药的用量，减轻农药对环境的影响，并为农药生产带来巨大的效益。化肥结块问题是化肥工业长期以来致力于解决的问题，特别是碳酸氢铵、硫酸铵、硝酸铵、磷酸铵、尿素和复合肥等都易发生结块现象，化肥结块严重影响了肥效，并给储存运输和使用带来了不少困难。化学肥料在储存、运输过程中容易发生结块，其主要原因有两种：

① 物理原因（如湿度、温度、压力和储存时间等外部因素或颗粒粒度、黏度分布、吸湿性和晶型等内部因素）。肥料颗粒表面发生溶解，水分经蒸发后重结晶，然后颗粒之间发生桥接作用而结块。尿素、硝铵、硫铵、氯化钾和复合肥料中容易由于此原因而结块。

② 化学原因（如晶体表面发生化学反应或晶粒间的液膜中发生复分解反应）。有杂质存在的晶粒表面在接触中发生化学反应，与空气的氧气、二氧化碳发生化学反应或在堆置储存过程中继续发生化学反应。如过磷酸钙和重过磷酸钙，由于原料磷矿特性不同，若与硫酸反应后得到的肥料粒度过高，结构密实，不仅熟化期过长，且熟化后的产品易形成坚硬的块状物。

为了解决化肥的结块问题，就要在化肥的生产过程中加入相应的表面活性剂来改善化肥的效益。

5. 在原油开采中的应用

① 润湿剂在活性水驱油中的应用。在原油的开采中，为了提高油层采收率而使用各种

驱油剂。驱油剂也称为注水剂，由于水价格低、易得，能大量使用，所以目前油田使用得最普遍的驱油剂是水。为了提高水驱油的效率，采用溶有表面活性剂的水，称之为活性水。活性水中添加的表面活性剂主要是润湿剂，它具有较强的降低油-水界面张力和使润湿反转的能力。

② 润湿剂在原油集输中的应用。在稠油开采和输送中，加入含有润湿剂的水溶液，即能在生油管、抽油杆和输油管道的内表面形成一层亲水表面，从而使器壁对稠油的流动阻力降低，以利于稠油的开采和输送。这种含润湿剂的水溶液即为润湿降阻剂。适用于做润湿剂的表面活性剂有脂肪酸聚氧乙烯（4~100）酯、聚氧乙烯（4~100）烷醇酰胺、聚氧乙烯失水山梨醇脂肪酸酯等。表面活性剂的使用浓度为 0.05%~1%，其水溶液的用量相当于采油量的 2%。

9.4　起泡和消泡作用

泡沫是气体分散在液体中的分散体系。气体是分散相（不连续相），液体是分散介质（连续相）。泡沫有两种类型，分别为稀泡沫和浓泡沫。稀泡沫是指气体分子以小的球形均匀分布在黏稠的液体中，就如同乳状液一样，所不同的是，在稀泡沫中，小气泡取代了乳状液中的液体，气泡周围的液膜较厚，由于气泡之间相距较远，彼此之间的影响可以忽略不计。由于界面张力的作用，每个单独存在的气泡之间都呈圆球形。在浓泡沫中，气体占的体积分数远大于液体。液体的黏度较小，气泡很容易上升到液体表面，许多泡沫相互聚集在一起，气泡之间被很薄的液膜隔开，形成网状结构。各个被液膜包围的气泡为了保持压力的平衡，变成了多面体形状。由于重力的作用，一部分液体从气泡之间向下流出，使气泡之间的隔膜变薄。由于表面张力和重力的共同影响，气泡往往不能保持圆球状，而是形状各异，因此，这种泡沫也叫多面体泡沫。通常所说的泡沫指的是浓泡沫。

9.4.1　泡沫的形成及其稳定性

由于气体的密度比液体的密度小得多，液体中的气泡会上升至液面，形成由以少量液体构成的液膜隔开的气泡聚集物，即泡沫。在泡沫形成过程中，气-液界面会急剧地增加，因此，体系的能量增加，这就需要在泡沫形成过程中，外界对体系做功，如通气时加压或搅拌等。泡沫的形态如图 9-8 所示。

影响泡沫稳定性的主要因素有：
(1) 表面（界面）张力

在生成泡沫时，液体表面积增加，体系能量也增加。从能量的角度来考虑，降低液体的表面张力，有利于泡沫的形成，但不能保证泡沫有较好的稳定性。只有当表面膜有一定强度，能形成

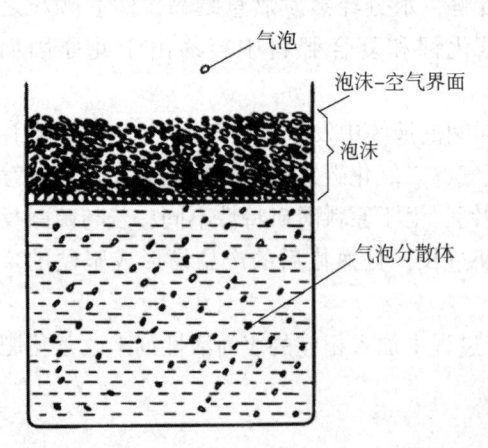

图 9-8　泡沫的形态

多面体泡沫时，低表面张力才有助于泡沫的稳定。液膜 Plateau 交界处于平面膜之间的压差与表面张力成正比，表面张力越小，压差越小，排液速度越慢，越有利于泡沫的稳定。然而许多现象说明，液体表面张力不是泡沫稳定的决定因素。例如，丁醇类水溶液的表面张力比十二烷基硫酸钠水溶液的表面张力小，但后者的起泡性却比丁醇溶液的好。一些蛋白质水溶液的表面张力比表面活性剂溶液的表面张力大，但却具有较好的泡沫稳定性。

（2）界面膜性质

要得到稳定的泡沫，其关键是液膜能否保持恒定，决定泡沫稳定性的关键因素是液膜的表面黏度和弹性。

① 表面黏度。液膜强度主要取决于表面吸附膜的坚固性。表面吸附膜的坚固性通常以表面黏度来衡量。表面黏度是指液体表面单分子层内的黏度，通常由表面活性分子在表面上所构成的单分子层产生。表面活性不高的蛋白质和明胶能形成稳定的泡沫是因为它们的水溶液有很高的表面黏度。泡沫的稳定性可以用泡沫寿命表示，凡是表面黏度比较高的体系，所形成的泡沫寿命也较长。

② 弹性。表面黏度是生成稳定泡沫的重要条件，但不是唯一的，并非越高越好，还要考虑液膜的弹性。例如，十六醇能形成表面黏度和强度很高的液膜，却不能起稳泡作用，因为它形成的液膜刚性太强，容易在外界扰动下脆裂。理想的液膜应该是高黏度、高弹性凝聚膜。为使液膜具有较好的弹性，通常要求泡沫稳定剂的吸附量高，从溶液内部扩散到表面的速度慢，这样既能保证表面上有足够的表面活性剂分子，又能保证在发生局部变形时迅速修复。

（3）表面张力的修复作用

将一根小针刺入肥皂膜，肥皂膜能够不破，表明肥皂膜有自修复作用。Marangoni 认为，当泡沫受到外力冲击或扰动时，液膜会发生局部变薄，使液膜面积增大，导致表面活性剂的浓度降低，引起此处的表面张力暂时升高。

如图 9-9 所示，由于 A 处的表面活性剂浓度低，所以表面活性剂由 B 处向 A 处扩散，使 A 处的表面活性剂浓度恢复。表面活性剂在迁移过程中同时也携带邻近的液体一起移动，使 A 处的液膜又恢复原来的厚度。表面活性剂的这种阻碍液膜排液的自修复作用称为 Marangoni 效应，还有附加压力的效应。

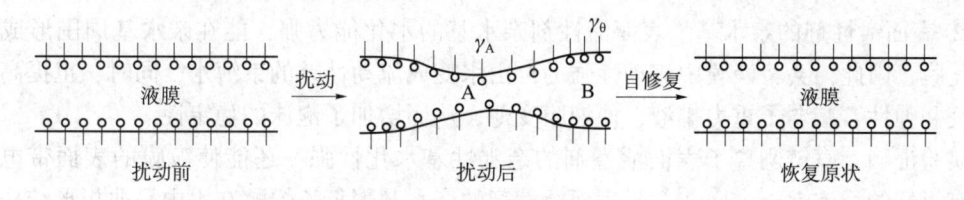

图 9-9 表面张力的自修复作用

吉布斯从另一角度分析了这一问题。当吸附了表面活性剂的泡沫受到震动、尘埃碰撞、气流冲击及液膜受重力作用排液时，都会引起液膜局部变薄，使液膜面积增大，引起此处表面活性剂的浓度降低，表面张力上升，形成局部的表面张力梯度，因此液膜会产生收缩趋势，犹如液膜具有了弹性。通过收缩，使该处表面活性剂浓度恢复并且能阻碍液膜的排液流失。把液膜这种可以收缩的性质称为吉布斯弹性。

正是这种因表面张力梯度引起的收缩效应，使吸附了表面活性剂的液膜在受到冲击后自动修补液膜，表现出表面活性剂的自修复作用。

(4) 表面电荷

当液膜为离子表面活性剂所稳定时，液膜的两个面就会吸附表面活性剂离子而形成两个带同号电荷的表面，反离子则扩散地分布在膜内溶液中，与表面形成两个扩散双电层。如 $C_{12}H_{25}SO_4Na$ 做起泡剂，$C_{12}H_{25}SO_4^-$ 吸附于液膜的两个表面，形成带负电荷的表面层，反离子 Na^+ 则分散于液膜的溶液中，从而形成液膜双电层。

当液膜较厚时，双电层由于距离较远，不发生作用。当液膜变薄到定程度（厚度约为100 nm）时，双电层发生重叠，液膜的两个表面将互相排斥，防止液膜进一步变薄，提高泡沫稳定性。这种排斥作用主要由扩散双电层的电势和厚度决定。当溶液中有较高浓度的无机电解质时，压缩扩散双电层，使两个表面的静电斥力减弱，液膜易变薄，因此，无机电解质的加入对泡沫的稳定性有不利的影响。

(5) 泡内气体的扩散

泡沫中的气泡总是大小不均匀的。小泡中的气体压力比大泡中的气体压力高，于是小泡中的气体通过液体扩散到邻近的大泡中，造成小泡变小，以致消失；大泡变大，最终破裂。气体通过液膜的扩散，在浮于液面的单个气泡中表现得最为清楚。气泡随时间逐渐变小，以致最后消失。一般可利用液面上气泡半径随时间变化的速度，来衡量气体的透过性。以透过性常数来表示，透过性常数越高，气体通过液膜的扩散速度越快，稳定性越差。气体透过性与表面吸附膜的紧密程度有关，表面吸附分子排列越紧密，表面黏度越高，气体透过性越差，泡沫的稳定性越好。如在十二烷基硫酸钠溶液中加入月桂醇，表面膜中含有大量的十二醇分子，分子间作用力使分子排列得更紧密，气体透过性较差。

(6) 表面活性剂的分子结构

表面活性剂的分子结构对泡沫的稳定性起很大作用。

① 表面活性剂的疏水链。为了使液膜具有高黏度，表面活性剂必须在液膜表面形成紧密的吸附膜，因此，表面活性剂的疏水碳氢链应该是直链且碳链较长，但碳链太长也会影响起泡剂的溶解度且刚性太强，所以，一般起泡剂的碳原子数以 $C_{12} \sim C_{14}$ 较好。C_{12} 和 C_{14} 的月桂酸钠和豆蔻酸钠碳链长度适中，能形成黏度较高且黏度适合的表面膜，因此产生的泡沫稳定性好。

② 表面活性剂的亲水基。表面活性剂亲水基的水化能力强，能在亲水基周围形成很厚的水化膜，因此，会将液膜中流动性强的自由水变成流动性差的束缚水，同时，也提高液膜的黏度和弹性，减弱了重力排液，使液膜变薄，从而增加了泡沫的稳定性。

实验证明，直链阴离子表面活性剂的亲水性基水化性强，还能使液膜的表面带电，因此，有很好的稳泡性能。而非离子表面活性剂的亲水基聚氧乙烯醚在水中呈曲折形结构，不能形成紧密排列的吸附膜，加之水化性能差，不能形成电离层，所以稳泡性能差，不能形成稳定的泡沫。

9.4.2 表面活性剂的起泡性和稳泡性

1. 表面活性剂的起泡性

表面活性剂的起泡性是指表面活性剂溶液在外力作用下产生泡沫的难易程度。在这样的

溶液中，表面活性剂分子的亲水基伸入水溶液，亲油基伸入气泡，在气泡的气-液界面形成定向吸附的单分子膜。当气泡上升至液面时，进一步吸附表面的表面活性剂分子，从而形成双分子膜，使气泡具有较长的寿命。随着气泡的不断产生，堆积在液体表面形成泡沫，且这种双分子层形成的膜具有较高的强度。

表面活性剂的起泡性可以用其降低水的表面张力的能力来表征，降低水的表面张力的能力越强，则越有利于产生泡沫。具有良好起泡性的通常是阴离子表面活性剂。

起泡剂可分为以下几类：

（1）脂肪酸钠（肥皂）脂肪醇聚氧乙烯羧酸钠（AEC）

起泡力强，具有优良的抗硬水性和钙皂分散能力。

（2）邻苯二甲酸单脂肪醇酯钠盐

白色膏状流体，表面活性好，起泡性好，皂分散性强，常用于日化及工业应用领域作为高效起泡剂。

（3）酸盐类

① 脂肪醇硫酸盐。

② 烷基醇聚氧乙烯硫酸钠（AES）：起泡力强，常用作液体洗涤剂的起泡剂。

③ 烷基酚聚氧乙烯醚硫酸钠：泡沫丰富，常用于净洗剂中。

④ 烷基醇硫酸乙醇胺盐：常用于香波和液体洗涤。

（4）磺酸盐类

① 烷基磺酸盐。

② 烷基苯磺酸钠。

（5）磺化琥珀酸盐

表面活性高，起泡力强且泡沫稳定，钙皂分散力强，抗硬水，可用于配制各种洗涤剂，还可用作高温钻井液的起泡剂。

① 脂肪酸单乙醇酰胺磺化琥珀酸单酯。

② 脂肪酰胺磺化琥珀酸单酯钠盐。

③ 聚氧乙烯烷基醚磺化琥珀酸单酯铵盐。

④ 聚氧乙烯脂肪醇醚单酰胺磺化琥珀酸单酯二钠盐。

2. 表面活性剂的稳泡性

稳泡性是指表面活性剂水溶液产生泡沫之后，泡沫的持久性或泡沫"寿命"的长短。稳泡性与液膜的性质有密切关系，作为稳泡剂的表面活性剂可提高液膜的表面黏度，增加泡沫的稳定性，延长泡沫的寿命。

目前稳泡剂有以下几类：

（1）天然产物

天然产物如明胶和皂素等。明胶是一种从动物的皮骨中提取的蛋白质，富含氨基酸。皂素的主要成分糖苷含有多羟基、醛基等。它们能在泡沫的液膜表面形成高黏度、高弹性的表面膜，因此，有很好的稳泡作用。这是因为明胶和皂素的分子间不仅存在范德瓦尔斯引力，而且分子中还含有羧基、氨基和羟基等。这些基团都有生成氢键的能力，使表面膜的黏度和弹性得到提高，从而增强了表面膜的机械强度，起到了稳定泡沫的作用。

（2）高分子化合物

高分子化合物如聚乙烯醇、甲基纤维素、淀粉改性产物、羟丙基、羟乙基淀粉等，它们具有良好的水溶性，不仅能提高液相黏度阻止液膜排液，还能形成强度高的膜，有较好的稳泡作用。

（3）合成表面活性剂

合成表面活性剂作为稳泡剂，一般是非离子表面活性剂，其分子结构中往往含有各类氨基、酰氨基、羟基、羧基、羰基酯基和醚基等具有生成氢键条件的基团。其用于提高液膜的黏度，增加稳泡力。种类有脂肪酸乙醇酰胺、脂肪酸二乙醇胺、聚氧乙烯脂肪酰醇胺、氧化烷基二甲基胺（OA）、烷基葡萄糖苷（APG）。

9.4.3 表面活性剂的消泡作用

通常来讲，泡沫消除采用物理法，诸如改变温度，使液体蒸发或冻结；改变压力，对溶液进行离心分离；超声波震动等。与之相对应的化学法主要是指加入少量其他物质而能使泡沫很快消失的方法。

能使消除泡沫的物质称作消泡剂，主要分为以下几类：①天然油脂和矿物油，主要指动物油、植物油和蜡；②固体颗粒，主要是常温下为固体、比表面积较大、具有疏水性表面的固体颗粒，如二氧化硅、膨润土、硅藻土等；③合成表面活性剂，主要是非离子表面活性剂，包括多元醇脂肪酸酯型、聚醚型和含硅表面活性剂三种。

还有一种采用抑泡剂防止泡沫产生的方法，称为抑泡法。抑泡剂要满足以下几点：①不能在溶液表面形成紧密的吸附膜；②分子间作用力小；③形成的界面膜弹性适中。抑泡剂的种类通常有两种：短聚氧乙烯链的非离子表面活性剂以及聚氧乙烯、聚氧丙烯嵌段共聚物。泡沫的消除机理如下。

1. 使液膜局部表面张力降低

因消泡剂表面张力比泡沫液膜的表面张力小，当消泡剂搅入泡沫时，消泡剂液滴与泡沫液膜接触时，泡沫液膜的表面张力减小，而泡沫周围液膜的表面张力几乎不发生变化。其余部分因表面张力减小而被向四周牵引、延展、最后破裂（D 处），直至破碎（图9-10）。消泡剂进入气泡使液膜扩展，顶替之前位置上的液膜表面上的稳泡剂，图 A、B 所示处的表面张力减小，而存在稳泡剂的液膜表面张力比较大，从而产生收缩力，最终因 C 处液膜表面张力减小而导致液膜伸长变薄，直至破裂。

2. 破坏界面膜弹性使液膜失去自修复作用

在泡沫体系中加入表面张力极低的消泡剂，消泡剂进入泡沫液膜后，使此处液膜的表面张力减至极小而失去弹性，液膜受外界的扰动或冲击拉长，液膜面积增加。液膜不能产生有效的弹性收缩力使自身的表面张力和厚度恢复，从而因失去自修复作用而被破坏。

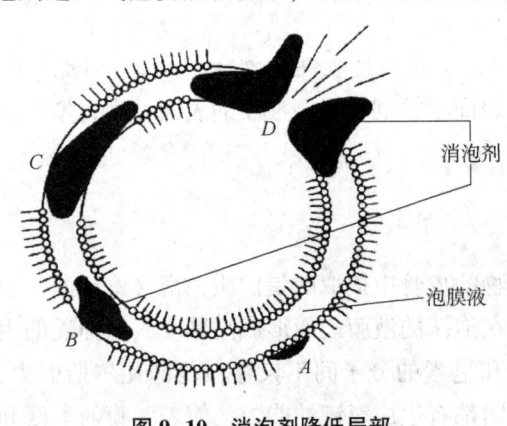

图9-10 消泡剂降低局部液膜表面张力示意

3. 降低液膜黏度

用不能产生氢键的消泡剂将表面活性剂分子从液膜表面取代下来，就会减小液膜的表面黏度，使泡沫液膜的排液速度和气体扩散速度加快，减少泡沫的寿命而使泡沫消除。

4. 固体颗粒消泡

固体颗粒作为消泡剂的首要条件是其必须是疏水性的。当疏水固体颗粒加入泡沫体系后，其表面与起泡剂和稳泡剂疏水链吸附，而亲水基伸入液膜，这样固体颗粒的表面由原来的疏水表面变为亲水表面，于是亲水的颗粒带着这些表面活性剂从液膜的表面进入液膜的水相中，使液膜表面的表面活性剂浓度减小，从而全面地增加了泡沫的不稳定性因素，大幅缩短了泡沫的"寿命"，从而导致泡沫破坏。

9.4.4 起泡与消泡的应用

起泡与消泡在实际生活中应用广泛，以下仅举几例。

1. 起泡作用在泡沫灭火中的应用

泡沫灭火剂产生大量的泡沫，借助泡沫中所含的水分起到冷却作用，或者在燃烧体的表面覆盖一层泡沫层、胶束膜或凝胶层，使燃烧体与助燃气体氧气隔绝，从而起到灭火的目的。泡沫灭火剂的组成主要是高起泡能力的表面活性剂，大多是高级脂肪酸或高碳醇类的阴离子表面活性剂、非离子表面活性剂和两性离子表面活性剂。根据主要成分的不同，其包括蛋白质泡沫灭火剂、合成表面活性剂泡沫灭火剂、碳氟表面活性剂泡沫灭火剂、水溶性液体火灾用泡沫灭火剂和化学泡沫灭火剂。

2. 起泡作用在原油开采中的应用

泡沫钻井液：也称充气钻井液，密度和压力小，泡沫细小，具有良好的黏滞性和携带钻屑的能力。在钻低压油层时，可防止将地层压漏、大量钻井液流失，能够提高原油开采的产量。

泡沫驱油剂：能有效改善驱动流体在非均质油层内的流动状况，提高注入流体的波及效率。

泡沫压裂液：主要作用是向地层传递压力并携带支撑剂（如砂子等），可分为水基泡沫压裂液和油基泡沫压裂液。

泡沫冲砂洗井：可以通过控制井下泡沫密度实现负压作业，防止倒灌现象的发生；还可以依靠泡沫的黏滞性携带固体颗粒。

3. 矿物的泡沫浮选

矿物的泡沫浮选法是指利用矿物表面疏水亲水性的差别从矿浆中浮出矿物的富集过程，也叫作浮游选矿法。基本原理是借助气泡浮力浮游矿石，实现矿石和脉石分离（图9-11）。起泡剂的作用是产成大量的泡沫，使有用矿物有效地富集在空气与水的界面上，并防止气泡并聚、延长气泡在矿浆表面的存在时间。

4. 消泡作用在发酵工业中的应用

在利用微生物生产抗菌素、维生素等药品和酒类、酱油等食品的过程中，不可避免地会产生泡沫。泡沫对微生物的培养极为不利，也会妨碍菌体的分离、浓缩和制品的分离等后续工序，因此，必须尽量防止泡沫的产生并尽快消除已产生的泡沫。消除发酵过程中，起泡最

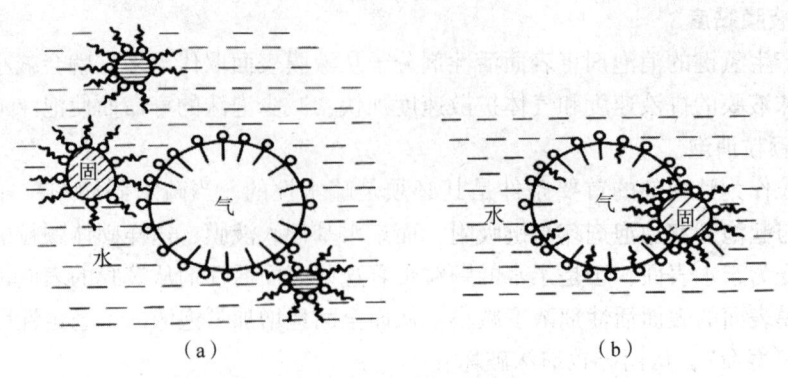

图 9-11　矿物浮选基本原理示意

有效的方法是加入消泡剂，起到抑制泡沫生成和消除泡沫的作用。

9.5　洗涤和去污作用

表面活性剂在日常生活中应用广泛，并且与人们生活起居最密切相关的作用即其洗涤与去污作用。各种日化产品包括洗衣粉、洗衣液、洗手液、洗洁精、洁厕液等。从广义上讲，洗涤是从被洗涤对象中除去不需要的成分并达到某种目的的过程。通常意义是指从载体表面去污除垢的过程。在洗涤时，通过一些化学物质（如洗涤剂等）的作用，来减弱或消除污垢与载体之间的相互作用，使污垢与载体的结合转变为污垢与洗涤剂的结合，最终使污垢与载体脱离。

然而实际进行的洗涤过程往往复杂得多。分散体系是复杂的多相分散体系，而被洗涤的对象要清除污垢是不同性质的表面界面环境而且性质各异，因此，洗涤是一个十分复杂的过程。这里主要介绍洗涤过程中的一些基本理论和表面活性剂的基本应用。

在清洗过程中从清洗材质表面去除的杂质统称为污垢。在不同情况下，污垢的种类存在很大差别，情况很复杂，只能对具体情况做具体分析，因此，有必要对污垢进行分类研究。

按形状分：

① 颗粒状污垢。如固体颗粒、微生物颗粒等以分散颗粒状态存在的污垢。

② 液体状污垢。如油脂和高分子化合物在物体表面形成的膜状物质，也称覆盖膜状污垢，这种膜可以是固态的，也可以是半固态或流态的。

③ 无定形污垢。如块状或各种不规则形状的污垢，它们既不是分散的细小颗粒，也不是以连续成膜的状态存在。

④ 溶解状态的污垢。如以分子形式分散于水或其他溶剂中的污垢。以不同形状存在的污垢，其去除过程的微观机理有很大差别。如固体颗粒状态的污垢与液体膜状污垢在物体表面的解离、分散及去除的机理大不相同。

9.5.1　液体油污的去除

液体油污的去除主要依靠洗涤液对固体表面的优先润湿，通过油污的"卷缩"机理实

现（图9-12）。

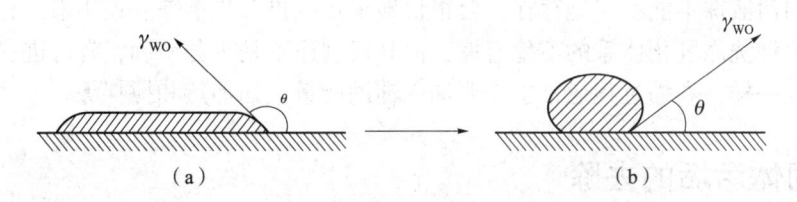

图9-12　液体油污的"卷缩"过程和卷缩力
(a) 表面上的油膜；(b) 油污的"卷缩"

洗涤的第1步是洗涤液润湿固体表面。水能较好地润湿天然纤维，而对人造纤维润湿较差，凡是临界表面张力小于洗涤表面张力的固体，均不能被洗涤液润湿。事实上，洗涤液的表面张力很低，绝大多数固体表面均能被润湿。若固体表面已粘上污垢，即使完全被覆盖，其临界表面张力一般也不会低于 30 mN/m，一般的表面活性剂溶液也能很好地进行润湿。纤维的表面比同样原料的表面要粗糙很多，因此，其临界表面张力也被拉高，所以纤维很容易被表面活性剂润湿。

洗涤的第2步是液体油垢从已润湿的固体表面被洗涤剂取代下来。液体污垢的去除是通过"卷缩"实现的，如图9-13所示。这种机理通常被称为卷缩机理。液体油污铺展于固体表面，在洗涤液优先润湿作用下，逐渐卷缩成油珠，最后被冲洗离开表面。克令（Kling）和兰吉（Lange）详细地研究了油滴的卷缩脱除过程。固体表面上的油膜有一个接触角 θ，油-水、固-水和固-油的界面张力分别用 γ_{ow}、γ_{sw} 和 γ_{so} 表示。在平衡条件下，满足下列关系式：

$$\gamma_{sw} = \gamma_{so} + \gamma_{ow} \cos\theta$$
$$\gamma_{so} = \gamma_{sw} + \gamma_{ow} \cos\theta$$

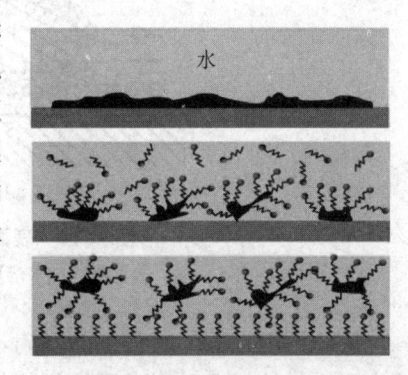

图9-13　卷缩机理

若在水溶液中加入表面活性剂，由于表面活性剂易吸附于固-水界面和水-油界面，于是 γ_{sw} 和 γ_{ow} 降低。为了维持平衡，$\cos\theta$ 负值变大，即 θ 角变大。当 θ 角接近180°，即表面活性剂水溶液完全润湿固体表面时，油膜便变为油珠而离开固体表面。可见，当液体油污与固体表面的接触角 $\theta=180°$ 时，油污可自动地离开固体表面。当 $90°<\theta<180°$ 时，油污不能自动地脱离固体表面，但在液相流体的水力冲击下可能被完全带走。当 $\theta<90°$ 时，即使在液向流体的水力冲击下，仍会有一小部分油污残留于固体表面上。为除去此残留油污，则需要更多的机械功，或增大表面活性剂的浓度。

此外，去除液体油污的机理还有增溶作用机理和乳化作用机理。液体油污的被增溶程度与表面活性剂的结构、在溶液中的浓度及温度有关。许多表面活性剂的洗涤力与乳化作用无直接关系，所以乳化机理去除油垢和抗再沉积机制就显得软弱无力。如果增溶效应足够强，那么表面活性剂溶液和油污的界面会尽可能地增大到最大值，此时，以减少固体表面与油污界面的接触来实现去污效果则主要靠卷缩作用来实现。一旦油污液珠在溶液中形成，其界面面积将增大，以加速增溶过程进行，或者油污液珠通过吸附到更多的表面活性剂来实现自身乳化，从而稳定地存在于洗液中，达到去污目的。

但是乳化机理存在一个重要症结,即大多数洗涤用表面活性剂都不是很好的乳化剂,所以乳化后的油污液珠不能稳定地存在,会很快地聚集或再沉积下来。近年来,有报道称增加能量可克服这种洗涤乳化体系的不稳定性,但其机制还不是十分明确,有待进一步研究。和其他乳化过程一样,卷缩过程通常也需要加入辅助能量,如加热和搅拌等。

9.5.2 固体污垢的去除

固体污垢的去除作用主要是表面活性剂在固体污垢及待洗物体表面进行吸附,而表面活性剂的作用主要体现在它们在固体表面 S 与固体污垢 P 的固-固界面上铺展过程中。图 9-14 所示是表面活性剂在固体污垢去除中的润湿作用。

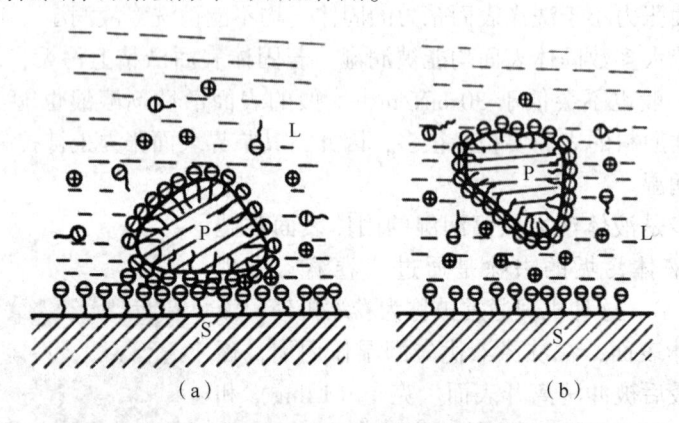

图 9-14 表面活性剂在固体污垢去除中的润湿作用
(a) 表面活性剂水溶液在固-固界面铺展; (b) 固体污垢脱离固体表面

固体污垢在固体表面上的黏附不像液体污垢那样铺展成片,往往仅在较少的一些点与周体表面进行接触及黏附。固体污垢的黏附主要是范德瓦尔斯力的作用,其他如静电力等作用则很微弱。静电引力可以加速灰尘在固体表面的黏附,但不能增大黏附强度。固体污垢微粒在固体表面的黏附强度,一般随时间推移而增强,在潮湿空气中黏附强度高于在干燥空气中,在水中的黏附强度较在空气中显著减小。

固体污垢的去除,主要靠表面活性剂在固体污垢微粒和固体表面上的吸附。在洗涤过程中,首先是洗涤液对污垢微粒和固体表面进行润湿,在水介质环境下,在固-液界面处形成扩散双电层,因污垢和固体表面所带电荷的电性一般相同,所以两者之间发生排斥作用,使黏附强度减小,进而实现去污作用。

洗涤液能否润湿污垢微粒和固体表面,可从洗涤液在固体表面的铺展情况来考虑。铺展系数 S_{WS} 由下式表示:

$$S_{WS} = \gamma_S - \gamma_{SW} - \gamma_W$$

当 $S_{WS}>0$ 时,洗涤液能在固体污垢微粒和固体表面上铺展,由于能够铺展,则必然浸湿。一般已被沾污的物体如器皿、纺织品等,不易被纯水润湿,这是因为固体的表面张力 γ_S 相当低,而水-固界面的界面张力 γ_{SW} 和水的表面张力 γ_W 相对高得多。根据上式可知,此时 $S_{WS}<0$,即难以润湿。如果在纯水中加入表面活性剂,由于表面活性剂在固-液界面和液体表面发生吸附,于是使 γ_{SW} 和 γ_W 显著下降,这时 S_{WS} 可能从小于零变成大于零,即洗涤液

能很好地润湿污垢微粒和固体的表面。

在液体中，固体污垢微粒在固体表面的黏附功为：
$$W_a = \gamma_{S1W} + \gamma_{S2W} - \gamma_{S1S2}$$
式中，W_a 为污垢微粒在固体表面的黏附功；γ_{S1W}、γ_{S2W}、γ_{S1S2} 分别为固体-水溶液、微粒-水溶液和固体-微粒界面上的界面自由能。若表面活性剂分子与溶液中的固体和微粒发生固-液界面吸附，那么 γ_{S1W} 和 γ_{S2W} 势必降低，于是黏附功 W_a 变小。可见，由于表面活性剂的吸附，使微粒在固体表面的黏附功减小，从而污垢微粒易于从固体表面除去。

此外，由于表面活性剂在固-液界面上吸附，可使固-液界面形成双电层。一般污垢微粒和固体表面都呈电负性，于是在微粒与固体表面之间产生静电排斥，从而减小它们之间的黏附功，甚至完全消除，导致污垢去除。还有一点需要指出的是，水还会使固体膨胀，进一步降低污垢微粒-固体表面的相互作用，有利于污垢的去除。然而，在许多情况下，尽管表面活性剂在固-液界面上吸附，但 γ_{SW} 和 γ_W 的减小不足以使 $S_{WS} > 0$ 时，若对洗涤液施加外力，使其做强大的机械运动，液体冲击微粒污垢也可去除污垢微粒。

通常遇到的大多数固体污垢为矿物质，它们在水溶液中均带有负电荷，若在洗涤液中加入阳离子表面活性剂，则会因静电吸引而发生吸附，微粒的电荷减少，甚至被中和，不利于污垢的去除；只有在固体表面形成吸附双层的表面活性剂，才可能达到去除污垢和抗再沉积的作用。因此，在实际中很少使用阳离子表面活性剂做洗涤剂。尽管如此，阳离子表面活性剂在固体表面（如在纤维上的吸附）会赋予表面优越性能。例如，通过阳离子在固体表面上的吸附，可使表面变得拒水，织物变得柔软。

另外，大多数洗涤过程，例如，槽洗等，都是在封闭体系内进行的，经常会发生下面的情况：从固体表面洗脱下来的污垢，在溶液内形成不稳定的分散体系。污垢的胶体粒子往往能再沉积于固体表面上，这种现象称为再沉积。液体油垢的去除是通过油垢被增溶而实现的，增溶体系在热力学上是稳定的，所以油性污垢经增溶去除后，再沉积作用很小。固体污垢不能被增溶，污垢从固体表面除掉后，形成不稳定的分散体系，为防止再沉积，必须采取相似的措施。通常离子表面活性剂在固体表面吸附，使污垢粒子形成稳定的胶体粒子，并且在粒子表面形成双电层，而在固体表面同样形成双电层，双电层起排斥作用，从而阻止污垢粒子在固体表面再沉积。非离子表面活性剂通过形成空间阻碍（即方位阻碍）或减小熵值来阻止再沉积，但这种作用可能低于水体系中产生的静电排斥作用。

影响洗涤效果的因素有：

① 表面张力。大多数优良的洗涤剂溶液均具有较小的表面张力和界面张力。这对于润湿性能是有利的，也有利于油污的乳化。因此，表面张力是洗涤中的重要因素。但阳离子表面活性剂除外，因为它使表面疏水，更容易黏附油污。

② 增溶作用。有文献研究表明，表面活性剂胶团对油污的增溶作用可能是从固体表面去除少量液体油污的主要机理。去除油污的增溶作用，实际就是油污溶解于洗涤液中，从而使油污不可能再沉积，大大提高了洗涤效果。

③ 吸附作用。表面活性剂在污垢及被洗表面上的吸附性质，对洗涤作用有重要影响。对于液体污垢，它可导致界面张力降低，有利于油污的去除，也使形成的洗涤（加污垢）乳液更加稳定，不会产生污垢再沉积。

④ 表面活性剂疏水基长度。一般来说，疏水基链越长，其洗涤性越好。

⑤ 乳化和起泡乳化作用在洗涤过程中是相当重要的。因此，一定要使用高表面活性剂，以最大限度地降低界面张力，这样可使乳液更加稳定，油污不会返回表面。

在某些场合，泡沫有利于去除油污。但现代洗涤剂希望低泡或无泡，以便于洗衣机洗涤使用，在易漂洗的同时也能很大限度地节约洗涤用水。

洗涤剂的质量分数与被洗涤物质的白度关系如图 9-15 所示。

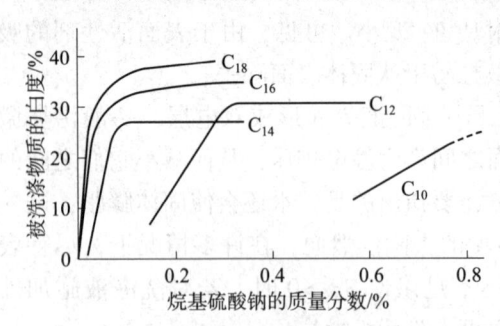

图 9-15 洗涤剂的质量分数与被洗涤物质的白度关系

因受污垢和表面活性剂之间复杂作用的影响，表面活性剂的洗涤能力与其化学结构之间的关系十分复杂。液体油性污垢的去除主要服从增溶机理，因此，凡是有利于提高增溶空间结构的表面活性剂，都能很好地增溶油污并将其去除。

其余的过程则具有类似的特性，如去污过程符合乳化机理，HLB 值有利于乳化作用的表面活性剂去污能力越强。非离子表面活性剂在低浓度下去除油污能力和防止油污再沉能力高于具有类似结构的阴离子表面活性剂，原因是非离子表面活性剂的 CMC 很低。

处于固-液界面上被吸附的表面活性剂分子的方向性对洗涤起重要作用。在洗涤过程中，表面活性剂发生定向排列，其亲水基朝向水相，以利于除去污垢和防止再沉积。因此，洗涤液中表面活性剂的洗涤行为与固体表面极性基及表面活性剂的离子性质有密切关系。而表面活性剂分子在固体表面上的吸附程度和定向排列方式对表面活性剂在洗涤过程中的行为影响非常大。因此，可以通过改变表面活性剂的结构来改善洗涤能力。同时，碳氢链长的增加也会提高表面活性剂的去污能力。另外，具有支链和亲水基团处于碳链中间的表面活性剂的洗涤能力较低。而对于给定碳原子数和端基的表面活性剂，当碳链为直链结构而亲水基团处于基端位置时，可具有最大的洗涤能力。通常随着亲水基自身长度的增大并逐渐从链中间向基端移动，表面活性剂的洗涤能力渐渐增强。但是如果链长过大，洗涤效果反而会下降。

当洗涤液中存在高价态的阳离子和其他电解质时，表面活性剂的溶解度减小，从而影响洗涤能力，达不到最佳洗涤效果。在这种情况下，亲水基团位于碳链内的表面活性剂则具有较高的洗涤能力。

同时，表面活性剂亲水基的属性对洗涤能力也有很大影响。以饱和碳链为例，当其被包围时，可影响吸附的定向排列，从而影响洗涤能力。对一些非离子表面活性剂如含聚氧乙烯类，聚氧乙烯链增大，固体表面吸附效应减小，从而导致洗涤能力下降甚至消失。当聚氧乙烯链插入疏水基和阴离子基团之间时，这种洗涤剂的洗涤特性则明显优于没有嵌入聚氧乙烯链的其他洗涤剂。

综上所述，表面活性剂结构与洗涤剂之间的关系可以概括为以下几个方面：

① 在溶解度允许的范围内，表面活性剂的洗涤能力随疏水链增加而提高。

② 疏水链的碳原子数给定后，直链比支链的表面活性剂有更好的洗涤能力。

③ 亲水基团在端基上的表面活性剂较亲水基团在链内的表面活性剂洗涤效果好。

④ 对于非离子表面活性剂来说，当其浊点稍高于溶液的使用温度时，可达到最佳的洗涤效果。

⑤ 对于聚氧乙烯型非离子表面活性剂来说，聚氧乙烯链长度的增加，反而导致洗涤能力下降。

9.5.3 洗涤的应用

常见的洗涤剂可分为液体洗涤剂和粉状洗涤剂，液体洗涤剂多见于餐具洗涤剂、洗发香波、重垢液体洗涤剂、轻垢液体洗涤剂等日化产品；粉状洗涤剂最常见为洗衣粉。洗涤剂也有民用和工业之分。但无论如何，表面活性剂都是洗涤剂配方中的主要组分，是既有亲油基又有亲水基的两亲性化合物。

洗涤剂的分类也有很多，根据它们在水溶液中分解离子的情况，通常可将洗涤剂分为阴离子型、阳离子型、两性以及非离子型洗涤剂等。目前，市场上还可见合成洗涤剂，其是在洗涤剂基础上添加助洗剂混合而成的。

1. 阴离子表面活性剂

阴离子表面活性剂在各类洗涤剂中应用最广。通常衣物漂洗、餐具洗涤等一般性洗涤都是使用阴离子表面活性剂作为洗涤剂。其中，广泛使用的表面活性剂主要有以下几类。

(1) 脂肪酸盐（肥皂）

脂肪酸盐是最熟悉的洗涤剂，它的功能比较广泛，能够洗涤各类衣物、清洁皮肤、毛发等。这种传统的洗涤剂随着洗涤剂概念的细化以及自身的一些缺陷如在含钙、镁离子比较丰富的硬水环境中活性降低，对皮肤刺激性较大等，正逐渐被新型洗涤剂所替代。目前脂肪酸钠主要在粉状洗涤剂中用作泡沫调节剂，在重垢液体洗涤剂中与其他表面活性剂配合使用，其作用为洗涤时先与碱土金属离子结合，充分发挥其他表面活性剂的性能。

(2) 高碳脂肪酸甲酯磺酸盐（MES）

高碳脂肪酸甲酯磺酸盐对硬水敏感性低，具有良好的钙皂分散能力和较好的去污能力，对人体毒害作用小且生物降解性好，在配方中加入MES，特别适宜在高硬度水中和低温环境下进行洗涤。用天然原料生产的MES，因其优良性能正日益为人们所重视。MES可以用作块状皂、粉状皂及液体洗涤剂等的配制。

(3) 脂肪醇聚氧乙烯醚硫酸盐（AES）

脂肪醇聚氧乙烯醚硫酸盐具有较强的抗硬水性和流体稳定性，其泡沫稳定，去污能力强，与皮肤的相容性好，广泛用于餐具洗涤剂、洗发香波、泡沫浴、呢绒洗涤剂、重垢液体洗涤剂等各种液体洗涤剂中。为了增强去污功效，通常使其与LAS复配。

(4) 直链烷基苯磺酸盐（LAS）

烷基苯磺酸钠是洗衣粉的主要配制成分，作为洗涤剂中不可或缺的一种表面活性剂，它具有较强的去污能力和良好的溶解度，同时，泡沫性质优良，易于进行生物降解，并可用调节剂进行控制。针对传统脂肪酸盐在硬水中可产生大量的钙镁盐沉积在衣物上，有时会伤及衣物的问题，通过加入适当的离子交换剂或螯合剂，烷基苯磺酸钠可以克服上述洗涤弊端，达到令人满意的洗涤效果。

当前烷基苯磺酸钠的制备工艺成熟，价格也比较低，同时具有较强的兼容性，能与其他表面活性剂进行复配使用，产生丰富泡沫，是全世界范围内使用最广、用量最多的洗涤剂成分。

(5) α-烯基磺酸盐（AOS）

对于那些含碳原子为 14~18 的 α-烯基磺酸盐，它们具有抗硬水性好、去污能力强、泡沫稳定性好等优点，近年来受到普遍重视，广泛用于液体和粉状洗涤剂中。同时，其对人体刺激性小，环保易降解，也应用于某些特殊的领域。另外，值得注意的是，α-烯基磺酸盐是配制重垢液体洗涤剂的理想成分。

(6) 仲烷基磺酸盐（SAS）

仲烷基磺酸盐是性能稳定的表面活性剂，它们通常不会水解，具有良好的润湿性，对皮肤刺激性小、去污能力强、环保性能好，因此，主要用来配制液体洗涤剂、洗衣粉。总的来说，SAS 的洗涤剂性质类似于直链烷基苯磺酸盐，但溶解度比 LAS 的大。

(7) 烷基硫酸盐（AS）

烷基硫酸盐也是洗涤剂中的主要成分之一。它是具有良好分散力和乳化力的阴离子表面活性剂，常作为重垢织物洗涤剂用于洗掉毛、丝织物或地毯上的污物，也可作为轻垢液体洗涤剂用来配制如洗发香波、洗碗精、牙膏清洗剂等，又称为脂肪醇硫酸钠。

2. 阳离子表面活性剂

使用主要成分为阳离子表面活性剂的洗涤剂，可以同时起到织物柔软剂、抗静电剂、杀菌剂和专用的乳化剂等多种作用。一些兼具洗涤和柔软功能的特种洗涤剂的成分就是由阳离子表面活性剂和非离子表面活性剂配合而成的，一些很好的抗静电物质同时还可以起到杀菌消毒作用，因此，可作为贴身衣物的洗涤后续处理用剂，如烷基二甲基苄基氯化铵。最近阳离子表面活性剂洗涤剂的用量在持续增长，其中多数是含氮的阳离子表面活性剂。

3. 两性离子表面活性剂

这类表面活性剂兼具阴离子和阳离子两种基团，因此，既有阴离子表面活性剂的洗涤作用，又具有阳离子表面活性剂对织物的柔软作用。两性离子表面活性剂不仅具有良好的去污性能，而且调理性好，适宜做泡沫清洗剂，常用于个人卫生用品和特种洗涤剂（如丝毛织物专用洗液）中。它们对皮肤刺激性小，有较强的杀菌能力和起泡能力，通常价格不菲。

4. 非离子表面活性剂

非离子表面活性剂大多是环氧乙烷和疏水物的加成物。它们在水溶液中不会离解成带电的阴离子或阳离子，而是以中性非离子分子或胶束状态存在。这类表面活性剂近年来也发展了多种系列产品。

(1) 脂肪醇聚氧乙烯醚（AEO）

非离子表面活性剂最典型的代表是脂肪醇聚氧乙烯醚。这类物质可添加于粉状和液体洗涤剂中。它对纤维类织物具有普遍的去污能力，可在远低于室温条件下进行清洗并具有极高的洗涤效率，少量的 AEO 就可具备较强的去污能力和污垢分散力，并且清洁作用持久，使污垢不易继续附着。这种洗涤剂抗硬水性强并且无磷环保，是新型洗涤剂的代表，这些年在洗涤工业中的用量增长很快。

(2) 烷基酚聚氧乙烯醚（APE）

烷基酚聚氧乙烯醚也是较常见的非离子表面活性剂，是各类粉状和液体洗涤剂的主要配方。其中，以加成 5~10 个环氧乙烷的辛基酚或壬基酚衍生物比较常见。这类表面活性剂在洗涤剂中的用量目前正在下降，主要是因为它们的生物降解性较差，不符合当前绿色环保的研发原则。

(3) 脂肪酸烷醇酰胺（FAA）

脂肪酸烷醇酰胺是洗涤剂常用的活性组分，它们经常在起泡剂和高泡洗涤剂中使用，以增加泡沫厚度、黏度和稳定性；在配置洗发香波、餐具洗涤液时，将FAA与其他的表面活性剂进行复配，可以有效提高产品的去污能力。

(4) 烷基糖苷（APG）

烷基糖苷是一种新型表面活性剂，出现于20世纪90年代。这种被广泛关注的表面活性剂的特点是泡沫丰富，去污能力强，能和多种类型的表面活性剂相配伍，无毒、无刺激性并且具有高表面活性。同时，它们的生物降解性迅速、彻底，具有良好的环保特性。因此，被认为是最适宜替代LAS及醇系表面活性剂的新一代洗涤用表面活性剂。

近年来，随着洗涤技术的不断发展，要求表面活性剂有广泛的使用范围。但需要指出，没有一种表面活性剂能够适应所有洗涤的需要，只能将各种功效的表面活性剂进行复配，从而增强其性能。在实际生产中，不但要考虑其洗涤效果，还需考虑经济成本、生态影响以及是否对人体有害等。总之，只有深入了解各种类型洗涤剂的性质，不断地进行新材料和新功能的探索，才能更好地将其利用。

9.6 分散与絮凝作用

表面活性剂的分散是指将固体以微小粒子形式分布于分散介质中，形成具有相对稳定性体系的过程。Ostward根据分散相粒子的大小对分散体系进行了分类。

① 粗分散体系：质点大于0.5 μm，不能透过滤纸。包括悬浮体（分散相为固体）和乳状液（分散相为液体）。

② 胶体分散体系：质点为1~500 nm，可以透过滤纸，但不能通过半透膜。若分散相为疏液性固体，则称之为溶胶。

③ 分子分散体系：质点小于1 nm，可以通过滤纸和半透膜。

可使固体微粒均匀、稳定地分散于液体介质中的低分子表面活性剂或高分子表面活性剂统称为分散剂（dispersingagent, dispersant）。

絮凝：分散相粒子以任意方式或受任何因素的作用而结合在一起，形成有结构或无特定结构的集团的作用称为聚集作用（aggregation），形成的这些集团称为聚集体，聚集体的形成称为聚沉（coagulation）或絮凝（flocculation），用于使固体微粒从分散体系中聚集或絮凝而使用的表面活性剂称为絮凝剂（flocculanting agent, flocculant）。

9.6.1 表面活性剂对固体微粒的分散作用

固体微粒在液体介质中的分散过程一般分为3个阶段：

1. 固体粒子的润湿

固体粒子的润湿也称为粉体的润湿，这是分散最基本的条件。用液体润湿粉末是固-气界面被取代的过程。当发生完全润湿时，粒子间隙和离子孔中的气体也将被液体取代。固体表面的粗糙性及不均匀性将影响润湿作用。润湿过程的推动力可以用铺展系数S来表示。通

常而言，表面活性剂会在介质表面发生定向吸附，使 γ_{LG} 和 γ_{SL} 降低。在水介质中加入表面活性剂后，往往容易实现对固体粒子的完全润湿。

$$S = \gamma_{SG} - \gamma_{SL} - \gamma_{LG} = \gamma_{LG}(\cos\theta - 1) \geqslant 0$$

2. 粒子团的分散和碎裂

这个过程要使粒子团分散或碎裂，即实现粒子团内部的破碎和分离。在固体粒子团中往往会产生缝隙，另外，粒子晶体因其内部应力作用也会产生轻微缝隙，粒子团的碎裂就发生在这些地方。可以将这些微缝隙视为毛细管，将粒子团的分散与碎裂过程视为毛细渗透来处理。渗透过程的驱动力是毛细管力 Δp，用 θ 代表液体在毛细管壁的接触角，则驱动方程可表述为：

$$\Delta p = 2\gamma_{LG}\cos\theta/r = 2(\gamma_{SG} - \gamma_{SL})/r$$

若固体粒子团为高能表面，则 $\theta < 90°$，毛细管力会加速液体的渗透，加入表面活性剂能使 γ_{LG} 降低，因此有利于渗透的进行；若固体粒子团为低能表面，则 $\theta > 90°$，毛细管力为负值，对渗透起阻碍作用，不利于聚集团簇的破裂和分散。

根据杨氏方程 $\gamma_{SG} - \gamma_{SL} = \gamma_{LG}\cos\theta$，当表面活性剂加入后，会吸附在液体表面使 γ_{LG} 下降，同时，表面活性剂在固-液界面以疏水基吸附于毛细管壁上，亲水基伸入液体中，使固-液界面的相容性得到改善，从而使 γ_{SL} 大幅下降。由于 γ_{LG} 与 γ_{SL} 的降低，接触角由 $\theta > 90°$ 变为 $\theta < 90°$，导致毛细管力由 $\Delta p < 0$ 变为 $\Delta p > 0$，从而加速了液体的缝隙渗透过程。

在粉体的湿润和分散过程中，另一个重要因素是液体进入聚集体孔隙的渗透动力学，渗透速度快，有利于分散作用。

表面活性剂的分散作用因表面活性剂的类型不同而有所不同。阳离子表面活性剂的分散过程是通过静电吸力吸附于缝隙壁上，但吸附状态不同于阴离子表面活性剂和非离子表面活性剂。阳离子是以季铵盐阳离子吸附于缝隙壁带负电荷的位置上，而以疏水基伸入水相使缝隙壁的亲水性下降，从而使接触角增大甚至达到 $\theta > 90°$ 的状态，导致毛细管力为负值，从而阻止液体的渗透。所以，阳离子表面活性剂不宜用于固体粒子的分散。

以水为介质时，固体表面往往带负电荷，阴离子表面活性剂尽管也是带负电，但在固体表面电势不是很强的条件下，可通过范德瓦尔斯作用或通过镶嵌方式吸附于缝隙表面，令表面带同种电荷而使排斥力增强，以及由渗透水产生渗透压，几者共同作用，使微粒间的结合强度降低，减小了固体粒子或粒子团碎裂所需的机械功，从而使粒子团碎裂或使粒子碎裂成更小晶体，并被逐步分散在液体介质中。

非离子表面活性剂也是通过范德瓦尔斯作用吸附于缝隙间的。由于非离子表面活性剂的存在，不能使其产生电排斥，但能产生熵斥力及渗透水化力，可使粒子团中的微裂缝之间的胶结强度下降，从而有利于粒子的碎裂。

另外，在固-液界面上发生的定向吸附，可使固体微粒和分散介质的相容性得到改善，从而加速了液体在缝隙中渗透。

3. 分散体的稳定

无论是用凝聚法还是用分散法制备胶体和悬浮分散体系，都需要让粒子在形成前后保持粒径大小不变，而粒子的聚集作用会对其储存和随后的处理过程带来困难。因此，需降低体系整体热力学不稳定度以及破坏体系的界面能。由于界面能等于界面张力与界面面积的乘积，为保持体系粒子形成时的尺寸亦即其界面面积不变，采取加入表面活性剂来降低界面张

力，从而降低整个界面能，这不失为一种行之有效的办法。

9.6.2 表面活性剂的絮凝作用

絮凝是指液体中悬浮微粒集聚变大或形成絮团，从而加快粒子的聚沉，以达到固-液分离为目的的现象或操作。分散体系中固体微粒的絮凝包括两个过程：①被分散粒子的去稳定作用；②去稳定粒子的相互聚集。絮凝作用的特点：絮凝剂用量少，体积增大的速度快，形成絮凝体的速度快，絮凝效率高。在浓度很低时，就能使分散体系失去稳定性并且可提高其聚集速度，从而使之能够达到絮凝目的的药剂，称为絮凝剂。它们主要应用于生活用水、工业用水和污水的处理。通常包括无机絮凝剂和有机絮凝剂。

絮凝剂分子需满足以下特点：能够溶解在固体微粒的分散介质中，并在高分子的链节上应具有能与固-液粒子间产生桥连的吸附基团；絮凝剂大分子应具有线型结构，并有适合分子伸展的条件；分子链应有一定的长度；固-液悬浮体中的固体微粒表面必须具有可供高分子絮凝剂架桥的部位。

9.7 表面活性剂的其他功能

表面活性剂的其他功能表现在如下几个主要方面：
① 抗静电作用：表面导电性增大，从而不易聚集静电荷。
② 杀菌功能：主要使用阳离子表面活性剂和两性离子表面活性剂。
③ 柔软平滑作用：通过表面活性剂的吸附，减小纤维质的动、静摩擦系数，通过表面活性剂做暂时或永久性处理后，使织物的摩擦减弱，从而获得平滑柔软的手感。
④ 金属的防锈与缓蚀：其原理为在金属表面包覆保护层，以达到隔离和防止化学、电化学腐蚀的作用。缓蚀剂的特点是用量少、设备简单、使用方便、投资少且见效快。

下面将分别对表面活性剂的以上应用做详尽阐述。

1. 抗静电作用

在实际生产和生活中，抗静电剂被广泛地使用。静电现象是自然界中常见的现象，尤其在干燥的环境内，静电荷十分容易聚集并发生放电现象。这会对生活或者工业生产造成很大影响，如果不及时处理，甚至会造成危害。抗静电剂（Antistatic Agent，ASA）就是将聚集的有害电荷导引（消除），使其不对生产和生活造成不便或危害的化学品。这类物质通常为白色粉状物，且不易溶于水。

根据用法的不同，表面活性剂作为抗静电剂主要有两种形式：外用和内用。外用型或局部的抗静电剂是通过擦搽、喷洒或浸渍而施于聚合物的表面。这种外用抗静电剂虽然适用范围很广，但它们的效力并不能持续很久，与溶剂接触经过一段时间或与其他物摩擦后，就很容易失掉。内用抗静电剂则是在聚合物加工时掺杂于其中，在免受外界磨蚀的同时，也能够通过随时补充损失掉的电荷来达到抗静电的目的。通常来讲，内用抗静电剂具有长期的抗静电保护作用。

表面活性抗静电剂可分为阳离子型、阴离子型和非离子型。

阳离子型抗静电剂通常是以氯化物作为平衡离子的长链烷基季铵盐或磷盐。这些物质的抗静电效果并不强，通常仅为乙氧基化胺类等内用抗静电剂的 10%~20%。通过复配硬质聚氧乙烯和苯乙烯类聚合物等极性基质能够让阳离子型抗静电剂充分发挥作用，但这也会影响长链烷基季铵盐或磷盐的稳定性。

阴离子型抗静电剂是各种抗静电剂中种类最多的。通常是二硫代氨基甲酸或烷基磺酸、磷酸的碱金属盐。它们在苯乙烯类树脂和聚氯乙烯材料中应用较为广泛，其应用效果与阳离子型抗静电剂相似。例如，烷基磺酸钠已广泛应用于苯乙烯系树脂、聚氯乙烯、聚对苯二甲酸乙二醇酯和聚碳酸酯的静电防护中。此外，脂肪酸、油脂和高碳脂肪醇等的硫酸化物，既有抗静电性能，也有柔软、润滑和乳化性能，其中，以烷基磺酸的铵盐、乙醇胺盐的抗静电效力最为明显。

非离子型抗静电剂主要有脂肪酸聚乙二醇酯以及脂肪醇聚氧乙烯醚等。乙氧基化烷基胺也是很有效的抗静电剂，它可在相对干燥的条件下进行静电抑制作用，并且效果长久。人们通过改变其烷基链的长度和不饱和度研发出了多种类型的乙氧基化烷基胺抗静电剂，目前广泛地应用于聚丙烯、聚乙烯、ABS 和其他苯乙烯系聚合物中。

表面活性剂的抗静电机理为通过表面活性剂上的极性基团与材料表面作用，中和掉材料所带的表面电荷，或在材料表面形成一层分子膜来消除静电。分子膜主要有以下两种作用：①有机亲油基形成的分子膜，通过减少材料间的摩擦来疏散电荷；②极性亲水基形成的分子膜，通过形成表面亲水性膜来消除静电。

对于纳米材料，表面活性剂不但可以吸附于纳米微粒表面而中和微粒的表面电荷，同时，还能够在微粒表面形消除、隔离成电荷作用的一层分子膜，从而起到保护作用。

总结起来，影响表面活性剂抗静电效果的因素主要有以下两个方面：

① 表面活性剂极性基团性质。表面活性剂极性基团极性越强，电荷作用越明显。存在于界面或微粒表面的电荷之间的库仑力就越大，也使表面活性剂在表面或界面的吸附量增大。对于离散出来的静电荷，可被瞬间吸附而发生中和，最终增强其抗静电效果。

② 表面活性剂亲油基结构。表面活性剂亲油基的结构可直接影响抗静电效果。表面活性剂在表面的吸附量越大、亲油基的分子链越长，越易发生卷曲，因而会占用较大的空间，使其在表面的吸附量减少（这规律也同样适用于支链亲油基上），这同时也减弱了表面活性剂的抗静电效果。

2. 抗菌作用

在实际生产中，抗菌作用主要体现在阳离子表面活性剂和两性离子表面活性剂中。季铵盐类阳离子表面活性剂是用作消毒剂的主要产品，目前，它的品种丰富。季铵盐类消毒剂通过改变菌体细胞膜的通透性使菌体破裂，在其自身的表面活性作用下，将破裂的菌体聚集于细菌及病菌表面形成胶束状物质，再进一步干扰其新陈代谢，使其蛋白质变性，造成细菌及病毒的代谢酶类失活，最终实现杀菌目的。为了避免季铵盐消毒剂较为单一的杀菌效果，在实践中经常会通过科学组方，并经过反复配比实验和效果检验，最终配制出具有良好杀菌效果的消毒产品。

季铵盐类消毒剂的消毒特点可总结如下：

① 季铵盐类消毒剂的消毒效果通常在较高 pH 条件下才能发挥出来，一般其在 pH 为 8~10 时杀菌效果最为有效。当水环境的 pH 为 3 时，则基本失去其消毒作用。

② 具有相对稳定的化学性质且消毒作用能够持续较长时间。根据这一性质，季铵盐可通过扩散作用使部分药物到达底层，即使当整体水文环境的动力学状态保持不变时，也能够对水底进行消毒。

③ 季铵盐类消毒剂易被各种物体表面所吸附，进而实现一些"死角"部位的全面消毒。如平时很难进行清理的养鱼池池壁、池底、池角、饵料台等，都是通过这种办法进行消毒的。

季铵盐具有高效广谱、低毒易降解、投料方便等特点。同时，与其他的水处理剂无相互干扰，因此，被认为是工业上理想的杀菌灭藻剂。随着季铵盐类杀菌剂的不断更新，在近些年得到了更加广泛的关注。在经过40多年的工业生产实践以及各类化合物对特定菌藻危害的效果进行比对研究后发现，在控制较低的给药浓度时，十二烷基二甲基苄基氯化铵、十六烷基氯化吡啶和洗必泰等季铵盐对工业用水中的铁细菌、异养菌和硫酸盐还原菌的杀灭率可达99%以上，是目前为止公认的最为理想的杀菌灭藻剂。

季铵盐不但可以杀灭工业循环水中的各种细菌，还可以作为冲击剥离剂，在各种大型循环冷却水系统中将吸附在设备器壁上的菌藻冲刷下来，进而将其杀灭，拥有其他杀菌灭藻剂所不及的独特特性。通过成功剥离这些附着在设备器壁上的菌藻，解决了菌藻污垢覆盖在热交换器管壁上造成热能损失、管道堵塞、腐蚀穿孔等系列问题。从安全生产、节能减排的角度而言，具有非凡的意义。

在造纸工业中，通常纸浆从制浆到造纸要经过很多工序，因此耗时较多。在这段时间内，此类微生物将在储存容器中进行繁殖，使纸浆发酵，从而造成腐浆。为了避免这种情况，工业上需要加入必要的阳离子表面活性剂或两性离子表面活性剂进行控制，这些物质就是所谓的防腐杀菌剂。其中，最常见的就是十六烷基三甲基溴化铵（CTAB，属阳离子型）和烷基咪唑啉季铵盐（两性离子型）。

另外，在废水处理过程中，要经过灭菌、降低废液黏稠度等工序之后才能将废水排向外界，在这些工艺过程中，也能找到阳离子表面活性剂的身影。由于需要经常处理所谓的污水黑液，蒸发设备的内壁经常会产生难以清理的污水水垢，造成设备的热效率降低，并会缩短其工业使用寿命。因此，必须使用脂肪酸聚氧乙烯酯、多聚磷酸钠、二乙基羟胺磷酸盐等抗结垢剂，在制浆工艺中可降低黑液黏度，减少结垢，加速蒸发。采用这种办法可以避免间歇酸洗法停机清洗而带来的耗时耗力、程序烦琐等问题。近年来，随着科技的发展，人们又相继研发了聚丙烯酸钠、丙烯酸、马来酸酐共聚物盐等高分子抗结垢剂，这类抗结垢剂对水中多价金属离子具有明显的螯合作用，也能起到有效的防垢效果，可考虑在工业生产中大规模推广应用。

3. 柔软平滑作用

表面活性剂的柔软平滑作用体现在当其吸附于纤维表面后，能够形成紧密排列的定向单分子层，可防止纤维与纤维之间、纤维和机械之间的直接接触，降低它们之间的摩擦作用，能够使纤维的平滑性得到增加，从而有效地消除和预防织物褶皱及纤维擦伤，其机理等同于润滑油增加金属间的润滑作用。人们习惯上将具有这种作用的物质称为柔顺剂。

柔顺剂在印染、纺织等工业生产中具有广泛应用。如印染工业中一般要将织物经练漂处理后才可进行下一步的印染整理，这一过程会使织物柔顺度降低，从而摸上去比较粗糙。织物经过印染之后，需使用柔软剂进行二次处理，才能获得持久的滑爽柔软手感。人们最早采

用阴离子表面活性剂作为柔软剂，但因织物纤维在水中可携带负电荷而与阴离子表面活性剂发生作用，从而导致阴离子型柔软剂不易被纤维吸附，最终导致柔软效果受到影响。针对这一情况，人们研发了一些适用于纺织油剂中的柔软组分，如蓖麻油硫酸化物和磺基琥珀酸酯等。

非离子型柔软剂与纤维之间的吸附作用也比较弱，因此，对合成纤维几乎没有任何柔顺作用。它们作为柔软剂常见于失水山梨糖醇脂肪酸单酯和季戊四醇脂肪酸酯在合成纤维油剂中作柔软平滑组分和纤维素纤维的后期整理，经过柔软作用后，纤维素纤维和合成纤维的摩擦系数大大降低。非离子型柔软剂的柔软效果在松软和发涩之间，而且能够与阴离子型或阳离子型柔软剂合用，一般不会使染料变色，是一种较为温和的柔软剂。

阳离子表面活性剂不仅可做杀菌剂、抗静电剂等，同时它也是良好的柔顺剂，但其不能与阴离子表面活性剂合用，同时还会腐蚀金属、刺激皮肤、易褪色、不耐晒等。有些阳离子表面活性剂甚至在溶解后还具有一定的毒性，因此，阳离子表面活性剂在做柔顺剂时常常受到限制。尽管如此，阳离子表面活性剂还具有良好的纤维附着特性以及优异的柔顺性能，主要用于织物的整理，是一种常用的柔顺剂。

近年来，市场上还出现了新一代绿色柔顺剂产品。这些产品的主要成分是含有亲水性基团的表面活性剂，如酯基、烃基和酰胺基等。这些基团极易被微生物降解成一些小分子代谢物以及 C_{18} 和 C_{16} 脂肪酸等，极具环保概念，因此被称为绿色柔顺剂。

4. 金属的防锈与缓蚀作用

尽管作为金属缓蚀剂的表面活性剂种类很多，但以阳离子表面活性剂、非离子表面活性剂及含多官能团的表面活性剂研究最为广泛。如前文提到的季铵盐型阳离子表面活性剂，不但可以用作金属缓蚀剂，同时还有杀菌作用，因此被广泛地应用于油田开采中钢制水管的缓蚀方面研究。此外，含有多个官能团的表面活性剂往往会有较强的缓蚀作用，并且常会兼具缓蚀、阻垢、杀菌等多种性能，这是由于这些官能团可在金属表面形成不溶性的螯合物膜。

表面活性剂浓度也是影响金属表面缓蚀效率的重要因素。缓蚀效率的最大值一般发生在吸附于金属表面的表面活性剂达到饱和浓度值的时刻。一些表面活性剂的缓蚀效率在体系达到临界胶束浓度附近而达到最大。

缓蚀作用也会受到疏水长链烷基性质的影响。但情况往往比较复杂，要从不同侧面进行分析。首先，当链长较短时，烷基增多，碳链增长能够使表面活性剂在金属表面吸附形成的配位键更加稳定，能够提高其缓蚀效率。其次，当疏水碳链增长时，也有助于提高缓蚀效率。这是由于疏水碳链的增长增加了疏水层厚度，使氢分子、氧分子及吸附层的金属离子扩散难度增加。但当链长达到一定的程度时，缓蚀效率会随着原子数的增加而缓慢下降。如果碳链过长，产生空间位阻效应，则体系吸附能力下降，从而使缓蚀效率降低。这种情况对于烷基上靠近极性端点附近的侧链来说，其效应更加明显。综上所述，缓蚀作用效果直接与疏水基团的长链烷基的结构及表面活性剂基团在金属表面的吸附强度相关。

下面分类介绍各种表面活性剂的缓蚀防锈作用：

① 阳离子表面活性剂。季铵盐表面活性剂除了可做杀菌剂、柔顺剂之外，还可以作为缓蚀剂。实践中经常会看到人们将环状季铵盐与炔醇及非离子表面活性剂复配后，用来保护高压注水井中的钢内壁表面，或将其与 ClO_2 复配来抑制腐蚀。以上实例均说明季铵盐与其他缓蚀剂复配后可增强其在金属缓蚀方面的能力。还有一种长链胺类的阳离子表面活性剂，

这类物质都带有较长的疏水碳链，并且仅在酸性溶液中溶解。因此，这种缓蚀剂被人们视为酸性介质条件下保护金属外层的理想物质。

② 阴离子表面活性剂。阴离子表面活性剂也可以对金属的防锈以及缓蚀起到一定作用。如十二烷基硫酸钠就对硫酸中纯铝的点腐蚀具有缓蚀作用，同时，它还可以在盐酸介质中抑制碳钢阴极的腐蚀过程。多种实验可以证明，经复配后的阴离子表面活性剂缓蚀效果更为明显。

③ 非离子表面活性剂。对于非离子表面活性剂，特别是经过复配后的非离子表面活性剂，在金属缓蚀方面具有很好的效果。如脱水山梨糖醇脂肪酸酯与脱水山梨糖脂肪酸酯的聚氧乙烯衍生物复配后，可有效地在弱酸性条件下抑制冷却水系统中钢管的腐蚀；A3 钢经月桂酰肌氨酸与钼酸钠复配后进行协同缓蚀保护后，其腐蚀率可降至 1% 以下。

课后练习题

1. 什么是增溶作用？增溶的方式有哪些？哪些因素会影响增溶的效果？
2. 乳状液的含义是什么？乳状液有几种类型？如何鉴别？
3. 影响乳状液稳定性的因素有哪些？
4. 如何制备乳状液？
5. 什么是润湿作用？在润湿过程中，表面活性剂的作用是什么？
6. 如何理解洗涤？表面活性剂在洗涤中的作用是什么？
7. 如何理解分散和悬浮？

第 10 章　表面活性剂的应用

在表面活性剂溶液中，表面活性剂分子从溶液本体迁移至表面，亲水基插入水相，疏水基朝向空气中，使其在溶液表面富集，定向吸附，形成一层排列整齐的分子层，显著降低表面张力。当表面活性剂浓度超过一定值后，在体相中疏水基相互靠拢结合，形成内核；亲水基朝外与水接触，形成胶束聚集体。表面活性剂的这些结构特征和性质特点赋予了其润湿、乳化、分散、渗透、增溶和泡沫等作用。

表面活性剂已经广泛应用于日常生活、工农业生产及高新技术领域，是最重要的工业助剂之一，被誉为"工业味精"。在许多行业，表面活性剂起画龙点睛的作用，只要很少量即可显著改善物质表面（界面）的物理化学性质，改进生产工艺，降低消耗和提高产品质量。

10.1　表面活性剂在洗涤剂中的应用

表面活性剂具有润湿、乳化、起泡以及增溶、分散、洗涤、杀菌、抗静电等一系列物理化学作用，在日常生活中应用广泛，主要用作洗涤剂。

10.1.1　表面活性剂在家用洗涤剂中的应用

家用洗涤剂主要包括衣物洗涤剂（如洗衣粉、洗衣皂、洗衣液、洗衣膏、洗衣片、衣领净等）、家居清洁用品（如洗洁精、地板清洗剂、洁厕精、家电清洁剂等）、个人洗护用品（如洗发水、沐浴露、洗手液、洗面乳等）三大类。洗涤剂由表面活性剂、助洗剂、添加剂等组成，表面活性剂是洗涤剂中最重要的成分。表面活性剂具有优良的润湿、乳化、增溶、起泡等性能，因而具备良好的去污能力。表面活性剂的发展推动了家用洗涤剂的繁荣；家用洗涤剂的迅速发展，反过来也拉动了表面活性剂产业的快速发展。

表面活性剂在污垢和基底表面的吸附是去污洗涤的核心，吸附作用也是表面活性剂最基

本的性质。在洗涤过程中，表面活性剂的疏水基会尽可能地减少与水的接触，在表（界）面上发生定向吸附，达到一定浓度后，在体相形成聚集体。因此，表面活性剂表现出一系列优良的性能，如润湿、乳化、增溶等。这些作用在不同的洗涤过程中扮演着或轻或重的角色，根据油污的性质和基底的情况而异。

10.1.1.1 家用洗涤剂中常用的表面活性剂

目前，各种洗涤剂中大量使用的表面活性剂主要是阴离子表面活性剂和非离子表面活性剂，两性表面活性剂多用于个人卫生用品和特种洗涤剂，阳离子表面活性剂则很少用在洗涤剂中。

由于肥皂对硬水比较敏感，生成的钙、镁皂会沉积在织物和洗涤用具的器壁上，因此，已被合成洗涤剂所取代。目前，肥皂在粉状洗涤剂中主要用作泡沫调节剂。合成洗涤剂主要指以（合成）表面活性剂为活性组分的洗涤剂。

1. 阴离子表面活性剂

阴离子表面活性剂是当今世界各地生产洗涤剂产量最大，也是家用洗涤剂中用量最大的种类。

① 直链烷基苯磺酸盐（LAS）表面活性剂。目前市场上的洗衣粉和洗衣液主要以 LAS 为表面活性剂。LAS 的溶解度良好，具有较好的去污和泡沫性能，生产工艺成熟，价格较低。它作为洗涤剂的活性物，易喷雾干燥成型，是洗衣粉的必要组分，可适量用于香波、泡沫浴等洗浴液中，也可与脂肪醇聚氧乙烯醚硫酸盐（AES）复配用于洗洁精，具有较强的去污力。LAS 对硬水的敏感性可通过加入螯合剂或离子交换剂加以克服，丰富的泡沫可用调节剂进行控制。

LAS 因其优良的性能和低廉的价格而得到广泛的应用，是目前表面活性剂中用量最大、应用范围最广的产品。但 LAS 是石油基表面活性剂，其合成原料不可再生、化学安全性较低，随着人们对环境、生态及使用安全性关注程度日益增加，以天然油脂为主要原料的 AES、MES 等更具优势和竞争力产品的发展，对 LAS 的进一步发展构成巨大的冲击和威胁。

② 烯基磺酸盐（AOS）。AOS 是一种高泡、水解稳定性好的阴离子表面活性剂，具有优良的抗硬水能力，尤其在硬水中和有肥皂存在时，具有很好的气泡力和优良的去污力，毒性和刺激性低，性质温和，可完全生物降解，受到洗涤剂行业的普遍重视。

AOS 适用于配制个人保护卫生用品，如各种有盐或无盐的香波、抗硬水的肥皂、牙膏、浴液、泡沫浴等，以及餐具洗涤剂，各种重垢衣用洗涤剂，羊毛、羽毛清洗剂，洗衣用的合成皂、液体皂等家用洗涤剂。其最大的优势是易于干燥喷粉，目前在各种粉状净洗剂中仍然占重要部分。

③ 脂肪醇聚氧乙烯醚硫酸盐（AES）。AES 抗硬水性好，起泡性能好、润湿性能好，且刺激性低，抗硬水性好。用 AES 配制的液体洗涤剂，去污力强，是大多数液体洗涤剂的首选表面活性剂。例如，AES 是普通洗发水最常用的主要表面活性剂。

在我国，AES 的产量仅次于 LAS，是阴离子表面活性剂的第二大品种。AES 属于醇系表面活性剂，以天然油脂为原料的脂肪醇及其衍生产品的迅速发展，促进了 AES 的迅速发展。

④ 脂肪酸甲酯磺酸盐（MES）。MES 是家用洗涤剂中的另一种重要的阴离子表面活性剂。MES 是利用天然油脂制得的仲磺酸盐表面活性剂，性能优良，钙皂分散能力强，抗硬

水性能好，生物降解性好，毒性低。

将 MES 加入洗衣粉中，在降低产品成本的同时，可以使去污效果明显增强；应用于洗洁精中，洗洁精的去油率和黏度明显提高；与肥皂具有良好的配伍性，是皂基型洗衣粉的最佳选择，最重要的应用是在低磷或无磷洗涤剂中，MES 不需要加无机磷酸盐和不溶性沸石，对环境友好，其洗涤效果可与含有这些助剂的商品洗涤剂相媲美；还可大量用于沐浴露、洗手液、洗发水、洗面奶等液体产品中。

MSE 已成为行业内关注的热点和焦点，其性能和应用有诸多研究工作。

2. 非离子表面活性剂

① 脂肪醇聚氧乙烯醚（AEO）。AEO 是非离子表面活性剂系列产品中的代表，也是发展最快和用量最大的品种，是家用洗涤剂中的主要活性物。它稳定性高、抗硬水性好，在相对低的浓度下就具有良好的去污能力和污垢分散力，并具有独特的抗污垢再沉积作用，能适应纤维的发展、洗涤温度降低和洗涤剂低磷化的趋势。因此，在洗涤剂中的用量增长很快，是粉状和液体洗涤剂的一种主要成分。

AEO 与阴离子表面活性剂复配，具有强烈的协同增效作用。在普通洗衣粉中用作助表面活性剂，在浓缩洗衣粉中用作主表面活性剂。AEO7 和 AEO9 具有良好的润湿、乳化、去污等性能，是衣物洗涤剂常用的组分。这类表面活性剂水溶液的黏度低，主要用在高活性物含量的重垢液体洗涤剂中，而且用在结构型重垢洗衣液中，AEO 加成数对洗衣液的稳定性起着举足轻重的作用。

目前，针对各种性能影响的研究多集中于 AEO 加成数和烷基碳数，但对其增溶性能、表（界）面张力、复配性能的影响因素研究不多，对其疏水基类型的研究较少，对这些因素的研究将对 AEO 的应用具有指导意义。

② 脂肪酸甲酯乙氧基化物（FMEE）。FMEE 是以脂肪酸甲酯为原料，直接与 EO 发生加成反应制得的产品。与传统的 AEO 相比，具有原料便宜、产品低泡、易于漂洗、对油脂增溶能力强、乳化力强、皮肤制激性小、生物降解性好等特点。它是被业内看好的具有发展潜力的新一代非离子表面活性剂，也是替代洗涤剂中传统醇醚的理想产品。

③ 烷基糖苷（APG）。APG 是由淀粉水解生成的葡萄糖与由油脂经酯交换、氢化而得的脂肪醇反应得到的产物，是 20 世纪 90 年代以来性能较全面的、优良的新一代非离子表面活性剂，它满足了"绿色、环保"的要求。

APG 性能温和，泡沫丰富细腻，多用于个人洗护用品中；具有高表面活性，去污和配伍性好，而且无毒、无刺激，生物降解迅速而且彻底，可与任何类型表面活性剂复配，协同效应明显。虽然是非离子表面活性剂，但无浊点，易于稀释，无凝胶现象，使用方便，受到了各国的普遍重视，被认为是继 LAS、醇系表面活性剂之后，最有希望的一代新的洗涤用表面活性剂。

APG 与 LAS 复配表现出优异的协同效应，泡沫优于单一组分，抗硬水性好，对皮肤温和，用后手感舒适，易漂洗，不留痕迹。APG 不仅能作为一种辅助表面活性剂，而且更适合作餐具洗涤剂中的主表面活性剂。在洗衣粉中，使用 APG 可以在保持原有洗涤力的同时，明显改善温和性、抗硬水性和对皮脂污垢的洗涤性；在液体洗涤剂中，可用于各种织物的清洗，有效地去除泥土和油污。另外，APG 还有一个重要性能，即在强酸、强碱和高浓度电解质中性能稳定，所以可以用于配制特殊洗涤用品，如酸性洁厕精或碱性油污净等。

3. 两性表面活性剂

两性表面活性剂在洗涤剂中一般不作为主剂，主要是利用它兼有洗涤和抗静电、柔软作用来改善洗后的手感。两性表面活性剂还有良好的去污性能和调理性，但由于其成本高，常用于个人卫生用品和特种洗涤剂中。它在洗涤剂中应用的最大意义体现在对其他表面活性剂特别是阴离子表面活性剂的解毒性。

十二烷基二甲基甜菜碱（BS-12）是最早应用于洗发水中的两性表面活性剂，但目前已被椰油酰胺丙基甜菜碱（CAB）取代，主要因为后者的刺激性更小且价格更低。近几年开发并投放市场的两性表面活性剂还有羟磺基甜菜碱、咪唑啉两性表面活性剂、氨基酸两性表面活性剂等。

4. 阳离子表面活性剂

阳离子表面活性剂常用于衣物洗涤剂中，少量的阳离子表面活性剂与非离子表面活性剂复配，可制得柔软洗涤剂，洗后的衣服手感好，并且有抗静电作用。阳离子表面活性剂一般不能与阴离子表面活性剂配伍，但个别阳离子表面活性剂适量配入阴离子表面活性剂中，可改善洗涤性能。近年来，国外推出了含有阴-阳离子对表面活性剂的"清洁+柔顺"二合一洗涤剂。它们易于快速吸附到纤维上，赋予纤维柔软的手感，同时具有抗静电作用。常用的有二硬脂基二甲基氯化铵、咪唑啉衍生物。阳离子表面活性剂和非离子表面活性剂能配合使用，市场上已出现兼具洗涤和柔软的双功能特种洗涤剂。

10.1.1.2 家用洗涤剂用表面活性剂的发展趋势

1. 油脂基表面活性剂

21世纪人类面临的最大挑战之一是石油资源的日益匮乏和价格上涨。油脂基表面活性剂的原料来自可再生资源，价格低，安全性高和易生物降解，对环境友好，属于可再生的绿色表面活性剂。虽然石油基表面活性剂当前还占主导地位，但油脂基表面活性剂将以其原料优势和独特的性能，逐步取代石油基表面活性剂，成为个人及家用洗涤剂领域发展最快、应用最广泛的表面活性剂。

2. 温和型表面活性剂

因为表面活性剂是洗涤剂中最重要的组分，因此表面活性剂对人体的温和性、安全性及环境相容性一直为人们所关注。国际上表面活性剂行业一直强调可持续发展，致力于新型绿色表面活性剂的开发取得了明显进步。温和型表面活性剂如FMEE、APG等的用量将增大。

3. 复配型表面活性剂

因为洗涤技术不断地发展，纤维类型也在不断地变化，合成纤维比例也越来越大，洗涤基质的广泛性要求表面活性剂具有广泛适用范围。但是没有一种单一的表面活性剂可以适用于各种洗涤的需要，所以需要将多种表面活性剂复配，使其性能互补。在无磷配方和液体产品中，混合有非离子表面活性剂、阴离子表面活性剂、两性表面活性剂和皂类表面活性剂，这些复配体系可以改善产品对不同类型织物的去污力和清洗功能。

4. 降解性良好的表面活性剂

家用洗涤剂应该适应环境保护的要求。表面活性剂通常不作为终端产品面世，多数情况下它作为一个重要组分用于洗涤剂中，使用过后即被废弃排放到下水道中。因此，含有表面活性剂污水的可处理性及本身的生物降解性能对环境的影响是至关重要的。目前，开发和使用性能优越、生态友好的表面活性剂已成为表面活性剂和洗涤剂生产商的生态责任。从未来眼光看,使用可再生的动植物资源生产可降解的表面活性剂将是表面活性剂的发展趋势。

可以预料,随着洗涤用品新产品的开发、浓缩型产品上市量加大、活性物含量提高,性能优良的油脂基表面活性剂在洗涤用品中的用量一定会大大增加。对于家用洗涤剂来说,对表面活性剂具有安全性、温和低刺激、去污力好、对环境友好等特性的要求会越来越高。

10.1.2 表面活性剂在工业及公共设施清洗剂中的应用

工业及公共设施清洗剂(Industrial and Institutional Cleaning, I&.I)市场是一个成熟活跃的市场。I&.I按市场划分,可分为通用型清洗剂、地板护理及地毯清洗剂、杀菌和消毒清洗剂、衣用和餐具清洗剂、硬表面清洗剂、洗手剂以及其他一些应用领域的清洗剂。表面活性剂具备优良的去污等能力,在工业及公共设施清洗剂中扮演不可替代的重要角色。

现代广泛使用的清洗剂,除酸、碱、水、有机溶剂外,大多是以表面活性剂为主体的洗涤剂。化学清洗中,表面活性剂主要有两种作用:一是利用胶束的增溶作用提高难溶性有机污染物的表观溶解度;二是由于表面活性剂能吸附在油水界面上,降低界面张力,有助于污垢的去除。I&.I主要利用表面活性剂的润湿、渗透、乳化、分散与增溶作用。污垢和基质间有黏结力,油水之间存在界面张力,但清洗剂的润湿渗透作用会降低黏结力,清洗剂的乳化作用会使油水交界处的界面张力降低,清洗剂的分散作用会使污垢中碳粉、灰尘、金属粉末分散成许多微粒,清洗剂的乳化增溶作用可有效阻止污垢分子再凝结,并不再沉积在基质表面上。如果再借助热力、机械搅拌与射流等方式,便可使污垢脱离基质表面而卷离到清液中,达到除去污垢的目的。

I&.I产品中的主要活性物涵盖了各类表面活性剂,均已实现规模化生产。目前,阴离子表面活性剂仍占主要地位,一是它的价格低,经济上有竞争力,二是与其他类型的表面活性剂复配,可以充分发挥各类活性物的协同作用,获得最佳效益。此外,阳离子及两性离子表面活性剂也不断地被开发和应用。在选择表面活性剂时,应特别注意表面活性剂、助剂等组分的性质及其相互作用的匹配性。

1. 金属清洗剂

在金属制品的制作和使用过程中,一些微小的颗粒、油污等易于黏附在金属表面,给后续加工带来麻烦,因此需要清洗。金属清洗既可用酸性物质,又可用碱性物质。表面活性剂在其中的作用各不相同。

(1)酸洗

在酸洗操作中,为避免金属被腐蚀,常加入一些缓蚀成分。表面活性剂能对缓蚀过程产生显著作用,增加润湿性、分散性与起泡性,促进酸洗液同垢、锈的接触,以及改变酸洗后基体金属表面状态,从而提高酸洗效果。在缓蚀剂配方中,一般添加的表面活性剂为阴离子型 $C_{10} \sim C_{18}$ 烷基苯磺酸盐、硫酸盐或非离子型聚氧乙烯基化合物。但某些缓蚀剂中也会有阳离子表面活性剂,如季铵盐等。增加表面活性剂浓度可提高缓蚀效率,当浓度增加到在金属表面达到饱和吸附时,呈现出最佳的缓蚀效率。对某些表面活性剂来说,缓蚀效率在临界胶束浓度附近达到最大。

在酸洗中,盐酸、硫酸或硝酸与锈垢反应的同时,不可避免地会与金属基体反应放热,

并产生大量酸雾。在酸洗液中加入表面活性剂,会在酸洗液的表面形成定向排列的线状膜覆盖层,阻止酸与金属基体的反应,并利用表面活性剂的起泡作用,抑制酸雾挥发。

(2) 碱洗

碱洗是指以强碱性的化学药剂作为清洗剂来疏松、乳化和分散金属设备内污垢的一类清洗方法。它往往作为酸洗的前处理,除去系统与设备中的油脂或使硫酸盐、硅酸盐等难溶垢转化,使酸洗易于进行。添加表面活性剂,有利于润湿油脂与分散污垢,增强碱洗效果。

另外,表面活性剂还可以用于水基金属清洗剂,主要用在机械制造与修理、机械设备维修与保养等方面。水基金属清洗剂多以非离子表面活性剂与阴离子表面活性剂复配物为主体,再加多种辅加剂。石油炼制和石油化工装置中,换热设备和管线的重质油垢与焦垢沉积严重,需要经常清洗。若采用有机溶剂清洗,存在有机溶剂毒性大、易燃易爆的问题;而一般碱洗法对重质油垢与焦垢无效。目前,国内外研制的重质油垢清洗剂主要以复合表面活性剂为主,由几种非离子表面活性剂和阴离子表面活性剂、无机助洗剂、碱性物质组成。复合表面活性剂的润湿、渗透、乳化、分散、增溶与起泡效果较常规表面活性剂好,主要用于石油炼制和石油化工装置的清洗一种油污-油腻性重金属清洗制配方见表10-1。

表10-1 一种油污-油腻性重金属清洗制配方

配方组成	配比/%(质量分数)	配方组成	配比/%(质量分数)
LAS、AES	13	硫酸钠	11
6501	4~5	碳酸钠	4
乳化剂	4~5	缓蚀剂	8~10
非离子表面活性剂	5~7	三乙醇胺	3~4
三聚磷酸钠(STPP)	45		

2. 纺织品洗涤剂

表面活性剂在纺织品加工过程中应用广泛,如纤维的精制、纺丝、纺纱、织布、染色、印花和后整理等各工序,都需要使用表面活性剂。表面活性剂在各工序中充当着不一样的角色,分为洗净剂、均染剂、分散剂、柔软剂、抗静电剂、渗透剂和润湿剂等。其作用是提高纺织品的质量,改善纱线的织造性能,缩短加工工期,因此,表面活性剂在纺织行业的地位至关重要。

由于纺织品表面一般带负电,阳离子表面活性剂会产生静电吸附,导致表面活性剂的疏水基朝向水,分散后的污垢容易再黏附到织物表面,对于洗涤极为不利。因而,洗涤用表面活性剂多用非离子、阴离子和两性离子型。其中,十二烷基苯磺酸钠用得较多,但是由于其泡沫多,刺激性大,有一定致畸性,耐强碱性差、生物降解性能相对较差,逐步被脂肪醇聚氧乙烯醚硫酸盐、仲烷基磺酸盐、α-烯烃磺酸钠、α-磺基脂肪酸甲酯钠盐、脂肪醇聚氧乙烯醚羧酸盐,以及新型产品茶皂素、多肽基表面活性剂代替。

对于原毛表面的羊毛脂、脂肪酸、细胞碎片及尘土等,用碱液洗涤易损伤毛质,洗后易发黄。加入少量表面活性剂,如MES、209洗涤剂,或与非离子表面活性剂复配,既可增强

去污效果，又能保持适量脂质，以免羊毛干枯发灰。用皂苷可保持原有光泽而又能除去杂质。羊毛粗纺及精纺中要加入毛油，它是由矿物油、锭子油和水化白油与非离子表面活性剂配合而成的，目的是提高纤维的润滑性，减少断头现象。羊毛及毛织物在染色前后都需进行再次洗涤，洗涤剂中加入烷基酚醚或皂片，可增加洗涤效果。

Gemini表面活性剂具有优异的性能，已经成为当今研究的热点之一。与传统表面活性剂相比，它具有很高的表面活性、很低的Krafft点和良好的钙皂分散性，并且在生物安全性、低刺激性、生物降解性等方面的表现都很出色。阳离子Gemini表面活性剂具有显著的缓染作用，可作为一种新型缓染剂应用于纤维染色。

3. 其他洗涤剂

洗涤剂可制成液体状、膏状或粉状制品，专门用于工业生产线各类食品容器的洗涤，如啤酒瓶、饮料瓶、罐头瓶等各种玻璃容器。可使瓶身光洁如新，瓶内无残留水滴，瓶外壁无水纹膜。洗涤剂主要成分包括表面活性剂、碱、助剂等，其中，烷基苯磺酸钠、AEO、TX-10、尼纳尔、聚醚等表面活性剂比较常见。洗涤剂无毒、无腐蚀性，抗胶水性能好，杀菌效果明显，易溶于水，有良好的去油污、去铁锈、去商标及去异味功能。

食品加工设备清洗剂用于奶品厂、肉食加工厂、烘箱、罐头厂和饮料厂的油脂及蛋白类污垢的去除。食品加工设备清洗要求去油污力强、泡沫较少、安全。可采用非离子表面活性剂脂肪醇聚氧乙烯醚，或与阴离子表面活性剂如直链烷基苯磺酸钠、烷基硫酸钠等混合使用。同时，某些阳离子表面活性剂如烷基二甲基苄基氯化铵与两性表面活性剂都是很好的杀菌剂，可与非离子表面活性剂复配，具备良好的洗涤效果。

表面活性剂由于其独特的性质而应用在工业及公共设施清洗剂中，发挥着举足轻重的作用。但大量的表面活性剂通过多种途径进入生态环境，对环境造成了严重危害。表面活性剂的研究和生产利用应向绿色化和功能化方向发展。

10.2 表面活性剂在化妆品中的应用

化妆品是以涂抹、喷洒或其他类似方法，施于人体表面（如表皮、毛发、指甲和口唇等），起到清洁、保养、美化或消除不良气味作用的产品。化妆品不仅是科学与艺术相结合的产物，而且是一种知识密集型的高科技产品。化妆品的品种多种多样，分类方式也各不相同。按使用部位，可分为皮肤用化妆品、毛发用化妆品、指甲用化妆品和口腔用化妆品等；按使用目的，可分为洁净用化妆品、基础保护化妆品、美容化妆品和芳香制品等。另外，还可根据化妆品本身的剂型进行分类。化妆品由基质和辅料组成，基质是指具有主要功能的物质，如油脂、蜡、粉类、胶质类、溶剂类（水、醇、酯等）；辅料为赋予化妆品成型、稳定或色香等的物质。表面活性剂则是辅料中最重要的物质，在化妆品中扮演不可替代的角色，主要起乳化、分散、起泡、增溶、洗净、润湿等作用。

10.2.1 化妆品中常用的表面活性剂

表面活性剂的作用主要表现在改变液体的表（界）面的性质。表面活性剂可以大大降

低溶剂的表（界）面张力，使体系的表（界）面状态发生明显的变化，从而使化妆品具备一定的功能或呈现特定的状态。由于化妆品直接跟皮肤接触，所以对化妆品用表面活性剂的要求高于洗涤用品等领域，如较高的安全性、低刺激性、具有一定的功能、满足特定的卫生指标等。

1. 阴离子表面活性剂

目前，已经投入生产和使用的阴离子表面活性剂主要有十二烷基苯磺酸钠（SDBS）、脂肪醇醚硫酸钠（AES）、脂肪醇硫酸钠（AS）、α-烯基磺酸钠（AOS）、脂肪酸甲酯磺酸盐（MES）、脂肪酸甲酯乙氧基化物磺酸盐（FMES）、醇醚羧酸盐（AEC）、磺基琥珀酸盐、氨基酸盐等，其特点是洗净、去污能力强，在化妆品中主要起清洁、润湿、乳化和起泡的作用，在洗面奶、沐浴露及婴幼儿洗涤用品中均可使用。

2. 阳离子表面活性剂

阳离子表面活性剂主要为高碳烷基的伯、仲、叔胺和季铵盐，如十八烷基三甲基氯化铵、$C_{12} \sim C_{14}$烷基二甲基苄基氧化铵、双十八烷基二甲基氯化铵等，其特点是具有较好的杀菌性与抗静电性，在化妆品中起柔软、抗静电、防水和固色的作用。

3. 两性离子表面活性剂

两性离子表面活性剂是一类产量较少但适于用作化妆品的配料。除了表面活性外，它还赋予产品温和低毒的性质。迄今为止，绝大多数两性离子表面活性剂都是基于椰子油、棕榈仁油与其脂肪酸的产品。两性离子表面活性剂的产量比较少，因此常将它们视为专用化学品。自1969年首次将两性离子表面活性剂用作香波配料以来，它们已在护肤和护发化妆品中占据重要地位，后来也被用于餐具洗涤剂、家用净洗剂中。两性离子表面活性剂在化妆品中起柔软、抗静电、乳化、分散和杀菌的作用，可用作香波的起泡剂和护发剂。

4. 非离子表面活性剂

非离子表面活性剂以在水溶液中不解离的醚基为主要亲水基，具有优异的润湿和洗涤功能，又可与其他离子表面活性剂复配使用。诸多优点使得非离子表面活性剂从20世纪70年代开始发展很快，包括聚氧乙烯非离子表面活性剂、多元醇类非离子表面活性剂、嵌段聚醚型非离子表面活性剂、甾醇衍生的非离子表面活性剂。这类表面活性剂安全性较好，对皮肤温和，无刺激性，具有良好的乳化、增溶能力，稳定性高，与其他类型表面活性剂相容性好，常用于护肤化妆品中。

10.2.2　表面活性剂在化妆品中的应用

表面活性剂在化妆品中的主要作用如下。

1. 乳化剂

乳状液是化妆品中最常见的一种剂型，如膏霜、乳液等。使用乳化剂可以将不相溶的油相和水相混合形成均匀的混合体。借助乳状液，可以将微量的有效成分均匀涂敷于皮肤上，增强化妆品的使用效果。根据使用目的，选择适合的乳化剂制备合适的乳状液十分重要。

乳化剂是乳状液形成和稳定存在的关键，实际生产中，通常根据HLB值的大小选择乳化剂；另外，还应根据欲得乳状液的类型选择乳化剂。所用油相不同，对乳化剂的HLB值

的要求也不相同,乳化剂的 HLB 值应与被乳化的油相所需一致。表 10-2 为几种化妆品用乳化剂及其 HLB 值。

表 10-2　几种化妆品用乳化剂及其 HLB 值

表面活性剂	类型	HLB 值
烷基芳基磺酸盐	阴离子	11.7
月桂基硫酸钠	阴离子	40
失水山梨醇三硬脂（Span-65）	非离子	2.1
失水山梨醇单月桂酸酯	非离子	8.6
甘油单硬脂酸酯	非离子	3.8
月桂醇聚氧乙烯醚	非离子	10.8
N-十六烷基-N-乙基吗啉乙基硫酸盐	阳离子	30

2. 增溶剂

化妆品中油性成分,如香料、油脂、油溶性维生素,无法直接溶解在水中,需要通过表面活性剂的增溶作用添加到化妆品中。由于它们在结构上和极性上的差异,同种表面活性剂对它们的增溶效果亦不相同,所以需选用最适宜的表面活性剂做增溶剂。

增溶剂以 HLB 值在 15~18 之间、增溶量大、无毒无刺激性最佳。由于阳离子表面活性剂的毒性和刺激性较大,故一般不用作增溶剂。就表面活性剂的毒性及刺激性大小而言,非离子表面活性剂小于离子表面活性剂。作为增溶剂广泛使用的表面活性剂有亲水性高的聚氧乙烯硬化蓖麻油、聚氧乙烯蓖麻油、脂肪醇聚氧乙烯醚、脂肪醇聚氧乙烯聚氧丙烯醚、聚氧乙烯失水山梨醇脂肪酸酯、聚甘油脂肪酸酯等。

3. 分散剂

在生产美容化妆品时,一般须添加滑石、云母、二氧化钛、炭黑等无机颜料和酞菁蓝等有机颜料。这些粉体可以使化妆品具有好的色调,能遮盖底色,具有良好的美白、遮瑕及防晒等功效。为最大限度地发挥粉体的功能,必须将它们均匀地分散于化妆品中,因此需添加分散剂和分散助剂来提高粉体的分散度。分散剂需具有良好的润湿性能、利于分散过程的进行、能稳定形成分散体系等特点。常采用表面活性剂作为分散剂,将固体粒子均匀、稳定地分散在化妆品中。常用的表面活性剂有硬脂酸皂、脂肪醇聚氧乙烯醚、脂肪酸聚氧乙烯酯、失水山梨醇脂肪酸酯、二烷基磺化琥珀酸盐、脂肪醇聚氧乙烯醚磷酸盐等。

4. 起泡剂和洗净剂

泡沫是一种气液完全混合的多孔膜状多分散体系,其中,液相是连续相,气相是非连续相。表面活性剂能降低溶液的表面张力,使整个体系表面能降低,从热力学角度上讲,有利于泡沫产生。所以,表面活性剂常被作为起泡剂使用。起泡剂一般有两类:第一类是阴离子表面活性剂,如 SDS、ABS、AOS、AES、SDBS、聚氧乙烯链烯基醚硫酸脂盐、脂肪酸皂等;第二类是非离子表面活性剂,如聚氧乙烯烷基醚、聚氧乙烯脂肪醇醚等。

作为清洁用的化妆品有香波、沐浴露和洗面奶等。除了要求具有清洁、起泡和润湿功能外,目前主要考虑的是对皮肤的温和性,要求表面活性剂不损伤表皮细胞,不和皮肤的蛋白质发生作用,不渗透到皮肤中去,使皮肤油脂及皮肤本身保持正常状态。在实际生产中采用

何种表面活性剂，由洗净剂的类型和使用部位决定。

5. 润湿剂

作为化妆品，不仅要有美容功效，使用起来还应有舒适柔和的感觉，这些都离不开表面活性剂的润湿作用。作为润湿剂的表面活性剂，应具有强的降低表面张力的能力，但并不是所有能降低表面张力的表面活性剂都能加强润湿效果。用作润湿剂的主要是生物表面活性剂，如磷脂对皮肤有很好的保湿性，槐糖脂可使皮肤具有柔软和湿润的肤感；采用生化合成等方法制备出的生化活性物质和维生素衍生物、酶制剂、细胞生长因子（EGF、DFGF）、胶原蛋白、弹性蛋白、神经酰胺和透明质酸等，用于化妆品中可渗透进皮肤，参与皮肤细胞组织的代谢，改变皮肤组织结构等，从而达到防皱、抗衰老和增白的效果。

10.2.3 化妆品用表面活性剂的发展趋势

21世纪，化妆品工业将融合近代多学科的高新科技成果，提高化妆品的安全性、功效性和环保性，开发新的化妆品原料，采用绿色环保型的表面活性剂，这些都是化妆品研究的热点。另外，生物化学的活性物质在化妆品中也已被广泛应用。

1. 生物表面活性剂

1968年，Arima等用枯草芽孢杆菌菌株培养时，在发酵液中发现一种既具有生物活性，又具有表面活性的新化合物——脂肪多肽，这便是生物表面活性剂的"雏形"。与化学合成的表面活性剂相似，生物表面活性剂也是两亲分子，具有非极性的疏水基和极性的亲水基，但生物表面活性剂具有化学合成表面活性剂无法比拟的优点：①空间结构十分复杂和庞大，表面活性高，乳化能力强，多数生物表面活性剂可将表面张力降低到30 mN/m；②具有良好的热稳定性和化学稳定性；③无毒或低毒，能被生物完全降解，不会对环境造成污染和破坏；④生物相容性好，一般不会导致过敏，可应用于药品、化妆品，甚至作为功能性食品添加剂；⑤分子结构多样，具有特殊的官能团，专一性强；⑥生产工艺简便，常温、常压下即可发生反应，生成设备要求不高；⑦生产原料来源广泛且价廉，可以从工业废料和农副产品中获得。例如，用拟球酵母菌制备的槐糖脂已被日本花王有限公司作为保湿剂用于化妆品，商品名为Sofina。该公司已开发出生产槐糖脂的发酵工艺流程，再经过两步酯化处理，产品可用于皮肤和头发的保湿剂。

生物表面活性剂的特性决定了其在化妆品领域中具有其他表面活性剂无法比拟的优势。随着人们环保意识的加强，生物表面活性剂将在食品工业、医药和精细化工等领域有更加广阔的应用前景，并有可能逐步取代化学合成的表面活性剂。

2. 烷基聚葡萄糖苷表面活性剂

烷基聚葡萄糖苷（APG）是在酸性催化剂存在下，由葡萄糖与脂肪醇进行缩醛化反应制备得到的糖苷类非离子表面活性剂。研究表明，APG用作表面活性剂有三大优势：一是性能优异，其溶解性能和相行为等与聚氧乙烯类表面活性剂比较，更不易受温度变化的影响，且对皮肤的刺激性小，适合用于化妆品和洗涤剂等；二是以植物油和淀粉等可再生天然资源为原料；三是APG本身无毒，极易生物降解。APG用于家用洗涤剂、香波等个人护理用品中，可大大提高产品对皮肤的温和性。迄今为止，用于该类配方的APG主要是$C_8 \sim C_{14}$烷基聚葡萄糖苷。

3. 壳聚糖表面活性剂

壳聚糖类表面活性剂从结构上可以认为是多糖类表面活性剂的一部分。壳聚糖具有较好的保湿性、润湿性、成膜性、抗静电作用、毛发柔软和保护作用，以及对皮肤无刺激、无毒等特性，在化妆品中具有广泛的应用。

研究表明，皮下水分的散失是人的皮肤衰老的主要原因之一，而壳聚糖具有优良的保湿性和润湿性。与某些化学合成的保湿剂相比，它无毒、无害、对皮肤和眼黏膜无刺激，而且价格低，因此，将其应用于护肤品中，使产品具有优良的性能，并能全部或部分代替通常所用的保湿及润湿成分。

4. 新型蔗糖酯表面活性剂

新型蔗糖酯是蔗糖与各种羧酸反应生成蔗糖脂肪羧酸类化合物的总称，属多元醇型非离子表面活性剂，是蔗糖深加工的热点。与其他非离子表面活性剂相比，蔗糖酯有三大优点：第一，蔗糖酯可食用，对人体无害且无刺激；第二，蔗糖酯本身及其水解产物可以作为营养物质被人体吸收；第三，由于蔗糖含有多个羟基，可以通过控制其酯化度来获得不同酯化程度的蔗糖酯。蔗糖酯用于化妆品中，可使油脂均匀分散，增加皮肤的光润和滑嫩性，改善化妆品的水洗性能，防止化妆品中油脂沉淀和产品腐败变质，延长产品保存期。

5. 新型卵磷脂——非离子表面活性剂混合体系

在目前药物剂型的研究中，胶束系统是热点之一，而其中通过表面活性剂复配形成的混合胶束可以提高难溶性药物的溶解性，这特点使得混合胶束成为药物剂型研究的主要方向之一。

卵磷脂（PC）是一种两性表面活性剂，是生物细胞膜的重要组成部分，其增溶乳化能力较强；具有无毒性和极佳的生理相容性。卵磷脂在化妆品中起活化皮肤、保持皮肤湿润等作用。同时，还可以提高化妆品的分散性和起泡性，用于头发润滑剂可使头发光亮、润泽和柔软。因而卵磷脂混合胶束体系已经成为目前研究的热点之一，其中，胆盐/卵磷脂混合胶束已经得到了系统而广泛的研究。

与离子表面活性剂相比，非离子表面活性剂具有稳定性高，不易受强电解质、酸碱的影响，毒性和溶血作用较少，能与大多数药物配伍等优点。然而，在当前卵磷脂混合胶束的研究中，对非离子表面活性剂的研究仍然较少，并且混合胶束的制备通常采用薄膜蒸发法，这种方法成本较高，制备时采用甲醇、三氯甲烷等有机溶剂，易造成危害。因而新型卵磷脂非离子表面活性剂混合体系成了化妆品用表面活性剂的发展方向之一。

表面活性剂在全球稳步增长的趋势为化妆品工业的发展壮大提供了良好的外部环境。表面活性剂是化妆品配方中的重要组成部分，在化妆品的使用中发挥着关键作用。表面活性剂作为化妆品中最重要的成分之一，为顺应"回归天然"的潮流，应大力采用天然原料，尽量不用对皮肤有刺激性的产品，以减少化学成分给人体带来的多种危害；应该重点开发生物性的表面活性剂，减少化学成分对人体的伤害。

10.3　表面活性剂在食品工业中的应用

在食品工业中，表面活性剂主要作为食品添加剂或加工助剂，用于提高食品质量、开发食品新品种、延长食品储藏保鲜期、改进生产工艺、提高生产效率等。表面活性剂作为食品

添加剂，主要用作乳化剂、增稠剂、润湿剂、稳定剂、消泡剂、起泡剂、分散剂等；作为加工助剂，主要是为了改进生产工艺，减少加工过程中的不良影响，常用作消泡剂、糖助剂、杀菌剂、润滑抗黏剂、脱模剂、清洗剂、保鲜剂等。作为食品添加剂或加工助剂用的表面活性剂，其使用须符合 GB 2760 的要求。

10.3.1　表面活性剂在食品工业中的作用

1. 乳化剂

在食品工业中，应用最广泛的就是食品乳化剂。食品乳化剂是一类能使两种或两种以上互不相溶构成相均匀地形成分散或乳状体的活性物质。其特性取决于乳化剂的 HLB 值。

根据 HLB 值的大小，食品工业中的乳化剂主要分为两类：第一类为水包油（O/W）型乳化剂，表现出较强的亲水性，即 HLB 值较大；第二类为油包水（W/O）型油溶性乳化剂，其 HLB 值较小。常用的乳化剂约有 65 种，如脂肪酸甘油酯（主要为单甘油酯）、脂肪酸蔗糖酯、山梨糖醇脂肪酸酐酯、丙二醇脂肪酸酯、大豆磷脂、阿拉伯树胶、海藻酸、酪蛋白酸钠、明胶和蛋黄等。

食品工业中常根据形成的乳状液来选择不同的食品乳化利，目前食品工业中的乳状液有三种类型。第一类为水包油（O/W）型乳状液，这也是目前在食品工业中最常用的乳状液，根据 HLB 值的大致范围和应用性质，常选用具有中等或较大 HLB 值（8~18）的食品乳化剂，如硬脂酸乳酸钠、硬脂酸乳酸钙/钠、三聚甘油单硬脂酸酯、双乙酰酒石酸单（双）甘油酯、高 HLB 值的蔗糖脂肪酸酯及 Tween 类；第二类为油包水（W/O）型乳状液，此类应选择 HLB 值较小的（3~6）的 O/W 型乳化剂，如单辛酸甘油酯、单月桂酸甘油酯、丙二醇硬脂酸酯、单硬脂酸甘油酯；第三类为水包油包水（O/W/O）型乳状液。

食品乳化剂还能与食物中的脂类、糖类、淀粉、碳水化合物和蛋白质等发生相互作用，改善食品结构，改善口感。因此，乳化剂除了能使食品乳状液稳定之外，还具有抗老化、增加食品柔软性、改善组织结构等作用。表 10-3 为常用食品乳化剂的类别及其特性。

表 10-3　常用食品乳化剂的类别及其特性

类别	特性
单甘酯	乳化、分散、抗淀粉老化
硬脂酸乳酸钠	增筋、乳化、防老化、保鲜、增大体积，改善组织结构
硬脂酸乳酸钙/钠	增筋、乳化、防老化、保鲜、增大体积，改善组织结构
三聚甘油单硬脂酸酯	较强的乳化性、保湿、柔软性、抗淀粉老化
双乙酰酒石酸单（双）甘油酯	乳化、增加面团弹性、韧性和持气性、增大体积、防止老化
月桂酸/辛酸单甘酯	乳化、分散、防腐、保鲜
Span、Tween 系列	乳化、稳定、分散、润湿
蔗糖脂肪酸酯	乳化、增溶、起泡、防老化
丙二醇硬脂酸酯	强起泡性、防老化

2. 增溶剂

食用增溶剂是在食品领域中能将一些难溶物质通过胶束作用，使溶质溶解度显著增大而溶于溶剂中，形成澄清透明溶液的表面活性剂。

食品增溶剂多以聚氧乙烯链间的增溶方式，使食品中的碳氧化合物包裹在增溶剂聚氧乙链间而达到增溶的目的。

增溶剂的选取依据通常也是HLB值。增溶剂的HLB值在15~18之间。应用较为广泛的食品增溶剂为聚氧乙烯失水山梨醇脂肪酸酯、聚氧乙烯单脂肪酸酯等非离子表面活性剂。

3. 起泡剂和消泡剂

泡沫是一种气体在液体中的分散体系，是热力学不稳定的体系。泡沫产生之后，体系中的气-液面积大为增加，由于泡沫排液、液膜破裂和泡沫中气体的扩散，使体系变得不稳定，泡沫不能稳定存在，易于破裂。在一些食品中，例如，啤酒、香槟、蛋糕，为了得到丰富、稳定的泡沫，常常加入食品用起泡剂。

然而，在一些食品加工生产过程中，例如，制糖和发酵工业，为了控制不必要的泡沫的生成，需要加入消泡剂。为了满足一定技术目的的加工工艺和加工过程需要而添加的一种加工助剂，消泡剂起抑制泡沫生成和消除泡沫的作用。作用机理与起泡剂机理相反，通过降低液膜强度、破坏液膜弹性和自修复作用、降低液膜表面双电层的斥力等，以达到消泡的目的。

在食品工业中，加入在食品中的起泡剂和消泡剂通常有明胶、大豆蛋白等蛋白质类，羧甲基纤维素、甲基纤维素等纤维素类，阿拉伯胶等植物胶类以及其他一些合成类的表面活性剂。用于食品生产过程中的消泡剂有以下几类：①油脂类，如大豆油、亚麻油、蓖麻油等；②高级脂肪醇类，如山梨醇、辛醇、戊醇等；③脂肪酸和脂肪酸酯类，如硬脂酸、油酸、聚甘油脂肪酸酯、蔗糖脂肪酸酯、失水山梨醇脂肪酸酯等；④有机硅化合物，如硅油、聚硅氧烷等；⑤有机极性化合物，如聚丙二醇、聚乙二醇等；⑥N型消泡剂；⑦硅酮油和有机硅乳液。

4. 增稠剂

食品增稠剂的作用主要是提高食品的黏度或形成凝胶，保持体系的相对稳定性，从而改变食品的物理性状，赋予食品黏润、适宜的口感，并兼有乳化、稳定或使食品呈悬浮状态的作用。增稠剂在食品中的应用十分广泛，具有凝胶、增稠、稳定、保水等作用。增稠剂的分子结构中含有许多亲水基，如羟基、羧基、氨基等，能与水发生水化作用并高度分散于水中，形成高强度的分散体系。

常见的增稠剂多从植物中提取，如阿拉伯胶等；有从海藻中提取的，如琼脂、卡拉胶、海藻酸钠等；有从动物中提取的，如明胶、乳清蛋白粉等；有从微生物代谢产物中提取的，如黄原胶、葡聚糖等多糖。

5. 其他作用

表面活性剂在食品工业中还具有其他一些广泛的应用，如烷基硫酸钠、烷基苯磺酸钠、脂肪酸酯、非离子洗涤剂等用作水果、蔬菜清洗剂及碱液脱皮助剂，Tween-80、单甘酯、酰化磷脂、黄原胶等作为烘焙脱模剂；磷脂、甘油酸酯作为食品分散剂；乙酰化单甘酯、蔗糖酯作为食品保鲜剂等。有时食品用表面活性剂的功能并不是单一的，有些表面活性剂兼具乳化、分散、润湿等多种功效。

10.3.2 表面活性剂在食品和食品工业中的应用

1. 在面包、蛋糕中的应用

在面包、蛋糕中，表面活性剂主要作为乳化剂，常用的有甘油单脂酸酯、硬脂酸乳酸钠和硬脂乳酸钙以及其复配产品。表面活性剂的作用主要有：与蛋白质和脂肪相互作用，增强面团筋力，提高面团的弹性、韧性和机械强度；与淀粉形成络合物，延缓淀粉老化速度，防止面包老化，提高面包储藏保鲜期和面包柔软度，改善面团的气孔率，获得细密气孔和均匀结构，改进面包蛋糕的松软性和强度；另外，还能起到品质改良剂、脱模剂的作用。

2. 在冰淇淋中的应用

在冰淇淋中，表面活性剂作为乳化剂能改进脂肪在混合料中的分散性，促进脂肪与蛋白质的相互作用，控制冻结过程中脂肪的附聚与凝聚，促进空气均匀混合，得到所需膨胀率，从而使产品组织细腻滑爽、体积增大、质地干燥疏松、保形性好和耐储藏等。

另外，冰淇淋属于水包油型乳状液，应选用亲水性水包油型乳化剂，常用的有失水山梨醇脂肪酸酯、甘油脂肪酸酯、聚甘油脂肪酸酯、蔗糖脂肪酸酯、丙二醇脂肪酸酯、聚氧乙烯失水山梨醇脂肪酸酯、大豆磷脂等。

3. 在饮料中的应用

表面活性剂在饮料工业中，主要有起泡、消泡、增溶、增稠和乳化分散等作用，同时，还具有增香、澄清、赋色等特殊作用。在粉末冲调饮品中，表面活性剂作分散剂和润湿剂，可改进奶粉、可可粉和速溶咖啡等粉状食品的亲水性和分散性，以防止结块、结团，防止油脂渗出，提高湿润时的分散性和脂肪的稳定性，常使用高 HLB 值的聚甘油脂肪酸酯和蔗糖脂肪酸酯。在液体饮品中，常使用低 HLB 值的食品乳化剂，如卵磷脂、甘油脂肪酸酯、蔗糖脂肪酸酯、丙二醇脂肪酸酯、Span 和 Tween 型等与亲水性乳化剂复配物，用于提高饮料的乳化稳定性，在含乳饮品中还能起到抗氧化剂的功效。在一些豆奶制品中，还起消泡的作用。

4. 在巧克力和糖果中的应用

在巧克力生产中使用乳化剂，能降低物性黏度，使结晶细致均一，有利于操作，并能防止制品酸败及表面起霜，改善制品光泽，增强制品风味及减少可可脂的用量等。常用的乳化剂有磷脂、蔗糖脂肪酸酯、Tween 等，用量为 1% 左右即能改善加工条件。在巧克力生产中加入 0.3%~0.5% 的磷脂，还能起良好的润湿和乳化作用，使配料易融合，节约加工时间和能源，防止增稠，有利脱模，延长储藏期。

在生产奶糖和硬糖的过程中，添加少量的山梨糖醇单硬脂酸酯或甘油单硬脂酸酯等乳化剂，可防止糖制品黏牙，有效地抑制糖体吸收环境水分发生变黏、混浊，提高制品耐潮性及防止制品黏附和变形，还能抑制起泡，从而提高生产效率。同时，高 HLB 值的蔗糖脂肪酸酯作为脱模剂和润滑剂，有助于糖制品脱模，并能改善产品的外观质量。

5. 在肉制品中的应用

表面活性剂在肉制品和水产品中主要用作乳化剂、增稠稳定剂、脱模剥离剂和凝结黏合剂。如在香肠、火腿、午餐肉等肉类食品加工中，广泛使用乳蛋白质作乳化剂和增稠剂，能显著提高制品的保水性和嫩度，提高组织的均匀性，增强脂肪乳化，提高商品性和保存性。

同时，使用蔗糖酯、单甘酯等表面活性剂，可使配料充分乳化，混合均匀，防止肉汁流出及水分蒸发，延长保鲜期和货架寿命。

6. 在人造奶油中的应用

表面活性剂作为乳化剂，在人造奶油生产工艺中起着极其重要的作用。人造奶油是由水、食用植物油、奶或奶粉、乳化剂、添加剂混合制成的油包水型乳状液，主要使用亲油性乳化剂。乳化剂主要通过其乳化作用和稳定作用而达到乳化均匀，防止水滴分离，控制人造奶油的组织结构，改善产品性状、口感和风味，延长储存保鲜期等功效。常用的人造奶油乳化剂主要有卵磷脂、甘油脂肪酸酯、聚甘油脂肪酸酯、蔗糖脂肪酸酯、失水山梨醇脂肪酸酯、丙二醇脂肪酸酯等。

7. 在其他食品中的应用

在豆制品中，用甘油单脂肪酸酯作为消泡剂，消除煮浆时产生的泡沫。在色拉酱、香茄酱等调味品中，主要用天然卵磷脂、蔗糖脂肪酸酯作为乳化剂，并可用甘油单脂肪酸酯、甘油二脂肪酸酯和卡拉胶等作为辅助乳化剂，能改进产品的冷冻稳定性。用蔗糖脂肪酸酯、甘油脂肪酸酯作为乳化剂配制成的乳状液，能用于瓜果蔬菜的保鲜与储藏。烷基芳基聚氯乙烯醚、脂肪酸盐、脂肪醇聚氧乙烯醚等作为脱皮剂和水果清洗剂能保证果肉的硬度、风味与光泽，高效地用于水果罐头的生产。

8. 在制糖工业中的应用

在制糖工业中，由于糖汁内含有相当数量的表面活性物质如皂苷、果胶、蛋白质等，当这些物质在制糖工序如甜菜的洗涤、糖汁净化蒸发和运输的过程中与糖汁及气体混合时，就会产生大量的气泡。不良的泡沫的形成极大程度地阻碍糖生产过程中的作业效率和效果，同时，泡沫的形成可能导致大量的糖汁损失。因此，在制糖工业中，表面活性剂常用作消泡剂，主要有动物油脂、植物油脂、矿物油或它们与非离子表面活性剂的复配物，还有脂肪酸、高级脂肪醇、脂肪酸酯、聚氧乙烯醚类及其混合物、硅类消泡剂等。同时，制糖工业中，常用十六烷基季铵盐、烷基三甲基氯化铵、双烷基二甲基氯化铵等阳离子表面活性剂作为脱色剂对糖溶液进行精炼提纯，对糖液还有防腐作用。

表面活性剂在食品工业中的广泛应用，不仅可以改善加工条件、提高产品质量、延长食品保鲜期等，还大大地推动了食品添加剂行业的发展。目前，随着生物技术的应用和发展，已经开发出一系列对环境无毒害、生物降解性好的生物表面活性剂，并被用于食品工业之中。另外，食品用表面活性剂的复配使得其性能有了很大的提高。通过一定比例的复配，能得到同时具有乳化、润湿、分散等性能的表面活性剂体系。

10.4 表面活性剂在医药和农药领域的应用

10.4.1 表面活性剂在医药中的应用

随着人们对医疗保健需求的日益增长，制药工业发展迅速，是世界贸易增长最快的产业之一。表面活性剂用于制药工业历史悠久，但合成表面活性剂的陆续问世，使制药工业得到

迅猛发展。表面活性剂是药剂中的重要助剂，用于片剂、胶囊、软膏、膜剂、气雾剂、栓剂、注射剂等各种剂型，作为乳化剂、润湿剂、增溶剂、渗透剂和助溶剂等，对提高药品性能和质量起到了至关重要的作用。此外，表面活性剂也用于药物合成和药物分析中。

1. 表面活性剂在药物制剂中的应用

表面活性剂作为药物制剂辅料，广泛用于传统剂型（如片剂、乳剂、液体制剂、膏剂、栓剂）和新剂型（如膜剂、滴丸等）。表面活性剂因其特殊的双亲性质，在药物中发挥润湿、乳化、增溶、分散等作用，但在不同剂型中其作用各有侧重。

（1）片剂口服制剂

片剂口服制剂占医药制剂比例的 50%~60%，片剂是口服制剂中最常见的类型。表面活性剂在片剂中的运用不断提高和创新，推动剂型的改进和创新，提高了片剂的疗效，使我国的医药工业得到了更好的发展。

① 改进包覆涂层性能助剂。大多数药片苦味重，使人难以下咽，为了掩盖其苦味，并且提高其稳定性、防潮性，保护药物的有效成分，常在药物表面包覆一层糖衣。在包覆涂层中加入表面活性剂有利于改进涂层的性质，使片剂更好地发挥作用。可用于糖衣材料的非离子表面活性剂有聚乙二醇 PEG4000 和聚乙二醇 PEG6000，阴离子表面活性剂有二辛基琥珀酰磺酸钠和月桂基硫酸钠，天然表面活性剂阿拉伯胶、明胶和虫胶等。

② 润滑剂。压片前对干燥颗粒进行润滑，不仅可以减少与冲头、冲模之间的摩擦和黏连，还能使片剂更光滑美观，增加剂量的准确度。为此，一般在加工过程中加入适量的润滑剂，常见的润滑剂有水溶性和油溶性两种类型。水溶性润滑剂有油酸钠、月桂醇硫酸钠和高级脂肪酸盐等；油溶性润滑剂有 PEG4000、PEG6000 和聚氧乙烯单硬脂酸酯。

③ 润湿剂和制合剂。据统计，40%的药物难溶于水，甚至一些具有较强疏水性的片剂，服用后不能被体液润湿，不能供人体吸收，甚至整粒被排出体外。因此，需要向药物中加入表面活性剂来提高其润湿性，以促进片剂崩解、药物释放，实现药物疗效。表面活性剂分子中的两亲基团吸附在固体表面，形成定向排列的吸附层，降低界面张力，从而有效改变固体表面润湿性能。作药物润湿剂的表面活性剂有二辛基磺基琥珀酸酯钠盐、Tween-80、卵磷脂等。

对于黏合性不强的药物，制片时须加入黏合剂，常用作药物黏合剂的表面活性剂有羧甲基纤维素钠、聚乙二醇。

④ 崩解助剂。表面活性剂作崩解助剂，使水更易透过片剂中的孔隙，有助于崩解剂溶胀而产生崩解作用，崩解后的粒子又因表面活性剂的存在而不易絮凝，或对药物起到增溶作用，从而增加溶出度。

常用作崩解助剂的表面活性剂有月桂基硫酸钠、Tween-80、十六烷基三甲基溴化铵、羧甲基淀粉钠和硬脂醇磺酸钠等。其中，羧甲基淀粉钠用量最大。表面活性剂用作崩解助剂的用量一般为总质量 0.2%。此外，新型的崩解助剂有低取代羟丙基纤维素、交联羧甲基淀粉钠、交联聚乙烯吡咯烷酮、微晶纤维素以及处理琼脂等。其中，微晶纤维素可压性好，并具有黏合、助流等作用，但溶胀性不好；低取代羟丙基纤维素吸水性和溶胀性都较好；交联聚乙烯吡咯烷酮具有较强的毛细管作用、水合能力、吸湿性和崩解迅速的优点。若将三者联用，则可大大提高片剂的崩解效果。

表面活性剂作崩解助剂的使用方法有三种，分别是：溶解于黏合剂内；与崩解剂混合后

加于干颗粒上；制成醇溶液喷在干颗粒上。其中，第三种方法崩解最迅速，但是单独使用表面活性剂崩解效果并不好，必须与干燥淀粉等混合使用。

⑤ 缓释、控释助剂。缓释、控释助剂是近几十年医药研制的焦点，其目的是使药物缓释以达到长效作用。缓释、控释助剂主要有两种形式：一是药物以分子、微晶或微粒的形式均匀分散在各种载体材料中；二是药物被包裹在高分子聚合物膜内。常用作缓释、控释助剂的大分子共聚物有医用可生物降解聚乙二醇共聚物和功能化聚乙二醇衍生物。此外，两性壳聚糖衍生物、液体型离子表面活性剂和 Bola 型表面活性剂也是具有潜在应用价值和广阔发展前景的药物缓释、控释助剂。

（2）胶囊类药剂

胶囊因其便于服用和保存，是广泛使用的口服药之一。表面活性剂用于硬胶囊、填充胶囊、微胶囊和纳米胶囊中作附加剂。

一些表面活性剂使得硬胶囊具有良好的稳定性和溶出度。表面活性剂在填充胶囊中也具有重要意义，如聚氧乙烯和聚氧丙烯组成的共聚物能将载药胶束溶液固体化，制备出具有优良特性的载药胶束粉末，用于填充胶囊。表面活性剂用作微胶囊的主要附加剂，也可以做微胶囊的材料。微胶囊具有延缓药物的疗效、提高药物稳定性的优点，同时降低了对消化道的刺激。在纳米胶囊中，表面活性剂作增溶剂、乳化剂和增稠剂，纳米胶囊的粒径更小，具有更好的靶向作用和缓释作用，应用前景较好。

（3）软膏类药剂

我国表面活性剂在软膏类药剂方面的应用发展相对成熟。在软膏类药剂中，表面活性剂主要起乳化、促进药物吸收渗透和作为基质的作用。原因是表面活性剂能够改善药物分配系数和增加皮肤的润湿度。

用于软膏剂的表面活性剂有皂类、聚乙二醇类、脂肪醇硫酸酯类、Span 类、Tween 类、脂肪醇聚氧乙烯醚类。单硬脂酸甘油酯表面活性剂在 O/W 型和 W/O 型的软膏剂中作乳化剂，增加基质的吸水性，促进药物分散和穿透，如外用咪康唑乳膏。聚氧乙烯单硬脂酸酯常用于制备亲水性软膏的基质，广泛用于皮肤科的外用制剂。

（4）膜剂、气雾剂

目前表面活性剂在膜剂、气雾剂中的研究有了较大进展，而且已用于临床。表面活性剂在膜剂中不仅作辅料，而且有的本身就是膜剂的药物组分，主要用于口腔膜剂、外用膜剂、涂膜剂、眼用膜剂、避孕和引导用膜剂、鼻腔用膜剂、中药膜剂等。用量较大的表面活性剂是聚乙二醇维生素 E 琥珀酸酯。

由于气雾剂具有见效快和便于定位等优点，自 20 世纪 50 年代以来发展迅速，广泛使用的主要有混悬气雾剂和泡沫气雾剂。表面活性剂在混悬气雾剂中作助悬剂、润湿剂和分散剂，如以羟丙基甲基纤维素为助悬剂制备布洛芬混悬剂，蜂蜡和卵磷脂两种助悬剂可以合用增加布洛芬混悬剂中的稳定剂。泡沫气雾剂中，表面活性剂主要作乳化剂，其中，常用的乳化剂复配体系是硬脂酸月桂酸三乙醇胺和 Tween-Span 月桂醇硫酸钠。前类乳化剂增加成品泡沫量，持续时间长，适用于酸碱性的中草药；后类乳化剂泡沫渗透性强，比较迅速，适用于耐酸性中草药。

（5）栓剂、丸剂

栓剂是药物与适宜基质制成的具有一定形状的供人体腔道内给药的固体制剂。在栓剂

中，表面活性剂作栓剂基质来使用，包含脂肪性油脂基质和亲水性基质两种类型。前者主要以天然油脂为主，如椰油甘油酯、硬脂酸丙二醇酯、棕榈油酯等；后者多为非离子表面活性剂，如Tween、Span、聚甘油脂肪酸酯、聚氧乙烯单硬脂酸酯和聚乙二醇等。表面活性剂在栓剂中不仅有良好的乳化性能，还能促进药物在黏膜内的吸收，即作为吸收促进剂增加药物的生物膜透过性。如对于难以吸收的脂溶性的药物，可加入Tween-60、Tween-65、Tween-80等提高其吸收速度。

丸剂属中药制剂，近年来，表面活性剂在滴丸中应用越来越多。表面活性剂在滴丸中可以改善难溶药物的吸收和溶出，还提高其生物利用度。聚乙二醇类表面活性剂由于化学稳定性好和易溶于水的特点，在滴丸中应用最多。

(6) 液体制剂

液体制剂分为内服、外用和注射三种类型。表面活性剂在液体制剂中的作用是增大难溶药物的溶解性，该作用通过两种方法实现：一是利用表面活性剂形成胶束的特性对疏水性药物进行增溶，但要求表面活性剂必须具有加入少量就能显著提高溶解作用，还要不能影响主药物对疾病的治愈作用，因此，必须尽可能使用低毒性、增溶能力强的表面活性剂；二是利用表面活性剂的亲油性，形成水包油型乳状液来实现，但静脉注射要求表面活性剂必须没有溶血性，不能破坏红细胞中的血红素。因此，非离子表面活性剂由于其安全性和增溶能力强等优点，在液体制剂中被广泛使用，如聚氧乙烯聚氧丙烯醚嵌段共聚物（PEG200、PEG300、PEG400、PEG600）用作静脉注射药物的乳化剂。

微乳液药物制剂是一种液体以粒径为 10～100 nm 的珠滴形式分散在另一种不相混溶的液体中形成的外观透明或半透明的热力学稳定体系，其可以自发形成，稳定性好，作为药物载体与细胞膜有很好的相容性，给药途径广泛，且能增加药物有效成分的溶解量，从而提高药物的生物利用度，因此受到普遍关注。表面活性剂的选择是制备微乳液的关键，由于微乳液中表面活性剂的用量较大（5%～30%），因此，要尽可能使用低毒性、乳化能力强的表面活性剂。通常采用毒性相对较低、受 pH 和离子强度影响较小的非离子表面活性剂和两性离子表面活性剂。

微乳液药物制剂作为药物载体虽然有许多优点，但也存在一些不足。微乳液中表面活性剂和助表面活性剂的浓度较高，其中，有些表面活性剂和助表面活性剂对胃肠道黏膜有刺激性，对全身有慢性毒性作用；微乳液体系中药物的释放机理不很明确；微乳液作为药物载体的靶向性比较差等。但随着对微乳体系研究的不断深入，微乳液在药剂学领域的应用将更加完善，应用前景将更为广阔。

2. 表面活性剂做相转移催化剂在药物合成中的应用

自 1965 年 Makosa M 等作了一系列相转移催化技术报告后，发现了表面活性剂可以在非均相反应体系中做相转移催化剂，其能改变离子的溶剂化程度，增加离子的反应活性，从而加快反应速度，简化处理手续，提高反应效率。

在药物合成中使用的表面活性剂有季铵盐型和 PEG 型。季铵盐是最早用在药物合成中的表面活性剂，其作用原理是：季铵盐既溶于水相，也溶于有机相，季铵盐的阳离子与水相中的阴离子进行离子交换，交换后的物质在水相和油相存在动态平衡，然后进入有机相，与有机相中的试剂发生反应。可用的季铵盐有三甲基苄基氯化铵（TMBAC）、三辛基甲基氯化铵（TOMAC）、十六烷基三甲基溴化铵（HTMAB）、三乙基苄基氯化铵（TEBAC）、四丁基铵硫酸氢盐（TBAHSO$_4$）和三烷基甲基氯化铵（TRMAC）等。

PEG作为相转移催化剂的作用原理是其螺旋结构的分子可折叠成不同大小的空穴，能与大小不同的离子络合物而进行相转移催化反应。PEG作相转移催化剂的优点是反应温和，操作简便，产率高，无毒。应用的主要类型有PEG、PEG单醚、PEG双醚、PEG单醚单酯。在药物合成中，主要应于亲核取代反应、烃基化反应、缩合反应、醇醚缩合反应、安息香缩合反应、环加成反应、还原反应、氧化反应、有机金属化合物的合成等。

3. 表面活性剂做增溶、增敏剂在药物分析中的应用

常用的药物分析法有薄层色谱法、气相色谱法、高效液相色谱法、超临界流体色谱法、毛细管电泳技术及紫外分光光度法等。荧光分析法具有高灵敏度、高选择性、信息量丰富、检测限低等特点，越来越引起分析工作者的重视。药物自身发射较强的荧光，可用荧光分析法直接进行检测，但某些药物自身不能发射荧光或者荧光较弱，需要加入适当、适量的表面活性剂进行增溶、增敏。

表面活性剂做增溶、增敏剂的原理是：表面活性剂形成油包水型胶束，包裹住难溶于水的物质，从而使其溶解度显著增加。这样被胶束增溶的荧光物质的极性、黏度、含氧量、刚性、介电常数、立体化学结构和电荷分布等微环境与其在本体溶液中大不相同，因此，许多客体及客体配合物的荧光强度明显增大。胶束的存在大大降低了荧光分子的非辐射过程速率，而辐射速率常数改变不大，因此量子效率增加，激发光寿命增长，即起到了增溶、增敏的作用。可选用的表面活性剂有SDS、溴化十六烷基三甲铵（CTMAB）、溴化十六烷基吡啶（CPB）、聚乙烯醇（PVA）等。

综上所述，表面活性剂因有分散、乳化、增溶和润湿等优异的性质，使其成为一种重要的药物添加剂。此外，在药物的合成和药物的分析中也有十分重要的应用，如表面活性剂作为相转移催化剂用于药物合成，作为增溶、增敏剂用于药物分析。相信随着新型、绿色的表面活性剂的不断深入研究，表面活性剂在制药工业中的应用将更为广泛，也将推动制药工业向更深层次发展。

10.4.2 表面活性剂在农药中的应用

农药对农作物的杀虫除草、病害防治、调节生长起着重要作用，但大部分农药原药因难溶水而无法直接加水喷雾或以其他方式均匀分散，而农药有效成分只有与有害生物或被保护对象接触，并被摄取并吸收后才能发挥作用，所以，必须采用表面活性剂将农药原药配制成各种不同的制剂后才可使用，并发挥出最大效力。

表面活性剂作为农药制剂中重要的组成部分，广泛应用于乳油、可湿性粉剂、悬浮剂、水乳剂和微乳剂等农药剂型中，凭借其特殊的性能，在农药中起着湿润、分散、乳化和增溶等作用，大大降低了溶液的表面张力，增强了药剂在植物或害虫体表的湿润、铺展以及附着力，大大提高了农药的药效，减少了农药的用量，并对农药剂型的稳定性产生重要影响。

1. 表面活性剂在乳油中的应用

乳油是农药按规定的比例溶解于有机溶剂中，再加入一定量的农药专用乳化剂而制成的均相透明油状体系。乳油是我国农药剂型中用量较大的品种，其有效成分含量较高，一般为40%~50%，加水稀释成定比例的乳状液便可使用。

在乳油的加工过程中，表面活性剂作为乳化剂，起乳化、分散和润湿等作用。农药原药和溶剂一般都是憎水型的，当乳油被水稀释时，表面活性剂吸附于乳油和水之间，形成相对稳定的水包油型乳状液，从而起到乳化作用。表面活性剂的分散作用表现在其防止乳状液分层沉积或絮凝，从而使乳状液保持稳定。一方面，当乳油体系中存在游离的胶体微粒时，表面活性剂分子吸附于胶体微粒表面，很大程度上避免了微粒的沉淀；另一方面，离子表面活性剂吸附于固/液两相界面，在粒子周围形成电荷或空间位阻势垒，进而在粒子间形成一定的排斥力，降低微粒发生絮凝的可能性，形成比较稳定的分散体系。乳化剂的润湿作用主要是使药液能完全润湿并附着于靶体上，防止药液流失，从而发挥药剂的防治效果。目前，常用的乳化剂主要有阴离子表面活性剂和非离子表面活性剂组成。阴离子表面活性剂主要是十二烷基苯磺酸钙，非离子表面活性剂常用的有三苯乙基苯酚聚氧丙烯聚氧乙烯嵌段聚合物、苯乙基酚聚氧乙烯醚、烷基酚甲醛树脂聚氧乙烯醚、蓖麻油聚氧乙烯醚等。

2. 表面活性剂在可湿性粉剂中的应用

可湿性粉剂作为我国现今主要的农药剂型之一，是在粉剂的基础上发展起来的，但其性能优于粉剂。可湿性粉剂是一种以无机矿物质为载体并与一定量助剂按比例充分混匀和粉碎后达到一定质量标准的细粉，而其中的助剂便是赋予制剂遇水润湿、分散、悬浮的功能及实现固体农药制剂由粉剂升级为可湿性粉剂的表面活性剂。

（1）润湿剂

多数农药原药由于憎水而与水亲和能力差，容易在水稀释液中产生漂浮。并且大多数植物表面及害虫体表都有一层蜡质物，难溶于水。表面活性剂能够显著降低液-固界面张力，增加液体在固体上的扩展性和渗透力，其作用表现在两方面：一是提高粉剂在水中的润湿程度，从而形成悬浮液；二是增加药液与作用对象（植物、害虫等）固体表面的接触，从而提高药效。目前在可湿性粉剂中常用的润湿剂有以 SDS 和十二烷基苯磺酸钠（SDBS）为代表的阴离子表面活性剂及以脂肪醇聚氧乙烯醚（JFC）和烷基酚聚氧乙烯醚（NP）为代表的非离子表面活性剂。如王志英等对苏云金杆菌和白僵菌可湿性粉剂的研制结果表明，加入质量分数为 3% 的 SDS 与质量分数为 1% 的烷基萘磺酸盐的阴离子混合物（Morwet EFW）作为润湿剂效果最佳。

（2）分散剂

表面活性剂作为分散剂不仅可以促进可湿性粉剂粒子在水中的分散和悬浮，也可以防止可湿性粉剂悬浮液在被应用之前发生絮凝。分散剂的亲水基团朝向水相，亲油基团朝向药物颗粒，定向排布在水相和颗粒之间，从而使可湿性粉剂入水后立即形成悬浮液。对于离子表面活性剂，其极性基团的电离使药物颗粒带电形成双电层，并将药物颗粒包在里面，使其彼此分散开来，其极性基团的电离使同种电荷的相互排斥作用也阻止了絮凝。非离子表面活性剂则吸附在颗粒表面，形成稳定的保护膜，防止絮凝现象出现。目前广泛应用于可湿性粉剂中的分散剂木质素磺酸盐系列产品有木质素磺酸钠（钙）、氧木质素磺酸钠和羧基化木质素磺酸钠等。这些产品毒性低，能够自然降解，降解产物近乎无毒，价格又相对较低，因此，在可湿性粉剂中使用量位居第一。张拥华等对黏帚霉可湿性粉剂的润湿分散剂的筛选实验结果表明，油酰胺基苯甲醚磺酸钠（净洗剂 LS）、木质素磺酸钠、SDBS、SDS 和二丁基萘磺酸钠（拉开粉 BX）5 种助剂对孢子活力可能造成伤害，而木质素磺酸钙处理后的菌落数与对照组没有显著性差异，对黏帚霉孢子活力影响不明显，说明木质素磺酸钙凭借其毒性低的特性更适合作为黏帚霉可湿性粉剂的润湿分散剂。

(3) 其他助剂

用于可湿性粉剂中的表面活性剂还可作渗透剂、展着剂、稳定剂、抑泡剂和助流剂等，这些助剂对可湿性粉剂的稳定性和使用方便性同样起到了很好的作用。如有机硅等作为渗透剂，油酸钠和油酸三乙醇胺等作为展着剂。

3. 表面活性剂在悬浮剂中的应用

悬浮剂又称胶悬剂，是由不溶或微溶于水的固体原药的借助剂，通过超微粉碎均匀地分放于水中，形成一种颗粒细小的高悬浮、能流动的稳定液-固体系。悬浮剂有效成分粒子很细，一般为 $1\sim 5~\mu m$，能够比较牢固地黏附于植物表面，耐雨水冲刷，有较高的药效，适用于各种喷洒方式，也可用于超低容量喷雾，在水中具有良好的分散性和悬浮性。应用于悬浮剂中的表面活性剂主要起润湿分散和消泡作用。

(1) 润湿分散剂

由于悬浮剂的原药颗粒很小，且与水有很大的相界面，裸露的原药颗粒界面间亲和力很强，吸引能很高，很容易导致原药颗粒间聚结并变大、结块，从而降低悬浮剂的稳定性。在悬浮剂中加入表面活性剂可有效解决这一问题。一方面，表面活性剂吸附在原药预混物粒子的表面，润湿有效成分粒子，排出粒子间的空气，使其不再以裸露的形式存在，从而减小粒子间的吸引能；另一方面，表面活性剂在粒子周围形成扩散双电层或在粒子界面上形成致密的保护层，通过静电斥力或位阻效应阻止粒子絮凝和凝聚，从而提高悬浮剂的稳定性。

目前，作润湿分散剂的表面活性剂主要有阴离子型、非离子型、大分子型和梳子型聚合物。阴离子表面活性剂主要包括脂肪醇（酚）聚氧乙烯醚磺酸盐、烷基酚聚氧乙烯磷酸盐和烷基酚聚氧乙烯醚甲醛缩合物酸盐等；非离子表面活性剂主要包括烷基酚或烷基酚聚氧乙烯醚、脂肪醇聚氧乙烯醚和聚氧丙烯醚嵌段共聚物等；大分子表面活性剂如木质素磺酸盐及其改性物烷基聚糖或糖醚等；梳子型聚合物表面活性剂具有很长的疏水主链和很多亲水支链，能够牢固地吸附在原药界面，以 Atlox4913 梳形接枝聚合物为例，它以聚甲基丙烯酸/甲基丙烯酸酯的共聚物构成主链骨架，起着吸附作用，以合适长度的聚氧乙烯链作为亲水部分接入水相，围绕在粒子周围起着屏障位阻作用，这种聚合表面活性剂比常规表面活性剂吸附力能力强 10 倍，几乎不能从粒子表面上脱离和转移，很大程度地改善了农药制剂的热稳定性，具有很大的发展潜力。

(2) 消泡剂

在悬浮剂的加工和应用过程中，很容易产生气泡，气泡的存在会降低有效成分的均匀性和田间作业效果。在悬浮剂中加入消泡剂，可有效控制泡沫。消泡剂的表面张力较小，容易在溶液表面铺展。当消泡剂进入气泡液膜后，顶替原来液膜表面上的表面活性分子，使得接触处的表面张力和液膜其他处的表面张力不一致，继而发生一系列变化，最后导致气泡破裂而消除。

近年来，以改性聚醚为活性成分的有机硅消泡剂凭借其优良的性能在农药领域脱颖而出，越来越受到人们的欢迎。聚醚改性有机硅消泡剂不仅与水有良好的亲和性，耐高温、耐强碱，而且具有自乳化性、浊点现象等，使其充分发挥消泡和抑泡作用。

4. 表面活性剂在水乳剂中的应用

水乳剂作为最具"绿色"特性的剂型之一，是一种以水为连续相的水包油型混合体系。

在表面活性剂的作用下，油相以细小微粒均匀地分布在水相中，粒径一般为 0.1~10 μm，外观通常呈乳白色。水乳剂是非均相液体，属于热力学不稳定分散体系，因此，在研制过程中需要加入助剂来保证其稳定性。

（1）乳化剂

乳化剂是水乳剂制作中最关键的一个环节，其质量和性能的好坏直接决定了水乳剂的储存稳定性。选择合适的乳化剂能有效地形成良好的水包油体系，延长产品的货架寿命，有利于提高产品的施药效果和药效的持久发挥。

目前，应用较多的乳化剂有醚类、酚醚类、嵌段聚醚类和磷酸酯类。酚醚类乳化剂，如烷基酚聚氧乙烯醚和多芳基酚聚氧乙烯醚；磷酸酯类乳化剂，如烷基芳基磷酸酯盐、脂肪醇聚氧乙烯醚磷酸酯和烷基酚聚氧乙烯醚磷酸酯盐等。磷酸酯类因分子是含有聚氧乙烯链的磷酸酯盐，凭借其兼有非离子表面活性剂和阴离子表面活性剂的特性，广泛应用于农药水乳剂中。

（2）增稠剂

水乳剂中存在颗粒聚集问题，但其颗粒聚集现象又与悬浮剂有所不同。当油珠密度较小时，颗粒聚集在体系上端，水层在底部析出，而当油珠密度较大时，颗粒聚集在体系下端，水层在上部析出，所以需要加入适量的增稠剂来解决这一问题。常用的增稠剂有羧甲基纤维素钠、黄原胶和阿拉伯树胶等。

5. 表面活性剂在微乳剂中的应用

农药微乳剂也被称为水基乳油或可溶化乳油，具有配制工艺简单、稳定、传递效率高和安全等优点，是近年来很受欢迎的新型绿色农药剂型。微乳剂是基质水和液体的农药原药在表面活性剂和助表面活性剂存在下自发形成的热力学稳定分散体系，是外观透明或半透明的液体。

微乳剂在微观结构上存在三种类型，但只有水包油型的农药微乳剂与环境相容，具有使用价值。陈福良在制备水包油型微乳液时，依据不同的农药活性成分对分散介质的 pH 环境要求不同，提出不同类型表面活性剂所适用的 pH 范围，即阳离子表面活性剂适用于 pH=3~7 的介质，阴离子表面活性剂适用于 pH>7 的介质，非离子表面活性剂则具有很宽的适应性（pH=3~10）。所以，常采用非离子表面活性剂或含非离子的混合型表面活性剂来制备水包油型微乳剂。并且单一非离子表面活性剂对温度相当敏感，温度升高时，会出现浊点现象，而单一阴离子表面活性剂低温下溶解度明显下降。使用阴离子/非离子表面活性剂复配，既能增加非离子表面活性剂的浊点，又能增加低温时阴离子表面活性剂的溶解度，保证了微乳剂在相当宽的温度范围内保持均相透明。可用的非离子表面活性剂有脂肪醇、烷基酚和蓖麻油等的聚氧乙烯醚或聚氧乙烯聚氧丙烯醚类、烷基酚聚氧乙烯醚磷酸酯、脱水山梨（糖）醇（羧酸）酯以及农乳 600 号、700 号和 1600 号等，阴离子表面活性剂有烷基苯磺酸盐、烷基酚聚氧乙烯磷酸盐、三苯乙基苯酚聚氧乙烯醚磷酸盐和硫酸盐等。如谢光东研发的乳化剂 DK90#适用性强，既适合大多数不同含量有机磷微乳剂的生产，如 10%~30%三唑磷微乳剂和 20%~40%辛硫磷微孔剂等，也适合不同品种复配微乳剂的生产，如 40%唑磷毒死蜱微乳剂和 40%辛硫三唑磷微乳剂等。其具体组成（%）如下：十二烷基苯磺酸乙胺盐，27；苯乙烯酚聚氧乙烯聚氧丙烯醚，45~50；壬基酚聚氧乙烯（$n=16~18$）醚硫酸酯，13~18；甲醇，10。

6. 表面活性剂在其他剂型中的应用

除以上农药剂型外，表面活性剂在其他剂型如水分散粒剂、微囊悬浮剂和悬乳剂等农药剂型中也有所应用。在水分散粒剂中，大相对分子质量的萘磺酸盐表面活性剂作为分散剂和润湿剂得到开发和投产，此外，还有聚羧酸盐类分散剂，如聚丙烯酸与马来酸酐共聚物的钠盐和胺盐类农药分散剂等，都得到广泛的应用。通过磺化位置和磺化程度的筛选与组合，对木质素磺酸盐助剂进行系统开发，形成了适合微囊悬乳剂的分散剂。在悬乳剂农药制剂中，聚氧乙烯聚氧丙烯嵌段共聚的聚醚类高分子分散剂、润湿剂已得到推广应用。

表面活性剂是农药制剂的重要组成部分，表面活性剂的选择要与农药形成良好的配伍效果，而且要稳定、价格适宜、安全。随着人们绿色环保意识的增强和科技的发展，乳油等传统的农药剂型已经不能满足需求，以水代替有机溶剂制备悬浮剂和水乳剂等水基制剂已成为国内外农药行业的研发重点，因此，安全高效、低生物毒性、易降解和绿色环保的表面活性剂是农药用表面活性剂的发展方向，尤其是天然表面活性剂和无毒、易降解、低成本的合成表面活性剂，如德国 Cognis 公司开发的甲基化聚氧乙烯脂肪酸和酯化聚氧乙烯甘油、季铵葡萄糖苷（QAG）和脂肪醇聚氧乙烯醚等。为满足时代的需求，聚氧乙烯聚氧丙烯嵌段共聚类和聚羧酸盐类、烷基糖苷（APG）、α-磺基脂肪酸甲酯（GMES）、醇醚羧酸盐（AEC）和季铵盐类等表面活性剂也将成为农药用表面活性剂，这是未来的发展趋势。总之，结合农药发展趋势，要加强表面活性剂的研发力量，为农药提供良好药效和促进农药剂型发展的表面活性剂品种，以促进表面活性剂在农药领域的应用发展。

10.5　表面活性剂在化学反应及材料制备中的应用

表面活性剂分子在溶液中除了可以形成表面活性剂的溶液、乳液外，还可以在溶液的内部聚集，形成多种形式的分子有序组合体，如胶束、反胶束、微乳、液晶和囊泡等。这些分子有序组合体的质点大小或微集分子厚度已经接近纳米数量级，可以在化学反应中作为微反应器为其提供特殊的微环境。另外，这些分子聚集体还可提供形成有"量子尺寸效应"超细微粒的适合场所与条件，而且其本身也可以有类似"量子尺寸效应"，因此，可在材料制备中扮演模板剂的角色，在纳米材料、电子陶瓷材料等的合成中发挥突出作用。

10.5.1　表面活性剂在化学反应中的应用

表面活性剂能够降低溶液的表面张力、减小表面能，对溶液还有乳化、润湿、起泡、成膜等功能，因此，在化学反应中，表面活性剂能够影响反应的速率和产物的物理化学性质。

1. 在化学催化中的应用

在化学反应中，表面活性剂的催化作用已经成为表面活性剂物理化学研究的重要领域，其催化机理主要为胶束催化和相转移催化。

在表面活性剂溶液中，当表面活性剂浓度足够大时，表面活性剂分子的疏水部分便相互吸引，缔合在一起成为胶束，其中，亲水性基团向外与水分子相接触，而非极性基团则被包

在胶束内部，几乎不与水分子接触。在溶液中出现胶束后，介质的物理化学性质发生了改变，从而加速了化学反应速度，此时，胶束起着催化剂的作用，称为胶束催化。胶束催化具有效率高、避免使用有机溶剂、易于控制等优点，成为模拟酶催化的最佳系统。用铑/三磺化三苯基膦（Rh/TPPTS）作催化剂，在氧化十二烷基三甲基铵（DTAC）的胶束溶液中，催化加氢可以得丁烯和环氧乙烷的嵌段共聚物，研究发现，当 DTAC 的浓度超过 CMC 时，是没有 DTAC 时催化剂催化活性的 88 倍。

表面活性剂相转移催化的机理为阳离子表面活性剂 Q^+X^- 的负电荷部分 X^- 在水溶液中和其他阴离子 Y^- 进行交换后，溶于含有卤代烷（RX）的有机相中而与 RX 进行反应生成 RY，本身复原成 Q^+X^-，同时进入水相。这样反复循环，发挥催化作用。表面活性剂相转移催化由于具有高纯度产物、高转化率及增加目的物专一性等优点而日益受到重视。刘新奇等以二硫化钠水溶液为水相、仲丁基溴为有机相、二氧化硅接枝的聚苯乙烯球负载季铵盐为三相相转移催化剂，进行反应催化合成二仲丁基二硫醚。研究发现，催化剂可以多次重复使用且产物产率较高。

2. 在电催化中的应用

通过吸附、涂布、共价键及 LB 膜转移等方法将某些表面活性剂引入电极表面形成表面活性剂薄膜电极。它是一种可在电极表面有序双排列为分子层结构的模拟生物膜电极，为电极反应提供了一个与本体水路液体系不同的独特的微环境，在电分析化学和电化学催化中都有良好的应用前景。

3. 在光催化中的应用

表面活性剂能改变两相物质间的界面性质，对大多数有机物具有良好的吸附力。因此，采用表面活性剂对光催化剂进行表面改性，使光催化剂表面具备表面活性剂亲油性基团，可以增强光催化剂对有机污染物的吸附能力。污染物在催化剂表面的短暂吸附对光催化过程起着极为重要的作用，提高催化剂对污染物的吸附可以提高光量子的作用效率，从而可以提高光催化剂的催化效率，更快地降解污染物。

研究表明，仿生光催化剂磺酸铁酞菁在可见光的照射下能很好地发挥催化作用，使 H_2O_2 更有效地氧化孔雀绿模拟的印染废水，而废水中所含的表面活性剂如聚乙烯醇（PVA）、十二烷基苯磺酸钠（DBS）以及聚氧乙烯醚（OP-10）等，均会与仿生光催化氧化产生协同作用。与其他印染废水的处理方法比较，表面活性剂参与的光催化氧化反应可在常温常压下进行，能耗较低，降解速度较快，操作简便，并能使有机物被矿化或降解为 H_2O 和 CO_2，无二次污染。

4. 在乳液聚合中的应用

乳液聚合体系主要由单体、水、乳化剂及溶于水的引发剂四种基本组分构成。其中，表面活性剂作为乳化剂是乳液聚合的重要组分之一，在乳液聚合过程中发挥着重要作用，不仅体现在降低表面张力、降低界面张力、增溶作用等方面，更重要的是发挥乳化作用，使单体按照胶束成核机理形成乳胶粒。

在乳液聚合过程中所使用的乳化剂有阴离子表面活性剂、阳离子表面活性剂、非离子表面活性剂及新型表面活性剂，如可聚合表面活性剂和双子表面活性剂等。

（1）离子表面活性剂在乳液聚合中的作用

离子表面活性剂在乳液聚合中的应用很普遍，主要是作为润湿剂，还可以起到防止分散

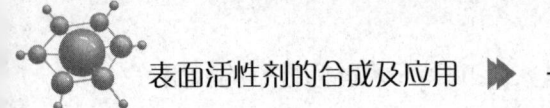

分子链再聚结、保持分散体系稳定的作用。

王勇等人用反相微乳液聚合法合成了含有大量阴离子表面活性剂的、纳米级的且能在水中均匀分散并稳定存在的单宁-丙烯酸系纳米级高吸水树脂。表面活性剂能与合成的高吸水树脂的分子链相互作用，形成特殊的互穿网络结构。当树脂吸水时，表面活性剂起到扩展、浸润、增溶、分散构造的作用。

（2）非离子表面活性剂在乳液聚合中的作用

非离子表面活性剂在乳液聚合中主要起乳化和增溶作用。当聚合体系中加入非离子表面活性剂时，非离子表面活性剂分子中水溶性基团扩散到水相中形成黏滞层，阻碍了其他颗粒的接近，从而使乳胶粒子保持静态的稳定，溶液界面形成混合乳化剂界面膜。这种界面膜强度高，不易破裂，所得到的乳液较稳定，因而使乳液聚合得以顺利进行。

张心亚等研究了非离子表面活性剂的用量在纯丙烯酸酯聚合物乳液（纯丙乳液）的制备过程中，对乳液聚合过程的稳定性和乳液冻融稳定性、Ca^{2+}稳定性、玻璃化温度（T_g）、粒径及黏度的影响。研究结果表明，非离子型乳化剂用量的增加有助于乳液聚合反应的平稳进行，并且得到的乳液粒径较小、黏度较大、T_g较低、乳液的冻融稳定性和Ca^{2+}稳定性显著提高。

郑劼等在不添加任何其他助剂的条件下，以具有优良表面活性的非离子型聚氨酯表面活性剂替代小分子表面活性剂用于制备聚丙烯酸酯乳液。结果表明，在聚氨酯表面活性剂的存在下，反应初始阶段具有较高的聚合速率，并且得到的乳胶粒子大小均一，呈明显的核壳结构。

（3）可聚合表面活性剂在乳液聚合中的作用

除了传统的表面活性剂，一些新型的表面活性剂如可聚合表面活性剂、双子表面活性剂等在乳液聚合中的应用也逐步被人们发现并且越来越被人们所重视。

1958年，Freedmam等首次报道了可聚合表面活性剂的合成及其在乳液聚合中的应用。在乳液聚合中，可聚合表面活性剂主要发挥乳化剂的作用，并且相对常规的表面活性剂，其乳化效果更好，更加环保，符合当前在材料制备中的前沿要求。

另外，新一代表面活性剂——双子表面活性剂的出现，为乳液聚合开辟了崭新的研究空间。双子表面活性剂分子中至少含有两个亲水基和两条疏水链，在其亲水基或靠近水基处，由连接基团（spacer）通过化学键连接在一起。与经典的表面活性剂在乳液聚合中的作用相比，双子表面活性剂具有更好的表面活性、更低的临界胶束浓度及更低的Krafft点，在乳液聚合领域有更广泛的应用前景。

10.5.2 表面活性剂在材料制备中的应用

1. 在纳米材料中的应用

纳米材料由于具有较大的表面能而较难稳定存在，且易发生自发的团聚现象而失去其独特的性能。表面活性剂具有独特的双亲结构、良好的吸附性，易形成胶束，在纳米材料的制备中起到降低纳米粒子自发团聚现象和增加纳米粒子的稳定性的作用，因而被广泛应用。根据表面活性剂的特性（如形成胶束、反胶束、微乳液等），可将纳米粒子的合成分为微乳法、水热法、模板法等。

(1) 在微乳法制备纳米材料中的应用

在微乳体系中，用来制备纳米粒子的一般都是W/O型微乳液。W/O型微乳液中的水核被表面活性剂和助表面活性剂所组成的单分子界面所包围，分散在油相中，形成合成纳米粒子的"微反应器"，其大小约为几纳米到几十纳米。在微乳液中，水/表面活性物质的质量比（W）将直接影响微乳滴水核半径的大小。水核的大小随W的增大而增大，尺寸范围可在几纳米至几十纳米之间。而水核的半径很大程度上决定了所生成的颗粒粒径的大小。

W/O型微乳法制备纳米材料的机理为：当含有反应物A、B的两个微乳液混合时，微乳液的液滴相互碰撞、融合、分离、重组等，水核内物质相互交换或物质传递，引起水核内发生化学反应，产物粒子在水核内成核、生长。当水核内的产物粒子长到水核尺寸大小时，表面活性剂就会附在粒子的表面，使粒子稳定并防止其进一步长大。

分别在十六烷基三甲基溴化铵（CTAB）环己烷/水和辛基酚聚氧乙烯（9）醚（TritonX-100）/环己烷/水的三元微乳液体系中可以制备出不同形貌的ZnS（包括ZnS纳米棒、球形和椭圆形ZnS纳米粒子）。通过改变水和表面活性剂的摩尔比，可以改变微乳液中水池的大小，从而改变ZnS纳米粒子的尺寸分布和形状。

(2) 在水热法制备纳米材料中的应用

在水热法制备纳米材料中，表面活性剂主要是作为稳定剂和引导剂。用水热法制备In_2O_3晶体的过程中加入表面活性剂聚乙二醇600（PEG600）可以明显影响晶体生长情况。研究发现，在In_2O_3的生长过程中，一方面，PEG600能降低溶液的表面张力，从而降低生成新相In_2O_3晶体所需的能量；另一方面，PEG600还可通过静电作用和立体效应来影响$In(NO_3)_3$的溶解和In_2O_3的形成过程，起到"引导剂"的作用，引导In_2O_3晶体的定向生长。同时，在结晶过程中，表面活性剂分子在新形成晶体表面形成一层膜，控制了晶体的生长，有效地阻止了团聚。

在不同的表面活性剂和硫源的条件下，采用水热法制备多种形貌的SnS_2纳米材料，发现表面活性剂和硫源对产物的结构与形貌起到了重要的作用。当Sn^{4+}与表面活性剂的物质量的比为1∶1时，样品均为纯的六方相SnS_2。采用柠檬酸三钠为表面活性剂、硫脲为硫源时，制得的SnS_2纳米片具有最大的比表面积，同时表现出了最优的光催化性能。

(3) 在模板法制备纳米材料中的应用

模板法制备纳米材料主要包括胶束模板法、反胶束模板法和液晶模板法三种。表面活性剂在模板法制备纳米材料中主要起分散剂和稳定剂的作用。

胶束模板法是以表面活性剂分子与纳米材料间的静电吸引力、氢键、范德瓦尔斯力等为驱动力，利用这些特殊的胶束结构，对游离的纳米材料的前驱物进行有效引导，合成纳米材料。用十六烷基三甲基溴化铵（CTAB）的胶束为模板可以制备聚苯胺纳米纤维，发现CTAB的浓度对所合成的纤维形状有影响。在高浓度的CTAB溶液中所合成的纤维长度超过了20 μm，直径为100 nm左右。相比之下，低浓度溶液中合成的纤维短而细，直径在60 nm左右。这是因为表面活性剂浓度不同，自组装结构不同：高浓度时，胶束为层状；低浓度时，胶束为圆柱状，这种空间维度上的差异导致了不同形貌的纤维的生成。

以反胶束为模板是制备纳米粒子另一种有效的方法。该方法可以通过选择表面活性剂种类及用量来较好地调控粒子的大小、形态以及晶体结构，使制得的粒子粒径均匀，呈单分散。在聚乙二醇辛基苯基醚（TritonX-100）/正辛醇/环己烷的反胶束体系中制备$Ni(OH)_2$纳

米粒子，研究发现，表面活性剂在反应中可以保护纳米粒子，抑制它的进一步增长，并防止其团聚，起到稳定剂的作用。

液晶模板法主要是利用某些液晶分子的两亲性和结构上的特性引导与调控纳米材料的形貌。在十六烷基三甲基氯化铵（CTAC）与三嵌段聚合物（F127）的二元表面活性剂体系中制备二氧化硅纳米粒子，非离子表面活性剂F127通过氢键与硅酸盐作用，吸附在液晶结构的边缘，限制纳米粒子结构继续生长。因此，纳米粒子的孔径对应于复合胶束的直径，而F127在硅酸盐表面的吸附作用决定了二氧化硅颗粒的大小。

2. 在电子陶瓷制备中的应用

电子陶瓷又称电子工业用陶瓷，是通过对表面、晶界和尺寸结构的精密控制而最终获得的具有新功能的陶瓷，它在化学成分、微观结构和机电性能上，均与一般的电力用陶瓷有本质的区别。表面活性剂具有很好的分散、螯合、掺杂、润湿等作用，可改善电子陶瓷制备中的团聚、釉料的均匀性以及泥浆的性能等，因而其在现代电子陶瓷工业中已成为主要添加剂。

电子陶瓷的制备一般包括原粉合成、成型加工、烧结处理和表面金属化等工艺过程。在原粉合成中，采用恰当的加入方式加入适宜量的合适表面活性剂，可以起到抑制粉体团聚的作用。

电子陶瓷的成型加工过程是将原粉微粒挤压，形成均匀高密的新的微细结构。在成型加工过程中，表面活性剂主要作为分散剂，与和溶剂、黏合剂及增塑剂一起形成陶瓷浆，再水平放在刮刀下面形成薄的陶瓷片。此外，在此过程中，表面活性剂还可以作为螯合剂、掺杂剂和润湿剂。

3. 在其他材料加工中的应用

表面活性剂不仅在制备纳米材料和电子陶瓷方面被广泛应用，在其他材料加工中的应用也越来越普遍，尤其是在电镀、皮革加工等方面的应用已成为缩短生产时间、节约化工材料、提高生产效率、改进产品质量的必不可少的辅助材料。

近年来，表面活性剂在化学反应和材料制备中的应用越来越广泛。随着表面活性剂的不断发展以及绿色、高效、低成本的表面活性剂的不断研发推出，其技术作用和经济价值日渐突出，为化学反应和材料制备等领域提供了更适宜、更有效的化学助剂，促进了化学反应及材料制备行业的发展。展望未来，相信随着科技的发展和进步，表面活性剂在化学反应和材料制备中将会发挥更加重要的作用。

10.6 表面活性剂在石油工业中的应用

随着工业生产的发展，人类对石油的需求量日益增加，石油的开采规模不断扩大，但开发过程也出现如机械设备聚垢严重、机械性能下降和阻力过大等问题，而表面活性剂在石油工业中可以提高原油采收率、油品质量、生产效率，而且在设备防护、降低运输成本和环境污染等方面起着重要作用。因此，表面活性剂作为油田化学品广泛应用于石油工业中。

10.6.1 表面活性剂在钻井液中的应用

表面活性剂在钻井液中有广泛的用途，不仅可以提高钻井液的润滑性、润湿性、乳化稳

定性、分散性和渗透性，还可以提高钻井液的抗温能力和抗污染能力，缓解水锁效应，降低高温高压滤失量。

1. 降黏剂、降滤失剂

随着钻井深度的加深，钻井液固相含量提高，黏土之间可能形成空间网状结构，使泥浆稠化。通过加热管道保温和加入轻质原油的方法可以改进原油流动性，但这些方法成本较高，不适合大规模使用。而向原油中加入表面活性剂降低其表面张力是一种费用低、方便可行的方法。表面活性剂加到泥浆中，吸附在片状黏土的边棱上，极性基团伸向其中，拆散泥土的网状结构，起到降黏作用。常用的降黏剂有改性木质素磺酸盐、改性单宁和有机膦型及其他含阳离子共聚物型的多种表面活性剂。

钻井液在钻头钻进过程中失水量过大，会出现井壁坍塌、井径缩小及钻井液稠化等问题，而且可能导致卡钻事故。表面活性剂加入钻井液体系，可使泥饼更致密，减少泥饼中的自由水向地层渗透，维持井眼稳定，因此要避免钻井事故。碳氟表面活性剂作为降滤失剂，具有较好的耐温性；磺甲基烷基糖苷应用于中深井或超深井钻井液中，吸附性和与膨润土的作用能力比烷基糖苷的强，降黏能力、防塌抑制性和抗温性增强。

2. 乳化剂、调滑剂

为了提高钻井液的润滑性和防塌性，有时需使用乳化钻井液，这对于斜超深井和在不稳定的地层钻井极为重要。乳化钻井液包括水包油型和油包水型两种，水包油型乳化剂有烷基苯磺酸钠和山梨糖醇酐聚氧乙烯醚、油包水型乳化剂有烷基苯磺酸盐和失水山梨醇脂肪酸酯（Span-80 和 Span-85）等。

在钻井液中添加润滑剂可以减小钻杆扭矩，减少对钻头、钻具和其他工具的磨损，防止黏附性卡钻和提高钻速。表面活性剂吸附在钻柱表面和井壁表面，使钻柱表面和井壁表面形成一层均匀的油膜，强化了油的润滑作用，作为润滑剂的阴离子表面活性剂有油酸钠和蓖麻酸钠，非离子表面活性剂有聚醚或多元醇。

3. 页岩和泥浆抑制剂、缓蚀剂

当水基钻井与页岩接触时，黏土膨胀分散，会使井壁坍塌。在钻井液中加入页岩、泥浆抑制剂，则可以抑制页岩、泥浆的水化和膨胀，提高稳定性，表面活性剂吸附在黏土表面，中和黏土表面的电性，减小油气渗流阻力，在井下浊点温度以上可以提高滤液的液相黏度、封堵微孔隙、防止黏土水化膨胀。可用的阳离子表面活性剂有烷基三甲基氯化铵、烷基氯化吡啶和烷基苄基二甲基氯化铵等；非离子表面活性剂中环氧乙烷、环氧丙烷共聚醚多元醇也是性能优异的钻井液用页岩抑制剂。

缓蚀剂可以减缓钻井液对钻具的腐蚀损坏。表面活性剂型缓蚀剂有较强的吸附于钻具表面的能力，阻止活性离子接触金属表面，降低钻具在油井地层水中的溶解速率。表面活性剂作缓蚀剂主要有 3 种类型：咪唑啉类、季铵盐类和含有三唑的席夫碱类。

咪唑啉类缓蚀剂是在油气田中应用最为广泛的缓蚀剂类型，多用于防止硫化氢和二氧化碳对钢材的腐蚀，在 50 ℃左右的酸性介质中缓蚀效果最佳。季铵盐类缓蚀剂广泛应用于油气井的防护，作为高温酸化缓蚀剂使用。含有三唑的席夫碱缓蚀剂效率高，有着良好的应用前景。

4. 起泡剂、消泡剂

由于稠油的黏度较大，为了提高地层温度和降低高黏原油的黏度，改善其流动性，通常

采用注入高温、高压蒸汽的方法，但由于地层的非均质性及稠油黏度与蒸汽黏度差太大，需要在注入蒸汽的同时加入表面活性剂来产生泡沫，以调整蒸汽的注入剖面和改善油层岩石的润湿性，增强驱油效果。常用的起泡剂有烷基磺酸钠、烷基苯磺酸钠、烷基硫酸酯钠、聚氧乙烯烷基醇醚、聚氧乙烯烷基醇醚硫酸酯钠等。

在钻井过程中，含起泡处理剂的水基钻井液产生大量气泡，会导致钻井液密度下降，润滑性能变差，冷却钻头的效率变低，严重影响泥浆泵的工作效率，给钻井液的循环带来一定的困难。为了消除钻井液中的泡沫，保证液柱压力能平衡地层压力，防止井喷或井塌事故，通常需要加入消泡剂，常用的消泡剂有甘油聚氧丙烯聚氧乙烯醚、石油磺酸钙、四亚乙基五胺聚氧丙烯聚氧乙烯醚、有机硅表面活性剂等。

10.6.2　表面活性剂在采油中的应用

1. 驱油剂

在油田开发过程中，通过一次采油和二次采油仅能采出 25%～50% 的地下原油，通过三次采油可使原油采收率提高到 80%～85%。在三次采油中使用表面活性剂是一个既可行又有前途的方法，而且采油用表面活性剂占油田表面活性剂总用量的 1/3，但技术含量要求较高。常用的表面活性剂类型有磺酸盐、羧酸盐、双子表面活性剂和生物表面活性剂等。

磺酸盐表面活性剂界面活性高、价格低，是目前使用量最大、应用范围最广的表面活性剂。常用的磺酸盐表面活性剂主要有木质素磺酸盐、石油磺酸盐和烷基芳基磺酸盐 3 种。木质素磺酸盐有较强的亲水基，但缺乏长链亲油基，单独使用效果不好。通过对其进行羟甲基化、羧基化、碳化、烷基化和接枝共聚等改性后，其性能大大加强。石油磺酸盐具有表面活性高、生产过程简单、来源广、成本较低等优点，但也存在耐盐性差、易与高价金属阳离子（特别是二价钙镁离子）发生沉淀反应、吸附损失较大、性能不稳定等缺点。胜利油田采用宽馏分油制备石油磺酸盐，产品成本低，降低油/水界面张力达到 10^{-3} mN/m。抗吸附和抗钙镁能力较强，热稳定性也较好。烷基芳基磺酸盐表面活性剂具有在低浓度下产生超低界面张力、耐硬水程度高和收率高等特点。研究发现，烷基甲基萘磺酸盐表面活性剂能有效降低油-水界面张力，在无添加碱的低浓度状态下，界面张力达到 10^{-6} N/m 数量级。

羧酸盐类阴离子表面活性剂具有低成本、与碱配伍性好等特点，有石油羧酸盐和天然羧酸盐两种。虽然羧酸盐的耐盐能力和界面活性都比磺酸盐的差，但与磺酸盐复配后，可以产生协同效应。双子表面活性剂在低浓度下就有很高的表面活性，加入少量就能使油/水界面张力降至超低（10^{-6} mN/m 数量级），且有很好的增溶和复配能力。生物表面活性剂具有天然、可降解、安全及表面活性高等优点，受到全世界各行业的广泛关注，近年来被应用到三次采油中，生物表面活性剂的驱油效率比工业合成的表面活性剂要高 3 倍以上。

2. 堵水剂

在油田开发过程中，随着注水量的增加，注水层变得越来越不均匀，导致油井出水量增加。油井出水会消耗地层能量，降低采收率和抽油井的泵效，增加脱水站的负荷。为控制水的产出，在采油过程中需加入堵水剂。目前，堵水常用黏弹性表面活性剂，它易聚集成胶束，能有效抑制流体流动、封堵油层的大孔道或裂缝，以提高采收率。

堵水剂的类型有泡沫型、乳状液型和沉淀型。泡沫型用的表面活性剂为起泡剂；乳状液

型用的表面活性剂是石油磺酸盐乳化剂；沉淀型用的表面活性剂是脂肪酸皂、环烷酸皂和松香皂等。

3. 酸化用添加剂

经过一定的开采后，地层深部的原油难以采出。为了溶解岩石，扩大油层通道，提高地层渗透率，达到油井增产的目的，通常采用酸化的方法。酸化时，需要加入各种添加剂，如缓速剂、缓蚀剂、防乳化剂、助排剂和润湿反转剂等。

缓速剂使用的是脂肪胺盐类表面活性剂；缓蚀剂使用阳离子表面活性剂，如松香胺盐、1-聚氨乙基-2 烷基咪唑啉等；乳化剂使用的表面活性剂是带分支结构的，如聚氧乙烯聚氧丙烯丙二醇醚和聚氧乙烯聚氧丙烯五乙烯六胺；助排剂使用的是季铵盐、吡啶盐和含氟的表面活性剂；润湿反转剂使用的是烷基聚氧丙烯聚氧乙烯醚和聚氧乙烯聚氧丙烯磷酸酯混合物。

4. 防蜡剂

油井结蜡会降低油井产量、缩短热洗和检泵周期、增加油井负荷，甚至蜡会堵塞管柱。表面活性剂型防蜡剂是使表面活性剂吸附在蜡晶表面，使其变成一层极性表面或形成层水膜，从而防止蜡沉积。使用的表面活性剂主要有石油磺酸盐、二聚氧乙烯烷基胺、烷基苯磺酸盐、聚氧乙烯烷基苯酚醚、聚氧乙烯烷基苯酚醚、山梨醇酐单羧酸酯聚氧乙烯醚、聚氧乙烯烷基硫胶酯等。

10.6.3 表面活性剂在油气集输中的应用

油气集输是将油井生产的原油和伴生气收集起来，经过初步处理后输送出去的过程。应用的表面活性剂主要作为原油破乳剂和降凝降黏剂。

1. 原油破乳剂

原油中含有一定的水量，形成的油水混合物最终会形成较为稳定的油水型乳浊液，这种乳浊液会增加油气输送管道的负荷，引起腐蚀、结垢，增加运输成本。因此，在油气集输的过程中，加入适宜的破乳剂使乳浊液沉降破乳十分重要。目前，破乳的方法有电法、热法和化学方法，其中，向乳油液中加入表面活性剂是一种重要的化学方法。

原油乳状液破乳原理表现在两个方面：一是破乳剂取代乳状液液滴界面上的乳化剂后形成结构强度差的膜，使乳状液稳定性大大降低；二是选择与原油乳化剂 HLB 值相反的表面活性剂作破乳剂，通过它们不同的乳化作用使乳状液破乳。

非离子表面活性剂环氧乙烷-环氧丙烷嵌段共聚物是最早使用的破乳剂，使用效果较好，被广泛应用于原油破乳脱水，但其储存麻烦，因此常采用封尾剂对其进行改性，如与松香酸和硫酸等反应生成相应的酯类，或利用交联剂如异氰酸酯等进行交联反应，合成相对分子质量大的高分子破乳剂。

随着原油中水含量越来越多和油品的种类增多，破乳剂逐渐由水溶性转向油溶性，由直链线型转向支链线型，相对分子质量逐渐增高，趋向系列化、复配使用。

2. 降凝降黏剂

原油凝固点越高，原油的输送能力越差，尤其是蜡含量高的原油管道输送越困难，因此，常在原油中加入表面活性剂来使原油与水形成 O/W 型悬浊液，减小原油输送管道的摩

擦阻力，提高原油的输送能力。表面活性剂通过乳化、破乳和吸附3种方式降黏，这3种降黏机理往往同时存在，但在不同的表面活性剂和使用条件下，起主导作用的降黏机理也有所不同。可用的表面活性剂包括阴离子表面活性剂、非离子表面活性剂、高分子表面活性剂、氟表面活性剂和生物表面活性剂。

首选的降黏剂是阴离子表面活性剂，其中，磺酸盐是稠油乳化降黏使用最多的阴离子表面活性剂，但石油磺酸盐容易与高价阳离子形成沉淀物，而且易被黏土表面吸附。非离子表面活性剂中各种醇醚和酚醚由于有抗盐性高、起泡性低和原油乳状液高温下易发生油水分离等优点，降黏效果明显优于阴离子表面活性剂。高分子表面活性剂抗矿盐能力、避免色谱分离能力和乳化降黏性能方面都有所增强。某些氟表面活性剂作为稠油乳化降黏剂具有耐高温、高表面活性和用量少等优点，具有重要的实用意义和较好的经济效益。生物表面活性剂对高黏原油有增容、脱附、降黏作用，也是有发展潜力的一种降凝降黏剂。

表面活性剂广泛应用在油田钻井、采油和油气集输中，占有重要的地位，有效地解决了我国石化生产中存在的一系列问题，提高了石油生产效率，促进了我国国民经济的快速发展。

10.7　表面活性剂在环境保护领域的应用

随着社会的发展和经济的进步，人们对环境问题的关注日益增加，对环境污染的治理和预防已经成为学术界的热点课题之一。其中，污染界面过程的动力学已成为环境科学研究的一个热点问题和前沿领域。污染物排出后，通过各种途径进入水体、大气和土壤，涉及许多界面问题，如土壤和植物界面、水体和沉积物界面、大气和土壤界面等，因此，对污染物的治理必然涉及界面问题。具有两亲结构的表面活性剂具备特殊的界面性质，因此在环境污染治理中的应用越来越广泛。本节就表面活性剂在环境保护方面的应用做介绍，主要涉及水处理、湿法脱硫除尘及土壤修复三个方面。

10.7.1　在水处理工程中的应用

1. 在水处理中作絮凝剂

水处理过程中往往需要多种功能各异的水处理剂，其中用得最多的是高分子表面活性剂，主要用作循环水的絮凝剂和阻垢分散剂。其中，絮凝剂约占水处理剂总量的3/4，聚丙烯酰胺（PAM）又占了絮凝剂的一半。

表面活性剂在絮凝过程中起两个作用：①吸附架桥作用。表面活性剂溶于水后，经水解和聚合、缩合反应形成具有线性结构的高分子聚合物，这类物质可被胶粒强烈吸附。表面活性剂通过吸附架桥作用而使胶体絮凝的途径有两个：一是单个表面活性剂分子中不同位置的功能基团能吸附于相邻胶粒的表面，这样可以连接多个分散胶粒，使之聚集在一起形成絮凝体；二是多个表面活性剂吸附的分散胶粒之间能相互作用而聚集。通过这两种作用在相距较远的胶粒之间进行架桥，使胶粒逐渐增大，形成粗大的絮凝体而沉淀下来。②压缩双电层作用。胶粒能在水中维持稳定的分散悬浮状态主要归功于胶粒的电位，ξ电位越高，胶粒间的

静电斥力就越大，分散悬浮胶粒也就难以聚集。向带电胶粒中投入带相反电荷的粒子表面活性剂后，大量的反离子会涌入胶体扩散层甚至吸附层中，压缩扩散层，导致 ξ 电位降低。ξ 电位只要降低到某一程度，使胶粒间斥力的能量小于胶粒布朗运动的动能，胶粒就开始产生明显的聚结而沉淀。

根据化学成分，絮凝剂可分为无机絮凝剂、有机絮凝剂和微生物絮凝剂 3 个大类。有机高分子絮凝剂在水处理中具有投加量少、絮凝速度快、受共存盐类、介质及环境温度的影响小，生成污泥量少等优点，受到了人们的广泛关注。目前，应用于水处理中的高分子絮凝剂大多数是水溶性的有机高分子聚合物和共聚物，它们大多是一些高分子表面活性剂。由于天然水体中黏土、硅酸盐蛋白质和有机胶体等杂质带负电荷，阳离子型絮凝剂在废水处理中得到了广泛的应用。目前国内广泛采用的是聚丙烯酰胺系列的产品。改性后的阳离子型聚丙烯酰胺属线性高分子，具有很强的吸湿和絮凝作用，可有效絮凝悬浮的有机胶体和有机分子表面活性剂，广泛应用于污水处理厂污泥脱水以及造纸、洗煤、印染废水的处理。

2. 在浮选捕集法中的应用

目前，去除废水中重金属离子的方法主要是浮选捕集法。常见的捕集剂主要有黄原酸酯类和二硫代氨基甲酸盐（DTC）类衍生物。黄原酸酯是一类不溶性的固体且整合容量小，难以应用在连续投药处理中；而 DTC 类衍生物的亲疏水性决定了其与重金属整合后从水中沉析出来的难易程度，亲水性越强，与重金属整合后沉析出来的难度就越大，从而影响了沉淀效果。近年来，生物表面活性剂作为一种新型的捕集剂受到了研究者的青睐。使用生物表面活性剂不仅避免了化学捕获剂对活性污泥中微生物的毒害作用，也避免了使用化学捕获剂带来的二次污染等问题。

Zouboulis 等利用脂肽类生物表面活性剂莎梵婷（由枯草芽孢杆菌产生）作为浮选捕集剂去除废水中的有毒重金属离子。结果表明，在 pH=4 时，莎梵婷可以使螯合物中的 Cr^{4+}（50 mg/L）的去除率达到 10%，在 pH=6 时，莎梵婷对螯合物中的 Zn^{2+}（50 mg/L）去除率高达 96%。

3. 胶束强化超滤（MEUF）

1979 年，Leung 等首先提出用胶束强化超滤除去废水中溶解的少量或微量有机物和金属离子。它直接利用了表面活性剂胶束的增溶作用，并通过超滤膜来实现分离。MEUF 法具有工艺简单、易实现工业化的特点，可以单独或同时从废水中除去低相对分子质量、低浓度和难溶于水的有机污染物和多价重金属离子，具有很好的环保效益。

胶束强化超滤法选用的表面活性剂应满足以下条件：应有较强的增溶能力；能形成较大体积的胶束，从而可以选用大孔径的超滤膜，增加通量；临界胶束浓度较小，以减少表面活性剂的用量和透过液中表面活性剂的浓度；有较低的 Krafft 点（对离子表面活性剂）或较高的浊点（对非离子表面活性剂），以适用于低温操作；无毒、易生物降解；起泡性低。

许振良等用聚电解质羧甲基纤维素钠和聚丙烯酸钠（PAA）去除 Cd^{2+} 和 Pb^{3+}，其截留率均达到 99.5% 以上。Akita 等用 2-乙基己基磷酸 2-乙基己基酯（EHPNA）作配位体、壬基酚聚氧乙烯醚（PONPE）作表面活性剂，对 Co^{2+} 与 Ni^{2+} 进行分离，发现对 Co^{2+} 的截留率较高。

4. 在液膜分离技术中的应用

液膜分离（LMP）是 20 世纪 60 年代中期由美国埃克森研究与工程公司的黎念之博士首

创的一种新型膜分离方法。这种分离方法属于物理过程，是一种有效的工业化分离技术，为许多行业，如纯水生产、海水淡化、苦咸水淡化、电子工业、制药和生物工程、环境保护、食品、化工、纺织等，高质量地解决了分离、浓缩和纯化的问题，为循环经济、清洁生产提供依托技术。

液膜模拟生物膜的结构，通常由膜溶剂、表面活性剂和流动载体组成。它利用选择透过性原理，以膜两侧的溶质化学浓度差为传质动力，使料液中待分离溶质在膜内富集浓缩，从而分离待分离物质。液膜从形态上可分为液滴型、隔膜型和乳化型。乳化液膜是液滴直径小到呈乳化状的液膜，是研究和使用最多的一种液膜。乳化液膜体系由表面活性剂（乳化剂）、膜溶剂、载体和添加剂等构成，其分离过程包括液膜的形成、被分离物通过液膜的传质及后续的破乳。利用表面活性剂的液膜分离，具有穿透膜的流量大、选择性好等显著特点。常用于液膜分离技术的表面活性剂有Span系、多胺系、甘油酯类、烷基聚氧乙烯醚类等。

10.7.2 在湿法脱硫除尘中的应用

1. 在湿法烟气脱硫中的应用

烟气脱硫方法很多，其中，湿法烟气脱硫具有技术成熟、工艺简单、运行稳定和脱硫效率高等优点，是目前国际上烟气净化的主要技术。若是在湿法烟气脱硫剂中添加表面活性剂，可以降低溶液的表面张力、改善润湿性，大幅度地提高脱硫效率，并且对脱硫剂的成分和酸碱度影响较小。例如，在湿法烟气脱硫工艺中，石灰浆液吸收SO_2的速率受液膜和气膜共同控制，两相界面存在一定的界面张力。若加入定量的表面活性剂，可以明显改善浆液的化学特性，使其表面张力和黏度下降，提高水对SO_2的吸收效率，使得更多的SO_2溶解于喷淋的浆液中，从而提高了脱硫效率。此外，表面活性剂的添加量小，无毒、无味、无腐蚀，对石膏的质量和废水处理的影响很小。

2. 在湿法除尘中的应用

在湿法除尘过程中，含尘气体与液体接触的程度对除尘效果有较大的影响。为了增加尘粒在液体中的分散程度和润湿性，改善除尘效果，在实际操作过程中采用的不是纯水，而是含有各种阴离子表面活性剂和非离子表面活性剂的洗涤水，这样可以大幅度提高尘粒被润湿和分散的效果。例如，在矿山用水除尘时，由于水的表面张力较高，微细粉尘不易被水润湿，除尘效果不佳，加入表面活性剂能降低水的表面张力，提高对微细粉尘的润湿效果，提高水的除尘能力，达到提高除尘效率和减少用水量的目的。

10.7.3 在污染土壤修复技术中的应用

1. 增溶修复技术

表面活性剂增溶修复是常见的土壤和地下水有机污染修复技术，这种方法从本质上说是污染物的物理转移过程，即利用表面活性剂溶液对疏水性有机污染物的增溶和吸附作用来促使吸附于土壤粒子上的有机污染物解吸、溶解并迁移，从而达到修复的目的。实验室研究表明，该方法可用来清除土壤中的多环芳烃、苯胺类、联苯类以及有机染料等多种污染物。

表面活性剂增溶修复技术在理论及实验室研究中取得了较好的效果，但在实际应用中还存在一定的局限性。首先，表面活性剂在增溶修复中的用量较大，容易形成高黏性乳状液，有些容易形成沉淀。其次，有的表面活性剂很容易被土壤吸附，使实际用于增溶的表面活性剂的量减少而导致修复效果降低。最后，假若表面活性剂的分子较大，土壤空隙较小，它们之间表现出排斥性，限制了能直接影响的污染物的数量，不利于小空隙中的非极性有机物的去除。

2. 生物修复技术

污染土壤的生物修复是指利用特定的生物（植物、微生物或原生动物）吸收、转化、清除或降解环境污染物，实现环境净化、生态效应恢复的生物措施。生物修复的基本原理是利用土壤中天然的微生物资源或人为投加的菌株，甚至投加构建的特异降解功能菌到各污染土壤中，将滞留的污染物快速降解和转化成无害的物质，使土壤恢复其天然功能。

生物表面活性剂在土壤修复中的使用，是目前一个重要的研究方向。生物表面活性剂是微生物在一定条件下培养时，其代谢过程中分泌出的具有一定表面活性的代谢产物，如糖脂、多糖脂、脂肽或中性类脂衍生物等。与化学合成表面活性剂相比，生物表面活性剂具有许多优点，如水溶性好，在油-水界面有高的界面活性；具有很强的乳化原油的能力；可生物降解，不对环境造成污染和破坏；分子结构类型多样，具有特殊的官能团，其中有些基团是化学方法难以合成的；无毒、安全；生产工艺简单，在常温常压下即可发生反应。正因为这些特性，生物表面活性剂尤其适用于石油工业和环境工程，如石油的生物降黏、多环芳烃污染土壤的修复、重油污染土壤的生物修复等。

表面活性剂在环境保护领域的应用十分广泛，随着全球经济的发展和科技领域的开拓，其应用领域必将越来越广。但表面活性剂自身也存在缺陷，容易造成二次污染，就这点来说，环保型表面活性剂的研究开发势在必行，并且市场前景广阔，具有安全、温和、易生物降解等特性的表面活性剂的开发和应用是大势所趋。

在环境保护领域，今后的研究重点应放在表面活性剂的选择和最佳使用条件的探索上。表面活性剂的种类繁多，功能不一，如何选择出适合具体污染物治理的表面活性剂是实际应用中的关键，包括生物降解性研究、处理效果研究、适用范围研究等。总之，表面活性剂在环境保护中的应用方兴未艾，将表面活性剂自身的发展与环境污染控制事业的发展相结合具有广阔的前景。

课后练习题

1. 如何理解表面活性剂的各种作用？
2. 表面活性剂还可能在哪些方面有应用？

参 考 文 献

[1] 李宗石, 徐明新. 表面活性剂的合成与工艺 [M]. 北京: 中国轻工业出版社, 1990.
[2] 杜巧云, 葛虹. 表面活性剂基础及应用 [M]. 北京: 中国石化出版社, 1996.
[3] 王载纮, 张余善. 阴离子表面活性剂 [M]. 北京: 中国轻工业出版社, 1983.
[4] 刘程, 米裕民. 表面活性剂性质理论与应用 [M]. 北京: 北京工业大学出版社, 2003.
[5] 夏纪鼎, 倪永全. 表面活性剂和洗涤剂化学与工艺学 [M]. 北京: 中国轻工业出版社, 1997.
[6] 赵德丰, 程侣柏, 姚蒙正, 等. 精细化学品合成化学与应用 [M]. 北京: 化学工业出版社, 2002.
[7] 郭祥峰, 贾丽华. 阳离子表面活性剂及应用 [M]. 北京: 化学工业出版社, 2002.
[8] 王一尘. 阳离子表面活性剂的合成 [M]. 北京: 中国轻工业出版社, 1984.
[9] 王祖模, 徐玉佩. 两性表面活性剂 [M]. 北京: 中国轻工业出版社, 1990.
[10] 段世, 王万兴. 非离子表面活性剂 [M]. 北京: 中国铁道出版社, 1990.
[11] 勋弗尔特. 非离子表面活性剂的制造、性能和分析 [M]. 聚汉, 张万福, 等, 译. 北京: 中国轻工业出版, 1990.
[12] 勋弗尔特. 非离子表面活性剂的应用 [M]. 翁星华, 张万福, 译. 北京: 中国轻工业出版社, 1983.
[13] 王世荣, 李祥高, 刘东志, 等. 表面活性剂化学 [M]. 北京: 化学工业出版社, 2018.
[14] 朱领地. 表面活性剂清洁生产工艺 [M]. 北京: 化学工业出版社, 2005.
[15] 王培义, 徐宝财, 王军, 等. 表面活性剂合成·性能·应用 [M]. 北京: 化学工业出版社, 2012.
[16] 刘红, 刘炜. 表面活性剂基础及应用 [M]. 北京: 中国石化出版社, 2015.
[17] 徐宝财, 张桂菊, 赵莉. 表面活性剂化学与工艺学 [M]. 北京: 化学工业出版社, 2017.
[18] 毛宗强. 燃料电池 [M]. 北京: 化学工业出版社, 2005.
[19] 蒋庆来, 王要武, 王树, 等. 微乳法制备燃料电池铂黑催化剂 [J]. 电源技术, 2007, 31 (8): 622-624, 644.
[20] LIM D H, LEE W D, CHOI D H, et al. Preparation of platinum nanoparticles on carbon black with mixed binary surfactants: Characterization and evaluation as anode

catalyst for low-temperature fuel cell [J]. Journal of Power Sources, 2008, 185 (1): 159-165.

[21] 祖延兵, 查全性. 用全氟表面活性剂改善 Nafion 膜表面的亲水性 [J]. 应用化学, 1995, 12 (2): 33-36.

[22] 孙慈忠. 表面活性剂在水煤浆制浆中的应用 [J]. 精细与专用化学品, 2002 (8): 17-19.

[23] 苏毅, 马步伟, 赵振新, 等. 分散剂在水煤浆中的作用 [J]. 河南化工, 2005, 22 (3): 8-11.

[24] 王洪记. 国内外水煤浆添加剂研究现状 [J]. 精细与专用化学品, 1998 (3): 16-17.

[25] 范丽娟. 水煤浆添加剂的研究进展 [J]. 日用化学工业, 2002, 32 (1): 46-48.

[26] 吴可克, 高学明. 汽油微乳液的制备与性能研究 [J]. 节能技术, 2003, 21 (5): 14-16.

[27] 俞炳辉. 表面活性剂与燃油乳化 [J]. 现代化工, 1999, 6 (5): 53-55.

[28] 刘方, 高正松, 缪鑫才. 表面活性剂在石油开采中的应用 [J]. 精细化工, 2000, 17 (6): 696-699.

[29] 赵立艳, 樊西惊. 表面活性剂驱油体系的新发展 [J]. 西安石油学院学报 (自然科学版), 2000, 15 (2): 55-58.

[30] 郭东红, 张飞宇, 邱宾. 三次采油表面活性剂的研究与应用进展 (一) [J]. 精细与专用化学品, 2008, 16 (7): 13-15.

[31] 郭东红, 张飞宇, 邱宾. 三次采油表面活性剂的研究与应用进展 (二) [J]. 精细与专用化学品, 2008, 16 (8): 32-34.

[32] 郭东红, 张飞宇, 邱宾. 三次采油表面活性剂的研究与应用进展 (三) [J]. 精细与专用化学品, 2008, 16 (9): 21-23.

[33] 沈澄英. 表面活性剂在国内无机新材料开发中的应用 [J]. 化工时刊, 2003, 17 (4): 21-23.

[34] 刘树信, 霍冀川, 李炸里. 多孔材料合成制备进展 [J]. 化工新型材料, 2004, 32 (4): 13-17.

[35] 刘静伟, 刘红芹, 赵莉, 等. 表面活性剂的性能与应用 (Ⅰ): 表面活性剂的胶束及其应用 [J]. 日用化学工业, 2014, 44 (1): 10-14.

[36] 赵秋瑾, 徐宝财, 赵莉, 等. 表面活性剂的性能与应用 (Ⅱ): 表面活性剂的反胶束及其应用 [J]. 日用化学工业, 2014, 44 (2): 66-69, 74.

[37] 王楠, 赵莉, 徐宝财, 等. 表面活性剂的性能与应用 (Ⅲ): 表面活性剂的相转移催化作用及其应用 [J]. 日用化学工业, 2014, 44 (3): 131-134, 138.

[38] 赵莉, 徐宝财. 表面活性剂的性能与应用 (Ⅳ): 表面活性剂的囊泡及其应用 [J]. 日用化学工业, 2014, 44 (4): 190-195.

[39] 苏鹏权, 赵莉, 徐宝财, 等. 表面活性剂的性能与应用 (Ⅴ): 脂质体及其应用 [J]. 日用化学工业, 2014, 44 (5): 252-256.

[40] 苏鹏权, 刘红芹, 徐宝财, 等. 表面活性剂的性能与应用 (Ⅵ): 表面活性剂的

液晶及其应用 [J]. 日用化学工业, 2014, 44 (6): 312-316.

[41] 武丽丽, 张利丹, 马帅帅. 表面活性剂的性能与应用 (XX): 表面活性剂在制革业中的应用 [J]. 日用化学工业, 2015, 45 (8): 425-428, 442.

[42] 赵婷婷, 胡俊, 刘红芹, 等. 表面活性剂的性能与应用 (XXI): 表面活性剂在化学反应过程及材料制备中的应用 [J] 日用化学工业, 2015, 45 (9): 485-489, 494.

[43] 马帅帅, 赵莉, 张华涛, 等. 表面活性剂的性能与应用 (XXII): 表面活性剂在环境保护领域中的应用 [J]. 日用化学工业, 2015, 45 (10): 546-549.

[44] 周雅文, 贾美娟, 刘金凤, 等. 表面活性剂的性能与应用 (XXIII): 表面活性剂在农药中的应用 [J]. 日用化学工业, 2015, 45 (11): 606-610.

[45] 周雅文, 刘金凤, 贾美娟, 等. 表面活性剂的性能与应用 (XXIV): 表面活性剂在医药中的应用 [J]. 日用化学工业, 2015, 45 (12): 670-673, 679.

[46] 谭婷婷, 赵莉, 张华涛, 等. 表面活性剂的性能与应用 (XXV): 表面活性剂在纺织工业中的应用 [J]. 日用化学工业, 2016, 46 (1): 21-25.

[47] 吴望波, 赵莉, 张华涛, 等. 表面活性剂的性能与应用 (XXVI): 表面活性剂在化妆品中的应用 [J]. 日用化学工业, 2016, 46 (2): 75-79.

[48] 赖小娟. Gemini 型季铵盐表面活性剂的合成及应用 [J]. 中国洗涤用品工业, 2009, 3 (2): 65-68.

[49] 高南李, 国荣, 陈旭东. 双子表面活性剂的合成及应用研究进展 [J]. 日用化学工业, 2014, 4 (11): 644-651.

[50] 黄志宇, 张太亮, 鲁红升. 表面及胶体化学 [M]. 北京: 石油工业出版社, 2012.

[51] 张剑曦. 新一代表面活性剂: Geminis [J]. 化学进展, 1999, 11 (11): 348-357.

[52] ROSEN M J, LI F. The adsorption of Gemini and conventional surfactants onto some soil solids and the soil surfaces [J]. Journal of Colloid and Interface Science, 2001 (234): 418-424.

[53] 赵永, 丁国华, 刘铮. 双子表面活性剂的合成与应用进展 [J]. 精细石油化工, 2015, 32 (2): 75-80.

[54] 王键, 吴一慧, 邓虹, 等. Gemini 型表面活性剂在油田的应用与研究进展 [J]. 精细与专用化学品, 2017, 2 (1): 16-20.

[55] 梁茜茜. 黏弹性双子表面活性剂的流变相与压裂性质研究 [D]. 山东: 石油大学 (华东), 2015.

[56] PEI X M, ZHAO J X, YE Y Z, et al. Wormlike micelles and gels reinforced by hydrogen bonding in aqueous cationic gemini surfactant systems [J]. Soft Matter, 2011 (7): 2953-2960.

[57] 赵永, 丁国华, 刘峥. 双子表面活性剂的合成与应用进展研究 [J]. 精细石油化工, 2015, 32 (2): 75-80.

[58] LU T, HUANG J. Synthesis and properties of novel Gemini surfactants with short space [J]. Chinese Science Bulletin, 2007, 52 (19): 2618-2620.

[59] 裴晓敏, 宋冰蕾, 许宗会, 等. 新型多羟基季铵盐 Gemini 表面活性剂的合成及其

表面活性[J]. 合成化学, 2013, 21 (6): 695-697.

[60] TEHRANI-BAGHA A R. Cationic gemini surfactant with cleavable spacer: Emulsion stability [J]. Colloids & Surfaces A: Physicochemical & Engineering Aspects, 2016, 508 (12): 79-84.

[61] 李小瑞, 解颖, 王海花, 等. 酯基型双子表面活性剂的合成及驱油性能 [J]. 精细化工, 2017, 34 (12): 1371-1378.

[62] TANG Y, WANG R, WANG Y. Constructing gemini-like surfactants with single-chain surfactant and dicarboxylic acid sodium salts [J]. Journal of Surfactants and Detergents, 2015, 18 (1): 25-31.

[63] YOU Q, LI Z, DING Q, et al. Investigation of micelle formation by N-(diethyleneglycol) perfluoroctane amide fluorocarbon surfactant as a foaming agent in aqueous solution [J]. RSC Advances, 2014, 4 (96): 53.

[64] 梅平, 侯聪, 赖璐, 等. 新型磺酸盐型Gemini表面活性剂的合成及其与聚合物相互作用 [J]. 化学通报, 2013, 76 (11): 1034-1039.

[65] 宋奇, 赵秀太, 王彦玲, 等. 疏水链对双子表面活性剂性能影响 [J]. 石油与天然气工业, 2011, 40 (3): 266-270.

[66] 候宝峰, 王业飞, 刘宏伟, 等. 对称型双子表面活性剂的合成研究进展 [J]. 日用化学工业, 2014, 44 (2): 94-99.

[67] GENG X F, HU X Q, XIA J J, et al. Synthesis and surfactant activities of a novel dihydroxyl-sulfate-betaine-type zwitte-rionic Gemini surfactant [J]. Applied Surface Science, 2013, 271 (15): 285-286.

[68] 徐运欢, 郑成, 林璟, 等. 含氟季铵盐表面活性剂的合成与应用研究进展 [J]. 化工进展, 2013, 32 (7): 1641-1690.

[69] HEGAZY M A. A novel Schiff base-based cationic gemini surfactants: Synthesis and effect on corrosion inhibition of carbon steel in hydrochloric acid solution [J]. Corrosion Science, 2009, 51 (11): 2610-2618.

[70] GENNES P G. Soft matter [J]. Reviews of Modern Physics, 1992, 64 (3): 645-648.

[71] HONG L, JIANG S, GRANICK S. Simple method to produce Janus colloidal particles in large quantity [J]. Langmuir, 2006, 22 (23): 9495-9499.

[72] HE J, HOURWITZ M J, LIU Y J, et al. One-pot facile synthesis of Janus particles with tailored shape and functionality [J]. Chemical Communications, 2011, 47 (46): 12450-12452.

[73] ZUO X Y, ZHANG M, WU Q H, et al. Tadpole-like Janus nanotubes [J]. Chemical Communications, 2021, 57 (47): 5834-5837.

[74] WANG X, HE Y P, LIU C, et al. Controllable asymmetrical/symmetrical coating strategy for architectural mesoporous organosilica nanostructures [J]. Nanoscale, 2016, 8 (28): 13581-13588.

表面活性剂制备实训一

一、项目准备
1. 阴离子表面活性剂 AOS 和家庭餐具清洗剂概述。(应用、生产现状、发展趋势)
2. 阴离子表面活性剂 AOS 和家庭餐具清洗剂的生产方法综述。
3. 阴离子表面活性剂 AOS 和家庭餐具清洗剂的生产原料选择。
4. 阴离子表面活性剂 AOS 生产过程中工艺参数的确定。
5. 阴离子表面活性剂 AOS 生产方案流程图。(可附图)
6. 编制阴离子表面活性剂 AOS 和家庭餐具清洗剂的生产操作规程。

二、项目实施及结果
1. 生产操作步骤及现象记录。

操作步骤	现象	备注

2. 产品外观、收率及分析结果。

三、项目讨论
1. 在环保要求日益严格的今天,如何进行 AOS 的清洁化生产?
2. 根据生产操作情况,画出生产 AOS 的带控制点的工艺流程图。
3. 试估算生产 1 kg 家庭餐具清洗剂的原料成本。
4. 利用现有分析仪器对产品质量进行初步评价,在此基础上进行产品工业分析方案的确定。

四、项目实施收获、建议与体会

表面活性剂制备实训二

一、项目准备

1. 非离子表面活性剂 AES 和洗涤液概述。(应用、生产现状、发展趋势)
2. 非离子表面活性剂 AES 和洗涤液的生产方法综述。
3. 非离子表面活性剂 AES 和洗涤液的生产原料选择。
4. 非离子表面活性剂 AES 生产过程中工艺参数的确定。
5. 非离子表面活性剂 AES 生产方案流程图。(可附图)
6. 编制非离子表面活性剂 AES 和洗涤液的生产操作规程。

二、项目实施及结果

1. 生产操作步骤及现象记录。

操作步骤	现象	备注

2. 产品外观、收率及分析结果。

三、项目讨论

1. 在环保要求日益严格的今天,如何进行 AES 的清洁化生产?
2. 根据生产操作情况,画出生产 AES 的带控制点的工艺流程图。
3. 试估算生产 1 kg 洗涤液的原料成本。
4. 利用现有分析仪器对产品质量进行初步评价,在此基础上进行产品工业分析方案的确定。

四、项目实施收获、建议与体会

表面活性剂制备实训三

一、项目准备
1. 非离子表面活性剂 BS-12 和洗发香波概述。(应用、生产现状、发展趋势)
2. 非离子表面活性剂 BS-12 和洗发香波的生产方法综述。
3. 非离子表面活性剂 BS-12 和洗发香波的生产原料选择。
4. 非离子表面活性剂 BS-12 生产过程中工艺参数的确定。
5. 非离子表面活性剂 BS-12 生产方案流程图。(可附图)
6. 编制非离子表面活性剂 BS-12 和洗发香波的生产操作规程。

二、项目实施及结果
1. 生产操作步骤及现象记录

操作步骤	现象	备注

2. 产品外观、收率及分析结果。

三、项目讨论
1. 在环保要求日益严格的今天,如何进行 BS-12 的清洁化生产?
2. 根据生产操作情况,画出生产 BS-12 的带控制点的工艺流程图。
3. 试估算生产 1 kg 洗发香波的原料成本。
4. 利用现有分析仪器对产品质量进行初步评价,在此基础上进行产品工业分析方案的确定。

四、项目实施收获、建议与体会

附　　录

附表1　一些常用表面活性剂的HLB值

商品名	化学名	类型	HLB值
—	油酸	阴离子	1.0
Span-85	失水山梨醇三油酸酯	非离子	1.8
Arlacel-85	失水山梨醇三油酸酯	非离子	1.8
AtlasG-1706	聚氧乙烯山梨醇蜂蜡衍生物	非离子	2.0
Span-65	失水山梨醇三硬脂酸酯	非离子	2.1
Arlacel-65	失水山梨醇三硬脂酸酯	非离子	2.1
AtlasG-1050	聚氧乙烯山梨醇六硬脂酸酯	非离子	2.6
EmcolEO-50	乙二醇脂肪酸酯	非离子	2.7
AtlasG-1704	聚氧乙烯山梨醇蜂蜡衍生物	非离子	3.0
EmcolPO-50	丙二醇脂肪酸酯	非离子	3.4
AtlasG-922	丙二醇单硬脂酸酯	非离子	3.4
ArlacelC	失水山梨醇倍半油酸酯	非离子	3.7
AtlasG-2859	聚氧乙烯山梨醇4.5油酸酯	非离子	3.7
Atmul-67	单硬脂酸甘油酯	非离子	3.8
Span-80	失水山梨醇单油酸酯	非离子	4.3
Span-60	失水山梨醇单硬脂酸酯	非离子	4.7
AtlasG-2139	二乙二醇单油酸酯	非离子	4.7
EmcolDL-50	二乙二醇脂肪酸酯	非离子	6.1
Span-40	失水山梨醇单棕榈酸酯	非离子	6.7
AtlasG-2242	聚氧乙烯二油酸酯	非离子	7.5
AtlasG-1493	聚氧乙烯山梨醇羊毛脂油酸衍生物	非离子	8.0
Span-20	失水山梨醇月桂酸酯	非离子	8.6

续表

商品名	化学名	类型	HLB 值
EmulphorVN-430	聚氧乙烯脂肪酸	非离子	8.6
Brij-30	聚氧乙烯月桂醚	非离子	9.5
Tween-61	聚氧乙烯（4EO）失水山梨醇单硬脂酸酯	非离子	9.6
Tween-81	聚氧乙烯（5EO）失水山梨醇单油酸酯	非离子	10.0
AtlasG-3806	聚氧乙烯十六烷基醚	非离子	10.3
Tween-65	聚氧乙烯（20EO）失水山梨醇三硬脂酸酯	非离子	10.5
Tween-85	聚氧乙烯（20EO）失水山梨醇三油酸酯	非离子	11.0
AtlasG-1790	聚氧乙烯羊毛脂衍生物	非离子	11.0
AtlasG-3300	烷基芳基磺酸盐	阴离子	11.7
—	三乙醇胺油酸酯	阴离子	12.0
Tween-21	聚氧乙烯（4EO）失水山梨醇单月桂酸酯	非离子	13.3
GlucamateSSE-20	聚氧乙烯（20EO）甲基葡萄糖苷倍半油酸酯	非离子	15.0
Tween-80	聚氧乙烯（20EO）失水山梨醇单油酸酯	非离子	15.0
Tween-40	聚氧乙烯（20EO）失水山梨醇单棕榈酸酯	非离子	15.6
Tween-20	聚氧乙烯（20EO）失水山梨醇单月桂酸酯	非离子	16.7
—	油酸钾	阴离子	20.0

附表 2　手洗洗涤剂配方一

组分	w/%
C_{12}烷基苯磺酸钠	10~20
乙醇	5~10
椰油脂肪酸二乙醇酰胺	3~5
壬基酚（EO）9 醚	5~10
染料、香精、防腐剂	适量
水	余量

附表 3　手洗洗涤剂配方二

组分	w/%
十二烷基苯磺酸钠（45%溶液）	51.00
柠檬酸（50%溶液，加到 pH 为 7.5）	0.25
十二烷基苯磺酸钠（60%溶液）	20.00
氧化二甲基十四烷基胺	6.00
水	余量

附表4 手洗餐具洗涤剂配方一

组分	w/%
烷基硫酸盐	30.00
烷基聚苷	5.00
$C_{12} \sim C_{14}$脂肪酸-N-甲基葡糖酰胺	5.00
枯烯磺酸钠	3.00
C_{12}烷基二甲基氧化胺	3.00
乙醇	4.00
水	余量

说明：产品含有多羟基脂肪酸酰胺和泡沫增强剂，适用于洗涤餐具，具有良好的清洁和起泡性能。

附表5 手洗餐具洗涤剂配方二

组分	w/%
葡糖单癸酸酯	10.0
乙醇	2.0
月桂酸二乙醇酰胺	10.0
水	余量

说明：产品对皮肤温和，不发黏，可用于餐具和其他家用洗涤剂。

附表6 手洗餐具洗涤剂配方三

组分	w/%
烷基硫酸钠	11.5
乙醇磺化丁二酸钾	2.6
月桂酸二乙醇酰胺烷基（EO）3醚硫酸钠	14.0
膨润土	2.5
椰油酸单乙醇酰胺	5.0
乙醇	9.5
单乙醇胺	3.0
亚硫酸钠	12.5
水	余量

附表7 水果洗涤剂配方一

组分	用量/g
甘油单柠檬酸酯	6.0
山梨酸钾	0.5
大豆卵磷脂	2.0
可溶性淀粉	4.0
精制水	87.5

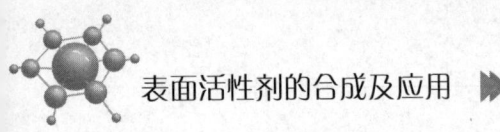

附表 8　水果洗涤剂配方二

组分	w/%
油酸三乙醇胺盐	15.0
6501	3.0
柠檬酸钾	30.0
乙醇	10.0
水	余量

附表 9　水果洗涤剂配方三

组分	w/%
六聚甘油单月桂酸酯	10.0
丙二醇	30.0
蔗糖单月桂酸酯	10.0
水	余量

附表 10　加酶洗涤剂配方

组分	w/%
六聚甘油单月桂酸酯烷基聚氧乙烯醚 3.0	10.0
丙二醇柠檬酸二钠	30.0
C_{12} 烷基硫酸钠 1.0 蔗糖单月桂酸酯	10.0
碳酸钠/碳酸氢钠	25.0
硫酸钠	22.5
硅氧烷消泡剂	1.0
淀粉酶	1.5